Teubner Studienbücher

Chemie

Breitmaier: **Vom NMR-Spektrum zur Strukturformel organischer Verbindungen.**
Ein kurzes Praktikum der NMR-Spektroskopie
267 Seiten. DM 38,–

Elschenbroich/Salzer: **Organometallchemie.**
Eine kurze Einführung. 3. Aufl. 562 Seiten. DM 46,–

Engelke: **Aufbau der Moleküle.**
Eine Einführung. 264 Seiten. DM 38,–

Fellenberg: **Chemie der Umweltbelastung**
258 Seiten. DM 32,–

Hennig/Rehorek: **Photochemische und photokatalytische Reaktionen von Koordinationsverbindungen**
164 Seiten. DM 24,80

Kunz: **Molecular Modelling für Anwender**
1. Aufl. 243 Seiten. DM 29,80

Levine/Bernstein: **Molekulare Reaktionsdynamik.**
607 Seiten. DM 59,80

Müller: **Anorganische Strukturchemie**
II, 318 Seiten. DM 36,–

Primas/Müller-Herold: **Elementare Quantenchemie**
2. Aufl. 398 Seiten. DM 39,–

Vögtle: **Reizvolle Moleküle der Organischen Chemie**
402 Seiten. DM 39,80

Vögtle: **Supramolekulare Chemie.** Eine Einführung.
449 Seiten. DM 42,–

Vögtle: **Cyclophan-Chemie.** Synthesen, Strukturen, Reaktionen.
Einführung und Überblick.
595 Seiten. DM 48,–

Preisänderungen vorbehalten.

B. G. Teubner Stuttgart

Teubner Studienbücher Chemie

R. W. Kunz
Molecular Modelling für Anwender

Teubner Studienbücher Chemie

Herausgegeben von

Prof. Dr. rer. nat. Christoph Elschenbroich, Marburg
Prof. Dr. rer. nat. Friedrich Hensel, Marburg
Prof. Dr. phil. Henning Hopf, Braunschweig

Die Studienbücher der Reihe Chemie sollen in Form einzelner Bausteine grundlegende und weiterführende Themen aus allen Gebieten der Chemie umfassen. Sie streben nicht die Breite eines Lehrbuchs oder einer umfangreichen Monographie an, sondern sollen den Studenten der Chemie – aber auch den bereits im Berufsleben stehenden Chemiker – kompetent in aktuelle und sich in rascher Entwicklung befindende Gebiete der Chemie einführen. Die Bücher sind zum Gebrauch neben der Vorlesung, aber auch – da sie häufig auf Vorlesungsmanuskripten beruhen – anstelle von Vorlesungen geeignet. Es wird angestrebt, im Laufe der Zeit alle Bereiche der Chemie in derartigen Lernbüchern vorzustellen. Die Reihe richtet sich auch an Studenten anderer Naturwissenschaften, die an einer exemplarischen Darstellung der Chemie interessiert sind.

Molecular Modelling für Anwender

Anwendung von Kraftfeld- und MO-Methoden in der organischen Chemie

Von Dr. sc. nat. Roland W. Kunz
Universität Zürich

B. G. Teubner Stuttgart 1991

Dr. sc. nat. Roland W. Kunz

Geboren 1949 in Frauenfeld (TG), Schweiz. Von 1971 bis 1975 Studium der Chemie an der ETH Zürich, 1979 Promotion mit der Arbeit „Strukturuntersuchung an Quecksilberkomplexen mittels NMR-, Röntgenstruktur- und MO-Methoden" bei Prof. L. M. Venanzi und PD Dr. P. S. Pregosin. Anschließend Aufenthalt in Bern bei Prof. E. Schumacher („nackte" Metallcluster in Molekülstrahlen und in viskoser Phase, Laserspektroskopie). Ab 1981 an der Universität Zürich bei Prof. W. v. Philipsborn und seit 1988 Oberassistent der Institutsleitung, veranwortlich für die Belange der computergestützten Chemie und der Röntgenstrukturanalytik.

Die Deutsche Bibliothek – CIP-Einheitsaufnahme

Kunz, Roland W.:
Molecular modelling für Anwender : Anwendung von Kraftfeld- und MO-Methoden in der organischen Chemie / von Roland W. Kunz – Stuttgart : Teubner, 1991
(Teubner-Studienbücher : Chemie)
ISBN 978-3-519-03511-4 ISBN 978-3-322-94723-9 (eBook)
DOI 10.1007/978-3-322-94723-9

Einband: P.P.K,S – Konzepte T. Koch, Ostfildern/Stuttgart

Vorwort

Es existieren kontroverse Ansichten darüber, ob "Black Box"-Anwendungen in der computergestützten Chemie sinnvoll seien oder nicht. Die Befürworter weisen dabei auf die immer besser ausgebauten Benützerschnittstellen von modernen Softwarepaketen hin, während die Gegner dieses Ansatzes zurecht auf viele schlecht kontrollierte Berechnungen hinweisen.

In Datenbankanwendungen, wo eine nicht optimale Suchstrategie wohl die Arbeit verlangsamt, die Resultate sofort und offensichtlich in brauchbar und unbrauchbar unterschieden werden können, ist die Kontrolle ausreichend. Im Molecular Modelling liegt der Sachverhalt etwas komplizierter. Der "Black Box"-Ansatz lässt sich meiner Meinung nach trotzdem vertreten. Dabei ist allerdings streng darauf zu achten, dass die Benützerschnittstelle (Interface) selber nicht zum Bereich der "Black Box" gehört. Um die Benützerschnittstelle verstehen zu können, benötigt man einige Kenntnisse über Modelle, mathematische Methoden usw., nicht aber über die programmiertechnische Realisation. Das kombinierte Verhalten aller Komponenten der "Black Box" unter den Vorgaben des Inputs wird auf die Benützerschnittstelle zurückprojiziert.

Betrachten wir als einfachen Fall einer "Black Box" eine elektronische Schaltung, welche als Input einen Impuls erwartet und als Output den invertierten Impuls um das 100fache verstärkt angibt, sofern der Input grösser als 0.3 V ist. Eine solche "Black Box" enthält also logisch einen Diskriminator, einen Pulsinverter und einen Verstärker (ob dies physikalisch auch so ist, bleibt unbekannt).

Mit diesem Wissen ist verständlich, warum ein Input von 0.25 V keinen Output erzeugt, während ein solcher von 0.35 V ein Antwortsignal von -35 V erzeugt. Die Konstruktion und Funktionsweise von Diskriminator, Inverter und Verstärker bleiben dem auf dieser Stufe kompetenten Anwender verborgen und würde ihn bei seiner Problemlösung auch nicht weiter unterstützen. So ist es für ihn unwichtig, ob der Threshold von 0.3 V wirklich am, vor oder nach dem Inverter detektiert wird, oder ob es sich um einen 30 V Output-Threshold handelt. Wichtig ist für ihn einzig zu wissen, dass diese drei Funktionen in Serie ausgeführt (Funktionsdefinition) werden und wie In- und Output einzugeben resp. zu empfangen sind (Schnittstellendefinition).

Das Ziel dieses Buches ist, die wesentlichen Strukturen und Funktionen, welche in Molecular Modelling Programmen auftreten, zu vermitteln. Damit soll der "reine" Benützer befähigt werden, das Verhalten der Interface-Schicht und der dahinterliegenden Komponenten zu interpretieren, sowie programmtechnische Einschränkungen von Limitationen der theoretischen Modelle zu unterscheiden. Damit ist er auch in der Lage, die Resultate mit Hilfe der Literatur zu beurteilen und situationsgerecht zu reagieren.

Für das Verständnis des Textes wird eine allgemeine Ausbildung in Physik, Mathematik und Quantenchemie vorausgesetzt. Spezielle Kenntnisse in Informatik sind dagegen nicht erforderlich. Der Leser sollte überdies eine gewisse Gewandtheit im Umgang mit verschiedenen Modellen der Chemie besitzen. Das Buch richtet sich somit an Studenten der oberen Semester (Diplomjahrgang) und Doktoranden.

Die verwendeten Beispiele wurden alle mit leicht zu installierenden und billig zu erstehenden Programmen ausgeführt. Dies sollte gewährleisten, dass die in Kapitel 3 gezeigten Beispiele (mit Inputs) nachvollzogen und als Startpunkte für eigene Abenteuer dienen können.

Mein Dank gehört den Herren R. Müller und D. Nanz sowie Frau A. Forster für die Durchsicht des Manuskripts. Ohne die hingebungsvolle und kritische Mithilfe von Frau Forster und ihren Einsatz bei der Gestaltung des Textes wäre dieses Buch wohl nie zustande gekommen.

Zürich, im März 1991 Roland W. Kunz

Inhaltsverzeichnis

Einleitung

Computergestützte Chemie ist ein Schlagwort, das häufig durch die chemische Literatur geistert. Wie in der folgenden Abbildung dargestellt, fallen unter diesen Begriff althergebrachte Techniken, die jedem Chemiker wohl vertraut sind, und die er voll in sein normales Arbeiten integriert hat. Dazu gehören Probleme der Datenerfassung und Datenmanipulation mit Spektrometern (typische Beispiele sind NMR- und Massenspektrometer), der Prozesskontrolle (z.B. die Kontrolle der Spektrometer oder die Steuerung industrieller Prozesse), oder auch der statistischen Auswertung von experimentellen Daten. Weniger selbstverständlich ist der Umgang mit Systemen, die chemisches Wissen speichern, seien es nun reine Datenbanken, regelbasierende Systeme, oder der Umgang mit Molecular-Modelling-Systemen.

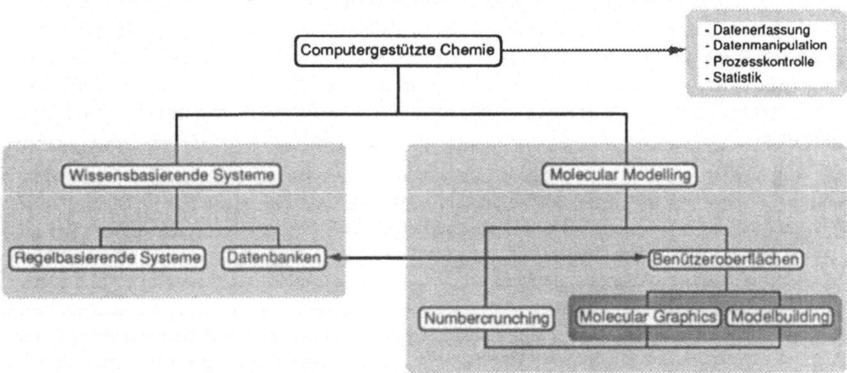

Abbildung 0.1 Verschiedene Einsatzgebiete des Computers in der Chemie.

Mit der Einführung benützerfreundlicher Reaktionsdatenbanken wie SYNLIB, REACCS, CHIRON, ORAC usw. nimmt die selbstverständliche Einbindung solcher Hilfen in die tägliche Arbeit rasch zu. Diese Programme lassen es zu, dass bereits nach extrem kurzer Einarbeitungszeit (typischerweise 1 Tag) erste nützliche Recherchen möglich sind. Fast noch wichtiger als der leichte Zugang ist aber die einfache Kontrolle der Resultate. Diese Kontrolle ist der hauptsächliche Unterschied zu modernen Molecular Modelling Systemen. Durch die mittlerweile benützerfreundlichen Oberflächen ist der Einsatz zwar einfacher geworden, die Beurteilung der physikalischen Relevanz setzt jedoch minimale Kenntnisse über die Arbeitsweise der eingesetzten Modelle und ihren Gültigkeitsbereich voraus.

Molecular Modelling ist wohl für die meisten Chemiker verbunden mit der Vorstellung eines Spezialistenteams, das, umgeben von sehr teurer Elektronik und unter Verwendung von ebenfalls sehr teurer Software, chemische Probleme zu lösen versucht, mit dem Ziel, den synthetischen Chemiker überflüssig zu machen. Diese Vorstellung hängt mit einer zu engen Definition des Terms "Spezialist" zusammen. Für den Chemiker der nächsten Jahre wird es zunehmend wichtig sein, dass er Experte in Molecular Modelling ist. Unter Experte soll aber in diesem Zusammenhang ganz klar nicht derjenige Chemiker verstanden werden, der über die programmtechnischen Einzelheiten Bescheid weiss, sondern wir sollten unter Experte in diesem Zusammenhang den Benutzungsexperten verstehen. Diese muss zum Beispiel nicht wissen, welche Betriebssysteme welche Vor- und welche Nachteile mit sich bringen, aber wie Graphik auf bestimmten Maschinen programmiert werden muss. Benutzungsexperte ist heute eigentlich jeder, was durch unzählige Beispiele aus dem täglichen Leben belegt werden kann. So gibt es viele leidlich gute Autofahrer, die keine grosse Ahnung davon haben, wie ihr Auto wirklich funktioniert. Es ist durchaus möglich, seine Kurvenfahrt ideal zu gestalten, ohne permanent den Impulssatz im Kopf zu haben oder sich Gedanken zu machen, wie die Reifen momentan die Fliehkräfte auf die Strasse übertragen und wie dieser Prozess durch die Wahl des Reifenprofils beeinflusst werden könnte. Sehr gute Autofahrer, die sich mit dem Autofahren an sich beschäftigen, werden unweigerlich solche Kenntnisse mindestens oberflächlich erlangen. Diese Erkenntnisse können wiederum dafür sorgen, dass ihr Fahrstil noch besser wird, da sie über die Zusammenhänge etwas besser Bescheid wissen. Tiefer in die Materie einzudringen, wäre aber für jeden Autofahrer absolut sinnlos. Die Fähigkeit, selber Autoreifen konstruieren zu können, hätte kaum mehr eine positive Auswirkung auf die Qualität des Fahrens.

Analog verhält es sich mit jeder Technik die den Anspruch erhebt, den Chemiker in seiner Laborarbeit zu unterstützen. Das wichtigste dabei ist, dass solche Methoden die Unterstützung dort gewähren, wo sie benötigt wird. Das bedeutet aber, dass der Chemiker diese Methoden bis zu einem gewissen Grad selber einsetzen können muss. Dies führt normalerweise zur Verwendung des neuen Werkzeuges als "Black Box". Die Benützerschnittstelle wird dabei eine den Anfänger verwirrende Reaktionsvielfalt zeigen. Diese Reaktionen sind das Resultat einer Projektion der Aktionen einer Anzahl von Komponenten unter den Randbedingungen der Benützereingaben. All diese Komponenten enthalten physikalische, modellmässige und programmtechnische Limiten. Sie stellen im Idealfall eine selbstkonsistente Welt dar, die aber im Vergleich zur "Realität" unvollständig ist. Der Benützer muss auf diese Reaktionen "richtig" reagieren, d.h. er wird zu einem Stellglied in einem Regelkreis. Er stellt dabei mit seinem Wissen über die "Realität" den "äusseren" Teil des Regelkreises dar, während ihm der innere Teil nur als projiziertes Verhalten zur Verfügung steht (Abbildung 0.2).

Um dieses projizierte Verhalten besser verstehen und damit seine eigene Rolle als Stellglied besser erfüllen zu können, wird er sich langsam Kenntnisse über die physikalischen Modelle aneignen, die hinter den programmtechnischen Realisierungen stehen. Beim Umgang mit der Benützerschnittstelle, d.h. beim Eingeben von Befehlen und beim Beobachten von Antwortsignalen, sind immer vier Fragen zu beantworten:[1]

1. A. Ventura, W. Schaufelberger: Die Notwendigkeit von Benützermodellen beim Entwurf von Programmen und Geräten. Projektzentrum IDA, ETH Zürich, 1988.

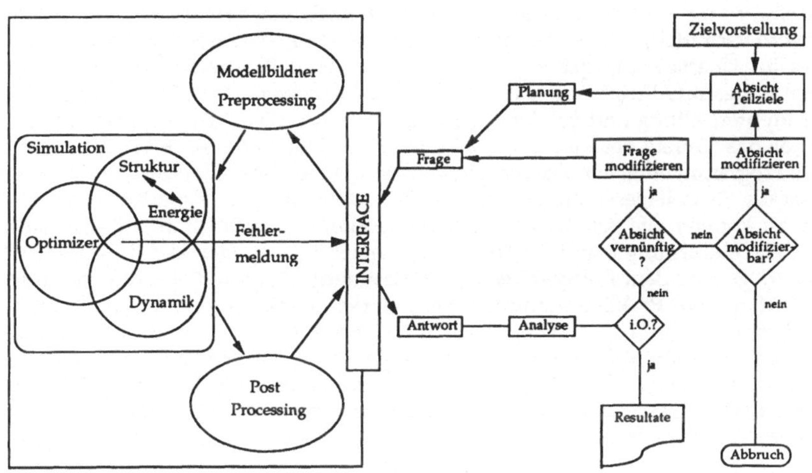

Abbildung 0.2 Modell der Benützer-Software-Beziehung.

• Wo bin ich, welche Komponente arbeitet?	Woher kommt diese Meldung?
• Was kann ich hier tun?	Was hat der Verursacher der Meldung bis dahin getan, was tut er danach?
• Wie kam ich hierher?	Warum ist der Verursacher aufgerufen worden und was waren die Daten zum Zeitpunkt des Aufrufs?
• Wohin kann ich sonst noch gehen und wie?	Gibt es andere Module mit gleicher oder ähnlicher Funktion, aber evtl. anderem Verhalten?

Der Anwender wird sich nach und nach auch Kenntnisse darüber aneignen, welche Programme auf welchen Computersystemen am rationellsten arbeiten, um möglichst schnell und leicht an die Resultate heranzukommen, die er sich wünscht. Das wichtigste, das er lernen muss, ist aber, wann welche Methode richtig einzusetzen ist. Denn *die* Molecular Modelling-Methode gibt es nicht, auch wenn Software-Hersteller manchmal diesen Eindruck zu erwecken wünschen. Es ist wichtig, im normalen Arbeitsprozess zu entscheiden, welche Methode angewendet werden soll, falls ein bestimmtes Problem überhaupt Molecular Modelling verlangt. Das bedeutet, dass der Anwender über die Einsatzschwerpunkte verschiedener Möglichkeiten Bescheid wissen muss, d.h. er muss sich die Unterscheidungsmerkmale der verschiedenen Alternativen erarbeiten. Niemand kommt darum herum, Alternativen zu kennen, denn nur wer Alternativen kennt, ist in der Lage, zu entscheiden.

Diese Einführung kann natürlich all das, was oben gefordert wurde, verwirklichen. Dieses Ziel verlangt viel praktische Arbeit. Es sollen darum einige wenige Punkte aus diesem breiten Feld herausgegriffen und vertieft werden. Einerseits soll der Umgang mit einigen wenigen, prinzipiell verschiedenen Methoden trainiert werden. Gleichzeitig wird vermittelt, welche Vor- und Nachteile diese Methoden jeweils haben und welches ihre Überlappungsgebiete sind. So wollen wir ein Kraftfeldprogramm, ein semiempirisches MO-Programm und ein ab initio-Programm sowie Programme, die bei der Inputerstellung und bei der Outputauswertung helfen, kennenlernen. Gleichzeitig soll das Umfeld des Molecular Modelling, d.h. alle Einflussgrössen, die in ein solches Programm eingehen, dargestellt werden. Ein Ziel dieser Einführung ist, dass der Leser die Grundlagen erhält, um sich selber erfolgreich zum Expertbenützer ausbilden zu können. Sie soll weder Theorie-Repetitorium noch Informatik-Ausbildung sein. Die Einführung folgt damit dem allgemeinen Konzept der Ausbildung von Chemikern, gemäss dem Fakten-Wissen in Vorlesungen und grundlegendes handwerkliches Können in Praktika vermittelt werden, die Hinführung zur situativ variablen Verfügbarkeit von Arbeitsmethoden aber forschend in Diplom- und Doktorarbeit geschieht. Man sollte sich aber immer vor Augen halten, dass Molecular Modelling die Simulation molekularer Systeme bedeutet. Simulationen sind in ihrer Philosophie eher als experimentelle Methoden, denn als theoretische Arbeit anzusprechen. Simulationen enthalten meist drei mehr oder minder stark betonte Aspekte:

- Analytik: mikroskopische Interpretation von Experimenten in Rahmen eines Modells
- Exploration: "Computerexperimentelle" Erforschung von Effekten
- Antizipation: Vorhersage von Ereignissen und Eigenschaften zur experimentellen Verifikation

Simulationen sind damit ein Komplement zur experimentellen Arbeit. Sie sind für den synthetischen Chemiker sehr verlockend, liefern sie doch Ordnungsschemata und haben gleichzeitig Voraussagekraft. Sie können Informationen liefern über Geometrien, über Gleichgewichte, molekulare Eigenschaften und Reaktivität, manchmal in einem Arbeitsgang. Ein weiterer Vorteil besteht darin, dass sie sowohl an bekannten wie auch an unbekannten Molekülen sowie an transienten Spezies unabhängig von Reaktivität und Stabilität durchführbar sind.

Um die Möglichkeiten dieser komplementären Methode erfolgreich einsetzen zu können, muss der Anwender seine Funktionen im "äusseren" Regelkreis in Abbildung 0.2 richtig erfüllen. Dazu muss er herausfinden, wie und ob Molecular Modelling in den Kontext einer aktuellen Problemlösung eingebunden werden kann. Dieses Zusammenwirken ist in Abbildung 0.3 schematisch dargestellt. Darin ist der Problemkreis schattiert dargestellt. Der Bereich, der durch die computergestützte Chemie abgedeckt wird (mit Ausnahme der Analytik), ist durch Polygone gekennzeichnet, während Analytik, chemische Methoden und Wissen des Chemikers durch Ellipsen dargestellt sind.

Der erste Schritt zu einer Problemlösung wird darin bestehen, dass der Chemiker seinem persönlichen Wissen das entsprechende Fachwissen der Literatur anfügt. Das Wissen des Chemikers und das Faktenwissen der Literatur unterscheiden sich aber in einigen wesentlichen Punkten. So umfasst das persönliche Wissen nicht nur Fakten, sondern auch prozedurale und logische Kenntnisse. Prozedurales und logisches Wissen erzeugen auf einer Faktenbasis übergeordnete Strukturen, die Inter- und Extrapolation zulassen. Dies hat zur Folge, dass das Wissen des Chemikers, das in Abbildung 0.3 scharf abgegrenzt scheint, keine wirkliche scharfe Grenze hat. Es ist in den Grenzregionen meist schwer kontrollierbar, was an seinem Wissen durch feste Fakten belegbar ist und was bereits das Resultat von Extra- resp. Interpolation ist.

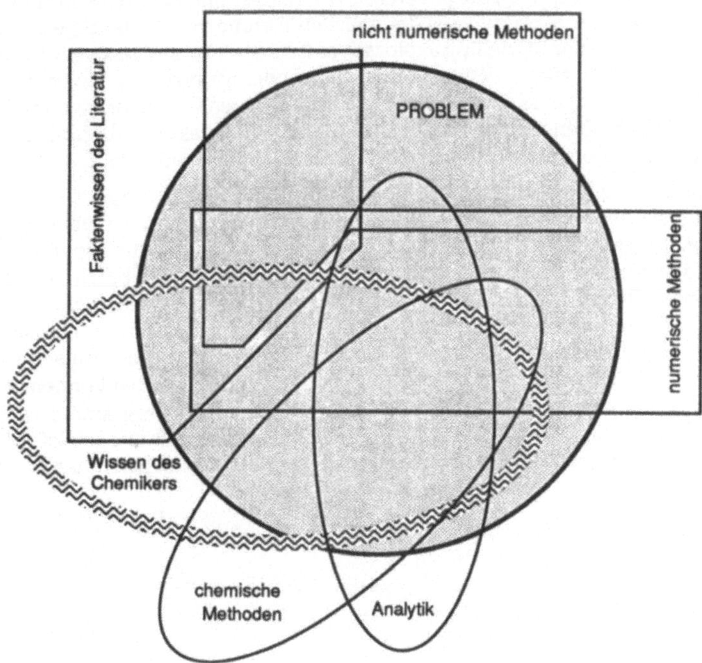

Abbildung 0.3 Schematische Darstellung der Überlappung eines Problems mit vorhandenem Fachwissen und bekannten Methoden.

Im nächsten Schritt wird festzustellen sein, in welchen Bereichen das so angehäufte Wissen die Einsatzmöglichkeiten chemischer Methoden und der Analytik sich überlappen. Dieses Überlappungsgebiet ist derjenige Bereich, in dem die Gültigkeit des angeeigneten Wissens überprüft wird.

Der nächste Schritt in einem Forschungsprojekt ist dann die Extrapolation dieses Wissens ins Unbekannte und die Planung von Einzelschritten, welche festes Faktenwissen in diesem bis jetzt noch unbekannten Gebiet erzeugen. Genau hier ist nun auch eine Möglichkeit für den Einsatz von Molecular Modelling-Methoden. Sie können nämlich dazu verwendet werden, unter den vielen Möglichkeiten, die sich anbieten, diejenigen auszuwählen, die am erfolgversprechendsten sind. Dies ist natürlich nur möglich, nachdem die Molecular Modelling-Methoden der Wahl in einem Bereich mit festem Faktenwissen überprüft worden sind.

Neben diesen grossen Zielen, d.h. der Voraussage von Erfolg oder Misserfolg, gibt es natürlich auch "kleinere" Ziele des Molecular Modelling. So sind theoretische Methoden sehr geeignet, um das naturgemäss inselhafte chemische Wissen innerhalb eines theoretischen Modells kausal zu verknüpfen. In ähnlicher Weise kann der Synthetiker eine Familie von Molekülen, die er bereits synthetisiert und charakterisiert hat, durch Berechnung weiterer Moleküle aus der gleichen Familie vervollständigen. In diesem Sinne macht Molecular Modelling exploratives Lernen in kurzer Zeit mit kleinem Aufwand möglich. Ein weiteres nicht zu unterschätzendes Moment des Molecular Modelling ist der Umstand, dass Chemiker aus verschiedensten Fachrichtungen sich in diesem interdisziplinären Gebiet treffen und damit wie jedes interdisziplinäre Gebiet eine Kommunikationsplattform verschiedenster Fachgebiete darstellt.

Diese Einführung ist in drei grosse Abschnitte gegliedert. In Kapitel 1 werden die Komponenten des Molecular Modellings dargestellt: die behandelbaren chemischen Probleme, die generellen Aspekte der physikalischen Modelle, die programmtechnischen Möglichkeiten sowie Pre- und Postprocessing. Kapitel 2 beschäftigt sich anschliessend mit den Möglichkeiten und einschränkungen verschiedener physikalischer Modelle auf verschiedenen Approximationsstufen. Kapitel 3 schliesslich zeigt einige Anwendungen. Zu diesen sind die jeweiligen Programm-Inputs angegeben, damit sie von jedermann nachvollzogen und abgewandelt werden können. Aus diesem Grunde wurden auch ausschliesslich nicht-kommerzielle Programme verwendet, welche von jeder Schule ohne finanzielle Probleme angeschafft werden können. Eine Zusammenstellung nützlicher, nichtkommerzieller Software ist im Anhang zu finden.

Kapitel 1
Komponenten des Molecular Modelling

Molecular Modelling enthält Komponenten, die zum Teil voneinander isoliert betrachtet werden können. Solche Problemkreise sind beispielweise die numerischen Methoden zur Geometrieoptimierung oder zur Lösung von Eigenwert- und Eigenvektorproblemen. Die Optimierungsmethoden finden genau so Anwendungen in der Prozessoptimierung in grosstechnischen Anlagen, der Regelungstechnik oder der Preiskalkulation. Ein zweites Problem stellt die Kommunikation zwischen Benützer und Programmen dar. Diese Kommunikation wird vom Benützerinterface (der sog. Benützeroberfläche) unterstützt. Sie wird durch Pre- und Postprocessing-Einheiten unterstützt, welche helfen, Benützerfragen in programmgerechte Daten umzuformen und umgekehrt. Die meisten grösseren Programmpakete erlauben die Wahl verschiedener physikalischer Modelle für die Simulation molekularer Systeme und ihrer Eigenschaften. Vom Modell unabhängige Aspekte sowie einige grundsätzliche Unterschiede zwischen den Modellwelten werden in diesem Kapitel besprochen. Typische Modelle werden anschliessend in Kapitel 2 behandelt. Zuerst wollen wir uns in Kapitel 1.1 mit den für Molecular Modelling relevanten Aspekten des chemischen Problems beschäftigen. Dies führt uns zum Problem des Zusammenhangs zwischen der geometrischen Struktur eines Moleküls und der damit assoziierten Energie und damit zu den prinzipiellen Problemen mit Energiehyperflächen. Die möglichen Eigenschaften einer Energiehyperfläche wollen wir dann in Kapitel 1.3 benützen, um Vor- und Nachteile mathematischer Methoden für die Geometrieoptimierung zu diskutieren. Dies führt uns zu den Problemen der Optimierung und der Koordinatenwahl. All diese Probleme und Eigenschaften sind unabhängig vom implementierten Modell. In Kapitel 1.4 schliesslich wird etwas ausführlicher auf geometrische Methoden eingegangen, welche in der Lage sind, "vernünftige" Startgeometrien zu erzeugen.

1.1 Das chemische Problem

1.1.1 Der Strukturbegriff

Der Begriff "Struktur" wird in der Chemie in vielen Zusammenhängen verwendet, von denen drei besonders betont werden. In einem ersten Umfeld wird der Begriff auf Modellvorstellungen angewandt, so z.B. Elektronenstruktur und Bindungsstruktur, welches Strukturbegriffe der MO-Theorie davon abgebildeter Modelle sind. In einem zweiten Umfeld wird der Begriff "Struktur" im Sinne der geometrischen Beschaffenheit von Molekülen gebraucht. Dabei kann der Begriff Struktur auf unterschiedlichem

Niveau verwendet werden, so zum Teil auf dem Niveau der Konstitution, aber auch auf dem Niveau der Konfiguration und Konformation. In einem dritten Zusammenhang wird von zeitabhängigen Strukturen gesprochen (z.B. Isomerie, oszillierende Strukturen). Dabei wird oft die Struktur der Transformation anstelle der Struktur der zu transformierenden Verbindungen betrachtet.

Ein zentraler Teil des Molecular Modellings beschäftigt sich mit der zweiten Kategorie von Strukturbegriffen, welche wir in dem nun folgenden Abschnitt genauer betrachten wollen. An Modellvorstellungen gebundene Strukturbegriffe werden im Zusammenhang mit den entsprechenden Modellen in Kapitel 2 eingeführt und zum Teil in Kapitel 3 exemplarisch angewendet.

Es ist möglich, eine Hierarchie von "geometrischen" Strukturbegriffen aufzubauen, deren höchste Stufe die dreidimensionale, chiral richtige Darstellung eines Moleküls ist. Es ist an dieser Stelle wichtig, die Unterschiede in den Strukturhierarchien des physikalischen Systems und der gebräuchlichen molekularen Graphen zu erkennen. Der Begriff der Konnektivität ist in der Punktgeometrie von Atomen im Raum ein Fremdkörper. Die Analytik kann Konnektivitäten erzeugen, ohne die räumliche Struktur eines Moleküls zu ermitteln. Die molekularen Graphen ihrerseits sind in der Lage, Enantiomere zu unterscheiden, ohne metrische Eigenschaften zu benutzen. Molecular Modelling wird weitgehend dazu verwendet, die "metrische Lücke" zwischen Konnektivität und Chiralität zu schliessen. Enantiomerie ist in beiden "Welten" definiert. Diastereomere sind hingegen Begriffe, die nur in der Welt der Graphen eine wirkliche Bedeutung haben, wo die relative "Chiralität von lokalen Substrukturen" definiert werden kann. Physikalisch gibt es aber keine Chiralitätszentren, sondern nur chirale Objekte, für deren Existenz die Abwesenheit eines Spiegelelements genügt. Diastereomere sind auf der physikalischen Ebene unterschiedliche Moleküle mit verschiedener Distanzgeometrie.

Strukturbegriffe:

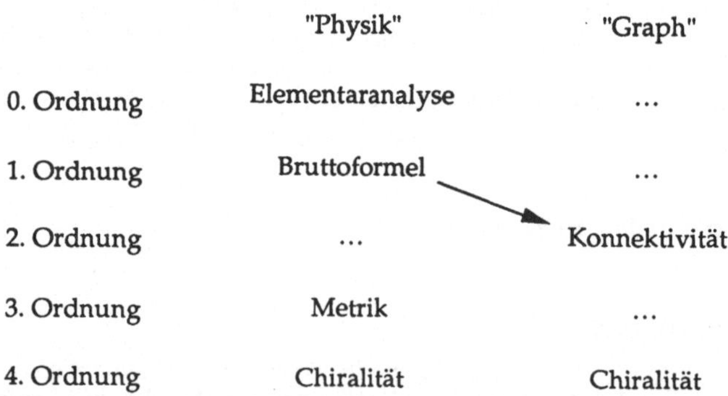

Eng mit dem Begriff der Struktur verbunden ist der Begriff der Koordinaten. Je nach dem, in welcher Ordnung von Struktur wir uns bewegen, können Koordinaten etwas ganz Unterschiedliches bedeuten. So ist im Bereich der 0. Ordnung, d.h. der Elementaranalyse, die Prozentzahl, mit der ein Element vorkommt, eine Koordinate (das Element stellt die entsprechende Koordinatenachse dar). In der 1. Ordnung, der Elementarformel, sind die Elementmultiplizitäten die Koordinaten, währenddem die Elementsymbole wiederum die Koordinatenachsen darstellen (s. Beispiel 2). Der Koordinatenbegriff lässt sich für jede Ordnung neu definieren, bis wir in der 4. Ordnung dem uns geläufigsten Koordinatenbegriff wieder begegnen: Jedem Atom wird ein Zahlentripel zugeordnet, das seine Lage im Raum exakt beschreibt. Gebräuchliche Koordinatensysteme sind z.B. das kartesische Koordinatensystem, die sog. Kristallkoordinaten, das interne Koordinatensystem und weitere weniger gebräuchliche (z.B. symmetrieadaptierte Deformationskoordinaten).

Koordinaten:

0. Ordnung	→	Prozentzahlen
1. Ordnung	→	Elementmultiplizität
2. Ordnung	→	Elemente der Konnektivitätsmatrix
3. Ordnung	→	Elemente der Distanzmatrix
4. Ordnung	→	a) kartesische Koordinaten
		b) interne Koordinaten
		c) weitere (wenig gebräuchliche)

Beispiel 1:

0. Ordnung 64.27% C 7.19% H 28.53% O

1. Ordnung $C_3H_4O \rightarrow MG = 56.06$

2. Ordnung a) (C)(O)(C,C)[(H,H),(H,H)] b) (O)(C)(C)(C)(H)(H,H,H)

H H H H O H CH$_3$

c) (O)(C)(C)(C)(H)(H)(H,H) d) (O)(C)(C)(C)(H)(H)(H)(H)

H H O H H H O H H H

3. Ordnung

H H O H H

4. Ordnung

H H O D H H H O H D

Beispiel 2: Koordinatensysteme der 1. Ordnung für C, H, O (oben) und C, H, N, O (unten) Verbindungen. Die untere Abbildung zeigt mögliche Verwandtschaften von Blausäure und Wasser einiger Grundbausteine des Lebens (Fragen der präbiotischen Evolution).

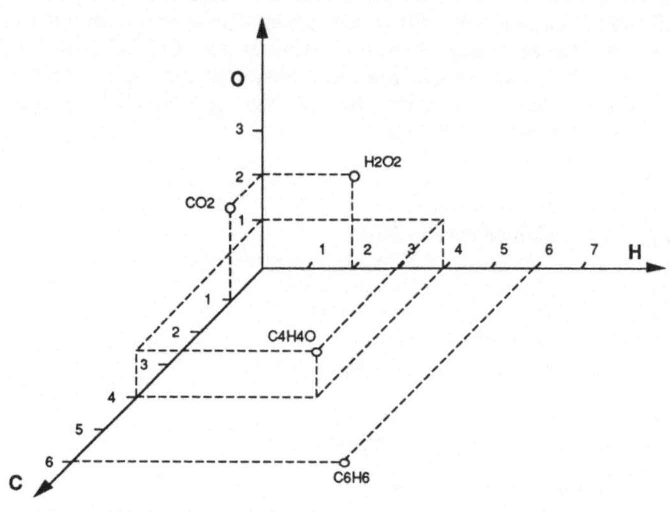

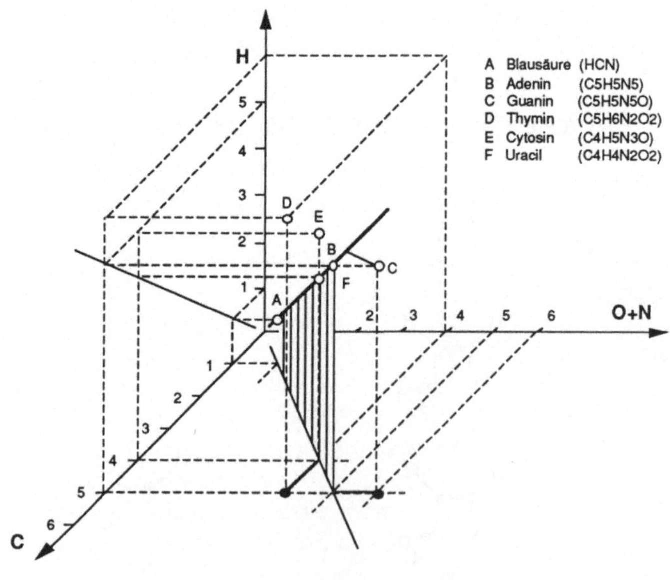

Ein weiterer, mit Struktur zusammen auftretender Begriff ist die Symmetrie. Dabei stellt sich die Frage, warum die Symmetrie in einer inhärent asymmetrischen Natur als Klassierungshilfe so grosse Dienste leisten kann. Dies hängt damit zusammen, dass es wohl Symmetrieverbote gibt, nicht aber eigentliche Symmetrieerlaubtheit. Diese ist vielmehr das Nichtvorhandensein eines Symmetrieverbots, wobei die Konsequenz dieser Abwesenheit an den energetischen Folgen der Symmetriestörung gemessen werden muss. Die energetische Konsequenz einer Symmetriestörung kann erstaunlich klein sein; so "erinnern" sich Moleküle noch lange an die lokale Symmetrie, die ein Atom hypothetisch einmal gehabt haben könnte. Dies erklärt den Erfolg der Einteilung von Atomen in einem Molekül in sp^3-, sp^2- oder sp-Typen, obwohl diese Bezeichnungen nichts mehr sind als Symmetrielabels von idealisierten lokalen Geometrien. Die Symmetriebrechung durch Störer hängt, wie gesagt, stark von ihrer Störkraft ab. So ist eine Ladung eine starke Störung, weil die elektrostatischen Wechselwirkungen nur mit $1/r$, wobei r die Distanz ist, abfallen. Die Effekte anderer Symmetriestörer nehmen mit $1/r^2$ bis $1/r^6$ (Induktionsenergie, Dispersionsenergie) ab, d.h. sie besitzen nur extrem kleine Reichweiten und zeigen deshalb nur wenig Wirkung. Eine solche Symmetriestörung wirkt sich daher kaum aus. Eine wichtige Eigenschaft der Symmetrie ist, dass jedes Symmetrieelement, das in einer Strukturordnung vorhanden ist, in der nächst tieferen Ordnung erhalten sein muss. Das bedeutet, dass beim Übertritt in eine höhere Stukturordnung wohl neue Symmetrieelemente auftreten können, aber keine bestehenden aufgehoben werden. Dies kann Konsequenzen bei der Versuchsplanung haben. Haben zwei Moleküle, die unterschieden werden sollten, z.B. in der nächsttieferen Strukturordnung nicht die gleiche Symmetrie, so ist eine Unterscheidung bereits mit einem Experiment, das auf dieser nächsttieferen Ordnung unterscheidet, ausreichend. Auch bei dem Strukturbegriff der 4. Ordnung, d.h. der genauen Beschreibung eines Moleküls durch die exakte Angabe all seiner Atompositionen, ist es unter Umständen von Vorteil, die Punktsymmetrie dieses Moleküls zu bestimmen, um sich überflüssige Arbeit zu ersparen, oder zusätzliche Kontrollmechanismen für eine Simulation zu erhalten. Eine Arbeitsvorschrift für die Bestimmung der molekularen Symmetrie ist in Abbildung 1.1 gegeben.

Nicht alle Punktanordnungen im Raum sind chemisch gesehen Moleküle. Symmetrieargumente vermögen keine Aussage darüber zu machen, ob eine Anordnung von Atomen im Raum einem chemischen Molekül entspricht. Der Chemiker hat im allgemeinen ein sehr genaues Bild davon, was ein Molekül ist, nämlich all jene Gebilde, die er mit Hilfe von Strichformeln zeichnen kann. Sogar unter diesen Strichformeln wird der Chemiker einige Strukturen als "chemisch nicht sinnvoll" verwerfen. Dabei wird meist nicht unterschieden, ob eine so verworfene Spezies keinem lokalen Minimum der Energiehyperfläche entspricht, oder ob sie unter "normalen" Bedingungen zu reaktiv ist, um beobachtet zu werden. Abbildung 1.2 zeigt 40 von 217 aufgrund der Oktettregel denkbaren molekularen Graphen von C_6H_6[1].

In der Chemie wird also eine kleine Auswahl aus den möglichen Punktanordnungen im Raum gemacht, welche dem Begriff Molekül zugeordnet wird. Dargestellt werden diese Moleküle durch Graphen mit bewerteten Ecken und Kanten. Diese Graphen, vor allem in Pseudo-3D-Darstellungen, haben die interessante Eigenschaft, dass eine der möglichen Färbungen die Metrik eines Moleküls durch die Bewertung von Kanten

1. Chemie für Labor und Betrieb, 25, 77 (1974).

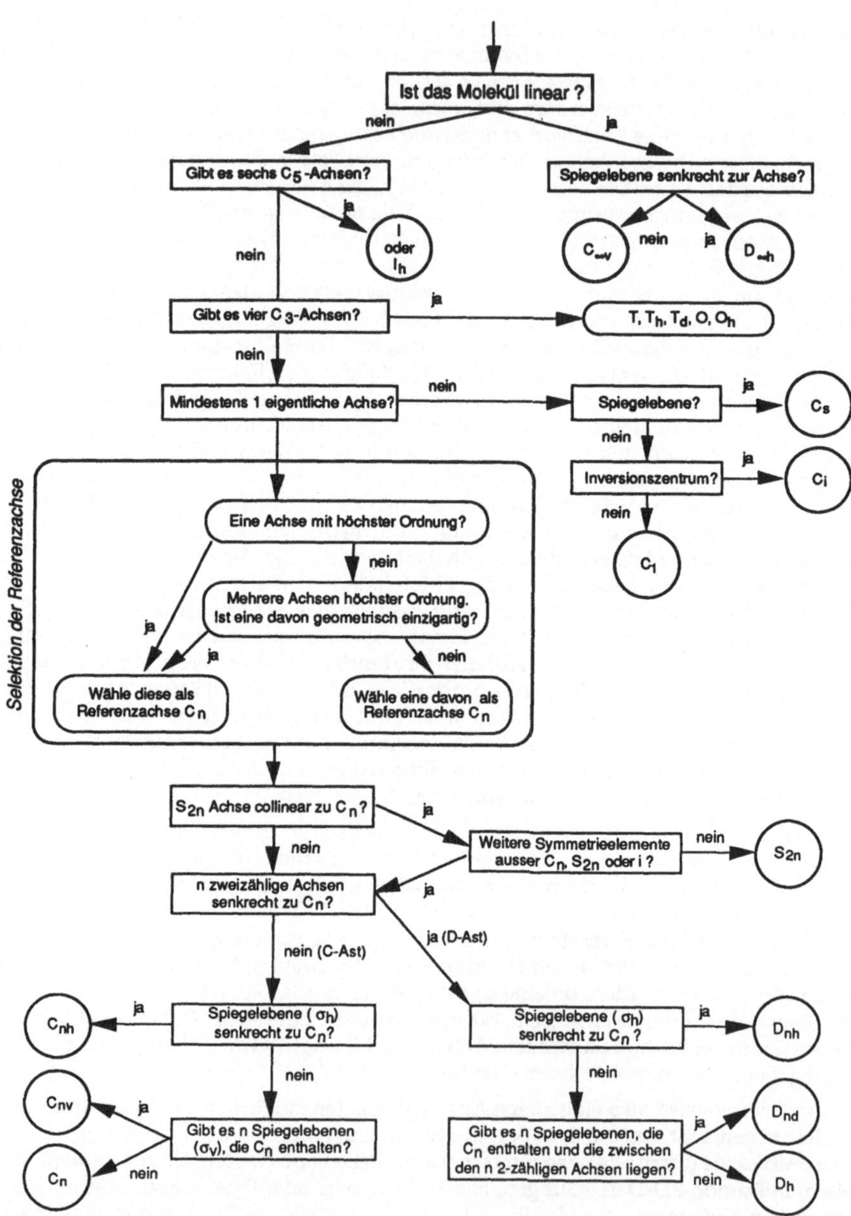

Abbildung 1.1 Schema zur Bestimmung der Punktgruppe eines Moleküls. (J.P. Lowe: Quantum Chemistry, Academic Press, 1978.)

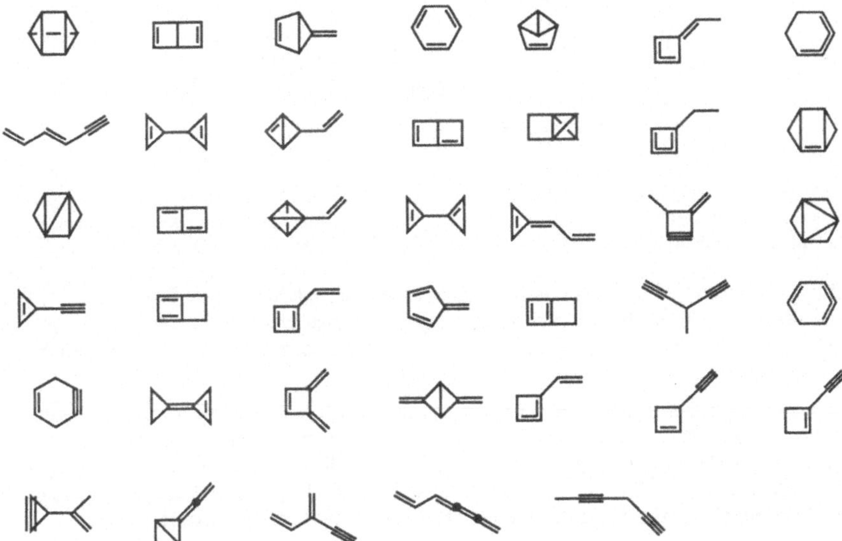

Abbildung 1.2 40 von 217 denkbaren Graphen von C_6H_6, die mit der Oktettregel vereinbar sind.

und Ecken lediglich approximativ wiedergeben, dass sie aber andererseits in der Lage sind, Enantiomere zu unterscheiden, was in einem metrisch vollständig beschriebenen Molekül nicht der Fall ist. Für den Rest des Buches werden wir uns aber nicht mit dem Problem der Enantiomerenunterscheidung beschäftigen, d.h. die besprochenen numerischen Methoden und Eigenschaften sind im wesentlichen durch die Distanzmatrix festgelegt.

Die exakte Erfassung der metrischen Eigenschaften eines Moleküls geht, wie gesagt, teilweise wesentlich über die Möglichkeiten der chemischen Graphen hinaus. So müssen numerische Methoden, welche ein Molekül geometrisch genau beschreiben wollen, natürlich in der Lage sein, Abstände, welche typischerweise in der Färbung chemischen Graphen nicht vorgesehen sind, d.h. extrem lange Bindungen oder extrem kurze Kontakte, richtig zu beschreiben. Beispiele für solche Fälle sind in Abbildung 1.3 und Abbildung 1.4 zu sehen.

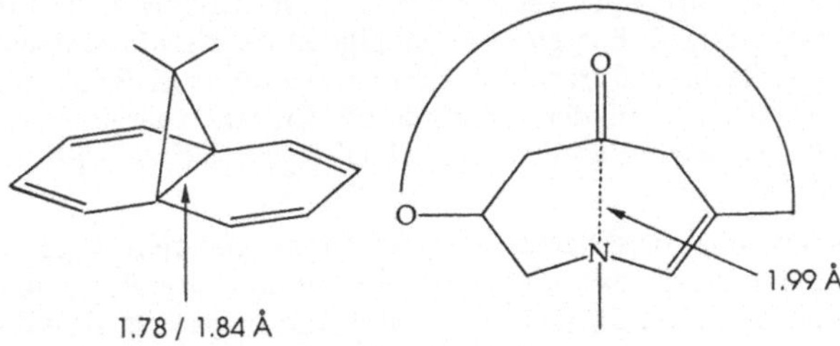

Abbildung 1.3 Lange Bindungen und kurze Kontakte in experimentell bestimmten Strukturen.

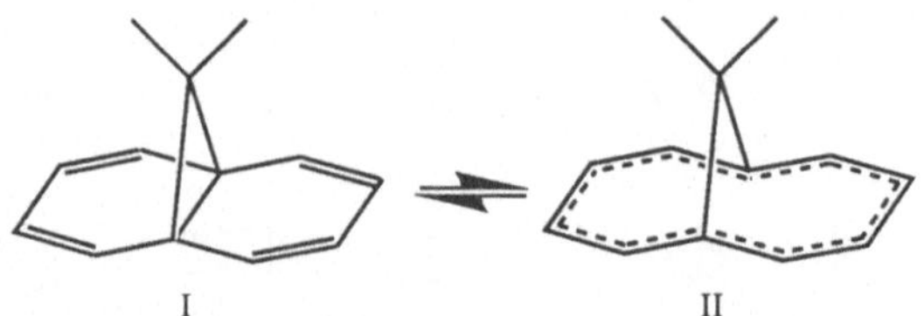

Abbildung 1.4 Muss der Abstand der zentralen C-Atome als lange Bindung (I), als kurzer Kontakt (II) oder als statistische Überlagerung zweier Minima im Kristall interpretiert werden? (R. Bianchi, T. Pilati, M. Simonetta: Acta Cryst., **B34**, 2157 (1978); J. Am. Chem. Soc, **103**, 6425 (1981)

Diese Methoden dürfen ebenfalls nicht versagen, sobald sie zur Beschreibung von klassisch nicht schreibbaren Strukturen herangezogen werden. So sollten u.U. grosse delokalisierte Systeme oder π-Komplexe der metallorganischen Chemie behandelt werden können.

Mit dieser geforderten Genauigkeit lassen sich Strukturen nur bestimmen, wenn wir sie mit einem Merkmal kombinieren, das es uns erlaubt, eine Aussage über die Qualität einer Struktur zu machen. Diese Qualität ist die Totalenergie einer Anordnung von Atomen im Raum. Der Zusammenhang zwischen dieser molekularen Eigenschaft und der molekularen Struktur soll im nächsten Abschnitt besprochen werden.

1.1.2 Struktur und Energie. Die geometrischen Eigenschaften von Energiehyperflächen

Die Energie eines Moleküls ist eine seiner wichtigsten physikalischen Eigenschaften. Die Energie eines Systems (relativ zu einem anderen) bestimmt dessen Stabilität und Existenzfähigkeit. Energieänderungen während Transformationen auf molekularem Niveau bestimmen die relativen Wahrscheinlichkeiten von verschiedenen chemischen Prozessen. Die meisten spektroskopischen Methoden messen auf die eine oder andere Art Energien oder Energiedifferenzen. Zu jeder Struktur gehört genau ein Energiewert (sofern die Zustandshyperfläche nicht gewechselt wird). Hingegen können verschiedene Strukturen gleicher Energie existieren. Energie und Struktur spannen einen mehrdimensionalen Raum, die sog. Energiehyperfläche, auf. Struktur im chemischen Sinn kann hier nur auf dem Niveau der Born-Oppenheimer-Approximation diskutiert werden. Erst in dieser Approximation ist das, was der Chemiker unter Struktur versteht, überhaupt eine Observable. Erst durch die BO-Approximation, welche die Kernbewegung von der Elektronenbewegung separiert, ist es möglich, die Totalenergie eines Moleküls vollständig als Energie in Abhängigkeit von Kernkoordinaten darzustellen. Eine BO-Hyperfläche ist durch die chemische Bruttoformel (Struktur 1. Ordnung), die Anzahl der Elektronen und den elektronischen Zustand charakterisiert. Einige generelle Eigenschaften solcher Born-Oppenheimer-Hyperflächen sollen anschliessend gezeigt werden.

Der Ausdruck Potentialhyperfläche suggeriert zwei generelle Eigenschaften. Der Term "Potential" impliziert, dass die Energie als Funktion von Positionsvariablen beschrieben werden kann. Der Term "Fläche" impliziert seinerseits, dass die Energie als Funktion dieser Positionsvariablen kontinuierlich ist. An dieser Stelle ist es belanglos, in welcher Form die geometrischen Variablen gegeben werden. Sie können als globale kartesische Koordinaten, als lokale interne Koordinaten, oder auch durch spezialisierte, symmetrie-adaptierte Koordinaten, sog. Normalkoordinaten, beschrieben werden. Die geometrischen Eigenschaften von Energiehyperflächen sollen jetzt kurz zusammengefasst werden.

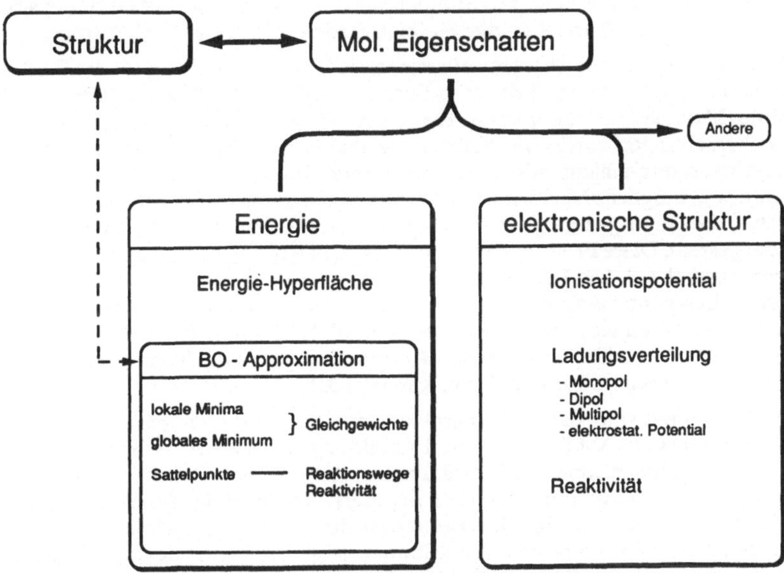

Abbildung 1.5 Verschiedene Zugänge zu den molekularen Eigenschaften.

Geometrie ist ein mathematisches Werkzeug für die Beschreibung räumlicher Verhältnisse makroskopischer Objekte. In reiner Analogie wird dieses Hilfsmittel nun für die Beschreibung von molekularen (mikroskopischen) Systemen verwendet. Die meisten relevanten Eigenschaften von Potentialhyperflächen sind differentieller Natur, wobei vor allem erste und zweite Ableitung der Energie nach geometrischen Grössen eine Rolle spielen. Die erste Ableitung der Energie nach den geometrischen Parametern z.B. stellt die Kraft dar, die bei einem gegebenen atomaren Arrangement auf die einzelnen Kerne wirkt. Es ist möglich, die differentiellen Eigenschaften einer Hyperfläche richtig zu beschreiben, auch wenn die Energie selbst falsch ist.

Für viele chemische Probleme ist es nicht möglich, die gesamte Hyperfläche mitsamt ihren Ableitungen zu kennen. Ein kleines Molekül mit 10 Atomen besitzt 24 interne Freiheitsgrade. Wollten wir für jeden eindimensionalen Schnitt lediglich 10 Punkte berechnen und hätten ein extrem schnelles Werkzeug, das für die Berechnung eines Punktes nur 1 µs braucht, so wäre der gesamte Zeitbedarf immer noch 10^{18} s (10^{18} s ≈ Alter unseres Weltalls!). Die effizientesten Programme erfordern auch auf den schnellsten Rechnern immer noch mehr als eine Millisekunde pro Punkt. Selbst kleine Moleküle wie z.B. Pyridin liegen somit weit jenseits des Möglichen. Interessiert man sich im Falle des Pyridins nur für ein Gebiet in der Nähe des globalen Minimums und beschränkt sich entlang der Bindungsrichtungen (11 von 27 Freiheitsgraden) auf nur je drei Punkte, so würden noch immer ca. 56.2 Millionen Jahre benötigt. Dieser Rechner hätte also etwa zusammen mit dem Eohippus[1] auf der Erde erscheinen müssen, damit das Resultat heute zur Verfügung stünde. Symmetrie ist in diesem Zusammenhang ein sehr kräftiges Hilfsmittel. Pyridin unter C_{2v}-Restriktion braucht unter den gleichen Bedingungen nur knappe 3 Stunden für die Berechnung aller eindimensionaler Schnitte (nur noch 10 unabhängige Freiheitsgrade unter dieser Punktgruppe).

Glücklicherweise genügt für eine ausreichende Charakterisierung oft die Festlegung spezieller Punkte, die sog. "kritischen Punkte". Kritische (stationäre) Punkte sind z.B. Minima, Maxima und Sattelpunkte. Kennt man diese kritischen Punkte, ihre Nachbarschaftsbeziehungen sowie die Krümmung der Hyperfläche in diesen Punkten, so kann ein zusammenhängendes Netz chemischer Information gesammelt werden. Die Krümmung, mögliche Nachbarschaftsbeziehungen sowie prinzipiell in solchen Nachbarschaftsbeziehungen mögliche Reaktionswege werden in den nächsten Abbildungen dargestellt. Diese Prototypen lokaler Topologien treten unabhängig vom physikalischen Modell auf. Die Untersuchung von Simulationsresultaten auf Probleme, die einzelne dieser topologischen Prototypen verursachen können, ist essentiell für eine Aussage über die Relevanz der Ergebnisse. In diesem Kapitel soll aber nicht auf die Probleme von aktuellen numerischen Ausgestaltungen von Hyperflächen eingegangen werden. Dies ist Gegenstand von Kapitel 1.3.2.

Kritische Punkte sind dadurch charakterisiert, dass der Gradientvektor an diesen Punkten Null ist. In Abbildung 1.6 und Abbildung 1.7 ist ein Ausschnitt aus einer allgemeinen dreidimensionalen Hyperfläche zu sehen. Zwei Sorten von speziell interessanten, stationären Punkten sind darin markiert – die Minima M und ein Sattelpunkt Ü. Minima sind dadurch charakterisiert, dass die potentielle Energie bei einer infinitesimalen Auslenkung aus dieser Lage immer steigt. Die Matrix der zweiten Ableitungen (Hesse-Matrix) an dieser Stelle zeigt für allgemeine Moleküle 6 negative Eigenwerte für Rotation und Translation (5 negative Eigenwerte für lineare Moleküle). Jedes lokale Minimum einer Born-Oppenheimer-Hyperfläche stellt beim absoluten Nullpunkt der Temperatur eine lokale, stabile Molekel dar. Die zu einem solchen Minimum gehörende Konformation heisst eine r_e-Struktur der betreffenden BO-Molekel. Sattelpunkte (auch Übergangszustände oder Übergangskomplexe genannt) haben genau wie BO-Molekeln eine wohldefinierte Konformation, sind aber nur bedingt stabil (instabil in einer Richtung) und spielen in der chemischen Kinetik eine wichtige Rolle. Die Hesse-Matrix an Sattelpunkten unterscheidet sich von jenen von Minima dadurch, dass mindestens ein weiterer negativer Eigenwert vorhanden ist. Nebst dem üblichen Sattelpunkt mit einem zusätzlichen Eigenwert können auch Sattelpunkte mit mehreren zusätzlichen negativen Eigenwerten existieren. Solche Sattelpunkte können Übergangszustände darstellen, wo mehrere Produkte vom gleichen Übergangszustand erreicht werden. Gewöhnliche Sattelpunkte und ein Sattelpunkt mit 4 Ausgängen sind in Abbildung 1.9 und Abbildung 1.10 dargestellt.

In Sattelpunkten sind Normalkoordinaten mit negativer Kraftkonstante Reaktionskoordinaten. Sie beschreiben die Richtung, in welche das System aus diesem speziellen stationären Punkt heraus zerfällt. So beginnt eine Reaktionskoordinate an einem Sat-

1. Eohippus = Urpferdchen im Eozän mit noch fünfstrahligen Gliedern, Grösse etwa die eines Terriers.

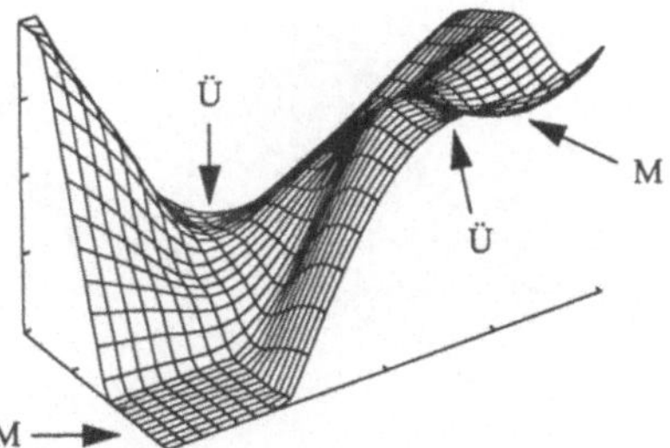

Abbildung 1.6 Dreidimensionale Hyperfläche mit zwei Minima (M) und einem Übergangszustand (Ü).

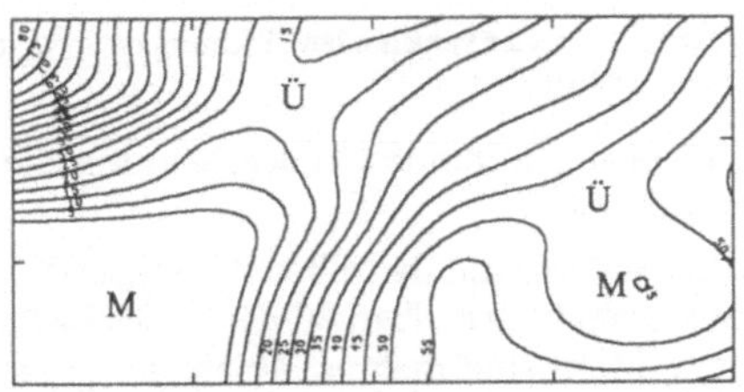

Abbildung 1.7 Gleiche Hyperfläche wie in Abbildung 1.5 als Contourplot.

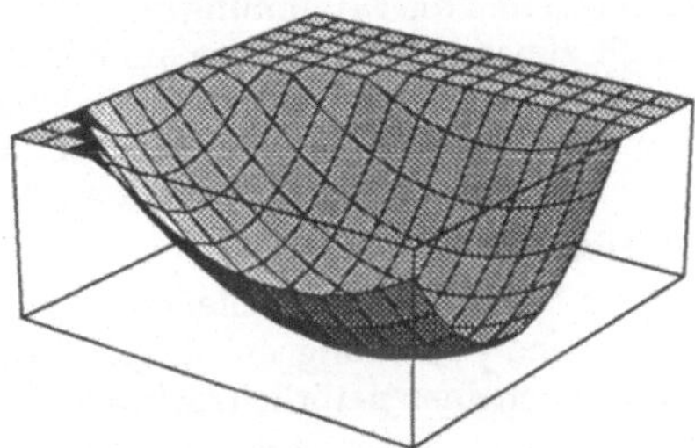

Abbildung 1.8 Einfaches Minimum. Bei einer Auslenkung der Minimumslage steigt die Energie immer an.

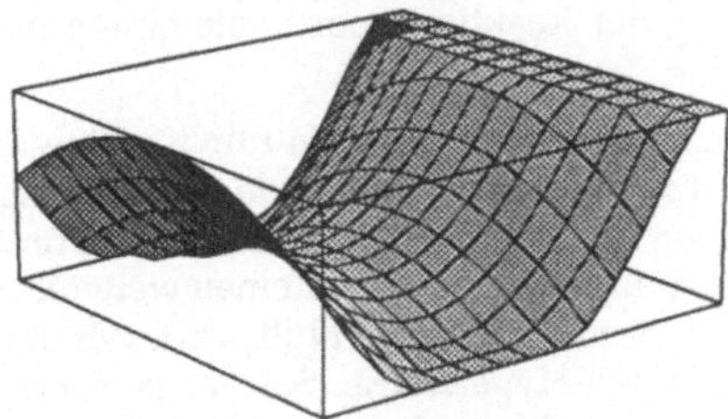

Abbildung 1.9 Normaler Sattelpunkt, der sich im "Gleichgewicht" mit je einem Eduktraum und einem Produktraum befindet.

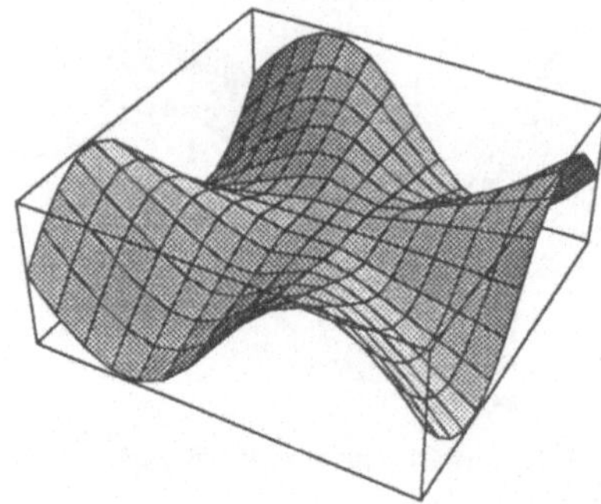

Abbildung 1.10 Übergangszustand, der in vier verschiedene Richtungen zerfallen kann. (In der Realität sicherlich ein kaum vorkommender Fall.)

telpunkt und endet in einem lokalen Minimum in der Richtung einer zu diesem Minimum gehörigen Normalkoordinate.

Eine molekulare Reaktion, die auf ein und derselben BO-Hyperfläche abläuft, d.h. deren eine oder mehrere Trajektorien in derselben BO-Hyperfläche liegen, werden adiabatische Reaktionen genannt. Meist sind mehrere adiabatische Reaktionswege möglich. Häufig erlauben Plausibilitätsbetrachtungen eine Auswahl der möglichen Reaktionswege. Für solche Plausibilitätsbetrachtungen notwendig sind Kenntnisse über die Nachbarschaftsbeziehungen und die Krümmung der Hyperfläche an den entsprechenden Stellen. Energetisch günstige Bewegungen auf der BO-Fläche von Edukten zu Produkten werden von einem lokalen Minimum durch Übergangszustände zu einem anderen lokalen Minimum führen. Gibt es mehrere, konkurrenzierende adiabatische Reaktionswege, so beschreiben die Energiedifferenzen der Übergangskomplexe die Verteilung auf konkurrenzierende Wege.

Abbildung 1.11 zeigt 4 lokale Minima mit verschiedener Krümmung im Punkt 0/0, wobei die Krümmungen in x- und y-Richtung jeweils gleich sind. Dies ist, wie in Abbildung 1.12 dargestellt, im allgemeinen natürlich nicht erfüllt.

Die Unterschiedlichkeit der Krümmung in zwei verschiedenen Richtungen ist vor allem bei der Betrachtung von Sattelpunkten sehr wichtig. So zeigt Abbildung 1.13 zwei Sattelpunkte, wobei der eine (1.13.a) in Richtung der Reaktionskoordinate eine kleine Krümmung und senkrecht dazu eine grosse Krümmung besitzt, währenddem derjenige in 1.13.b in Richtung der Reaktionskoordinate eine grosse Krümmung besitzt, senkrecht dazu eine kleine.

Minima sind dadurch charakterisiert, dass sie nur positive Kraftkonstanten in den Normalkoordinaten besitzen. Übergangszustände besitzen negative Kraftkonstanten zusätzlich zu den positiven in den Normalkoordinaten. Nimmt die Krümmung in einer Richtung immer weiter ab, so erreichen wir einen weiteren Spezialfall, in welchem die Kraftkonstante einer Normalkoordinate Null wird. Wir sprechen dann von degenerierten Punkten auf der BO-Hyperfläche. Solche degenerierte, stationäre Punkte sind in Abbildung 1.14 dargestellt: ein degenerierter Übergangszustand, ein degeneriertes Minimum, und ein ringförmig degeneriertes Minimum, wie sie z.B. bei Spin-

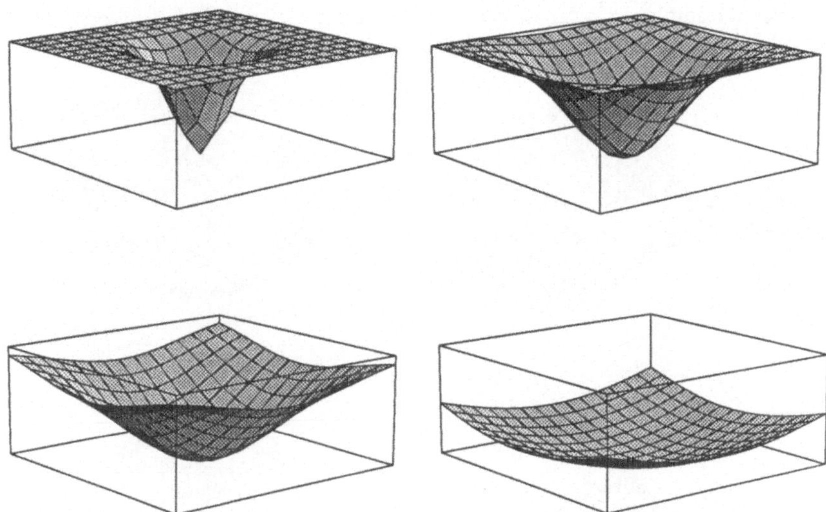

Abbildung 1.11 Minima mit unterschiedlicher, in jeweils zwei Richtungen gleicher Krümmung.

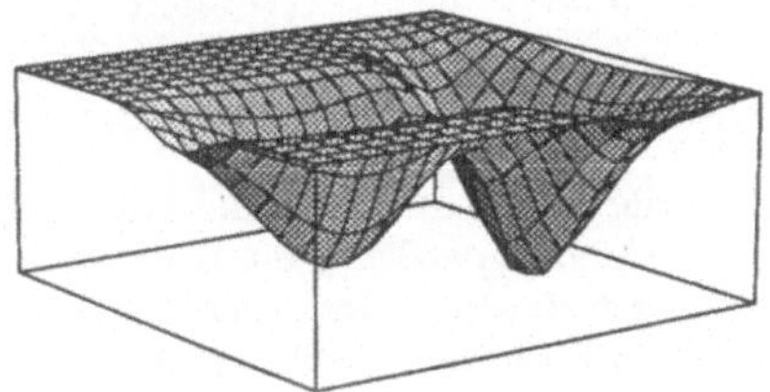

Abbildung 1.12 Zwei lokale Minima mit jeweils in x- und y-Richtung unterschiedlicher Krümmung.

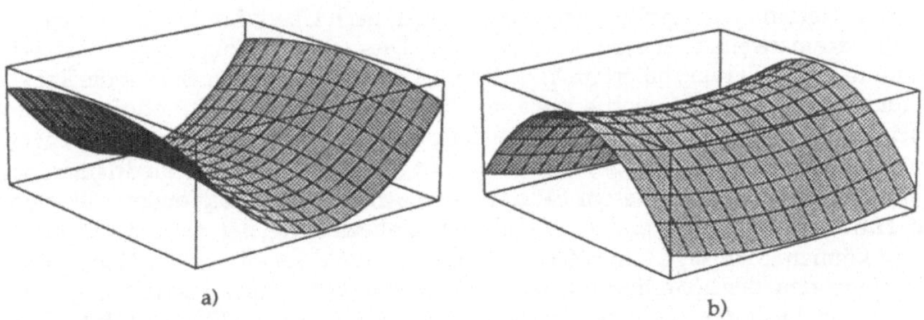

Abbildung 1.13 Sattelpunkte mit unterschiedlicher Krümmung entlang der Reaktionskoordinate und senkrecht dazu.

entarteten Komplexen in der anorganischen Chemie vorkommen (Stichwort: Jahn-Teller-Effekt). In Abbildung 1.14 ist zudem eine degenerierte Treppenstufe zu sehen.

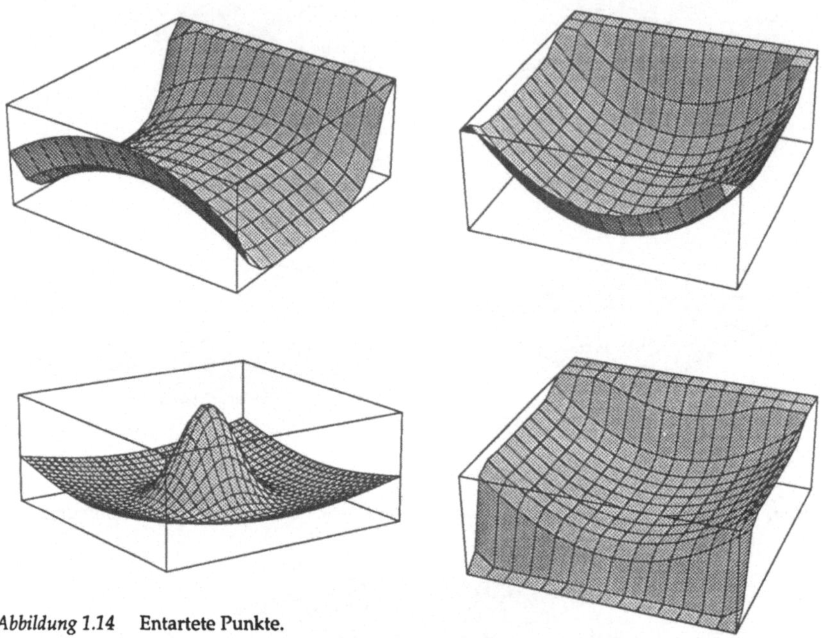

Abbildung 1.14 Entartete Punkte.

Ein weiterer Spezialfall wurde bereits in Abbildung 1.10 dargestellt, in dem im Zentrum jenes Ausschnitts aus einer Hyperfläche ein Sattelpunkt dargestellt ist, in dem mehrere Reaktionskoordinaten zu sehen sind. Ob ein solcher Fall (oder auch der nächst einfachere mit nur drei Reaktionskoordinaten) in der Realität überhaupt existiert, ist nicht klar. Eine Nachbarschaftsbeziehung, wie sie sicher vorkommen kann, ist in Abbildung 1.15 zu sehen, in der zwei Sattelpunkte als direkte Nachbarn zueinander angeordnet sind. So wird sich eine Reaktion, die in Abbildung 1.15 von links hinten startet und nach rechts vorne fortschreitet, nach Überschreiten des ersten Sattelpunktes am zweiten Sattelpunkt verzweigen. Dies wird zur Folge haben, dass zwei Produkte kinetisch kontrolliert im Verhältnis 1:1 entstehen werden. Startet die Reaktion aus einem der Minima vorne, wird die Produktverteilung zwei Produkte mit unterschiedlicher Häufigkeit zeigen, je nach dem, ob die Reaktion über den höher liegenden Sattelpunkt weiterschreitet, oder ob sie auf die andere Seite des niedrigeren Sattelpunktes weitergeht. In diesem Falle wird die Analyse der Reaktionsprodukte keinen Hinweis auf die besondere Nachbarschaftsbeziehung der zwei Sattelpunkte zeigen können. Man sagt, der tieferliegende Sattelpunkt sei ein starker Nachbar des höherliegenden, der höherliegende ist aber kein starker Nachbar des tieferliegenden. Diese Möglichkeit der direkten Nachbarschaft ist eine spezielle Eigenschaft von Sattelpunkten. Die gleiche Nachbarschaftsbeziehung ist für Minima oder Maxima nicht möglich: Minima sind immer durch Sattelpunkte, Maxima durch Sattelpunkt oder Minima voneinander separiert.

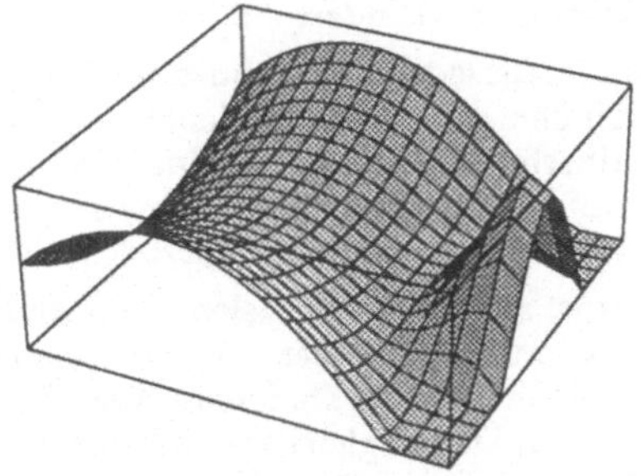

Abbildung 1.15 Direkt benachbarte Sattelpunkte.

1.1.3 Wege minimaler Energie und intrinsische Reaktionskoordinaten

Das Konzept von Reaktionswegen, die lokale Minima durch Übergangszustände miteinander verbinden, ist in der Chemie sehr erfolgreich. Dabei existieren gewisse spezielle Wege auf der Hyperfläche, die in den meisten semiklassischen Modellen eine herausragende Wichtigkeit besitzen. Speziell sind dies Wege, die kritische Punkte miteinander verbinden oder die selber extreme oder stationäre Eigenschaften besitzen.

Zwei wichtige Typen von fundamental unterschiedlichen Wegen müssen dabei unterschieden werden: Da ist zuerst der Weg der geometrischen Änderungen, ein Weg, der im n-dimensionalen Raum der Kernkoordinaten eingebettet ist. Der zweite Typ ist der entsprechende Relief-Weg auf der Energiehyperfläche, eingebettet im n+1-dimensionalen Raum. Dieser Raum wird aus dem geometrischen Raum erhalten, indem jeder Punkt mit einer ihm entsprechenden Energie ausgezeichnet wird. Der Reliefweg enthält eine formale Energiekomponente. Präziser ausgedrückt, ist dieser n+1-dimensionale Raum der Produkt-Raum aus dem Raum der Kernkoordinaten und einem 1-dimensionalen Raum für die skalare Quantität Energie. Abbildung 1.16 zeigt die Verwandtschaft dieser zwei Wege.

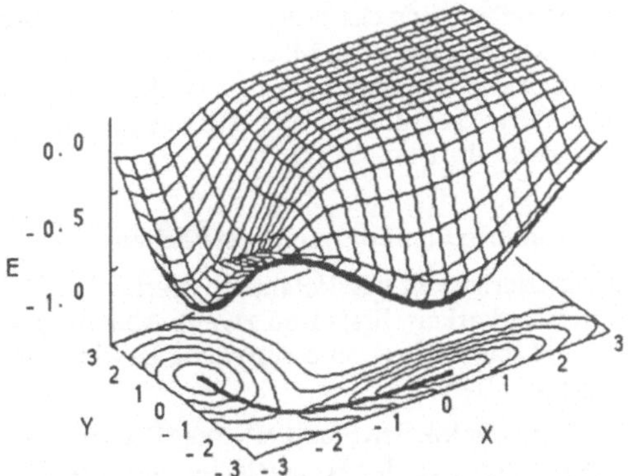

Abbildung 1.16 Reaktionskoordinate im Konfigurationsraum (X, Y) und dazugehöriger Reliefweg in (X, Y, E).

A. Der Weg steilsten Abstiegs und andere stationäre Wege

Der Weg steilsten Abstiegs ist für jeden nicht-kritischen Punkt einer Hyperfläche als derjenige Weg definiert, der dem negativen Gradienten folgt. Die Extremalpunkte eines solchen Weges sind kritische Punkte, d.h. Sattelpunkte, Minima und Maxima, da dort der Gradient verschwindet. Eine prinzipielle Schwierigkeit stellt dabei das Auftreten von Extremalpunkten dar, an denen die Hyperfläche nicht differenzierbar ist.

Der Weg steilsten Abstiegs ist nur einer von vielen stationären Wegen. Dabei ist die Stationarität durch die Forderung, dass der Weg in jedem Punkt senkrecht zur Äquipotentiallinie steht, definiert. Andere stationäre Wege führen entlang der Isopotentiallinien oder verbinden Punkte mit gleicher Gradientennorm usw. Von besonderem Interesse sind auch Wege minimaler Energieänderung, wie z.B. der Weg entlang einer Talsohle.

B. Wege steilsten Abstiegs und intrinsische Reaktionskoordinaten

Wege des steilsten Abstiegs und verschiedene stationäre Wege sind aufgrund geometrischer Eigenschaften der Potentialhyperfläche definiert, ohne Berücksichtigung der chemischen Natur der Koordinaten, die entlang des Weges dominieren. In vielen Untersuchungen wird diese strikte Definition aber nicht angewendet, sondern der Weg minimaler Energieänderung wird innerhalb eines Koordinatensystems behandelt, das dem aktuellen Problem angepasst ist (z.B. ein internes, symmetrieadaptiertes Koordinatensystem). Solche Analysen sind immer durch chemisches Wissen und chemische Intuition gewichtet und die Gefahr besteht, dass Reaktionswege, die zu unbekannten oder unerwarteten Reaktionskanälen gehören, übersehen werden. Viele der damit auftretenden Unsicherheiten mit dem chemischen Konzept von energieärmsten Wegen könnten durch die Anwendung von rein geometrisch definierten Wegen auf Potentialhyperflächen vermieden werden. Der intrinsische Reaktionsweg nach Fukui[1] ist derjenige Weg minimaler Energie, der zwei Minima durch einen Sattelpunkt verbindet. Dieser Weg ist zusammengesetzt aus zwei Wegen steilsten Abstiegs in einem massegewichteten Koordinatensystem, die am Sattelpunkt zusammentreffen. Am Sattelpunkt ist der Weg gegeben durch den negativen Eigenvektor der Hesse-Matrix. Meist, aber nicht immer, nähert sich der Weg des steilsten Abstiegs den Minima entlang derjenigen Eigenvektoren der Hesse-Matrix, welche die kleinste Krümmung der Minima repräsentieren. In der jüngeren Literatur ist der Term des Weges minimaler Energieänderung normalerweise mit dem Weg entlang einer intrinsischen Reaktionskoordinate nach Fukui verknüpft.

C. Differentielle Geometrie von Energiehyperflächen

Kontinuität und Differenzierbarkeit von Potentialhyperflächen liefern eine natürliche Basis für ihre Charakterisierbarkeit. Erste und zweite Ableitung, d.h. Gradientvektor und Hesse-Matrix von Hyperflächen, sind nützliche Beschreibungen von chemisch wichtigen lokalen Eigenschaften.

Wichtig für die Beurteilung der lokalen Stabilität eines Reaktionsweges auf einer Energiehyperfläche ist die Betrachtung der Hyperfläche und ihre Einteilung in konkave

1. K. Fukui: J. Phys. Chem., **74**, 4161 (1970).

und konvexe Gebiete[1]. Verläuft ein Reaktionsweg in einem von oben konkaven Gebiet, so wird jede Verschiebung der Kernkoordinaten senkrecht zum Reaktionsweg zu einer Energieerhöhung führen. Dieser Reaktionsweg ist somit stabil. Es ist eine ganz analoge Betrachtung zu derjenigen von Energieminima. Punkte auf der Reaktionskoordinate werden somit zu lokalen Minima mit Nebenbedingung.

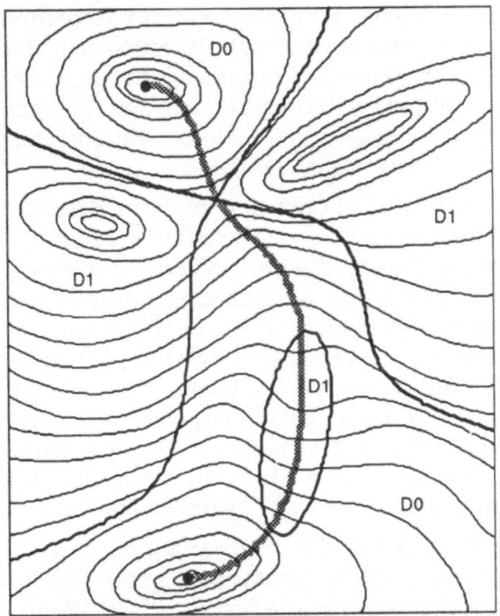

Abbildung 1.17 Konkave (D_0) und konvexe (D_1) Gebiete. Der stationäre Weg verbindet zwei Minima und durchläuft ein metastabiles Gebiet.

Reaktionswege können durch instabile Zonen, d.h. von oben konvexe Zonen, führen, wenn im Übergangspunkt von konkaver zu konvexer Domäne die Richtung des Weges steilsten Abstiegs mit derjenigen des stationären Weges senkrecht zu den Äquipotentiallinien übereinstimmt. Dies wird solange keinen Einfluss auf die Produkt-Verteilung haben, als entweder kein Verschieben von Kernkoordinaten vom Reaktionsweg (d.h. kein Abgleiten des Reaktionsweges in stabilere Täler) stattfindet, oder aber dass die erreichten Täler zum gleichen Minimum führen. Diese zweite Möglichkeit ist in Wirklichkeit mit vibrierenden Molekülen die einzig reale. Konkave Strukturen können in der Berechnung von Reaktionswegen zu Artefakten führen, indem sie in der Simulation Reaktionen in Seitentälern aufsteigen lassen, die zu unrealistisch hohen Übergangszuständen führen.

1.1.4 Zusammenfassung der Teilaspekte des chemischen Problems

Die Charakterisierung der Energiehyperfläche einer Molekel alleine genügt für die Beurteilung ihres Verhaltens nicht. Die Eigenschaften der Energiehyperfläche gehören

1. P.G. Mezey: Potential Energy Hypersurfaces, Elsevier, 1987.

bei den meisten Berechnungen zu einer isolierten Molekel in der Gasphase. Für Überlegungen über Reaktivität und Stabilität müssen zusätzliche Kenntnisse über die Wechselwirkungen einer realen Molekel mit ihrer Umgebung beschafft werden.

Eine wichtige Eigenschaft ist die durchschnittliche Energie (Temperatur) dieser Umgebung (Wärmebad). Lokale Minima sind beim absoluten Nullpunkt reale Strukturen; dies aber nur dann, wenn mindestens ein vibratorisches Niveau (Nullpunktschwingung) vollständig innerhalb der Potentialmulde Platz findet. Bei Temperaturen über dem absoluten Nullpunkt muss für damit verbundene vibratorische Energie beurteilt werden, welche Minima stabil sein können, d.h. wie hoch die nächsten erreichbaren Übergangszustände energetisch über diesen Minima liegen, und welche anderen Minima so möglicherweise erreichbar sind.

Ein weiteres Problem von Simulationen besteht darin, dass die meisten für den Chemiker interessanten Prozesse in kondensierter Phase ablaufen. Die Dichte von Nachbarmolekülen ist dabei sehr hoch, entsprechend hoch ist die Anzahl von Multizentrenstössen. Solche Multizentrenstösse (Ankoppelung an ein Wärmebad) sorgen für eine sofortige Thermalisierung jedes einzelnen Reaktionsschrittes und bewirken durch die lokalen Eigenschaften der Stosspartner für eine Modifikation der Energiehyperfläche. Stabilität ist zudem für die Existenzfähigkeit einer Molekel wohl eine Voraussetzung, genügt aber alleine nicht. So ist H_2^+ zum Beispiel eine sehr stabile Molekel, die problemlos für unendliche Zeiten im Hochvakuum existieren kann. Gleichzeitig ist diese Molekel jedoch unter terrestrischen Bedingungen extrem reaktiv, da sie mit anderen Molekeln sehr schnell in wesentlich tiefer liegende Minima abreagieren kann.

In viskoser Phase ist die laufende Thermalisierung nicht der einzige, die Reaktivität beeinflussende Effekt. Ein weiterer grosser Beitrag zur Totalenergie wird durch die Solvatation geliefert, welche sowohl die Solvens/Solut Wechselwirkungsenergie als auch die Energie für die Reorganisation des Solvens enthält. Diese Art von Solvatation kann als Wechselwirkung eines "Gasphasenmoleküls" mit einem Lösungsmittelkäfig durch schwache Kräfte und dadurch verursachte konformationelle Änderungen verstanden werden. Die Grösse der Solvatationsenergie kommt dabei im wesentlichen durch die grosse Anzahl der reorganisierten Wechselwirkungen im Lösungsmittel zustande. Daneben sind aber auch starke Wechselwirkungen zwischen Molekül und einzelnen Lösungsmittelmolekülen möglich, welche besser mit der Formulierung eines "neuen" Moleküls verbunden werden sollten. Nur so sind "zwitterionische" Spezies realisierbar. Wichtig ist diese spezifische Solvatation vor allem für Übergangszustände von Reaktionen, die klassisch zwitterionisch geschrieben, physikalisch aber nicht so realisiert werden.

Zusammenfassend kann gesagt werden, dass das Studium der Energiehyperfläche von Molekeln wesentliche Erkenntnisse über ihr strukturelles und kinetisches Verhalten liefern kann. Die Relevanz gewisser Aussagen muss jeweils im Lichte der Umgebungsbedingungen beurteilt werden. Auf jeden Fall wird es niemand, der Aussagen über molekulare Eigenschaften machen möchte, vermeiden können, sich zuerst mit der intrinsischen Struktur von Molekeln auseinanderzusetzen.

1.1.5 Verletzungen der BO-Approximation

Wie schon kurz erwähnt, erlaubt erst die BO-Approximation die Formulierung einer Energiehyperfläche als Funktion von Positionsvariablen. Die BO-Approximation hat als Grundlage die grosse Massedifferenz zwischen Elektronen und Kernmasse. Dies führt zu einer Entkopplung von Kern- und Elektronenkoordinaten, indem die Elektronen jeglicher Bewegung der Kerne unmittelbar folgen können, während die Kerne zu träge sind, den Elektronen zu folgen. Die Kerne erscheinen damit als feste Materiepunkte im Raum, während die Elektronen als Wahrscheinlichkeitsverteilungen beschrieben werden. Dies ist für die meisten Kerne in den meisten chemischen Umgebungen richtig, indem die Wellenlängen der Wellenpakete, die Kerne beschreiben, um Grössenordnungen kleiner sind als diejenigen, die Elektronen beschreiben.

Es kann jedoch zu Verletzungen der BO-Approximation in verschiedenen Umständen kommen. Insbesondere werden leichte Kerne durch Wellenpakete grosser Wellenlängen beschrieben, d.h. ihre Position lässt sich schlechter als Position eines Materiepunktes beschreiben als diejenige von schweren Kernen. In der BO-Approximation geht man davon aus, dass die Kernwellenfunktionen innerhalb der Grenzen der Hyperfläche gefangen werden können. Das heisst, die Kernwellenfunktionen werden an den Potentialwänden der Energiehyperfläche reflektiert. Es muss dort eine Knotenebene existieren. Die Reflektion von Kernen kann nur dann vollständig sein, wenn die Potentialwand a) unendlich hoch, b) unendlich dick, und c) unendlich steil ist. In der Realität ist dies natürlich nicht erfüllt, d.h. die Materiewelle dringt etwas in den Potentialwall ein. Nähert sich ein Atom einer Stelle auf der Hyperfläche, wo der Potentialwall dünn wird, so ist es möglich, dass die Materiewellenfunktion innerhalb des Potentialwalls nicht verschwindet, d.h. dieser Kern hat jenseits des Walles eine endliche Aufenthaltsdichte. Daraus resultiert, dass er mit einer endlichen Wahrscheinlichkeit jenseits des Walles erscheinen wird.

Dieses Phänomen wird als quantenchemisches Tunneling bezeichnet und ist für leichte Kerne wesentlich ausgeprägter als für schwere. Reaktionen, die in der Nähe des Übergangszustandes von Tunneling begleitet sind, laufen wesentlich rascher ab, als aufgrund der Energiedifferenz von Übergangszustand und Grundzustand erwartet werden kann. Solche Reaktionen können bei tiefer Temperatur eine endliche und konstante (temperaturunabhängige) Reaktionsgeschwindigkeit zeigen.

1.1.6 Diabatische Reaktionen

Der Prozess, der es einem Molekül ermöglicht, von einer Zustandsoberfläche strahlungsfrei auf eine andere Zustandsfläche zu wechseln und dort weiterzureagieren, oder auch zu dissoziieren, ist mit dem Tunneling verwandt. Die meisten Chemiker kennen eine andere diabatische Reaktionen wesentlich besser: die photochemischen Prozesse. Dabei wird durch Photonenbeschuss dafür gesorgt, dass ein Molekül, das sich in einem lokalen Minimum befindet, die BO-Hyperfläche wechselt. In diesem angeregten Zustand wird sich das Molekül in der Regel nicht in einem lokalen Minimum befinden und darum auf der neuen Hyperfläche relaxieren. Zudem kann neben der Stabilität auch die Reaktivität einer solchen Molekel vollständig verschieden sein. Konzeptionell müsste die Simulation derartiger Systeme keine grösseren Schwierigkeiten bedeuten als diejenigen von Grundzustandsmolekeln. Da es sich dabei aber meist um open shell Systeme mit ungepaarten Elektronenspins handelt, können sie nur mit grossem Aufwand theoretisch adäquat behandelt werden.

1.1.7 Numerische Darstellung der geometrischen Struktur

Bis jetzt wurde noch nichts über die konkrete numerische Darstellung von realen Strukturen gesagt. Für diese Darstellung stehen prinzipiell zwei Gruppen von Koordinatensystemen zur Verfügung, nämlich die globalen und die lokalen Koordinatensysteme.

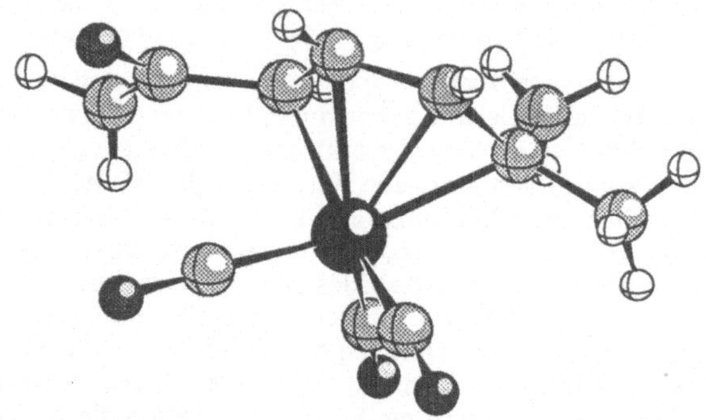

```
TIT    6-METHYL-3,5-HEPTADIEN-2-ONE-FE(CO)3
CELL 9.083 11.791 11.856 97.83 95.36 99.90
ATOM   FE    .55169   .30250   .58864       FE    3.74586   2.43476   6.86413
ATOM   C1    .17823   .11017   .39380       C1    0.95940   0.55788   4.59210
ATOM   C2    .26957   .22938   .40605       C2    1.53381   1.92011   4.73495
ATOM   O2    .20959   .31351   .40498       O2    0.81965   2.89927   4.72247
ATOM   C3    .43481   .24073   .42243       C3    2.99353   2.02192   4.92595
ATOM   C4    .52655   .35336   .43069       C4    3.58934   3.31503   5.02227
ATOM   C5    .67894   .37523   .47218       C5    4.88321   3.49301   5.50608
ATOM   C6    .75447   .28565   .50248       C6    5.71729   2.39696   5.85942
ATOM   C7    .90480   .32375   .57606       C7    6.92401   2.70465   6.71743
ATOM   C8    .75015   .17299   .42276       C8    5.99472   1.23449   4.92980
ATOM   C9    .54905   .16138   .62918       C9    3.96306   0.72129   7.33686
ATOM   O9    .54783   .07068   .65056       O9    4.11217  -0.37142   7.58618
ATOM   C10   .65956   .38948   .71356       C10   4.41097   3.21611   8.32082
ATOM   O10   .72257   .44506   .79551       O10   4.77986   3.71149   9.27644
ATOM   C11   .38704   .34726   .64010       C11   2.10261   2.86035   7.46420
ATOM   O11   .28608   .37687   .67699       O11   1.08471   3.13667   7.89438
```

Abbildung 1.18 Kristallkoordinaten (links) und entsprechende kartesische Koordinaten (rechts) eines Eisenkomplexes (nur die Schweratomlagen). Die "CELL"-Linie enthält die Achsenlängen a, b, c und die Winkel zwischen den Achsen α, β, γ.

Unter den globalen Koordinatensystemen sind nur zwei für die Darstellung von Molekülen von Bedeutung: die kartesischen und die Kristallkoordinaten. Kristallkoordinaten sind in diesem Zusammenhang nur als Datenressourcen interessant. In beiden Koordinatensystemen wird jedem Atom ein Zahlentripel zugeordnet, das seine Position im jeweiligen Koordinatensystem festlegt. Das Koordinatensystem selber wird durch die Länge von drei Vektoren und den drei Winkeln zwischen diesen Vektoren beschrieben. In den kristallographischen Koordinatensystemen heissen diese Grössen normalerweise a, b und c, bzw. α, β und γ. Das kartesische Koordinatensystem unterscheidet sich vom kristallographischen nur dadurch, dass alle drei Vektoren Einheitsvektoren sind und die Winkel α, β und γ alle 90° betragen. Es handelt sich um ein sogenanntes orthonormiertes System. Als Beispiel sind in Abbildung 1.18 beide Typen von Koordinaten für denselben Eisenkomplex nebeneinander dargestellt.

Beide Koordinatensysteme haben für die Simulation von Molekülen allerdings den grossen Nachteil, dass für ein Molekül mit n Atomen 3n Koordinaten existieren. Ein nichtlineares Molekül besitzt jedoch nur 3n-6 interne Freiheitsgrade, was zur Folge hat, dass während einer Geometrieoptimierung 6 Freiheitsgrade (uneigentliche Freiheitsgrade) mitoptimiert werden. Dies führt zu einer Verlängerung der einzelnen Optimierzyklen und meist zu einer Erhöhung der benötigten Zahl von Zyklen.

Bei lokalen, internen Koordinaten existiert dieser Nachteil nicht. Deren Koordinatenursprung sitzt immer auf einem der Atome oder ist durch eine Beziehung zwischen Atomen definiert. Auch Richtungen der internen Koordinatensysteme werden durch Beziehungen zwischen Atomen definiert. Damit entfallen die translatorischen und rotatorischen Freiheitsgrade. Eine Simulation in internen Koordinaten muss nur die notwendigen 3n-6 internen Freiheitsgrade berücksichtigen. Interne Koordinatensysteme verwenden eine Sequenz von lokalen geometrischen Daten. Das am häufigsten eingesetzte lokale Koordinatensystem ist sicherlich die sog. Z-Matrix, wobei der dem Chemiker geläufige molekulare Graph als Route durch das Molekül und zur Beschreibung seiner geometrischen Eigenschaften verwendet wird. Die dabei zur Anwendung kommenden "natürlichen" Koordinaten sind Bindungslängen, Bindungswinkel und Diederwinkel (Abbildung 1.19).

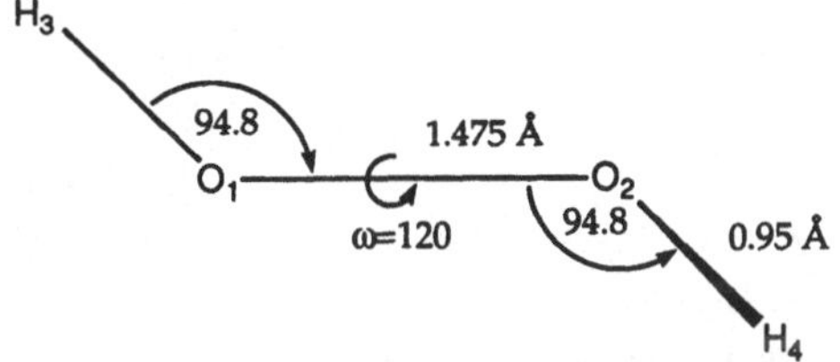

Interne Koordinaten:

A	d(A,B)	α(A,B,C)	ω(A,B,C,D)	n_B	n_C	n_D
O1	0.000	0.0	0.0	0	0	0
O2	1.475	0.0	0.0	1	0	0
H3	0.950	94.8	94.8	1	2	0
H4	0.950	94.8	94.8	2	1	3

Kartesische Koordinaten:

A	x_A	y_A	z_A
O1	0.0000	0.0000	0.0000
O2	1.4750	0.0000	0.0000
H3	-0.0795	0.9467	0.0000
H4	1.5545	-0.4733	0.8198

Abbildung 1.19 Z-Matrix-Input und die entsprechenden kartesischen Koordinaten. Die Zahlen n_B, n_C und n_D definieren, wie die Werte für Distanz, Winkel und Diederwinkel zu verstehen sind. Beispielsweise wird die Position von H4 wie folgt bestimmt: die Distanz H4-O2 beträgt 0.95 Å, der Winkel H4-O2-O1 misst 94.8° und der Diederwinkel H4-O2-O1-H3 ist 120°.

Weitere zur Anwendung kommende interne Koordinatensysteme sind lokal symmetrieangepasste Koordinaten, wie z.B. die Normalkoordinaten der molekularen Schwingungen, oder aber auch einer idealisierten Punktgruppe des Moleküls angepasste Koordinatensysteme. Ein Satz von symmetrieadaptierten Koordinaten ist in

Abbildung 1.20 für ein Molekül mit C_{2v}-Symmetrie dargestellt. Für speziellere Probleme ist es manchmal von Vorteil, besser angepasste Koordinatensysteme, wie z.B. Zylinderkoordinaten (Abbildung 1.21) oder ähnliche, zu verwenden.

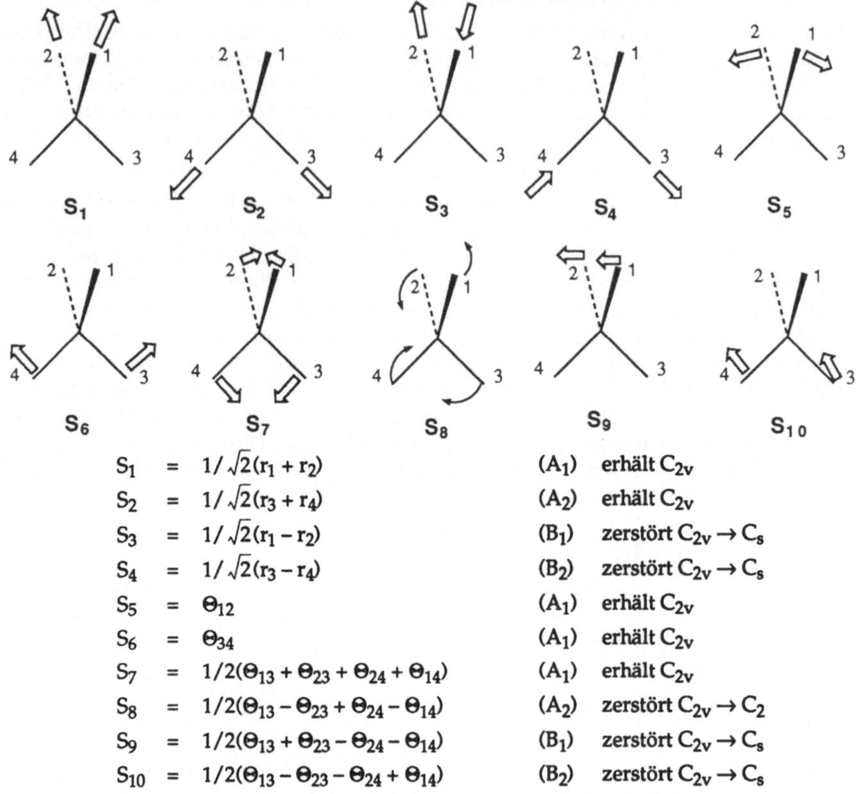

S_1	=	$1/\sqrt{2}(r_1 + r_2)$	(A_1)	erhält C_{2v}
S_2	=	$1/\sqrt{2}(r_3 + r_4)$	(A_2)	erhält C_{2v}
S_3	=	$1/\sqrt{2}(r_1 - r_2)$	(B_1)	zerstört $C_{2v} \rightarrow C_s$
S_4	=	$1/\sqrt{2}(r_3 - r_4)$	(B_2)	zerstört $C_{2v} \rightarrow C_s$
S_5	=	Θ_{12}	(A_1)	erhält C_{2v}
S_6	=	Θ_{34}	(A_1)	erhält C_{2v}
S_7	=	$1/2(\Theta_{13} + \Theta_{23} + \Theta_{24} + \Theta_{14})$	(A_1)	erhält C_{2v}
S_8	=	$1/2(\Theta_{13} - \Theta_{23} + \Theta_{24} - \Theta_{14})$	(A_2)	zerstört $C_{2v} \rightarrow C_2$
S_9	=	$1/2(\Theta_{13} + \Theta_{23} - \Theta_{24} - \Theta_{14})$	(B_1)	zerstört $C_{2v} \rightarrow C_s$
S_{10}	=	$1/2(\Theta_{13} - \Theta_{23} - \Theta_{24} + \Theta_{14})$	(B_2)	zerstört $C_{2v} \rightarrow C_s$

Abbildung 1.20 Beispiel für symmetrieadaptierte lokale Koordinaten für fünfatomige Fragmente mit C_{2v}-Symmetrie. Der Satz der 10 Symmetriekoordinaten ist redundant, da für solche Fragmente unter C_{2v} nur 9 Freiheitsgrade existieren.

Die meist verwendete Möglichkeit ist in Abbildung 1.22 an zwei Beispielen demonstriert. In diesen Beispielen wird auch der Einsatz von nichtrealen, sog. Dummy-Atomen demonstriert, die es einem wesentlich erleichtern, Symmetrie in einem atomaren Konfigurationsraum zu definieren. In Programmpaketen, welche vor allem für den Einsatz in der organischen Chemie gedacht sind, wird manchmal das erstgenannte Atom in den Nullpunkt gelegt, das zweite Atom in positiver Richtung auf die x-Achse und das dritte Atom wird in der x,y-Ebene bei positivem y-Wert plaziert. Dies führt bei planaren Systemen dazu, dass die Richtung der π-Orbitale parallel zur z-Achse ist, wodurch die p_z-Orbitale in MO-Rechnungen die π-Orbitale bilden, wie das der Konvention entspricht. Hat ein Molekül Symmetrie und möchte man Eigenschaften dieses

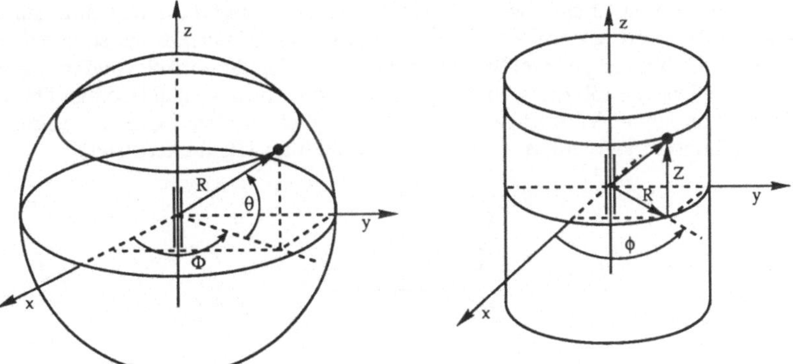

Abbildung 1.21 Mögliche Anwendungen von Kugel- (R,Φ,θ) resp. Zylinder-Koordinaten (R,Z,ϕ).

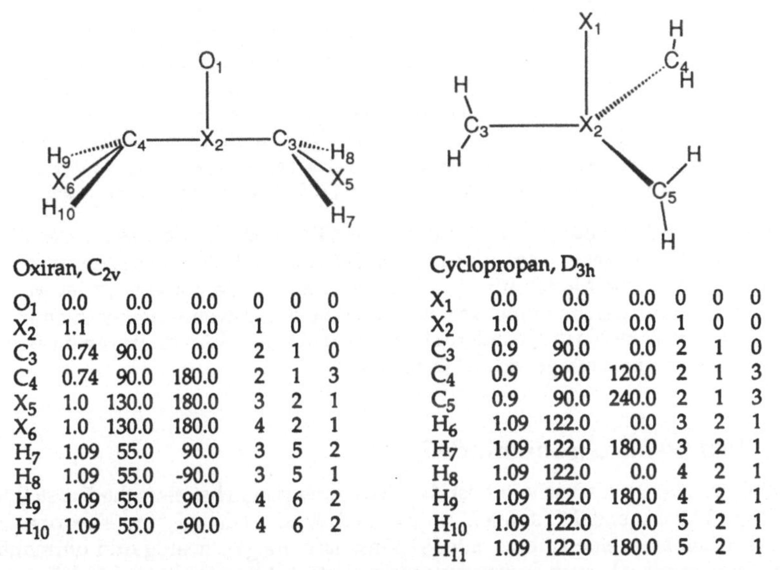

Oxiran, C_{2v}

O_1	0.0	0.0	0.0	0	0	0
X_2	1.1	0.0	0.0	1	0	0
C_3	0.74	90.0	0.0	2	1	0
C_4	0.74	90.0	180.0	2	1	3
X_5	1.0	130.0	180.0	3	2	1
X_6	1.0	130.0	180.0	4	2	1
H_7	1.09	55.0	90.0	3	5	2
H_8	1.09	55.0	-90.0	3	5	1
H_9	1.09	55.0	90.0	4	6	2
H_{10}	1.09	55.0	-90.0	4	6	2

Cyclopropan, D_{3h}

X_1	0.0	0.0	0.0	0	0	0
X_2	1.0	0.0	0.0	1	0	0
C_3	0.9	90.0	0.0	2	1	0
C_4	0.9	90.0	120.0	2	1	3
C_5	0.9	90.0	240.0	2	1	3
H_6	1.09	122.0	0.0	3	2	1
H_7	1.09	122.0	180.0	3	2	1
H_8	1.09	122.0	0.0	4	2	1
H_9	1.09	122.0	180.0	4	2	1
H_{10}	1.09	122.0	0.0	5	2	1
H_{11}	1.09	122.0	180.0	5	2	1

Abbildung 1.22 Z-Matrix-Input mit Dummy-Atomen. (Für weitere Beispiele siehe T. Clark: A Handbook of Computational Chemistry, John Wiley & Sons, 1985.)

Moleküls unter Anwendung der Symmetrieelemente seiner Punktgruppe diskutieren, so ist es nötig, mit Hilfe von Dummy-Atomen das Molekül so zu orientieren, wie es den international genormten Punktgruppentabellen entspricht (die Alternative ist, sich diese Gruppentabellen für die eigene Orientierung selber auszurechnen).

Trotz der Verwendung des molekularen Graphen als Orientierungshilfe, muss einem immer bewusst sein, dass die verwendeten Distanzen keine Bindung sein müssen. Die Z-Matrix, wie jedes andere Koordinatensystem, ist ein einfaches geometrisches Werkzeug, das nichts von Chemie weiss. Es ist nur möglich, damit die Beziehungen von Punkten im Raum zu beschreiben. Die drei Grössen des Z-Matrix-Input sollten darum besser nicht als Bindungslänge, Bindungswinkel und Diederwinkel, sondern als eine interatomare Distanz (ob diese einer Bindung entspricht oder nicht), einen Dreizentren-Winkel und einen Vierzentren-Winkel beschrieben werden. Der Einsatz eines allgemein definierten Vierzentrenwinkels ist in Abbildung 1.23 demonstriert.

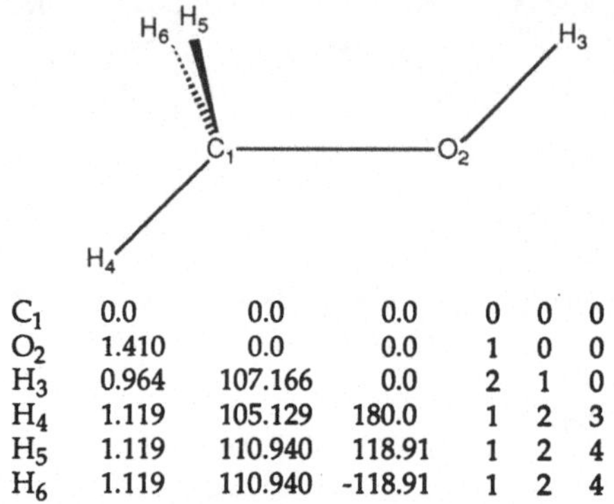

C_1	0.0	0.0	0.0	0	0	0
O_2	1.410	0.0	0.0	1	0	0
H_3	0.964	107.166	0.0	2	1	0
H_4	1.119	105.129	180.0	1	2	3
H_5	1.119	110.940	118.91	1	2	4
H_6	1.119	110.940	-118.91	1	2	4

Abbildung 1.23 Interne Koordinaten von Methanol. Man beachte die Verwendung des Vierzentrenwinkels für die Definition von H_5 und H_6 (vgl. Abbildung 1.19 für die Koordinatendefinitionen).

Die numerische Darstellung einer Struktur ist ein Problem, das Generieren der Werte ein anderes. Ob eine generierte Struktur "richtig" ist, hängt unter anderem davon ab, welches physikalische Modell für die anschliessende Simulation verwendet werden soll (Kap. 1.2) und welche numerischen Methoden zur Anwendung kommen sollen (Kap. 1.3.2). Der Generierung von Strukturen wird darum im Anschluss an dieses Kapitel ein eigener Abschnitt gewidmet (Kap. 1.4.2).

1.2 Das physikalische Modell

Das Ziel der Naturwissenschaften ist die strukturell möglichst einfache Darstellung komplexer Phänomene. Hilfsmittel, um dieses Ziel zu erreichen, sind Theorien und Modelle. Chemie ist eine ambivalente Wissenschaft, die gleichzeitig und untrennbar sowohl erkenntnis- als auch anwendungsorientiert ist. Abgesehen von Modellen und empirischen Skalierungsgesetzen im Chemieingenieurwesen, stehen der Chemie drei verschiedene Modelltypen zur Verfügung. Dies sind

a) statistische Modelle,
b) ad hoc Modelle und
c) aus Reduktion von Theorien entstehende Modelle.

Was ist ein Modell? Ein Modell ist eine Fiktion mit hinweisender Kraft auf die Wirklichkeit. Es ist eine Vorstellung, die, wenn sie wahr wäre, das Beobachtete erklären oder ein Problem lösen könnte. Diese Eigenschaft ist allen drei oben erwähnten Modellarten eigen. Im Zusammenhang mit dem Thema dieser Einführung ist sicher die

Welt der statistischen Modelle weniger interessant, obwohl sie im Rahmen der chemischen Problemlösung sehr wertvoll, vor allem praktisch brauchbar und anpassungsfähig sind. Statistische Modelle sind beispielsweise Namensreaktionen oder QSAR (Quantitative Structure Activity Relation). Namensreaktionen in der organischen Chemie geben an, welche Transformationen bestimmte strukturelle Einheiten unter ganz bestimmten Bedingungen eingehen können. Diese Art von statistischem Modell ist eine weitgehende Erfassung dessen, was Chemie an sich ist, sofern wir einer Charakterisierung von August Kekulé folgen wollen: "Chemie ist die Lehre von den stofflichen Metamorphosen der Materie. Ihr wesentlicher Gegenstand ist nicht die existierende Substanz, sondern vielmehr ihre Vergangenheit und ihre Zukunft."

Die Elemente eines solchen statistischen Modells der Chemie sind Prototypen des Verhaltens von Stoffen, wobei diese aus einer Vielzahl von experimentellen Befunden extrahiert wurden. Dabei erfolgt die Abstraktion nicht unbeeinflusst von der Vorbildung des Abstrahierenden, seinen theoretischen Modellen und seinem momentanen Interesse. Dies entscheidet im wesentlichen, welche Aspekte der Abstrahierende in der Lage ist zu sehen, und welche er im gegebenen Kontext als unwesentlich erachtet. Eine solche Abstraktion ist weder fundamental noch notwendigerweise richtig, sondern im besten Fall in einem Kontext zweckmässig. Diese letzte Aussage gilt jedoch nicht nur für statistische Modelle, sondern ist für jede Art von Modellbildung richtig.

Diese Definition von Prototypen ist für das menschliche Denken an und für sich nicht charakteristisch, da Prototypen als Mittelwert über eine grosse Anzahl von Beobachtungen erst zu einem späten Zeitpunkt gemacht werden können. Der Mensch hat für sein tägliches Leben einen viel kraftvolleren Weg zur Verfügung, indem er die Möglichkeit hat, von jedem Typ von Objekten das erste, das er kennenlernt, als Prototyp zu erkennen und alle späteren Beobachtungen als Differenzen zu diesem Prototyp darzustellen. Erst später wird sich dieser Prototyp langsam und fast unmerklich in den Prototyp im Sinne eines statistischen Modells umwandeln. Diese zweite Art von Prototyp ist ebenfalls weit verbreitet und kann sehr fruchtbar sein. Ich möchte ihn hier als "ad hoc Modell" in der Chemie bezeichnen.

Was uns an dieser Stelle aber vor allem interessiert, sind Modelle, die durch Reduktion aus Theorien entstehen. Was ist Reduktion?[1] Reduktion ist die These, dass komplizierte Naturerscheinungen prinzipiell immer durch das Wechselspiel einfacher Teilsysteme erklärt werden können. Um Reduktion durchführen zu können, muss eine logisch konsistente und empirisch richtige theoretische Vorstellung als Basis vorhanden sein. Der Versuch, statistische oder ad hoc Modelle zu reduzieren, ist sinnlos.

Die Atomistik hat zusammen mit der klassischen Mechanik von Newton zu fruchtbaren Modellen der Chemie geführt: zu den Kraftfeldmodellen. Die Newtonsche Punktmechanik hat einen sehr hohen Abstraktionsgrad. Ihre Anwendung auf die Molekül-Physik ist nur möglich, wenn wir davon ausgehen, dass Moleküle Objekte sind, auf welche diese Punktmechanik anwendbar ist. Für eine Anwendung der Mechanik auf Moleküle müssen wir die Existenz von unterschiedlichen und unterscheidbaren Teilchen (Atome in Molekülen), welche durch spezifische mechanische Kräfte (im einfachsten Fall harmonische Federn) zusammengehalten werden, *voraussetzen*. Die Kräf-

1. Ein lesenswerter Aufsatz zu diesem Thema stammt von H. Primas: Kann Chemie auf Physik reduziert werden? Chemie in unserer Zeit, 19, 109, 160 (1985).

te müssen nicht ausschließlich Paarpotentiale sein. Sie können durchaus von der relativen Position mehrerer Zentren gleichzeitig abhängen.

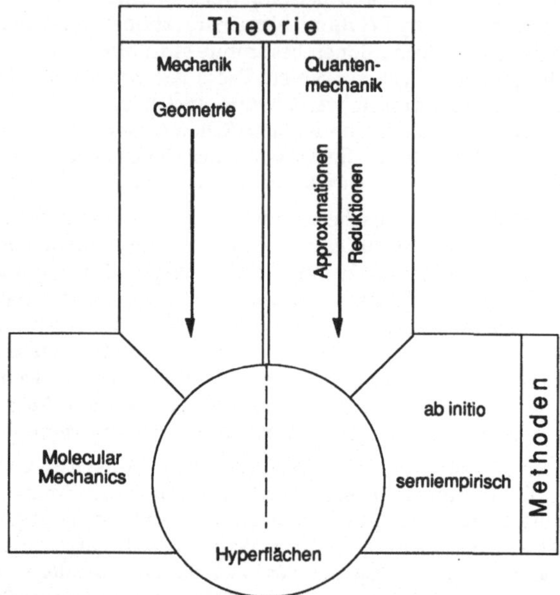

Abbildung 1.24 Verschiedene Theorien erzeugen verschiedene Hyperflächen, auch wenn gleiche Geometrieänderungen in gleichen Energieunterschieden resultieren.

Eine vollständig andere Welt ist jene der Quantenmechanik, in der die Form oder Geometrie eines Moleküls *nicht* aus ersten Prinzipien hergeleitet werden kann. Dieses Konzept muss durch sog. schwache Reduktion zusätzlich eingebracht werden. Es ist eine Reihe solcher Schritte nötig, bis die Quantenchemie formuliert ist, welche "chemische Konzepte" resp. Akzente enthält. Eine grundlegende Frage in diesem Zusammenhang ist, ob Chemie überhaupt auf Physik abgebildet werden kann. Während die Chemie die Lehre vom Verhalten der Materie ist, ist die Physik die Lehre von den fundamentalen Wechselwirkungen. Die vorangehende Frage kann also neu formuliert werden: Kann das Verhalten der Materie vollumfänglich aus einer einheitlichen Theorie der vier Wechselwirkungen erklärt werden? Obwohl wir heute sicher sind, dass es keine fundamentalen, spezifisch chemischen Kräfte gibt, ist obige Frage nicht einfach mit "ja" zu beantworten. Die numerische Quantenchemie versagt bei allen Problemen, die nicht in natürlicher Weise auf die Lösung einer molekularen Schrödinger-Gleichung zurückgeführt werden können. Zum Beispiel kann die Quantenchemie keine chemische Systematik hervorbringen, die auf Substanzklassen oder funktionellen Gruppen beruht. Es ist wohl möglich, Propanon, Butanon oder Benzophenon exakt zu berechnen. Es gibt jedoch keine Schrödinger-Gleichung für die Substanzklasse der Ketone. Als Naturwissenschafter dürfen wir nicht vergessen, dass das quantitativ Berechenbare immer nur ein kleiner Ausschnitt aus den qualitativ einsichtigen Phänomenen ist. Es braucht eine ganze Reihe von sog. "schwachen Reduktionen", um, ausgehend von den ersten Prinzipien der Quantenchemie, zu chemischen Aussagen zu kommen. Jeder dieser Schritte schafft eine eigene Realität, da bei schwachen Reduktionen qualitativ neue Strukturen in der nächsthöheren Organisationsebene entstehen, die nicht aufgrund der ersten Prinzipien der vorhergehenden erklärbar sind. Das heisst, dass diese Vorschriften von aussen in die Theorie hereingetragen werden, und es ist klar, dass eine so entstehende Theorie aspektabhängig sein muss. (Man beachte die Analogie zum Aufbau der Strukturhierarchie, Kap. 1.1.1.) Wir müssen mit einem aspektabhängigen Theorienpluralismus leben, so lange wir Phänomene mit handhabbaren Modellen ausreichend beleuchten möchten. Es ist undenkbar, dass die Natur von nur einer Theorie, welche einen Aspekt beleuchtet, abschliessend beschrieben werden kann.

Das kritiklose Mischen von Modellen und Theorien muss im Hinblick auf saubere Fragestellung und fundierte Beantwortung unbedingt vermieden werden. So ist z.B. die Energiehyperfläche eines Kraftfeldes keine BO-Hyperfläche, obwohl natürlich die Existenz von örtlich lokalisierbaren Atomkernen im Rahmen der Quantenchemie die BO-Approximation voraussetzt. In der klassischen Mechanik gibt es eine solche Approximation jedoch nicht. Als weiteres Beispiel mag der anomere Effekt dienen. In einem Kraftfeldmodell muss ein Kreuzterm zwischen Bindungslängen und Diederwinkel eingeführt werden, um diesen Effekt geometrisch richtig beschreiben zu können. Ein solcher Term ist die Erklärung für den Effekt innerhalb dieses Modells. Die manchmal gehörte Erklärung, ein solcher Term sei aufgrund der diederwinkelabhängigen Wechselwirkung von besetzten nichtbindenden und unbesetzten antibindenden Orbitalen notwendig, ist im Rahmen eines mechanischen Modells unsinnig. Diese, in der Sprache der Quasielektronentheorie formulierte Aussage beschreibt zwar den gleichen Sachverhalt, kann aber niemals Grundlage eines theoretisch vollständig andersgearteten Modells sein.

Die erzeugten Hyperflächen selbst haben im Prinzip nichts gemein (Abbildung 1.24), auch wenn sie im Bereich "normaler" Geometrien die gleiche Form aufweisen können. In den Kraftfeldmodellen wird Atommultipeln eine durch klassische, mechanische Kräfte erzeugte Energie zugeordnet, wobei die Atome in einem Molekül durch ein Bindungsnetzwerk zu den entsprechenden Multipeln zusammengefasst werden. Das Bindungsnetzwerk gehört unveränderbar zu einem Molekül und die Distanzgeometrie erzeugt die zu diesem Netzwerk gehörigen Energien. Die Geometrieoptimierung sucht nach jener Geometrie, welche für das vorgegebene Netzwerk die kleinste Energie besitzt. Das Bindungsnetzwerk bleibt aber immer unangetastet. So müssen in einem Kraftfeldmodell für alle 217 klassisch schreibbaren Moleküle für C_6H_6 (vgl. Abbildung 1.2) entsprechende lokale Minima existieren. Im Gegensatz dazu existiert in der Welt der Quantenchemie kein Bindungsnetzwerk. Die Molekel ist durch Zahl und Art der Atomkerne, Elektronenzahl und Multiplizität sowie die aktuelle Geometrie definiert. Ein Bindungsschema muss nach einer Geometrieoptimierung erst in das Resultat hineininterpretiert werden.

Die Verschiedenheit der Hyperflächen lässt sich sehr schön anhand einer Geometrieoptimierung von C_2H_4, wie sie in Abbildung 1.25 dargestellt ist, belegen. Ausgehend von der gleichen Startgeometrie, "findet" das Kraftfeldprogramm MM2 Ethylen als Lösung, während für das semiempirische MO-Programm AMPAC diese Startgeome-

trie zum Einfanggebiet von Acetylen + H_2 gehört. Auch das Problem in Abbildung 1.36 würde von einem Kraftfeldprogramm sicher "im Sinne" des Anwenders gelöst.

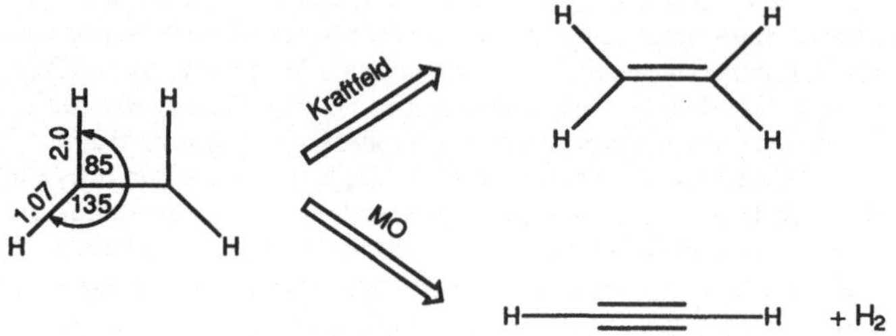

Abbildung 1.25 Unterschiedliche Eigenschaften von Hyperflächen von Kraftfeldern und von MO-Methoden.

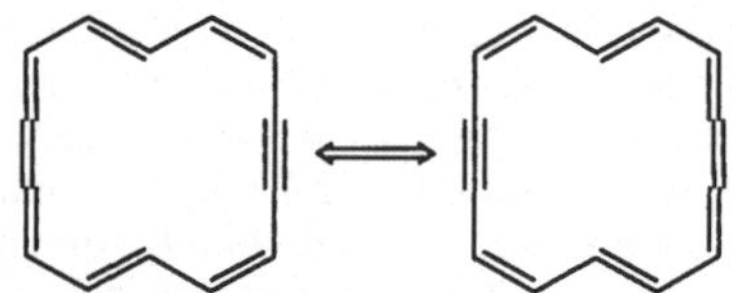

Abbildung 1.26 Resonanzstrukturen von 1,8-Bisdehydro[14]annulen.

Kraftfeldmodelle können, wie die obigen Beispiele zeigen, bezüglich der Absicht des Anwenders wesentlich stabiler sein als quantenchemische Modelle. Andererseits wird die Vorgabe eines Bindungsnetzwerkes die Berechnung von nicht klassisch schreibbaren Strukturen erschweren. Einfache, nur durch Resonanzstrukturen beschreibbare Moleküle wie Benzol, Naphtalin usw. können von einigen Programmen noch bewältigt werden (siehe 2.1.4.H). Der Atomtyp C,sp^2 wird dabei nicht verändert. Die D_{2h}-Symmetrie von 1,8-Bisdehydro[14]annulen wird aber schwierig zu verifizieren sein, da in diesem Falle C,sp^2 $\leftrightarrow$ C,sp "Umwandlungen" stattfinden müssten.

Modelle, welche für das Molecular Modelling verwendet werden, sind vor allem in den zwei schon erwähnten Sprachen geschrieben: klassische Mechanik und Quantenchemie. Je nach Aspekt, den man behandeln möchte, ist es nun wichtig, diejenige Theorie oder dasjenige Modell aus einer Palette der lokal verfügbaren Modelle auszuwählen, welche diesen Aspekt prinzipiell enthält. Es ist unsinnig, lokalisierte Orbitale mit einem mechanischen Modell diskutieren zu wollen, genau so, wie es unsinnig ist, die Gestalt von Molekülen mit einer quantenchemischen Methode behandeln zu wollen, welche nur erste Prinzipien kennt. Die Modelle, welche in der Sprache der klassischen Mechanik geschrieben sind, sind die sog. Kraftfeldprogramme, d.h. Programme, welche für die Berechnung der Energie in Abhängigkeit von strukturellen Parametern empirische Kraftfelder verwenden. Programme, welche die Sprache der Quantenmechanik verwenden, arbeiten meist auf der Stufe der absoluten Quantenchemie oder der Quasielektronentheorie. Konkrete Implementierungen solcher Modelle werden in den Kapiteln 2.1 und 2.2, zusammen mit den Problemen ihrer Anwendung und der Interpretation ihrer Resultate besprochen.

1.3 Die programmtechnische Realisierung

Ist für eine Simulation ein adäquates Modell gewählt worden, d.h. ein Modell, das prinzipiell die zu stellenden Fragen beantworten könnte und das in der zur Verfügung stehenden Implementierung die für das in Frage stehende Molekül benötigten Parameter enthält, ist es prinzipiell möglich, die gewünschte Antwort zu erhalten. Für eine erfolgreiche Modellrechnung genügt es jedoch nicht, das physikalische Modell dem Problem (der Frage) anzupassen. Eine weitere wichtige Komponente stellen die mathematischen Methoden dar, die in der programmtechnischen Implementierung realisiert sind. Erst wenn Problem, Modell und mathematische Methoden genügend "überlappen" (Abbildung 1.27), kann mit einer erfolgreichen Simulation gerechnet werden.

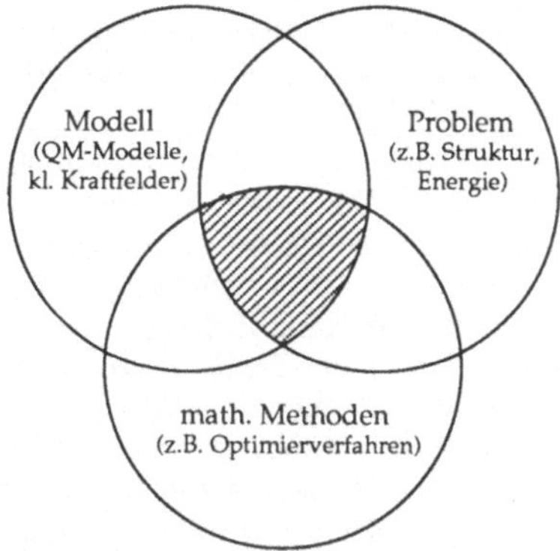

Abbildung 1.27 Problem, Modell und Methoden müssen einander entsprechen, um in der Lage zu sein, "richtige" Antworten zu erhalten.

Je nach Infrastruktur, welche die Informatikumgebung zur Verfügung stellt, kann auch eine Überlegung, auf welcher Rechnerarchitektur eine bestimmte Applikation implementiert werden soll, von Bedeutung sein. Dies beeinflusst die Geschwindigkeit, mit der ein bestimmtes Resultat erzeugt werden kann. Es ist durchaus nicht so, dass alle Programme auf eine Cray portiert werden müssen. Es gibt Probleme, die auf guten Skalarrechnern schneller laufen, als auf dem Vektorprozessor der Cray, und umgekehrt. Dies sind jedoch Überlegungen, die normalerweise nicht vom reinen Benützer angestellt werden müssen.

1.3.1 Die Benützeroberfläche

Wie schon erwähnt, gibt es *die* Molecular Modelling-Methode nicht. Es existiert vielmehr eine Ansammlung verschiedener Methoden, unter denen der Chemiker für sein spezifisches Problem wählen muss. Als ein Werkzeug des Chemikers muss das Molecular Modelling einige Voraussetzungen erfüllen. Werkzeuge müssen generell den Bedürfnissen der Anwender (des sog. "Endusers") angepasst sein. (Niemand wird eine Zange anschaffen, wenn er einen Hammer braucht.)

Um sich in einer Benützeroberfläche möglichst schnell zurechtzufinden, ist es nützlich, sich zu fragen, von welchem Benützermodell der Autor ausgegangen sein könnte. Das Benützermodell ist die Vorstellung des Autors von den Vorkenntnissen, die der Benützer mitbringen sollte, und von der Logik, in der er das Programmpaket einsetzen sollte.[1]

In vielen älteren Programmpaketen oder Einzelprogrammen sind explizite Überlegungen zum Benützermodell nicht enthalten. Das Benützermodell besteht dort vorwiegend aus den Eigenschaften, die der Autor selber hatte. Entsprechend verlangen solche Programme zum Teil intime Kenntnisse der Theorie. Die Handbücher sind teilweise so schlecht geschrieben, dass vom Benützer auch die Kenntnis erwartet werden muss, den Quellcode zu lesen und die notwendigen Informationen zu extrahieren. Für den Anfänger in Molecular Modelling, der weder die intimen Kenntnisse der Theorie mitbringt, noch in der Lage ist, selber grössere Systeme zu programmieren, noch entsprechenden Code zu lesen, sind solche Programme zumindest ohne Anleitung durch einen erfahrenen Benützer praktisch unbrauchbar.

Eine nächste Generation von Programmen waren eigentliche Einzelprogramme mit gut ausgebauten Postprocessing-Möglichkeiten, d.h. fest ins Programm eingebundene Module, welche die primär anfallenden Daten in die vom Benützer gewünschte Information umsetzen. Diese Programme (dazu gehören Produkte wie MM2, MOPAC, Gaussian, Gamess u.ä.) werden von Handbüchern begleitet, welche den Anfänger recht schnell in die Lage versetzen, eigene Probleme zu lösen. Sie beschreiben den Input in einer Art und Weise, die es unnötig macht, den Quellcode selber lesen zu können, und geben für verschiedene Anwendungen Musterinputs und einige Auskünfte über die implementierten Modelle. Die meisten grösseren Modellsysteme enthalten eine Vielzahl von Parametern, die von einem Anfänger nicht in genügendem Masse überblickt werden können, um einen fehlerfreien Input (im physikalischen Sinne) zu garantieren. Die meisten dieser Programmpakete arbeiten darum mit Standard-Parametern, d.h. viele Parameter, welche für die meisten Routineberechnungen immer die gleichen Werte besitzen, werden im Programm vordefiniert. Der Unterschied, resp. einer der Unterschiede zwischen den Programmpaketen kann sein, in welchem Umfang diese gesetzten Werte der fakultativen Kontrolle des Benützers unterstehen. Wichtig ist dabei vor allem, dass das Programmpaket den Benützer darauf aufmerksam macht, wenn Parameter zum Einsatz kommen, welche er nicht selber ausdrücklich gesetzt hat. Sonst wäre das Programm wohl für den Laien extrem einfach zu bedienen, würde es jedoch ermöglichen, unkontrolliert "Unsinn" zu produzieren. Es würde auch der Grundhaltung Vorschub leisten, Fehlschläge einem physikalischen Modell oder einem Programm anzulasten, da aufgrund der verlangten Inputdaten für den Benützer keine Möglichkeit besteht, den Fehler in nicht adäquaten Parametern zu suchen.

Kommerzielle Programmpakete umfassen meistens mehrere Programme und verwenden eine graphische Benützeroberfläche mit Menusteuerung. Neben der Erweiterung der Auswahlmöglichkeiten durch die Schaffung einer gemeinsamen In- und Outputsprache für verschiedene Programme unterscheiden sich diese graphischen Oberflächen in ihrem Benützermodell nicht wesentlich von den fortgeschrittenen "benützerfreundlichen" Programmpaketen. Auch hier gibt es solche, die erwarten, dass

1. A. Ventura, W. Schaufelberger: Die Notwendigkeit von Benützermodellen beim Entwurf von Programmen und Geräten. Projektzentrum IDA, ETH Zürich (1988).

der Benützer weitestgehend über die prinzipiellen Möglichkeiten der Modelle und des Programmpakets informiert ist. Die Menusteuerung bietet ihm vor allem den Komfort, alle Optionen in kurzer Form auf dem Bildschirm zu sehen und damit einen wesentlich besseren Überblick für mögliche Entscheide zu erhalten. Andere Benützeroberflächen bieten scheinbar weniger Möglichkeiten der Auswahl, indem sie im Laufe des Auswahlprozesses durch den Benützer gewisse Standard-Werte einfügen, d.h. seinen Entscheidungsprozess direkt beeinflussen. Hier sollte darauf geachtet werden, dass das Programm dem fortgeschrittenen Benützer zumindest die Möglichkeit belässt, weitere Optionen unter seine Kontrolle zu bringen. Manche Programmpakete bieten die Möglichkeit, zwischen Novizen- und Fortgeschrittenen-Menüs umzuschalten. Wünschenswert wären an und für sich Oberflächen, die sich wie Expertensysteme benehmen, d.h. wenn der Benützer eine Auswahl trifft, werden Parameter standardmässig gesetzt. Dem Benützer sollte sofort mitgeteilt werden, welche Parameter warum gesetzt wurden. Es sollte seiner Kontrolle überlassen sein, an dieser Stelle Parameter weiter zu verändern. Expertenschalen als Benützeroberflächen sind aber bis heute kaum verwirklicht.

Neben diesen prinzipiellen Problemen von Benützerschnittstellen richten sich die Aufmachung und die verwendeten Ausdrücke natürlich nach den Aufgaben, die mit einem entsprechenden Programmpaket vor allem gelöst werden können. So werden Programmpakete, welche vor allem Polypeptide und Biopolymere behandeln sollen, jene Aspekte implementiert haben, welche Biochemiker und bioorganisch orientierte Chemiker interessieren, und entsprechend werden die in diesen Disziplinen gebräuchlichen Vokabeln in der Benützeroberfläche erscheinen.

Molecular Modelling-Werkzeuge sollten auf die ausgeprägte Fähigkeit der Chemiker Rücksicht nehmen, chemische Eigenschaften auf Strukturformeln, d.h. Moleküle als Konstitution, abzubilden. Dieses Abbilden von Substanzeigenschaften auf Graphen ist einer der alltäglichsten Vorgänge für einen Chemiker. Insbesondere wird der organisch orientierte Chemiker solche Graphen sofort in Teilgraphen, die er funktionelle Gruppen nennt, unterteilen. Die Benützeroberfläche eines Molecular Modelling-Systems sollte darum diese Fähigkeit ausnützen und den Aufbau einer Molekel aus solchen Fragmenten erlauben. Ein Merkmal dieser Gruppen ist die Transferierbarkeit ihrer Eigenschaften, welche mindestens in einem ersten Schritt als Schätzwert für beginnende Simulationen berücksichtigt werden sollten. Da diese Eigenschaften und ihre Transferierbarkeit eine empirische Tatsache darstellen, ist damit gesichert, dass so definierte Ausgangspunkte einer Simulation physikalisch nicht vollständig sinnlos sind. Probleme können auftreten, wenn der Benützer innerhalb der Arbeit die Modellwelt wechseln möchte, um ein Detailproblem besser diskutieren zu können. Der Chemiker macht das oft recht unbewusst, so dass Schwierigkeiten auftreten können, wenn er einem Molecular Modelling-System Fragen stellt, die innerhalb des gewählten Modells nicht gestellt werden dürfen. Die Benutzeroberfläche eines Molecular Modelling-Systems sollte darum dem Benützer eine Auswahl von möglichen Richtungen für die Weiterbearbeitung zur Verfügung stellen, und nach einer Wahl unter diesen Möglichkeiten weitere "Submöglichkeiten" zur Verfügung stellen, damit die zulässige Modellwelt des gewählten Molecular Modelling-Systems nicht unbewusst verlassen wird. Dem Chemiker sollten mehrere Systeme, in denen unterschiedliche physikalische Modelle implementiert sind, zur Verfügung stehen, so dass er, dem Problem angepasst, unter diesen Modellen wählen kann. Darum ist es notwendig, dass diese Modelle klar unterschieden werden können und dass man auch darüber Bescheid weiss, welche Fragen innerhalb eines bestimmten Modells überhaupt sinnvoll sind. Wir werden im Rahmen dieser Einführung Modelle benutzen, die zwei grossen Familien angehören, nämlich ein Modell, das mit Hilfe der Gesetze der klassischen Mechanik geschrieben wurde, und zwei Programme, deren Modelle mit Hilfe der Quantenchemie geschrieben wurden. Da sowohl Mechanik als auch Quantenchemie zur Grundausbildung eines Chemikers gehören, können wir davon ausgehen, dass auf diese Grundkenntnisse zurückgegriffen werden kann.

1.3.2 Die numerischen Methoden (Minimizer)

Nach der Behandlung einiger Aspekte der Problemstellung wollen wir uns nun den Eigenschaften von mathematischen Methoden zuwenden, die es uns erlauben, Programme zu konstruieren, die sich auf BO-Hyperflächen zumindest halbautomatisch bewegen können. Nehmen wir an, es genüge, ausgehend von einer "chemisch sinnvollen" Start-Struktur das nächstgelegene lokale Minimum in einer Energiehyperfläche zu finden, um eine Molekülstruktur zu simulieren. Wir benötigen dazu Hilfsmittel, die nach der Berechnung der Energie an einem gegebenen geometrischen Ort voraussagen, in welche Richtung die Geometrie geändert werden muss, damit eine energetisch günstigere Atomanordnung erreicht werden kann. Solche Systeme sollen wegen der z.T. beträchtlichen Rechenzeit für die Ermittlung der Energie in einem einzelnen Punkt in möglichst wenigen Schritten ein lokales Minimum erreichen. Unnötige Suchschritte oder sogar Divergenz müssen wenn möglich vermieden werden. In den für Chemiker interessanten Programmen wird meist nur ein kleiner Satz der in der Literatur bekannten Optimieralgorithmen eingesetzt. Diese Verfahren wollen wir nun im einzelnen betrachten, wobei wir auch hier die mathematische Formulierung nicht verwenden werden, sondern auf das "empirische" Verhalten solcher Minimizer eingehen und darauf, wie man einen Fehler erkennen bzw. ausschalten kann. Vor allem müssen wir erkennen können, ob einem Resultat überhaupt eine physikalische Relevanz zukommen kann.

Eine eingehende Besprechung von Algorithmen und den ihnen zugrunde liegenden Ideen ist z.B. im Buch von Hoffmann und Hofmann zu finden[1]. Einige prinzipielle Probleme von Computeralgorithmen sind in kurzer Form auch bei Press et al.[2] zu finden.

Eine Reihe von Überlegungen zu Fehler, Präzision und Stabilität kann man jedoch unabhängig von der Art des verwendeten Algorithmus anstellen. Computer kennen eine Zahl nicht mit unendlicher Präzision, sondern speichern eine Approximation, welche in eine fest vorgegebene Anzahl von binären Digits (Bits) oder Gruppen von 8 Bits (Bytes) passen. Eine typische Wortlänge heutiger Computer ist 32 bit (4 Byte), wie nachstehend für die Zahlen 10^{-7}, 3 und $3+10^{-7}$ dargestellt.

---

1. U. Hoffmann, H. Hofmann: Einführung in die Optimierung, Verlag Chemie, 1971.
2. William H. Press, Brian T. Flannery, Saul A. Teukolsky and William T. Vetterling: Numerical Recipes. The Art of Scientific Computing, Cambridge University Press, 4. Aufl., 1988.

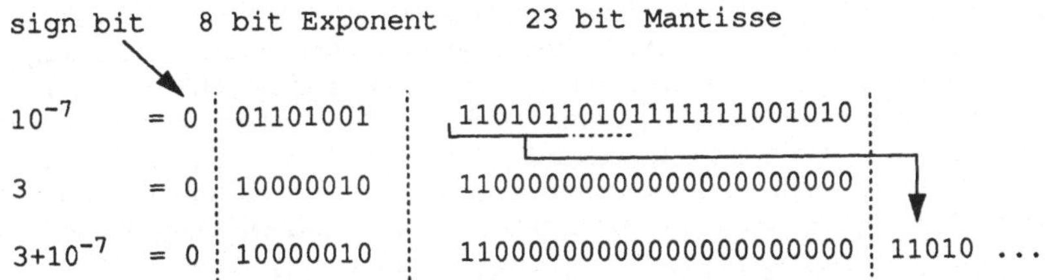

Die kleinste darstellbare Gleitkommazahl (floating point number) ist, wie das Beispiel $3+10^{-7}$ zeigt, von kleinem Interesse. 10^{-7} ist wohl darstellbar, für die Summe aber gilt $3+10^{-7} = 3$, da im 32-Bit-Wort nicht genug Stellen für eine Darstellung der geforderten Präzision vorhanden sind. Wesentlich interessanter ist eine Grösse, die man Maschinenpräzision nennen könnte, d.h. die kleinste Grösse, die, wenn man sie zur Zahl 1.0 dazu zählt, innerhalb der 32 Bit Wortlänge zu einem von 1.0 verschiedenen Resultat führt. Diese Grösse liegt typischerweise im Bereich von 10^{-7} bis 10^{-8} und ist von Maschine zu Maschine, je nach Verteilung von Mantisse und Exponent auf das 32 Bit, leicht unterschiedlich. Praktisch jede arithmetische Operation zwischen Gleitkommazahlen führt zu einem zusätzlichen Fehler von dieser Grössenordnung. Diese Fehler werden meist Rundungsfehler (roundoff error) genannt. Die Anzahl der Bits, welche für den Exponenten zur Verfügung stehen, bestimmt die kleinste darstellbare Zahl, während die Anzahl Bits, welche für die Mantisse reserviert sind, den Rundungsfehler resp. die Maschinenpräzision festlegen. Das Unangenehme an Rundungsfehlern ist, dass sie akkumulieren. Führt man n Operationen aus, so wird der Fehler im glücklichsten Fall $\sqrt{n}\times$Rundungsfehler des einzelnen Schrittes sein. Dies ist genau dann erfüllt, wenn die Fehler stochastischer Natur sind. Dies ist der kleinst mögliche Fehler, den man einer Rechnung zuschreiben muss. Der wahre Fehler kann aber wesentlich grösser sein, wenn aufgrund von Regularitäten eines Programmablaufs die Fehler-Addition nicht stochastisch ist. In diesem Fall kann der totale Fehler auf $n\times$Rundungsfehler anwachsen. Eine andere Möglichkeit, warum dieser Fehler sehr gross sein kann, liegt in der Möglichkeit, dass er durch die ausgeführte mathematische Operation künstlich verstärkt wird. Rundungsfehler sind charakteristisch für die Computerhardware. Der Programmierer kann ausser dem Versuch, "numerische Verstärkung" zu vermeiden, nur wenig zur Bekämpfung dieses Problems beitragen.

Es ist klar, dass solche Fehlerfortpflanzungen in der Simulation molekularer Systeme nicht tolerierbar sind. Vor allem in Molekülorbitalanwendungen mit ihren zum Teil langsam konvergierenden Rekursionen, den Eigenwert-/Eigenvektorproblemen und der häufigen Differenzbildung grosser Zahlen, wobei die chemische Präzision in der vierten Kommastelle liegt, muss eine höhere Präzision erreicht werden. Dasselbe gilt auch für Methoden der Moleküldynamik. Für diese Applikationen wird deshalb ausschliesslich das 64-bit-Wort eingesetzt. Auch damit erreicht die Fehlerfortpflanzung im Endresultat etwa die achte Kommastelle. Aus diesem Grunde werden die Resultate solcher Rechnungen auf sechs bis neun Kommastellen ausgedruckt, obwohl die Genauigkeit des angewendeten physikalischen Modells im Vergleich zur Realität wesentlich kleiner ist. Beobachtet man aber Fehlerfortpflanzungen bis in die sechste Stelle, so ist die Rechnung *numerisch* unzuverlässig (instabil).

Ein anderer Fehler ist das sog. Abbruchkriterium (truncation error), d.h. der Fehler, der dadurch verursacht wird, dass bei iterativen Prozessen die Anzahl der durchlaufenen Iterationsschlaufen endlich gross sein muss. Ein solcher Fehler existiert selbst bei einem hypothetisch perfekten Computer mit unendlich langen Worten, d.h. ohne Rundungsfehler. Das Abbruchkriterium ist vollständig unter der Kontrolle des Programmierers und stellt oft einen Kompromiss zwischen Abweichung vom "wahren" Wert und der für zusätzliche Iterationsschlaufen aufgewendeten Computerzeit dar.

In den meisten Fällen kann davon ausgegangen werden, dass eine Rechnung um den Betrag des Abbruchkriteriums falsch ist, und dass der Rundungsfehler additiv dazu kommt. Manchmal werden Methoden aber instabil, d.h. Rundungsfehler und Abbruchkriterium zeigen starke Interaktion. Viele analytische Lösungen, welche wir im Mathematik-Unterricht kennenlernen, wären auf einem hypothetisch unendlich präzisen Rechner nützlich, da sie von den Eigenschaften des Zahlenraumes ausgehen. Darunter ist auch die Eigenschaft, dass zwischen zwei Zahlen immer eine weitere liegt. Das heisst, der Zahlenraum ist kontinuierlich. Im diskontinuierlichen Zahlenraum eines Computers können solche Methoden aber instabil werden. Solche Instabilitäten sind deshalb sehr unangenehm, da sie nicht notwendigerweise leicht erkennbar sind.

1.3.2.1 Grundbegriffe der Optimierung

Optimierung bedeutet das Auffinden eines vorteilhaften Zustands eines Systems. Dies setzt voraus, dass es für ein System mehrere Lösungsmöglichkeiten gibt und dass eine absolute oder relative Bewertung der Lösungen existiert. Die vorteilhaften Zustände von Molekülen sind natürlich jene Punkte im Kernkonfigurationsraum, welche mit einer minimalen molekularen Energie assoziiert sind. Gelingt es, die Struktur des uns interessierenden Systems durch ein mathematisches Modell zu quantifizieren, dann lassen sich Optimieralgorithmen angeben, mit denen die gesuchten Punkte gefunden werden können. Da diese Punkte mit einer minimalen Energie assoziiert sind, spricht man im Molecular Modelling meist nicht von Optimierung sondern von (Energie-)Minimierung (es handelt sich um ein sog. Minimumsproblem). In den meisten Implementierungen wird eine statische Optimierung vorgenommen, d.h. das Optimierverfahren wird nicht dynamisch den ändernden Anforderungen des Optimierproblems angepasst. In einigen Programmpaketen kann der Benützer unter verschiedenen Optimiermethoden wählen. Er kann, sofern er Kenntnisse über die Güte seines Startpunktes besitzt, den für diesen Fall geeignetsten Algorithmus aussuchen. Einige wenige Programme wechseln jedoch auch selbsttätig zwischen zwei Algorithmen. Die hier angesprochenen Algorithmen optimieren Parameter. Der Anwender von MM-Paketen wird im allgemeinen nur Parameteroptimierungen aber keine Optimierung von Funktionsverläufen (Funktionsoptimierung) vornehmen. Dies ist Aufgabe der Methodenentwicklung.

Nachdem im nächsten Kapitel die Anforderungen, welche diese Optimieralgorithmen erfüllen müssen, zusammengestellt sind, werden die einzelnen im Molecular Modelling häufig verwendeten Algorithmen in den darauf folgenden zwei Kapiteln, entsprechend ihrer Suchstrategie eingeteilt, kurz besprochen. Das letzte Kapitel dieses Abschnittes behandelt dann gemeinsame Probleme und Eigenschaften dieser Algorithmen und ihrer Implementierungen.

1.3.2.2 Anforderungen

Die Anforderungen an ein Optimierverfahren können in einem Satz zusammengefasst werden: Ein Optimierverfahren soll es uns erlauben, möglichst effizient von einem Startpunkt zum nächstgelegenen lokalen Minimum in einer Energiehyperfläche zu gelangen. Das Problem der Suche des globalen Minimums ist bis heute ungelöst. Inwiefern ein Algorithmus dieses sehr allgemein formulierte Ziel erreicht, wird konkret daran gemessen, wie er sich in einer Reihe von Testfunktionen verhält. Einige dieser Testfunktionen sind

- die Schlucht, $z = (x^2-y)^2 + 100(1-x)^2$
- das Ellipsoid, $z = (x-y)^2 + 1/9\ (x+y-10)^2$
- die "Bananenfunktion" von Rosenbrock, $z = 100(x^2-y)^2 + (1-x)^2$
- die "kubische Banane", $z = 100(x^3-y)^2 + (1-x)^2$

Darstellungen dieser Testfunktionen sind in Abbildung 1.28 bis Abbildung 1.30 dargestellt. Diese vier Funktionen testen Algorithmen auf folgende Anforderungen:

- In Schluchten muss die Suchrichtung entlang des Tales gefunden werden, und beim Austritt aus der Schlucht müssen Suchrichtung und Schrittweite der neuen Situation angepasst werden.
- In der Nähe von Extremalpunkten ist eine Hyperfläche meist recht gut quadratisch approximierbar. Der Minimizer soll in einer solchen Zielfunktion schnell konvergieren.
- In engen gekrümmten Tälern muss die Suchrichtung der Krümmung der Talsohle angepasst werden.
- In engen, schlangenförmig gekrümmten Tälern muss die Suchrichtung dem wechselnden Vorzeichen der Krümmung der Talsohle angepasst werden.

Die bisher verwendeten Formulierungen und Abbildungen suggerieren, dass Optimierprobleme mit dem Problem des Wanderers, die beste Route ins Tal zu finden, vergleichbar seien. Dies ist jedoch nicht der Fall. Der Wanderer sieht das Tal, d.h. er kennt die gesamte Hyperfläche, ehe er den ersten Schritt macht. Für ihn ist das Finden des globalen Minimums und von Paßstraßen leicht. Selbst ein Wanderer mit verbundenen Augen hätte eine Fülle von Informationen zur Verfügung. Zusammen mit seinem Gleichgewichtssinn zeigt ihm die Stellung seiner Füsse den Gradienten. Nach wenigen Schritten und mit seinem Wissen über die generellen Möglichkeiten, wie eine Landschaft aussehen kann (unbekannt für allgemeine n-dimensionale Hyperflächen), ist er in der Lage, eine angepasste Abstiegsstrategie zu entwickeln und nicht nur dem steilsten Weg zu folgen.

Dazu kommen noch die Unterschiede in der relativen Schrittweite. Bei einem Taldurchmesser von 10 Kilometern braucht ein Wanderer etwa 10^4 Schritte für den Abstieg. Dies ist schon beinahe ein Vorgehen in infinitesimalen Schritten. Müsste bei der Lösung eines Optimierungsproblems pro Schritt nur eine Sekunde (~ Schrittdauer eines Wanderers) werden, so würde die Minimumssuche knapp 3 Stunden dauern. Im Zusammenhang mit MO-Methoden kann der einzelne Suchschritt leicht 15 Minuten konsumieren. Die Suche würde dann über 100 Tage dauern! Optimieralgorithmen müssen also mit kleinerer Informationsmenge auf höher-dimensionalen Hyperflächen wesentlich effizienter sein als der gehende Mensch.

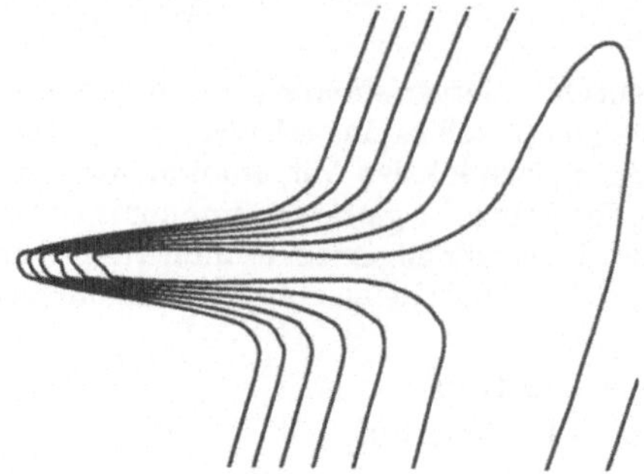

Abbildung 1.28 Schlucht, in eine Ebene ausmündend.

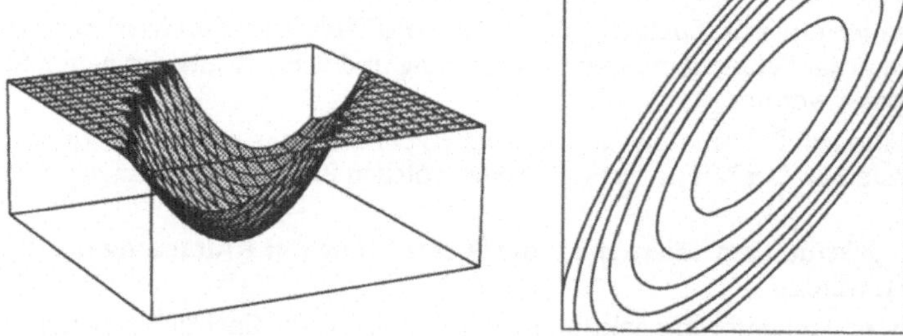

Abbildung 1.29 Das Ellipsoid $Z = (x-y)^2 + 1/9(x+y-10)^2$. Testfunktion für das Verhalten von Minimizern in quadratischen Zielfunktionen.

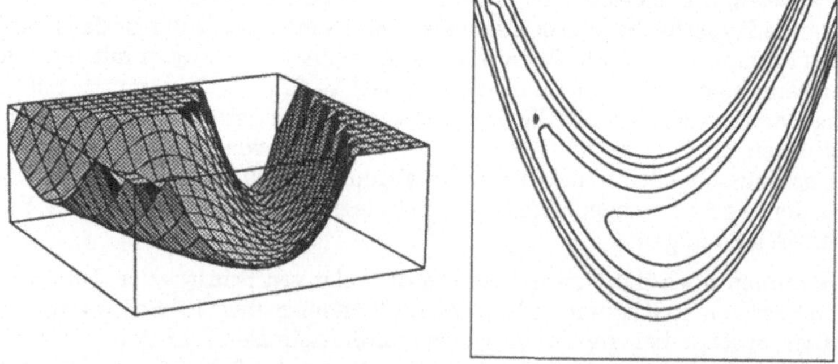

Abbildung 1.30 Die "Bananenfunktion" $z = 100(x^2-y)^2 + (1-x)^2$. (Für diese Abbildung wurde der Vorfaktor 20 anstelle 100 verwendet. Mit 100 bleibt das Tal parabelförmig gekrümmt, wird aber senkrecht zur "Talsohle" enger.) Das schmale, parabelförmig gekrümmte Tal mit relativ flacher Talsohle verlangt eine Anpassung der Suchrichtung an seine Krümmung.

1.3.2.3 Hill-Climbing Methoden

Der Begriff Hill-Climbing Methoden umfasst Optimiermethoden, in deren Rechenablauf das Problem, einen Extremalpunkt auf einer mehrdimensionalen Ergebnisfläche aufzusuchen, auf mehrere eindimensionale Optimierungen zurückführt. Diese Verfahren enthalten somit gleichzeitig zwei Strategien:

- Wahl der Richtung, entlang welcher f(x) optimiert wird,
- Lösen des eindimensionalen Optimierungsproblems.

Dabei wird die Lösung des eindimensionalen Problems von der mehrdimensionalen Suchstrategie als eine Art "Black Box" verwendet. Bei einem eindimensionalen Optimierproblem ist die Zielfunktion eine Funktion von nur einer Variablen E = f(x). Alle Methoden zur Optimierung eindimensionaler Zielfunktionen setzen voraus, dass die Funktion auf dem zu untersuchenden Intervall unimodal ist (nur einen Extremalpunkt enthält). Dies ist für eine allgemeine Energiehyperfläche meist nicht erfüllt.- Multimodale Probleme lassen sich jedoch immer auf mehrere monomodale Intervalle reduzieren. Dies führt zum Problem des Einfanggebietes (catchment region, vgl. Kap. 1.4.2). Das Problem des Auffindens des globalen Minimums ist (mehrdimensional) für Energiehyperflächen noch nicht gelöst, wenn man von der für grössere Probleme unpraktikablen sukzessiven Variation der Startpunkte im gesamten N-dimensionalen Raum absieht.

Die gleichmässige Intervalleinteilung für eine eindimensionale Optimierung ist sehr sicher, aber auch äusserst ineffizient, werden doch 100 Berechnungen für eine Festlegungsgenauigkeit von 1% benötigt. Es gibt eine Vielzahl von sequenziellen Suchmethoden, welche nur die Funktionswerte E = f(x) verwenden. Methoden, welche den Gradienten g(x) = f'(x) und die zweite Ableitung h(x) = f''(x) verwenden, brauchen wesentlich weniger Schritte. Für eine Gesamtbeurteilung muss aber auch der Rechenaufwand für g(x) und h(x) berücksichtigt werden.

Algorithmen, welche h(x) verwenden, approximieren meist die Funktion f(x) an der Stelle x durch eine quadratische oder eine kubische Ersatzfunktion (3 resp. 4 Terme aus einer Taylor-Entwicklung). Das Minimum dieser Ersatzfunktion wird analytisch bestimmt und als verbesserter Anfangswert einer neuen Ersatzfunktion verwendet. Die Konvergenz hängt stark davon ab, wie gut die quadratische (resp. kubische) Approximation die Funktion f(x) beschreibt. Ein bekanntes Verfahren, das g(x) und h(x) verwendet, ist jenes von Newton-Raphson. Das (N-R) Konvergenzverhalten für kleine g(x) und h(x) (→ Nähe Minimum resp. auf "Terrassen") ist schlecht und erfordert genaue Berechnung der Ableitungen (→ hoher Rechenaufwand).

Eine andere Klasse von Algorithmen berechnet h(x) lediglich für den Startwert $x = x_0$ und verwendet modifizierte N-R-Schritte. Unter solchen Umständen kann die Optimierung jedoch in Richtung Maximum (→ Maximum oder Sattelpunkt im mehrdimensionalen Fall) laufen. Das Vorzeichen von h(x) sollte darum am Zielort überprüft werden. Bei der Sekantenmethode wird h(x) durch Differenzen von g(x) approximiert. Die Korrektur für h(x) ist exakt, falls f(x) eine quadratische Funktion ist. g(x) muss mit hoher Präzision berechnet werden.

Schliesslich gibt es Methoden, die nur f(x) verwenden. Entweder wird f(x) direkt quadratisch approximiert, oder g(x) und h(x) werden durch Differenzen ($g(x) = f(x) - f(x+\Delta x)$, $h(x) = g(x) - g(x+\Delta x)$) ersetzt (David-Swan-Campey, Powell, Fletcher).

Wichtig sind Abbruchkriterien. Diese können die Anzahl der Suchschritte sein (Absicherung gegen unendliche Schlaufen), die Differenzen der Funktionswerte $\Delta f(n)$, des Gradienten $\Delta g(n)$ oder die Differenz der Variablenwerte Δn in aufeinander folgenden Schritten (n-1), n. Für die genaue Bestimmung von Extremalpunkten und für die Überwindung von Terrassen sollte verlangt werden, dass sowohl $\Delta f(n)$ als auch Δn konvergiert haben.

Bei der mehrdimensionalen Optimierung ist die Strategie für die Wahl der Suchrichtung der eindimensionalen Optimierungen von zentraler Bedeutung. Auch diese Strategien können wieder gruppiert werden:

- Suchmethoden (nur f(x))
- Gradientenmethoden (f(x) + g(x))
- Newton-Methoden (f(x) + g(x) + h(x))

Die einfachsten Methoden der einzelnen Kategorien sind sukzessive Variation, steilster Abstieg und Newton-Raphson. Zu jeder dieser Methoden existieren innerhalb ihrer Kategorien verbesserte Optimierverfahren. Viele moderne Verfahren kombinieren auch diese Grundtypen.

Obwohl die Lösung des eindimensionalen Problems (line search, line minimization) von der Strategie des Auffindens der optimalen Suchrichtung unabhängig ist und von dieser als "Black Box" verwendet wird, bestehen in der Realität Abhängigkeiten. Es wäre natürlich unsinnig, für die lineare Optimierung Gradienten zu benützen und für die Bestimmung der Suchrichtung nicht, da diese als "äussere Schlaufe" insgesamt mehr zum rechnerischen Aufwand beiträgt.

A. Suchmethoden (nur f(x))

Unter den Suchmethoden ist sicher die sukzessive Variation der Variablen die einfachste. Dabei werden die einzelnen Variablen der Reihe nach solange verändert, bis das jeweilige Minimum der Zielfunktion gefunden ist. Der Nachteil dieser Methode ist, dass die Suchrichtungen immer mit den Koordinatenachsen übereinstimmen. Der Prozess ist extrem von der Wahl der Koordinatensysteme abhängig. Verbesserte Methoden stellen die Verfahren von Hooke-Jeeves, von Rosenbrock und Powell dar, welche gelegentlich anstelle der Gradienten- oder der Simplex-Methode eingesetzt werden, um grobe Optimierungen, deren Startpunkt weit von einem lokalen Minimum entfernt ist, durchzuführen.

Die Hooke-Jeeves-Methode ist die konzeptionell einfachste Weiterentwicklung: Um einen Punkt wird entlang der Koordinatenachsen in kleinen Schritten die Umgebung abgetastet. Danach schliesst ein grosser Schritt in der erfolgversprechendsten Richtung (nicht parallel zu einer Koordinatenachse!) an. Dann beginnt das Spiel von neuem. Die Rosenbrock-Methode ist eine verbesserte Version des Verfahrens von Hooke-Jeeves, indem die Tastrichtungen und Weiten dem Erfolg des letzten Schrittes angepasst werden.

Versucht man, den Grund für die Ineffizienz der sukzessiven Variation auf den N-dimensionalen Fall zu verallgemeinern, so lautet dieser: Sind die zweiten partiellen Ableitungen einer Funktion in einigen Richtungen sehr viel grösser als in anderen, dann werden viele Zyklen durch die N Basisvektoren für die Minimierung benötigt, da viele dieser Suchrichtungen ineffizient sind. Diese Voraussetzung ist in fast allen grösseren

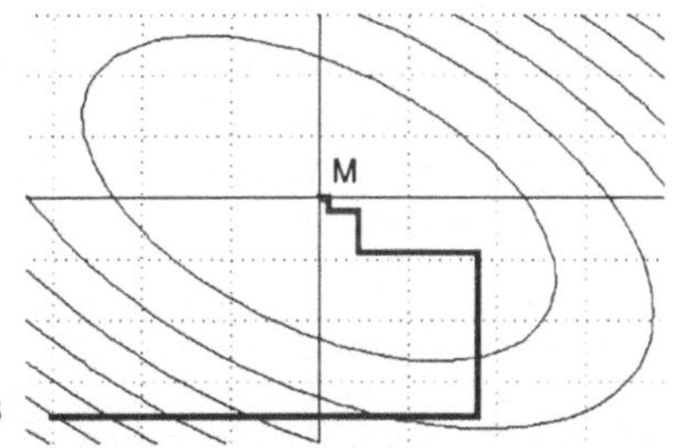

Abbildung 1.31 Sukzessive (achsparallele) Variation.

molekularen Systemen gegeben, da Koordinatenänderungen, welche zu Bindungslängenänderungen führen, mit wesentlich grösseren Kraftkonstanten assoziiert sind als solche, die zu Bindungswinkel- oder zu Diederwinkeländerungen führen. Dies sei anhand von MNDO-Berechnungen an Wasserstoffperoxid demonstriert (Tabelle 1.1).

Tabelle 1.1 g(x) und h(x) in H_2O_2 für eine Geometrie, in der alle internen Koordinaten um 5% grösser sind als in der Gleichgewichtsgeometrie (MNDO).

	MNDO Minimum	ausgelenkte Geometrie	g(x)	h(x)[1]
d(O,O)	1.300	1.364	98.3 kcal/Å	~100 kcal/Å^2
d(O,H)	0.983	1.032	52.7 kcal/Å	~890 kcal/Å^2
α(O,O,H)	106.02	111.32	28.4 kcal/Rad	~250 kcal/Rad^2
ω(H,O,O,H)	126.75	133.09	1.4 kcal/Rad	~10 kcal/Rad^2

Berechnet wurde H_2O_2 in einer "ausgelenkten" Geometrie, in der alle internen Koordinaten gegenüber der MNDO-Gleichgewichtsgeometrie um 5% vergrössert wurden. Dies führt auf allen relativen kartesischen Koordinaten zu ähnlichen Verschiebungen von 0.06 bis 0.07 Å. Die partiellen ersten Ableitungen für die Valenz- resp. Diederwinkel sind jedoch um den Faktor 2-4 resp.40-70 kleiner als diejenigen der Bindungslängen. Offensichtlich wird für eine effiziente Optimierung ein besserer Satz von Suchrichtungen benötigt. Dieser muss

a) Suchrichtungen enthalten, die einen weit in Richtung Lösung bringt, oder
b) Suchrichtungen enthalten, entlang welcher die Optimierungen unabhängig voneinander werden (→ sog. konjugierte Richtungen).

Die bereits erwähnten Methoden von Hooke-Jeeves und von Rosenbrock gehören zur Klasse a) dar, wogegen die Powell-Methode eine Lösung der Klasse b) ist. Sie geht von einer quadratischen Form als Zielfunktion aus, welche in N(N+1) Schritten exakt minimiert wird. Ist die wahre Zielfunktion nicht quadratisch, wird ein solches Vorgehen einen Punkt liefern, der näher am Zielort liegt als der Startpunkt. Da in der Nähe von Minima fast alle Zielfunktionen quadratisch approximiert werden können, genügt es, die Methode nach N(N+1) Iterationen neu zu initialisieren (meist wird viel früher reinitialisiert).

1. h(x) nach der Sekantenmethode abgeschätzt.

Unglücklicherweise hat die Powell-Methode die Eigenschaft, Richtungen zu kreieren, die mit fortschreitender Optimierung linear abhängig werden. Geschieht dies, wird die Zielfunktion effektiv nur in einem Unterraum minimiert und das Resultat wird somit falsch. Es existiert eine Reihe von Vorschlägen, das Problem zu lösen. Der konzeptuell einfachste Vorschlag ist sicher, die Prozedur nach N oder N+1 Schritten zu reinitialisieren. Andere Vorschläge stammen von Brent und von Powell (welche der Powell-Methoden ist in Ihrem Programmpaket implementiert?). Dabei wird die Richtung der grössten Reduktion des Funktionswertes aus dem Satz der Richtungen gestrichen. Dies scheint paradox. Da jedoch die neu zu bestimmende Richtung diese alte Richtung wahrscheinlich als Hauptkomponente enthalten wird, wird durch die Streichung verhindert, dass linear abhängige Richtungen erzeugt werden.

Der Vorteil aller Suchmethoden ist, dass für ihr Funktionieren nur der Energieinhalt an jedem Punkt berechenbar sein muss. Die ersten oder höheren Ableitungen werden nicht benötigt, womit rechenintensive Operationen entfallen. Sie werden mit Vorteil in Bereichen eingesetzt, in denen aufgrund der Eigenschaften des physikalischen Modells die differentiellen Eigenschaften unzureichend bestimmbar sind (im allgemeinen weit von Minima entfernt).

B. Gradientenmethoden (f(x), g(x))

Ein anderer Ansatz, die optimale Suchrichtung zu finden, besteht darin, die differentiellen Eigenschaften der Zielfunktion auszunützen. Der Nachteil der Abhängigkeit von der Wahl des Koordinatensystems bei der sukzessiven Variation wird bei dem einfachsten Fall einer Gradientenmethode (die Methode des steilsten Abstieges) dadurch behoben, dass die Suchrichtungen durch eine differentielle Eigenschaft der Hyperfläche (Gradient) bestimmt werden. Auch bei der Methode des steilsten Abstieges stehen aber die Suchrichtungen von konsekutiven Schritten senkrecht aufeinander. Beide Verfahren haben den Nachteil, dass sie keine Information über die vorangegangenen Suchschritte verwenden. Beide Methoden können in Schluchten sehr langsam arbeiten. Aus diesem Grunde wird die Methode des steilsten Abstiegs wie auch die Suchmethoden nur für Groboptimierungen verwendet.

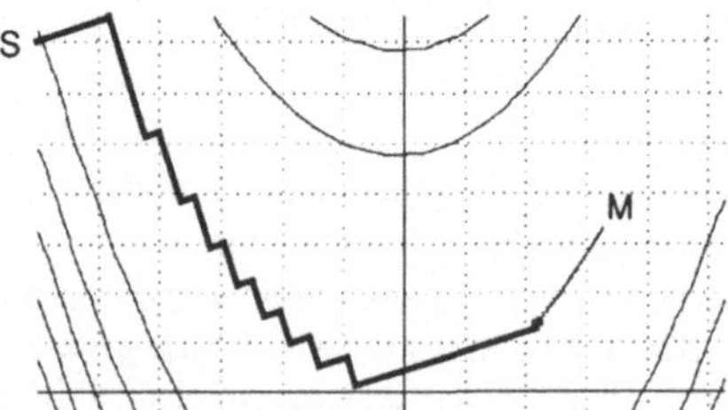

Abbildung 1.32 Steilster Abstieg in einer Bananenfunktion.

Dieses Vorgehen scheint also ähnlich ineffizient zu sein wie die sukzessive Variation und bringt die Zusatzaufgabe der Gradientenberechnung. Wieso also überhaupt Gradienten verwenden? Eine einfache Abschätzung kann das Potential von Gradientenmethoden demonstrieren. Ist die Zielfunktion quadratisch, so existieren N(N+1)/2, d.h. ca. N^2, freie Parameter. Dabei ist N = 3n in kartesischen und N = 3n-6 in internen

Koordinaten, wenn n die Anzahl der Atome ist. Um das Minimum zu finden, müssen damit etwa N^2 Funktionswerte bestimmt werden, d.h. N^2 Lösungen von linearen Suchen mit ihrerseits jeweils vielen Funktionswertbestimmungen gefunden werden. Jede Berechnung des Gradienten resultiert in N Informationskomponenten (N partielle Ableitungen). Benützt man diese Information optimal, müssten N lineare Suchen genügen. Diesem Gewinn um den Faktor N steht natürlich der grössere Aufwand für die Berechnung des Gradienten entgegen. Insgesamt sollte aber doch ein erheblicher Vorteil resultieren, vorausgesetzt, man löst das Problem des optimalen Einsatzes der Gradienteninformation.

Wie schon erwähnt, ist der Weg entlang des jeweiligen Gradienten alles andere als optimal. Ein effizienter Optimieralgorithmus sollte weit entfernt vom Minimum in der Richtung des steilsten Abstiegs, in einer Talsohle oder am Schluss einer Optimierung aber in Newton-Schritten arbeiten, wenn möglich (im Gegensatz zu den Newton-Verfahren) ohne h(x) explizit zu berechnen (Rechenaufwand, Speicherbedarf). Aufeinanderfolgende Gradienten auf dem Weg des steilsten Abstiegs stehen immer senkrecht aufeinander und interferieren somit stark. Besser wären voneinander "unabhängige" Suchrichtungen, sog. konjugierte Gradienten (analog zu den konjugierten Richtungen der Suchmethoden). Solche Verfahren stehen mit den Methoden von Davidon und Fletcher-Reeves tatsächlich zur Verfügung. Die Fletcher-Methoden verwenden kubische Ersatzfunktionen. Der Rechenaufwand dieser Methoden ist pro Suchschritt grösser als bei Suchmethoden oder beim steilsten Abstieg. Der Speicherbedarf steigt für das Verfahren von Fletcher-Reeves auf etwa 5N (N = Anzahl Freiheitsgrade) und die Anzahl der Suchpunkte auf etwa 4N.

C. Quasi-Newton-Methoden (variable Metrik)-Methoden (f(x),g(x))

Wie die Methoden mit konjugierten Gradienten akkumulieren auch Quasi-Newton-Verfahren Information über einander folgende lineare Suchen. Wie diese verlangen sie, dass der Gradient berechnet werden kann. Sie unterscheiden sich von diesen vor allem durch die Art und Weise, wie die Information gespeichert und nachgeführt wird. Sie benötigen Speicherplatz in der Grössenordnung von N^2 gegenüber N für konjugierte Gradienten. Dies ist für mittelgrosse Moleküle auf Grossrechnern ein vernachlässigbarer Nachteil, mag aber auf Workstations mit relativ kleinem Arbeitsspeicher von Bedeutung sein.

Abgesehen davon, gibt es keine wesentlichen Unterschiede in der Qualität. Aus historischen Gründen existieren momentan noch mehr Quasi-Newton-Implementationen. Die am häufigsten verwendeten sind der Davidon-Fletcher-Powell-(DFP)-Algorithmus (oft nur als Fletcher-Powell bezeichnet) und der Broyden-Fletcher-Goldfarb-Shanno-(BFGS)-Algorithmus. Es hat sich empirisch gezeigt, dass die BFGS-Methode der DFP überlegen ist. Die BFGS-Methode ist wesentlich weniger anfällig auf Rundungsfehler und behandelt die Konvergenz unterschiedlich. Beide Methoden sind in Molecular-Modelling-Anwendungen weit verbreitet, vor allem in Fällen, in denen g(x) analytisch berechnet werden kann. In ab initio Programmen werden vor allem die Methoden von Schlegel[1] und von Baker[2] eingesetzt, beides Quasi-Newton-Methoden.

1. H.B. Schlegel: J. Comput. Chem., 3, 214 (1982).
2. J. Baker: J. Comput. Chem., 7, 385 (1986).

D. Newton-Methoden (f(x), g(x), h(x))

Die Newton-Methoden arbeiten mit einer quadratischen Form als Ersatz für die wahre Zielfunktion (Abbruch einer Taylor-Entwicklung nach dem zweiten Glied). Für einen weiteren Suchschritt ist die konjugierte Richtung durch die alte Richtung und die Matrix der zweiten Ableitungen gegeben. Die Newton-Raphson-Methode ist das meist eingesetzte Verfahren aus dieser Klasse. Es kann gezeigt werden, dass dieses Verfahren das Minimum einer exakt quadratischen Zielfunktion in einem Optimierschritt erreicht. Insgesamt sind Zielfunktionen so gut wie nie quadratisch. In der Nähe eines Minimums ist die Approximation meist so gut, dass das Konvergenzverhalten den erheblichen Aufwand für die Berechnung von h(x) und der Inversen $h^{-1}(x)$ rechtfertigt. Weit entfernt vom Minimum (wo dritte und höhere Glieder einer Taylor-Entwicklung nicht vernachlässigbar sind) wird das Konvergenzverhalten schlecht. Im Extremfall kann es sogar instabil werden und gegen Maxima oder Sattelpunkte konvergieren. Die Newton-Raphson-Methode hat ihre Stärke dort, wo die Methode des steilsten Abstiegs oder die Suchmethoden nach Powell oder das Simplexverfahren ihre Schwächen haben.

Newton-Raphson Implementierungen sind vor allem in Kraftfeldprogrammen zu finden. Aufgrund der Einfachheit der mathematischen Form der Kraftfelder sind f(x), g(x) und h(x) leicht in analytischer Form zugänglich. Wegen der kleinen "Reichweite" der Kraftfeldterme genügt es, anstelle von allgemeinen 3n×3n Problemen ein Blockdiagonal-Programm zu lösen. Die Rechengeschwindigkeit wird dadurch wesentlich erhöht.

1.3.2.4 Least-Squares Methoden

Für Zielfunktionen, welche Quadratsummen nichtlinearer Funktionen sind, gibt es spezielle Optimiermethoden, die unter diesen Bedingungen effizienter funktionieren als die Hill-Climbing-Methoden. Die geläufigste ist sicher die Gauss-Newton-Methode. Ihr Nachteil besteht darin, dass sie oft zu grosse Suchschritte berechnet und leicht instabil wird. Dieser Nachteil ist in den Loevenberg- und Marquardt-Algorithmen behoben worden. Allerdings ist der Rechenaufwand in diesen Methoden recht erheblich. Im Gegensatz zu diesen drei Gradienten-Methoden stellt die Powell-Methode innerhalb der Least-Squares-Methoden die Realisierung einer Suchmethode dar, deren Rechenaufwand kleiner ist, da weder erste noch zweite Ableitungen explizit berechnet werden müssen.

1.3.2.5 Die Simplex-Methode

Die Downhill Simplex-Methode ist eine völlig eigenständige Suchstrategie. Sie unterscheidet sich von den bisher besprochenen Methoden dadurch dass sie keinen expliziten Gebrauch von eindimensionalen Suchstrategien macht. Auch wenn sie insgesamt nicht sehr effizient ist, wird sie für Groboptimierungen oder dann, wenn eine schnelle Implementation bei der Programmentwicklung notwendig ist, eingesetzt.

Die Simplexmethode lässt sich am einfachsten für ein zweidimensionales Optimierproblem erläutern. Zu Beginn der Suche werden N+1 Punkte (wobei N die Anzahl der zu optimierenden Koordinaten ist) ausgewählt. Sie werden im Variablenraum so festgelegt, dass sie die Ecken eines regulären Startsimplex bilden, im zweidimensionalen ein gleichseitiges Dreieck. Für diese Punkte wird der jeweilige Energieinhalt berechnet und derjenige Punkt mit höchster Energie am Schwerpunkt der übrigen Punkte gespiegelt. Der nächste Suchschritt wird analog mit dem neuen Simplex durchgeführt. In der Nähe eines Minimums wird die Schrittweite reduziert. Der Nachteil dieses Vorgehens ist allerdings, dass ein in einem schmalen Tal kontrahierter Simplex nachträglich nicht mehr expandiert, und die Suche nach dem Verlassen einer Schlucht (Abbildung 1.28) sehr langsam fortschreitet. Eine diesbezügliche Verbesserung stellt das Verfahren von Nelder und Mead dar, welches nicht nur die Kontraktion, sondern auch die Expansion des Simplex zulässt (Abbildung 1.33).

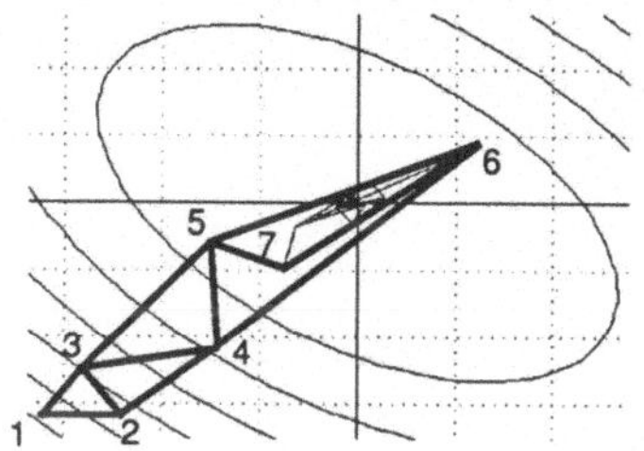

Abbildung 1.33 Simplex (mit Expansions- und Kontraktionsschritten) im Ellipsoid.

1.3.2.6 Gemeinsame Eigenschaften und Probleme

A. Die Art der Zielfunktion

Eine Gemeinsamkeit all dieser Methoden ist, dass sie die Art der Zielfunktion nicht voraussetzen. Implizit haben wir bis jetzt zwar immer angenommen, dass die Zielfunktion die Energie in Abhängigkeit der Kernkonfiguration ist. Es ist aber durchaus möglich, als Zielfunktion z.B. den Gradienten in Abhängigkeit der Kernkonfiguration zu wählen. Dies führt zur Minimierung des Gradienten. Dieses Umschalten von Energie- auf Gradientenminimierung wird oft in der Nähe von Energieminima für deren genaue Lokalisierung verwendet. Die Energie- und die Gradientennormhyperfläche unterscheiden sich in ihrer Topologie aber sehr deutlich. Alle Minima, Maxima und Sattelpunkte der Energiehyperfläche werden zu Minima in der Hyperfläche der Gradientennorm. Dies ist in Abbildung 1.34 für eine eindimensionale Hyperfläche dargestellt. Minimierung der Gradientennorm kann darum zur Lokalisierung von Übergangszuständen verwendet werden. Dabei sind analoge Probleme wie unter 1.4.2 erwähnt (Einfanggebiet) zu lösen. Liegt der Übergangszustand wie in Abbildung 1.35 auf oder nahe einer die entsprechenden Minima verbindenden Geraden, so lässt sich dieses Problem relativ leicht lösen. Problematisch sind Fälle, in denen dies nicht erfüllt ist.[1]

B. Die Molekulare Punktgruppe als Nebenbedingung

Am Ende einer erfolgreichen Geometrieoptimierung steht immer eine Geometrie, für die der Gradient der Energie bezüglich der Kernkoordinaten null ist. Das heisst aber

1. S. Bell, J.S. Crighton: J. Chem. Phys., **80**, 2464 (1984).

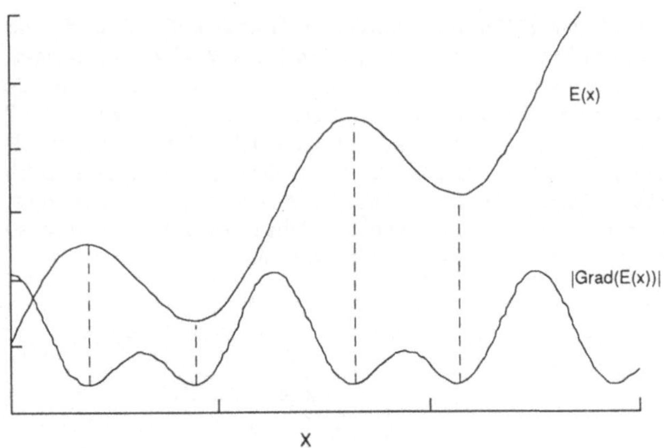

Abbildung 1.34 Unterschiedliche "Hyperflächen" E(x) und | Grad(E(x)) | für dasselbe physikalische Problem.

nicht, dass dieser stationäre Punkt ein Minimum oder ein Sattelpunkt ist. Der Grund für dieses überraschende Verhalten liegt darin, dass der Gradient unter der totalsymmetrischen Repräsentation der molekularen Punktgruppe transformiert[1].

Wurde für die Geometrieoptimierung eine Punktgruppe spezifiziert, so wird das Zielmolekül unter allen Umständen die Symmetrie-Nebenbedingungen der Punktgruppe beachten. Dieser Umstand kann ausgenützt werden, um eine mühsame Sattelpunktsuche durch eine einfachere Minimumssuche unter einer Nebenbedingung überzuführen. Nehmen wir als Beispiel den Übergangszustand der Rotation um die C-C-Bindung in Ethan. Die Punktgruppe der gestaffelten Form ist D_{3d}, diejenige der ekliptischen Form ist D_{3h}, während alle dazwischen liegenden Punkte D_3 als Punktgruppe haben. Da der Übergangszustand in diesem Falle höhere Symmetrie besitzt als alle anderen, kann er durch Energieminimumssuche unter D_{3h} optimiert werden.

Das blosse Spezifizieren einer tiefersymmetrischen Punktgruppe genügt nicht, um in einer Geometrieoptimierung vorhandene Symmetrie zu brechen. Die Symmetrie des Gradientenvektors ist eine Funktion der aktuellen Geometrie. Ein Molekül, dessen Startgeometrie der Bequemlichkeit halber mit "künstlicher" Symmetrie generiert wurde, wird in vielen Programmen diese behalten, da die Korrekturen zur Geometrie aufgrund des Gradienten berechnet werden und dieser, wie schon erwähnt, unter der totalsymmetrischen Repräsentation der Punktgruppe transformiert und damit auch der Korrekturvektor. Nur Rundungsfehler können nach vielen Schritten diese Symmetrie brechen. Das Kraftfeldprogramm MM2 zum Beispiel führt die Korrekturen darum nicht in jedem Schritt auf alle Atome aus und bricht fortwährend möglicherweise vorhandene Symmetrie. Dieses Vorgehen ist für die Simulation organischer Moleküle, die in ihrer Mehrheit der Punktgruppe C_1 angehören, adäquat. Andererseits ist es nur mit Mühe möglich, symmetrische Strukturen exakt zu optimieren.

1. J.W. McIver, A. Komornicki: Chem. Phys. Lett., **10**, 303 (1971).

Möchte man Symmetrie brechen, so darf man mit der Veränderung einzelner Kernkoordinaten nicht allzu zimperlich sein. Befindet sich ein Startpunkt zu nahe an einem "unerwünschten" stationären Punkt, oder führt der erste tastende Suchschritt des Optimizers dorthin, so wird dieser von vielen Optimizern angesteuert. Optimierverfahren können im allgemeinen Symmetrie nicht zerstören, wohl aber erreichen. Die wenigsten Programme orientieren den Benutzer darüber, dass das Molekül eine höhere Symmetrie besitzt, als im Input definiert. Reduziert man die Punktgruppe eines Moleküls nicht auf C_1, sondern belässt es in einer höher symmetrischen Gruppe, so verläuft möglicherweise unter diesen Nebenbedingungen der Zerfallsweg ins gesuchte Minimum über eine höhersymmetrische Geometrie. Wiederum wird diese Symmetrie dank der Punktgruppen-konservierenden Eigenschaften nicht zerstört.

Sobald ein Molekül nach einer Geometrieoptimierung eine von C_1 verschiedene Punktgruppe aufweist, sollte die Hesse-Matrix berechnet werden, um sicher zu stellen, dass ausser den sechs uneigentlichen Eigenvektoren für Rotation und Translation nur noch positive Krümmungen vorhanden sind. Existiert exakt eine weitere negative Krümmung, handelt es sich um einen Sattelpunkt.

C. Wahl des Koordinatensystems

Das Fortschreiten und die Stabilität einer Geometrieoptimierung ist, im Gegensatz zu den Observablen der stationären Punkte, abhängig von der Wahl des Koordinatensystems, auch wenn die Optimieralgorithmen versuchen, diese Abhängigkeit zu reduzieren.

Normalerweise sollte man versuchen, in internen Koordinaten zu arbeiten. So eliminiert man automatisch die sonst sehr problematischen rotatorischen und translatorischen Freiheitsgrade. Allerdings existiert eine Vielzahl von Koordinatensätzen, wobei einige dem Konvergenzverhalten des Optimizers abträglicher sind als andere.

Die Energie eines Moleküls ist im wesentlichen durch die Anzahl und Art "gebundener" Nachbarn gegeben. Durch ungeschickte Wahl von internen Koordinaten ist es meist möglich, dass "bindende" interatomare Abstände als Funktion von kleinen Änderungen von Bindungs- und Diederwinkeln grosse Änderungen erfahren. Zusammen mit der endlich grossen Schrittweite während der Geometriesuche entstehen dadurch Stellen, die im wesentlichen die Charakteristik von Unstetigkeiten annehmen. Auch wenn die Verhältnisse nicht ganz so krass werden, so erzeugen sie doch stark unterschiedliche zweite Ableitungen verschiedener Koordinaten und die damit verbundenen Schwierigkeiten (siehe Tabelle 1.1 und zugehöriger Text).

Der einfachste und sicherste Weg, einen Satz von linear unabhängigen internen Koordinaten zu erzeugen, ist die oft verwendete Strategie, einem molekularen Bindungsnetzwerk zu folgen und dabei n-1 Bindungslängen, n-2 Bindungswinkel und n-3 Diederwinkel zu bestimmen. Dies kann in Ringsystemen und vor allem in annellierten Systemen aus den im letzten Abschnitt genannten Gründen kritisch werden. Auch die Erzeugung symmetrieadaptierter Koordinaten ist so oft nicht möglich.

Es sind viele andere Koordinatensätze denkbar. Das grösste Problem dabei ist, dass die Koordinatenachsen linear unabhängig sein sollten. Ist dies nicht oder numerisch nur schlecht erfüllt, ergeben sich zwei Konsequenzen:

- Zeitverlust, da viele Schritte mehrheitlich darauf verwendet werden, eine Korrektur durch eine andere zu kompensieren,
- Optimierung eines Subraumes (ohne dass dabei Symmetrie entsteht!).

D. Auffinden von Sattelpunkten

Das Auffinden eines Sattelpunktes[1,2,3,4] einer n-dimensionalen Hyperfläche ist so etwas wie schwarze Magie. Relativ einfach ist es, wenn der Übergangszustand besonders hohe Symmetrie besitzt. Dann ist ein Vorgehen, wie in Abschnitt B beschrieben, möglich. In anderen Fällen kann man versuchen, eine Näherung des Übergangszustands durch Abrechnen eines Weges kleinster linearer Bewegung zu erhalten (dieser Weg verbindet Edukt und Produkt durch die simultane lineare Variation aller Koordinaten). Besitzt der Reaktionsweg eine nur kleine Krümmung, ist die so erhaltene Struktur gut genug für eine Geometrieoptimierung durch Minimierung der Gradientennorm (Abschnitt A).

Ist die Reaktionskoordinate stark gekrümmt, so wird der geschätzte Übergangszustand zu weit von der wahren Geometrie abweichen. Dann hilft nur das Berechnen mehrerer Punkte auf der Hyperfläche, bis ein Punkt mit einer stark negativen Krümmung gefunden wird. Dieser Richtung kann man dann dem negativen Gradienten entlang folgen.

E. Stabilität und Einfanggebiet

Neben der im Kapitel 1.3.2 erwähnten Möglichkeit der numerischen Instabilität und den in 1.3.2.6.C angesprochenen Problemen ist eine weitere Form von Instabilität möglich.

Damit eine Geometrieoptimierung in möglichst kurzer Zeit abläuft, muss der einzelne Schritt eine möglichst grosse Geometrieänderung beinhalten. Die optimale Länge dieser Änderung wird von der Optimierroutine aufgrund des Verhaltens des Systems in den vorangegangenen Schritten bestimmt. So können Probleme entstehen, wenn die Optimierung nach mehreren Schritten über eine flache Terrasse (grosse Korrekturschritte) unvermittelt in eine steile Flanke gerät. Ein ähnliches Problem mit zu grossen Schritten kann zu Beginn der Geometrieiterationen auftreten, solange noch ungenügende Information über die Form der Hyperfläche vorhanden ist.

Praktisch alle Programme besitzen für den maximalen Suchschritt eine feste obere Schranke. Überschreitet eine Komponente des Korrekturvektors diese, wird skaliert. Trotzdem können Schwierigkeiten auftreten, da solche Limiten natürlich einen Kompromiss zwischen Effizienz und Sicherheit darstellen. Probleme mit Überkorrekturen können vor allem bei annellierten Ringsystemen und gleichzeitiger nichtoptimaler Koordinatenwahl auftreten. Probleme mit dem ersten Suchschritt sind bei Molekülen zu erwarten, die sehr leicht aus flachen Potentialmulden heraus über niedrigliegende Übergangszustände dissoziieren. Solche Moleküle können im ersten Schritt auf die

---

1. T.H. Dunning et al.: J. Phys. Chem., 90, 344 (1986).
2. S. Bell, J.S. Crighton: J. Chem. Phys., 80, 2464 (1984).
3. H.B. Schlegel: J. Comput. Chem., 3, 214 (1982).
4. J. Baker: J. Comput. Chem., 7, 385 (1986).

dissoziative Seite der Energiefläche gelangen. In beiden Fällen hilft die Reduktion des maximal erlaubten Suchschrittes.

Ein anderes Problem entsteht beim Versuch, Reaktionskoordinaten zu verfolgen. Idealerweise wird man versuchen, die intrinsische Reaktionskoordinate[1] zu finden. Diese ist als Weg minimaler Energie definiert, der Edukt und Produkt über einen Übergangszustand verbindet (1.1.3.B). Dieser Weg ist interessant, da angenommen wird, dass nur die Umgebung dieses Weges für die Berechnung von Reaktionsraten bekannt sein muss. In Wirklichkeit wird dieser Weg in zwei Abschnitten ausgehend vom Übergangszustand berechnet. Er beginnt entlang der Richtung der negativen partiellen zweiten Ableitung (imaginäre IR-Schwingung) und folgt dann dem Weg des steilsten Abstiegs.

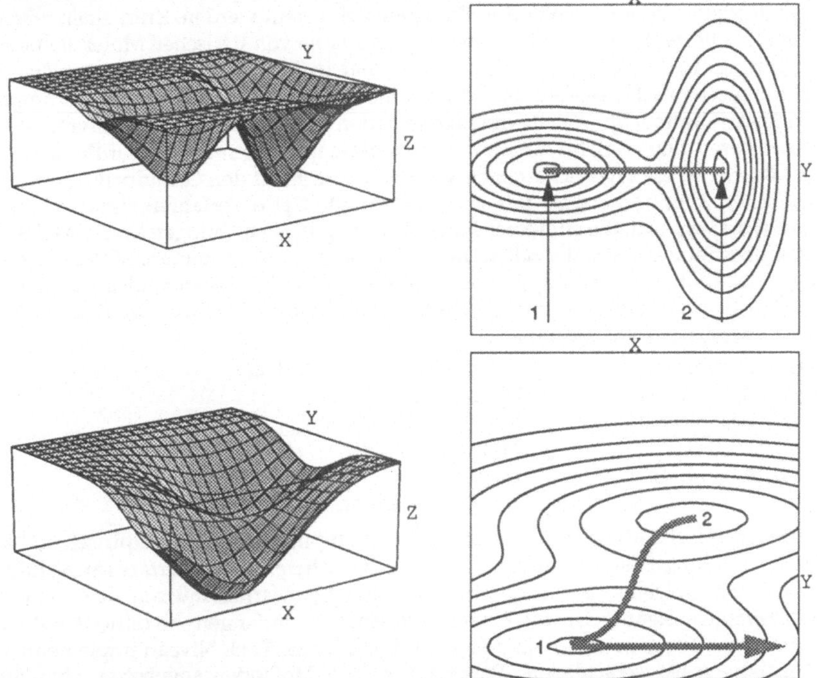

Abbildung 1.35 In der oberen Hyperfläche wird der Reaktionsweg 1–2 problemlos gefunden, wenn die Koordinate X sukzessive verändert und das System unter der jeweiligen Nebenbedingung X=const. relaxiert wird. In der unteren Hyperfläche wird der Reaktionsweg nur gefunden, wenn Y als "treibende" Koordinate verwendet wird. Wird X verwendet, so wird das System in einem "Seitental" gefangen.

Steht in einem Programm keine Option zur Berechnung einer Reaktionskoordinaten entlang eines ausgesuchten Weges zur Verfügung, so bleibt einem meistens nur die Fixierung einer Koordinate. Dies ist äquivalent zum Problem der Minimumssuche unter einer Nebenbedingung. Ein solches Vorgehen kann dazu führen, dass ein simuliertes

1. M.W. Schmidt, M.S. Gordon, M. Dupuis: J. Am. Chem. Soc., 107, 2585 (1985).

Molekül nicht dem gewünschten Reaktionsweg folgt, sondern in einem Minimumsenergieweg Seitentäler erklimmt und nie den gewünschten Übergangszustand erreicht. Oft können solche Effekte im Laufe einer Simulation an sprunghaften Veränderungen der Kernkoordinaten erkannt werden. Häufig wird dann beim Versuch, die Reaktion umzukehren, eine scheinbare Verletzung der mikroskopischen Reversibilität beobachtet.

1.3.3 Die implementierten Modelle

In Molecular Modelling-Paketen modernen Zuschnitts sind unter einer gemeinsamen graphischen Benützeroberfläche meist mehrere Modelle zugänglich. Die implementierten Modelle können grob in drei Kategorien eingeteilt werden. Zum einen wären da die Modelle, welche die molekularen Eigenschaften von statischen Molekülen voraussagen, zu erwähnen. Im wesentlichen trifft man in dieser Kategorie quantenchemische und mechanische Modelle an. Zum anderen findet man in einigen Programmpaketen Dynamikmodelle, welche die Eigenschaften von Molekülen oder Molekül-Ensembles berechnen, welche auf Beweglichkeitseigenschaften zurückzuführen sind. Dabei werden diese Eigenschaften entweder entsprechend den Grundprinzipien der statistischen Thermodynamik mit Hilfe von Monte Carlo Verfahren simuliert oder aber es wird versucht, die effektiven Newton-Bewegungsgleichungen für ein Molekül über ein bestimmtes Zeitintervall zu lösen. Dies sind die sogenannten Moleküldynamik-Modelle. Eine dritte Gruppe von implementierten Modellen sind im wesentlichen statistischer Natur, wie z.B. QSAR-Ansätze (Quantitative Structure Activity Relation), Karplus-Beziehungen u.ä.

• statische molekulare Eigenschaften	- Quantenchemische Modelle - Mechanische Modelle
• Bewegungsmodelle	- Monte Carlo Verfahren - Moleküldynamik
• Statistische Modelle	- QSAR - Karplusbeziehung

Quantenchemische Modelle sind meist auf semiempirischem oder empirischem Niveau in Modelling-Paketen implementiert. Meist existieren auch Interfaces zu ab initio Programmen, welche ihrerseits dann separat betrieben werden müssen, da sie erhebliche zusätzliche Kenntnisse und Computerressourcen verlangen. Ab initio Verfahren sind in diesen Programmen zumindest auf dem Hartree-Fock Niveau implementiert und meist werden verschiedene Post-Hartree-Fock Methoden angeboten. Populäre und relativ leicht zu bedienende ab initio Pakete sind Produkte mit den Namen Gamess[1], Gaussian[2], CADPacK[3] und Turbomol[4]. Diese Programmpakete sind vor allem für die Behandlung von Grundzustandsmolekülen leicht bedienbar. Die Ressourcen, welche benötigt werden, verlangen aber meist einen Grossrechner, um einen vernünftigen Betrieb zu garantieren. Einzig Turbomol macht dabei eine Ausnahme, indem es

1. M.W. Schmidt: GAMESS: QCPE Bulletin, 7, 115 (1987).
2. GAUSSIANxx: J.A. Pople, Dept. of Chemistry, Carnegie Mellon University, 4400 Fifth Avenue, Pittsburgh, Pennsylvania 15213, USA.
3. R.D. Amos, J.E. Rice: "CADPACK": The Cambridge Analytic Derivatives Package, Cambridge, 1987.
4. M. Häser, R. Ahlrichs: J. Comput. Chem., 10, 104 (1989).

auch auf leistungsfähigen Workstations der mittleren bis oberen Preisklasse bereits vernünftig verwendbar ist. Direkt implementiert oder allenfalls über Interfaces zugänglich sind semiempirische und empirische Programme, welche CNDO[1], INDO[2], MINDO/3[3], MNDO[4], PCILO[5] und ähnliche Verfahren verwenden. Vor allem in der metallorganischen Chemie sind auch rein empirische Modelle wie das Extended Hückel[6] Modell im Einsatz.

Praktisch alle Molecular Modelling Pakete haben ein oder mehrere Kraftfelder implementiert. Kraftfeldanwendungen sind durch ihre hohe Rechengeschwindigkeit gegenüber den quantenchemischen Modellen bevorzugt und können interaktiv zur Strukturoptimierung verwendet werden. Sie werden deshalb meist im Laufe eines Molekülaufbaus zur fortwährenden Strukturoptimierung eingesetzt und können bei entsprechender Parametrisierung sehr gute Geometrien erzeugen. Sie sind darum auch als Vorstufe für eine quantenchemische Rechnung einsetzbar, so dass die zeitaufwendige Geometrieoptimierung mit einem quantenchemischen Modell entfallen kann.

Modelle, welche die Dynamik von Molekülen simulieren, verwenden innerhalb des Bewegungsmodells entweder quantenchemische oder mechanische Modelle. Meist sind jedoch Kraftfeldmodelle im Einsatz, da sowohl Monte Carlo Simulationen als auch Molecular Dynamics Verfahren die Berechnung einer Unzahl von Punkten auf der Energiehyperfläche voraussetzen, was mit ab initio Verfahren nur für allerkleinste Moleküle und mit semiempirischen quantenchemischen Modellen ebenfalls nur für kleine Moleküle denkbar ist. Auf statistische Modelle wie QSAR oder auch altbekannte Beziehungen wie die Karplus-Gleichung zur Berechnung vicinaler Kopplungskonstanten wollen wir im Rahmen dieses Textes nicht weiter eingehen.

1.4 Pre- und Postprocessing

Wenn wir uns an Abbildung 0.2 orientieren, so erkennen wir, dass dem Arbeiten mit Simulationspaketen Arbeitsvorgänge vor- und nachgeschaltet sind. Diese Vorgänge werden global als Pre- und Postprocessing bezeichnet. Im weiteren Sinne bestehen beide Bereiche sowohl aus Teilen, die auf der Benutzerseite des Interfaces zum Programmpaket stehen, als auch aus Teilen, die bereits zum Programmpaket selber gehören. In diesem Sinne gehören die Problemanalyse und die notwendigen Schritte für die Formulierung von Fragen genau so zum Preprocessing wie die Frage, ob das entsprechende Problem überhaupt mit Molecular Modelling angegangen werden soll.

Ist dies der Fall, muss nun, ausgehend von realen Molekülen, durch Reduktion ein Modell entworfen werden, in dem nur die absolut unverzichtbaren Strukturelemente vorkommen. Die Reduktionsschritte sollen sauber gegliedert und einzeln begründet sein (auch für Computerexperimente benötigt man ein Laborjournal). Die voraussichtlich schwerwiegendsten Vernachlässigungen sollen für die spätere Resultatana-

1. J.A. Pople et al.: J. Chem. Phys., 43, 129, 136 (1965); J. Chem. Phys. 44, 3289 (1966).
2. H.P. Figeys et al.: Bull. Soc. chim. Belg., 84, 145 (1975).
3. R.C. Bingham, M.J.S. Dewar, D.H. Lo: J. Am. Chem. Soc., 97, 9107 (1972).
4. M.J.S. Dewar, W. Thiel: J. Am. Chem. Soc., 99, 4899, 4907 (1977).
5. J. Langlet, B. Pullman, H. Berthod: J. Chem. Phys., 67, 480 (1970).
6. R. Hoffmann et al.: J. Am. Chem. Soc., 86, 1259 (1964).

lyse als möglicherweise verfälschende Annahmen hervorgehoben werden. Nun kann das für die Fragestellung geeignete Simulationsverfahren ausgewählt werden. Dabei soll das Modell nicht nur inhaltlich adäquat sein. Auch die Präzision des Verfahrens muss der zu machenden Aussage gerecht werden.

Die entsprechenden Überlegungen, eventuell in umgekehrter Reihenfolge, müssen nach Abschluss einer Rechnung für die Bewertung der so erhaltenen Resultate wieder durchgeführt werden. Alle bis jetzt erwähnten Schritte gehören zum Benützerteil des Regelkreises, wie er in Abbildung 0.2 dargestellt ist. In den nächsten zwei Unterkapiteln wollen wir uns mit einigen Pre- und Postprocessing-Hilfsmitteln beschäftigen, welche zu einem Modelling-Paket gehören können und welche dem Benützer helfen, Fragen in einer für den Simulationsteil entsprechenden Form zu erzeugen resp. die darin erzeugten Resultate in chemische Aussagen umzuwandeln.

1.4.1 Preprocessing

Ein zentraler Punkt des Preprocessing im engeren Sinne ist sicherlich der Aufbau von Startmodellen. Dabei geht man entweder von bekannten Molekülstrukturen aus und modifiziert diese entsprechend den Anforderungen oder man baut die Modelle vollständig aus Standardstrukturelementen auf.

Eine Röntgenstruktur ist sicher ein guter Ausgangspunkt für die Simulation eines Moleküls. Die Cambridge X-Ray Crystallographic Database enthält im Jahre 1991 ca. 87'000 Strukturen, so dass für viele organischen Strukturelemente Modellsubstrukturen dort zu finden sein werden. Diese Strukturen können einem auch einen Eindruck davon vermitteln, welche Variationsbreite als Lösung einer Molekülsimulation akzeptiert werden kann. Das Ausgehen von einer Röntgenstruktur garantiert jedoch nicht, dass die gefundene Lösung das globale Energieminimum der Molekel ist. Man kann aber annehmen, dass die so gefundene Lösung in einem Band von 10 kcal/mol über dem globalen Minimum liegt.

Beim Aufbau einer Struktur aus Standardbausteinen oder nach der Modifikation einer experimentellen Struktur ist auch dies nicht sicher. Im folgenden Kapitel 1.4.2 wird deshalb eine Übersicht über Methoden gegeben, welche mögliche Strukturen in einem solchen Energieband suchen.

1.4.2 Das Auffinden approximativer Strukturen

Für eine Simulation eines Moleküls ist es wichtig, eine approximative Struktur möglichst nahe an jenem Punkt, der als Ziel gedacht ist, zu erstellen. Über die Abschätzung von Bindungslängen ist in der Literatur schon sehr viel publiziert worden[1]. Die exakte Abschätzung der Bindungslängen ist aber für eine Simulation von nicht all zu grosser Bedeutung. Wenn wir dafür nur eine Tabelle von Kovalenzradien zur Verfügung hätten, könnten wir trotzdem davon ausgehen, dass unsere geschätzten Bindungslängen um nicht mehr als 10% falsch sein werden. Für den Erfolg einer Simulation einer dreidimensionalen Struktur, d.h. eine Geometrieoptimierung, ist es erforderlich, dass der

1. R. Blom, A. Haaland: J. Mol. Struct., **128**, 21 (1985).

Startpunkt dieser Optimierung auf der Energiehyperfläche im Einfanggebiet (catchment region) des gesuchten Punktes liegt. Solche Punkte müssen nicht unbedingt im konkaven Gebiet einer Hyperfläche lokalisiert sein, jedoch wird eine Simulation, ausgehend von einer konkaven Region, bei Verwendung einer angepassten mathematischen Methode sicher zum Ziel führen.

Nehmen wir einmal an, dass beim Aufbau einer Struktur sämtliche Winkel korrekt, alle Bindungslängen jedoch 10% zu lang sind. Es handelt sich bei dieser Fehlbeschreibung somit um eine Ähnlichkeitsabbildung, wobei der Streckfaktor relativ klein ist und kaum genügt, das gewünschte Einfanggebiet zu verlassen.

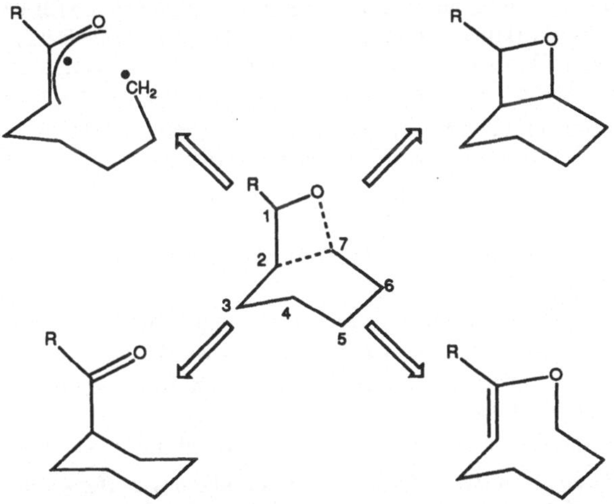

R O CH_2 R O R O 1 2 7 3 4 6 5 R O R O

Abbildung 1.36 Beim Aufbau eines Moleküls in internen Koordinaten entlang einer Kette können sich kleine Fehler in Bindungs- und Diederwinkeln schnell aufsummieren. Das Startmodell kann leicht zum Einfanggebiet eines ungewollten Moleküls gehören.

Die Konsequenzen, die Fehlbeschreibungen von Winkeln heraufbeschwören, sind wesentlich dramatischer. Bei Winkeldeformationen handelt es sich nicht mehr um Ähnlichkeitsabbildungen, und es ist sehr leicht möglich, dass durch eine kleine Änderung in einem Winkel entferntere Regionen des Moleküls so beeinflusst werden, dass Atome, die auf Bindungsdistanz sein sollten, wesentlich davon abweichen, und dass andere Atome, die nicht auf Bindungsdistanz sein sollten, sich nun in einer solchen befinden. Dies kann dazu führen, dass das Programm ein ganz anderes Molekül simuliert als der Chemiker im Sinn hatte. Er hat Startkoordinaten erzeugt, die ausserhalb des Einfanggebiets seines Wunschmoleküls liegen. Die Konsequenz davon ist, dass bei der Abschätzung von Bindungs- und von Diederwinkeln wesentlich mehr Sorgfalt nötig ist als bei der Abschätzung von Bindungslängen. Dies scheint im Widerspruch zur einer chemischen Erfahrung zu stehen, gemäss welcher eine Bindungslängenänderung wesentlich grössere energetische Konsequenzen besitzt als die Änderung eines Winkels, welche wiederum energetisch aufwendiger ist als die Änderung eines Diederwinkels.

Um die Gefahr solcher Fehlleistungen zu reduzieren und um die anfängliche Konstruktion eines Moleküls zu erleichtern, werden sogenannte Moleküleditoren eingesetzt. Diese können auf zwei prinzipiell verschiedenen Arbeitsweisen beruhen. Die einen verwenden Template, welche mit Hilfe von Editorfunktionen zu grösseren Gebilden zusammengefügt werden können (man muss sich dies wie das Zusammenstekken von Dreiding-Modellen im Computer vorstellen). Ferner existieren die 2D→3D-Konverter[1]. In diesen Editoren werden die Moleküle flach in der Art von chemischen Graphen gezeichnet. Die Aufgabe des Konverters ist es dann, aus dieser Information ein mögliches dreidimensionales Objekt zu erzeugen. Meistens sind diese 2D→3D-Konverter kombinierbar mit den Funktionen der Templat-Addition, um auf möglichst einfache Art und Weise Variationen zu erzeugen. Gute Template für komplexe Strukturen liefern auch Strukturdatenbanken wie z.B. die Cambridge Database. Dabei werden Editoren vom Templat-Typ notwendig, um die in einer Datenbank gefundenen Strukturen den eigenen Wünschen entsprechend abwandeln zu können.

Mit der "richtigen" Eingabe eines Moleküls ist das Problem der Struktureingabe leider noch nicht vollständig gelöst. Nach wie vor sind wichtige Fragen nicht beantwortet:

- Ist die eingegebene Struktur in dem Sinne korrekt, dass sie das chemische Problem repräsentiert?
- Handelt es sich um das globale oder um ein lokales Minimum der Molekel?
- Existieren andere lokale Minima?
- Existiert ein globales Minimum, welches alle Eigenschaften dominiert, oder muss mit mehreren lokalen Minima weitergearbeitet werden?
- Sind möglicherweise verschiedene Eigenschaften durch verschiedene Ensembles lokaler Minima dominiert?
- Ist wirklich ein lokales Minimum für die Fragestellung von Bedeutung?

Um all diese Fragen beantworten zu können, benötigen wir offensichtlich Werkzeuge, welche die Generierung sämtlicher lokaler Minima einer Molekel und die Identifizierung des globalen Minimums ermöglichen.[2] Es wurde dazu eine Reihe von Methoden entwickelt, welche mit Hilfe des chemischen Graphen (Konnektivität) und seiner geometrischen Interpretation (Flexibilität, lokale Geometrien) mögliche lokale Minima, welche das Konnektivitätsschema unverändert lassen, erzeugen. Diese Methoden sind alle rein geometrischer Natur und enthalten keine eigentliche physikalische Information in dem Sinne, dass sie einer Geometrie eine Energie zuordnen. Einzig die Unterschreitung kleinstmöglicher nichtbindender Distanzen wird meist detektiert (sog. van der Waals-Test). Daneben wurde eine zweite Familie von Methoden entwikkelt, welche physikalische Information enthält. Dazu gehören die Moleküldynamik und Monte Carlo Simulationen.

Es ist nicht möglich, die Vollständigkeit eines Antwortsatzes zu garantieren. Die zur Verfügung stehenden Methoden sollen aber Antworten von ausreichender Qualität erzeugen. "Ausreichend" soll dabei bedeuten, dass der Antwortsatz in dem Sinne vollständig sein soll, dass keine "wichtigen" Strukturen "übersehen" werden, und dass die einzelnen erzeugten Strukturen für die anschliessende Arbeit (z.B. Struktur-

1. J. Hoflack, P.J. Clercq: Tetrahedron, **44**, 6667 (1988).
2. G.M. Crippen: J. Phys. Chem., **91**, 6341 (1987).

optimierung) geeignet sind. Die erfolgreichsten Methoden lassen sich in folgende Gruppen einteilen:

- systematische Suchmethoden
- Distanzgeometrie-Methoden
- wissensbasierende Systeme (artificial intelligence)
- Moleküldynamik
- Monte Carlo Simulation

In den anschliessenden Abschnitten werden die einzelnen Ansätze kurz vorgestellt. Systematische Vergleiche der Leistungsfähigkeit der einzelnen Verfahren wurden bis jetzt kaum publiziert[1].

1.4.2.1 Systematische Suchen

Algorithmen für die systematische Suche nach möglichen Konformationen wurden für offenkettige, speziell aber für zyklische Systeme entwickelt. Offenkettige Systeme mit räumlich fixierten Endstücken werden vorteilhaft als Ringe behandelt, in denen nur ein Teil flexibel ist.

A. Offenkettige Moleküle

Konzeptionell bietet die Generierung von möglichen lokalen Minima in offenkettigen Systemen keine Probleme. Jedes Programm, welches interne Koordinaten als Input akzeptiert, sollte in der Lage sein, solche Suchen durchzuführen, indem die drehbaren Bindungen in der Kette systematisch variiert werden. Sehr einfach ist dies sicherlich bei Kohlenwasserstoffen oder anderen Molekülen, welche Ketten mit sp^3-Zentren enthalten.

Prinzipiell müsste es genügen, in lokalen Umgebungen, die aus zwei C_3-Rotoren aufgebaut sind, drei lokale Geometrien mit jeweils um 120° verschiedenen Diederwinkeln anzunehmen (z.B. trans (180°) und gauche (±120°)).

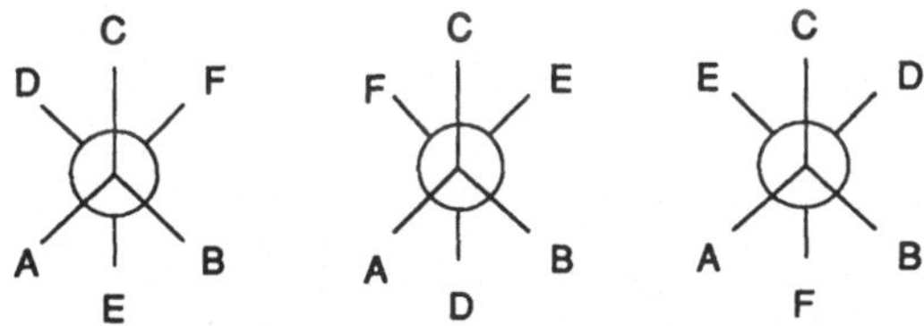

Für eine Kette der Länge n werden so 3^n Konformationen generiert. Um nicht alle diese Konformationen anschliessend in zeitintensiver Arbeit geometrieoptimieren zu müssen, werden diejenige Lösungen eliminiert, welche zu Verletzungen der minimal zulässigen nichtbindenden Abstände (auf der Basis von van der Waals-Wechselwirkungen) führen. Bei langkettigen Gebilden besteht aber die Gefahr, dass Moleküle ausgeschlossen werden, obwohl bereits kleine Winkelvariationen die van der Waals-Verletzungen beseitigen würden. Man ist darum gezwungen, entweder die erlaubten

1. H.-J. Böhm, G. Klebe, T. Lorenz, Th. Mietzner, L. Siggel: J. Comput. Chem., **11**, 1021 (1990).

van der Waals-Kontakte sehr klein zu wählen, oder aber mehr als drei Diederwinkel pro rotierbare Bindung einzusetzen. Meist wird eine Kombination der beiden Möglichkeiten angewendet.

Rotiert man ein sp^2- über einem sp^3-Zentrum, müssen mindestens sechs Konformationen pro Bindung generiert werden.

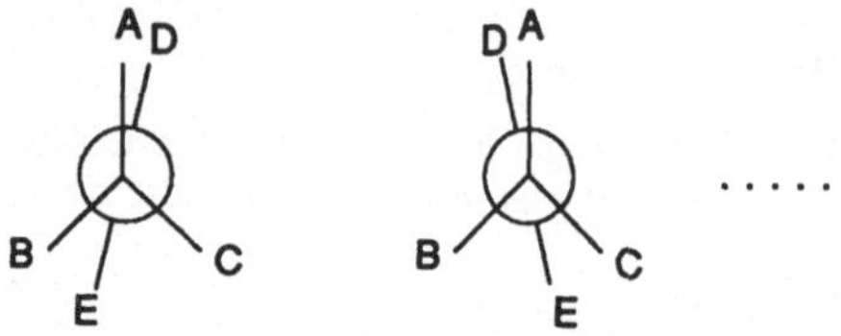

Der Vorteil solcher systematischer Suchen an linearen Molekülen ist die relativ gute Kontrolle über die Vollständigkeit. Die durch asymmetrische Zentren verursachte Chiralität wird streng beibehalten. Wie eingangs erwähnt, existieren keine konzeptionellen Probleme oder programmtechnische Schwierigkeiten. Die Probleme entstehen vielmehr durch die grosse Zahl generierter Versuchsstrukturen, welche anschliessend alle untersucht werden müssen. Je nach van der Waals-Test, Winkelinkrement und Art der verknüpften Zentren werden für Ketten mit n Bindungen zwischen 3^n und 9^n Konformationen generiert.

B. Zyklische Moleküle

Zyklische Moleküle können ähnlich wie offenkettige behandelt werden, wenn man den Zyklus aufschneidet und als Kette manipuliert[1]. Im Anschluss an eine solche systematische Variation müssen aus der Lösungsmenge jene ausgesucht werden, welche zyklischen Molekülen entsprechen. Dazu wird untersucht, ob die Distanz zwischen den Atomen 1 und n innerhalb akzeptierter Grenzen für einen Ringschluss liegt. Weitere Untersuchungskriterien können die Bindungswinkel n-1-2 und 1-n-(n-1) sein, welche wiederum innerhalb vernünftiger Grenzen einem zu erwartenden Bindungswinkel entsprechen müssen.

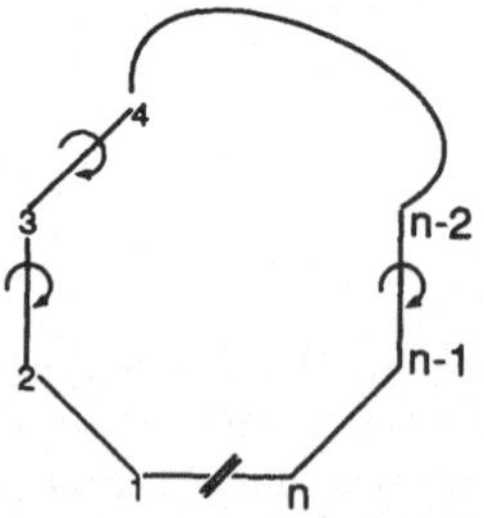

Zusammen mit van der Waals-Tests wählen solche Ringschlussbedingungen im Verhältnis zur erzeugten Menge eine kleine Zahl möglicher Kandidaten für die anschliessende Geometrieoptimierung aus. Diese Auswahl bringt es mit sich, dass Ringsysteme insgesamt leichter zu behandeln sind als offenkettige Systeme, obgleich die Menge der

1. G.M. Smith: QCPE Programm 510, RNGCFM.

zu untersuchenden Startkonformationen noch immer in die Hunderte geht. Die bekannten Probleme im Zusammenhang mit der Verletzung von van der Waals-Bedingungen, aber auch die kritische Abhängigkeit von den Ringschlussbedingungen führen dazu, dass die Winkelschritte für die systematische Suche relativ klein gewählt werden müssen. Meistens wird ein Inkrement von 30° zusammen mit recht grosszügigen Limiten für die Ringbildungsbedingungen verwendet. Der Nachteil dieses Vorgehens besteht darin, dass der grösste Teil der anfänglich generierten Konformationen (ca. $12^{(n-3)}$) nicht zur Menge der zyklischen Moleküle gehört. Zudem führen die kleinen Winkelschritte und die lockeren Ringschlussbedingungen dazu, dass viele generierte und akzeptierte Startkonformationen in der Geometrieoptimierung zum selben lokalen Minimum führen.

Um diese Nachteile zu beseitigen, wurde nach Algorithmen gesucht, welche schon im Primärschritt nur zyklische Moleküle erzeugen. Einerseits wurden Verbesserungen entwickelt, um in systematischen Suchen sehr früh aufgrund von Regeln zu entscheiden, ob eine weitere Variation von Winkeln überhaupt die Möglichkeit bietet, einen Ringschluss zu erreichen[1]. Die Generierung von Kettenkonformationen kann so möglichst früh abgebrochen werden. Andere Ansätze versuchen, die äusseren Diederwinkel analytisch zu setzen, um die Wahrscheinlichkeit der Ringbildungen zu erhöhen. Für reine sp^3-Ketten können spezialisierte Algorithmen eingesetzt werden, welche in einem Diamantgitter alle geschlossenen, nicht selbstüberkreuzenden Ketten der Länge n heraussuchen[2]. Streng genommen, ist diese Methode allerdings nur für gesättigte Kohlenwasserstoffe mit geradzahligem n anwendbar.

Neben Verbesserungen und spezialisierten Verfahren wurden weitere, allgemein einsatzbare Methoden entwickelt, die ausschliesslich Konformationen generieren, welche die Ringschlussbedingungen erfüllen. Eine dieser Methoden ist das "corner flapping"[3]. Betrachtet man den Mechanismus der Konformationsgenerierung, so wird der Name sofort klar. Der Algorithmus geht von einem "spannungsfreien" Molekül aus. Konformationen werden daraus durch systematisches Umklappen von Ecken der in der folgenden Skizze gezeigten Art erzeugt.

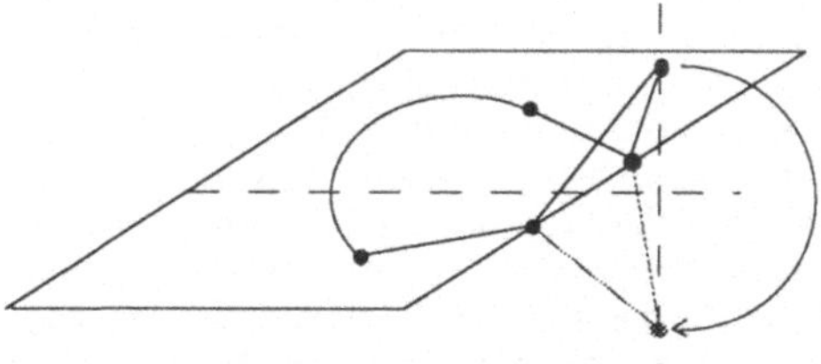

Ein n-gliedriger Ring führt damit im ersten Umlauf zu n Konformationen. Jeder dieser neuen Ringe wird nun wiederum systematisch behandelt, wobei der Umklappvorgang, welcher zum ursprünglichen Ring zurückführt, natürlich nicht ausgeführt wird. Jede der n Geometrien führt somit zu n-1 weiteren Konformationen. Dieser Vorgang

1. M. Dygent, N. Go, H.A. Scheraga: Macromolecules, 8, 750 (1975).
2. J.W.H.M. Uiterwijk et al.: J. Chem. Soc., Perkin Trans., 2, 1843 (1983).
3. H. Goto, E. Osawa: J. Am. Chem. Soc., 111, 8950 (1989).

wird rekursiv ausgeführt, bis alle $n(n-1)^m$ möglichen Umklappungen vorgenommen worden sind.

Ein Vorteil dieses Vorgehens ist die prinzipielle Vollständigkeit, die allenfalls bei grossen Ringsystemen wegen der noch immer grossen Anzahl von Konformationen zusätzlich eingeschränkt werden muss. Der zweite Vorteil besteht darin, dass alle generierten Konformationen immer die Ringschlussbedingungen erfüllen. Kombiniert man die Methode mit einem Geometrieoptimierungsprogramm (z.B. ein Kraftfeldprogramm), so kann jede erzeugte Startkonformation sofort geometrieoptimiert werden.[1] Vergleicht man die erzeugten Geometrien laufend mit allen bereits durchlaufenen, so kann die Optimierung sofort abgebrochen werden, wenn eine Geometrie schon einmal im Laufe des Prozesses erhalten wurde. Die sehr frühe Auswahl sorgt für eine erhebliche Einsparung an CPU-Zeit. Lokale Chiralität in Form von asymmetrischen Zentren wird beibehalten. Der Algorithmus ist auch auf Teile von Ringen anwendbar. Diese Eigenschaft macht den Algorithmus zudem auf offenkettige Systeme anwendbar, bei denen die Endglieder im Raum fixiert bleiben. So wird eine recht effiziente Suche von Konformationen von Schlaufen ermöglicht, wenn ihre Endglieder durch andere Teile des Moleküls fixiert sind oder ihre Position aus Messungen bekannt ist.

1.4.2.2 Distanzgeometrieansätze

Die metrischen Eigenschaften eines Moleküls sind in seiner Distanzmatrix vollständig beschrieben, d.h. jede geometrische Information mit Ausnahme von Spiegelbild-Isomerie ist eindeutig festgelegt. Die Distanzgeometrieansätze[2] versuchen, aufgrund von lokalen geometrischen Eigenschaften solche Distanzmatrizen aufzubauen. Dieser Aufbau führt zu Ausserdiagonalelementen der Distanzmatrix, welche z.T. nur als Bereiche, nicht aber als exakte Werte bekannt sind. Die Geometrie des Moleküls wird somit nicht notwendigerweise eindeutig festgelegt.

Bei der Konstruktion der Distanzmatrix wird mit Vorteil von einer "spannungsarmen" Struktur ausgegangen. Aus dieser Struktur wird einerseits die Konnektivitätsinformation extrahiert. Die Ausserdiagonalelemente der Distanzmatrix, welche Bindungen entsprechen, werden fest mit dem beobachteten Wert belegt. Analog erhalten 1-3-Beziehungen feste, den Beobachtungen entsprechende Werte, d.h. Bindungswinkel werden fixiert. Die Ausserdiagonalelemente, welche 1-4-Relationen entsprechen, sind die ersten, welche einem Distanzbereich zugeordnet werden. Dieser Distanzbereich ist dadurch festgelegt, dass Atome in 1-4-Stellung nie näher beieinander liegen können, als dies für einen Diederwinkel von 0° erfüllt ist, und dass ihre obere Distanzlimite durch die Distanz für den Diederwinkel von 180° gegeben ist. Die verbleibenden, nichtbindenden Wechselwirkungen erhalten als untere Limite die Summe der van der Waals-Radien und als obere Limite die Distanz, welche der voll ausgestreckten Kette zwischen den entsprechenden Zentren entspricht.

Nach dieser automatischen Erstellung kann die Distanzmatrix durch den Benutzer modifiziert werden, indem untere und obere Limite aufgrund weiterer zur Verfügung stehender Information (z.B. Distanzlimiten aus NOE-Kontakten) verändert werden

1. H. Goto, E. Osawa: QCPE-Programm 592, CONFLEX2
2. J.M. Blaney, G.M. Crippen, A. Dearing, J.S. Dixon: QCPE-Programm 590, DISGEOM. P.A. Kollman et al.: Tetrahedron, 39, 1113 (1983).

kann. Ebenfalls können Diederwinkel und damit obere und untere Schranken für 1-4-Kontakte eingefroren oder limitiert werden, wobei wiederum Information aus NMR-Spektren (z.B. $^{3}J_{HH}$-Kopplungen) verwendet werden können.

Im nächstfolgenden Schritt werden die Diederwinkel entweder systematisch oder durch Zufallszahlen variiert und die jeweils dazugehörende Distanzmatrix konstruiert. Diese wird einige Ausserdiagonalelemente enthalten, welche den Vorgaben der zuerst konstruierten Limiten entsprechen, andere Werte werden aber diese Vorgaben verletzen. In einem anschliessenden Einbettungsverfahren (Optimierungsverfahren) werden diese Diskrepanzen beseitigt oder minimiert. Erfüllt eine optimierte Struktur die Vorgaben, so wird sie als "richtige" Struktur anerkannt.

Die Methode kann bei systematischer Variation des flexiblen Molekülteils vollständig sein. Bei der Generierung der Rotameren durch Zufallszahlen ist dies schwieriger zu überprüfen. Der Vorteil der Methode liegt darin, dass die benötigte CPU-Zeit mit etwa n^2 ansteigt, während die bis anhin diskutierten Algorithmen Anstiege im Bereich 6^n bis 12^n besitzen. Aufgrund der Distanzbereiche, welche für 1-4-Relationen zulässig sind, werden asymmetrische Zentren nicht automatisch konserviert. Die Methode eignet sich darum für die Generierung von Diastereomeren.

1.4.2.3 Wissensbasierende Systeme

Wissensbasierende Systeme können entweder vom Typ der künstlichen Intelligenz oder aber vom Typ der statistischen Evaluation sein. Je ein Programm dieser zwei Arten soll in den folgenden Abschnitten skizzenhaft dargestellt werden.

A. Künstliche Intelligenz

Ein Programm, das mit künstlicher Intelligenz arbeitet, nennt sich Wizard[1]. Der Input für ein solches Programm besteht aus einem molekularen Graphen. Der Term "Künstliche Intelligenz" bedeutet in diesem Zusammenhang, dass das Programm Gedankengänge aufgrund von chemischen Regeln nachmodellieren kann. Die erste Aufgabe des Programms ist es deshalb, einen molekularen Graphen in konformationelle Einheiten zu zerlegen, wie das in Abbildung 1.37 am Beispiel des Cyclazocins gezeigt ist. Mit Hilfe von Regeln werden sämtliche möglichen lokalen Geometrien dieser konformationellen Einheiten erzeugt.

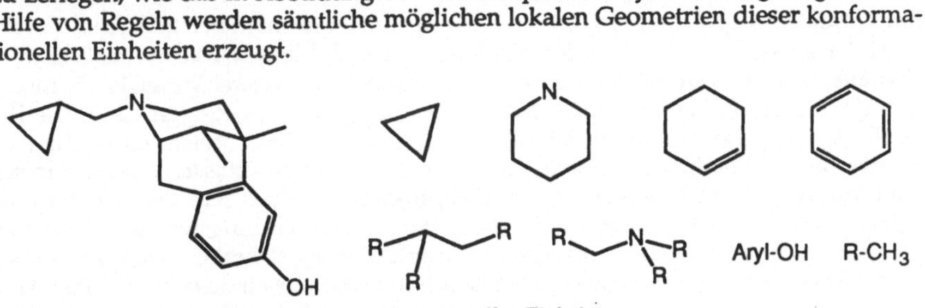

Abbildung 1.37 Cyclazocin und seine konformationellen Einheiten.

1. D.P. Dolata, A.R. Leach, K. Prout: J. Comp. Aided. Mol. Design, 1, 73 (1987).
   D.P. Dolata, A.R. Leach, K. Prout: J. Comput. Chem., 11, 680 (1990).
   T. Havel, K. Wüthrich: Bull. Math. Biol., 46, 673 (1984).

Im nächsten Schritt werden diese Einheiten paarweise verknüpft, so dass für alle Geometrien der einzelnen Einheiten sämtliche Verknüpfungsmöglichkeiten entstehen. Dieser Verschmelzungsschritt wird rekursiv auf immer grössere so entstehende Einheiten angewendet, bis das gesamte Molekül als dreidimensionales Modell konstruiert ist. Schliesst das Regelwerk nur absolut unmögliche Kombinationen aus, so werden im Prinzip (sofern das Regelwerk vollständig ist!) alle relevanten Konformationen eines Moleküls erzeugt. Enthält das Regelwerk zusätzliche Information über die Qualität von lokalen Geometrien, so lassen sich mit einiger Sicherheit Konformationen vorhersagen, welche zu den energetisch tiefstliegenden gehören.

Ein Vorteil einer solchen Methode besteht darin, dass "qualitativ gute" Moleküle konstruiert werden. Ein Nachteil ist, dass wie bei allen Regelwerken die Vollständigkeit und Konfliktfreiheit nicht garantiert werden kann.

B. Statistische Prototyp-Geometrien

Der "generic shape"-Algorithmus arbeitet mit statistischen Prototyp-Werten[1]. Während bei der künstlichen Intelligenz oder bei Verwendung von Templates die Statistik der Geometrie kleiner lokaler Einheiten (Bindungslängen, Bindungswinkel) verwendet wird, erfasst diese Statistik das globale Aussehen eines grösseren Atomverbandes. Ein ringförmiges Molekül wird dazu in Polarkoordinaten dargestellt. Deren Ursprung liegt im Zentrum des Ringes und die durchschnittliche Ebene der Ringatome wird zur Äquatorebene. Die Atompositionen werden in der Äquatorebene radial und senkrecht dazu als Winkel gemessen. Die Fourier-Transformierte dieser zwei Deformationskoordinaten entlang einer mittleren Kreislinie durch das Molekül erzeugt ein Linienspektrum, dessen charakteristische Frequenzen (Frequenzen grösster Intensität) die globale Geometrie des Ringes repräsentieren und mit der Sequenz der Atome im Ring in Zusammenhang gebracht werden können. Analysiert man eine grosse Anzahl von beobachteten Molekülgeometrien, erhält man statistische Information über das Auftreten von generischen Mustern als Funktion der Fragmentsequenz. Solche statistische Erkenntnis kann auf ein Molekül mit bekannter Sequenz aber unbekannter Geometrie angewendet werden, um in einer Rücktransformation mögliche Konformationen zu erzeugen.

Ein Vorteil dieser Methode ist, dass die erzeugten Konformationen meistens zum Bereich der energetisch tiefliegenden Konformationen gehören, da sie auf realisierte, in Kristallstrukturen belegte Geometrien zurückgehen. Ein weiterer Vorteil ist die moderate Zunahme der benötigten CPU-Zeit in Abhängigkeit der Ringgrösse n. Die Zuwachsrate ist proportional zu $(n \cdot \ln(n))^2$. Ein grosser Nachteil besteht darin, dass die Analyse ausschliesslich das globale Aussehen des Moleküls erfasst. Lokale geometrische Anforderungen können nach der Rückprojektion verletzt sein. Das heisst, es existieren mitunter stark deformierte Bindungslängen und Bindungswinkel. Diese Mängel können durch anschliessende Geometrieoptimierung sicherlich beseitigt werden. Solche Startgeometrien haben jedoch eine erhöhte Wahrscheinlichkeit, in einem konvexen Gebiet der Energiehyperfläche zu liegen. Sie beinhalten damit die Gefahr, dass ein Algorithmus zur Geometrieoptimierung nicht unbedingt das geometrisch nächst-

1. P.R. Gerber, K. Gubernator, K. Müller: Helv. Chim. Acta, **71**, 1429 (1988).

liegende lokale Minimum findet (s. Kapitel 1.3.2.6.E). Damit steigt die Wahrscheinlichkeit, dass wichtige Konformationen "übersehen" werden.

1.4.2.4 Moleküldynamik

Eine alternative Methode für das Auffinden möglicher Konformationen ist die Moleküldynamik. Im Unterschied zu den bis jetzt besprochenen, rein geometrischen Verfahren, muss für die Moleküldynamik die Energiehyperfläche sowie ihre Ableitungen nach den Ortskoordinaten berechenbar sein. Für ein molekulares System werden die Newton-Bewegungsgleichungen gelöst und die Bewegungen jedes einzelnen Kernes in seiner zeitlichen Evolution verfolgt. Ein Problem dieser Methode besteht darin, dass der Grossteil der Computerzeit dazu aufgewendet wird, die hochfrequenten Schwingungsmodi einer Struktur zu verfolgen, da sich der numerischen Stabilität wegen der maximal zulässige Zeitschritt zwischen zwei Simulationspunkten nach den höchstfrequenten Bewegungen richten muss. Die für grossräumige konformationelle Änderungen verantwortlichen Bewegungen sind aber Schwingungen tiefer Frequenz und grosser Amplitude, welche nur in einer grossen Zeitskala stattfinden. Zeitschritte können in Molekülen mit X-H-Bindungen Bruchteile von Picosekunden sein, während sich grossräumige Konformationsänderungen in Millisekunden abspielen.

Unter gewissen Einschränkungen ist es jedoch durchaus möglich, vor allem bei kleineren Molekülen, mit Hilfe von Moleküldynamikberechnungen bei hoher Temperatur[1] (z.B. 1000 K) den konformationellen Raum einer Molekel zu explorieren. Bei grossen Molekülen ist aber auch dann mit einem Zeitaufwand zu rechnen, der höchstens die Exploration der Konformationen von leichtbeweglichen Seitenketten zulässt. Durch Absenken und anschliessendes Wiederaufbauen von Barrieren im Laufe der MD-Simulation kann die Relaxationszeit eines Prozesses stark gesenkt und damit die Zeitskala verkürzt werden. Allerdings verliert man damit die Eigenschaft, dass durch die MD-Simulation ein Boltzmann-Ensemble erzeugt wird. Die Methode ist aber auf alle Fälle dazu geeignet, um aus flachen Nebenminima herauszufinden. Die schwer kontrollierbare Vollständigkeit der Lösung und die Fehlerfortpflanzung innerhalb einer solchen Rechnung müssen aber als zusätzliche Negativpunkte aufgeführt werden. Dies bedeutet nicht, dass Moleküldynamikberechnungen prinzipiell von mangelnder Qualität sind. Für wirklich aussagekräftige Berechnungen ist aber erheblicher Zeitaufwand und grosse Sorgfalt notwendig.[2]

1.4.2.5 Monte Carlo Suchen

Monte Carlo Suchen[3] verlangen wie die Moleküldynamik die Zuordnung einer Energie zu einer Geometrie. Die partiellen Ableitungen der Energie nach den Ortskoordinaten müssen jedoch nicht berechnet werden. Vielmehr werden die internen Koordinaten der Torsionswinkel durch Zufallszahlen besetzt und die jeweilige Energie berechnet. Koordinatensätze mit tiefer Energie sind Kandidaten für lokale Minima und werden für weitere Bearbeitung ausgewählt. Wie bei allen stochastischen Prozessen, stellt die Vollständigkeit der Lösung ein unlösbares Problem dar. Normalerweise wird

---

1. A. DiNola et al.: Macromolecules, 17, 2044 (1984).
2. W.F. van Gunsteren, H.J.C. Berendsen: Angew. Chem., 102, 1020 (1990).
3. G. Chang, W.C. Guida, W.C. Still: J. Am. Chem. Soc., 111, 4379 (1989).

eine Suche spätestens dann abgebrochen, wenn sich die Statistik nicht mehr verändert. Dies ist allerdings kein Beweis für Vollständigkeit.

Die Methode hat ihre grösste Effizienz in der Simulation monoatomarer Gase oder von Flüssigkeiten aus kleinen Molekülen. Diese Systeme sind durch eine grosse Anzahl flacher Minima und Sattelpunkte gekennzeichnet. Grosse flexible Moleküle haben im Gegensatz dazu Potentialhyperflächen, welche aus hohen "Bergen" und engen Tälern aufgebaut sind. MC-Simulationen werden dadurch ineffizient, da der grösste Teil der erzeugten Geometrien in ein Gebiet hoher Energie zu liegen kommt und zur Molekülstatistik nicht wesentlich beiträgt (Boltzmann-Gewichtung).

1.4.3 Postprocessing

An die eigentliche Simulation eines molekularen Systems schliesst das sogenannte Postprocessing an. Die Simulation selber erzeugt die Geometrie eines Moleküls und, je nach verwendetem Modell, zusätzliche numerische Werte wie elektrostatische Potentiale oder Molekülorbitale, Bildungswärmen usw. Diese physikalischen Eigenschaften müssen in einem weiteren Schritt, dem Postprocessing, in chemische Information umgewandelt werden. Der hohe physikalische Informationsgehalt von kanonischen, lokalisierten und Grenzorbitalen, Populationsanalyse usw. müssen als Eigenschaften abgebildet werden, welche der vom Chemiker behandelten Substanz zukommen. Darum werden in diesem Stadium von Berechnungen oft Kategorienwechsel vorgenommen, welche als solche erkannt werden sollten. So können z.B. mit Hilfe der massegewichteten Hesse-Matrix (IR-Frequenzen) eines Moleküls in Gasphase thermodynamische Daten berechnet werden. Dies erfordert aber den Einsatz der Begriffe Temperatur und Entropie, welche Stoffeigenschaften und für ein einzelnes Molekül nicht definiert sind (vgl. auch Kap. 1.2).

Während für Molekülorbitale (insbesondere Grenzorbitale) die Darstellung relativ klar ist, sind andere Eigenschaften schwieriger zu analysieren und graphisch aufzuarbeiten. Bereits ein relativ einfaches Problem wie das Aussehen eines Moleküls ist bei näherem Hinsehen nicht eigentlich trivial. Das Resultat der Simulation ist wohl ein vollständiger Satz von Koordinaten für alle Atome im Molekül. Dieser Satz von Koordinaten kann einfach als sogenanntes Wireframe-Modell dargestellt werden. Eigenschaften, welche direkt mit Kerndistanzen oder Bindungswinkeln resp. Diederwinkeln zu tun haben, wie z.B. Proton-NMR-Kopplungskonstanten oder NOE-Messungen, können aus solchen Modellen recht gut extrahiert werden. Geht es aber um Probleme der sterischen Hinderung oder im Zusammenhang mit Makromolekülen um Docking, muss das Aussehen eines Moleküls neu definiert werden. Die Raumerfüllung muss richtig repräsentiert werden, wobei sich die Frage stellt, was eine Moleküloberfläche sein soll. Ordnet man jedem Molekül eine harte Kugel mit dem experimentell abgeschätzten van der Waals-Radius zu, so kann ein raumerfüllendes Modell (CPK-Modell) konstruiert werden. Dieses CPK-Modell gibt die Oberfläche eines Moleküls aber kaum realistisch wieder. Wesentlich besser ist dafür die sogenannte Connolly-Oberfläche[1] geeignet, welche entsteht, wenn eine Probenkugel mit 1.4 Å Radius (der effektive Radius eines Wassermoleküls) über ein CPK-Modell gerollt wird. Dies

1. M.L. Connolly: J. Appl. Cryst., **16**, 548 (1983); Science, **221**, 709 (1983).

resultiert in einer glatten Oberfläche, die von einem Wassermolekül berührt werden kann. Andere Eigenschaften als die sterische Repulsion sind natürlich für ein Molekül ebenfalls wichtig. Darum werden solche Eigenschaften oft auf Connolly-Oberflächen abgebildet. So kann diese Oberfläche mit dem an jedem Punkt berechenbaren elektrostatischen Potential codiert werden. Andere, weitergehende Möglichkeiten wären zudem, eine solche Fläche nicht nur entsprechend dem Potential zu codieren, sondern in jedem Punkt den Gradienten des Potentials (das elektrische Feld) durch kurze Vektoren zu symbolisieren. Eine ähnliche Repräsentation kann man sich auch für die Kräfte denken, welche in einem Kraftfeldmodell entstehen, wenn eine Probe in die Nähe eines Moleküls gebracht wird. Die Differenz zwischen elektrostatischer Wechselwirkung und sterischer Repulsion führt zu wesentlich schärfer begrenzten Gebieten, in denen vorzugsweise Komplexierung stattfindet, und stellt damit eine weitere, wenn auch sehr spezifische Definition einer reaktiven Oberfläche dar[1].

1. P.J. Goodford: Programm GRID. Molecular Discovery Ltd., West Way House, Elms Parade, Oxford, OX2 9LL, England.

Kapitel 2
Typische Modelle und Programme

Die Kräfte zwischen Partikeln können in vier Kategorien eingeteilt werden:

a) Gravitation, b) Elektromagnetismus, c) starke und d) schwache Kräfte.

Die starke Kraft ist für die Bindung von Neutronen und Protonen in den Atomkernen verantwortlich und besitzt eine extrem kleine Reichweite von nur etwa 10^{-3} nm. Die schwachen Kräfte sind elektromagnetischer Natur, besitzen aber ähnlich kleine Reichweiten. Da molekulare Dimensionen typischerweise im Bereiche von 5 nm liegen, können diese zwei Kategorien von Kräften nicht für den Zusammenhalt von Molekülen oder für intermolekulare Wechselwirkungen verantwortlich sein. Im Gegensatz dazu ist die Gravitation eine Kraft mit extrem grosser Reichweite. Aber auch sie kann im Zusammenhang mit der Aggregation von Atomen oder Molekülen vernachlässigt werden. Die Energie, die zwischen zwei Argon-Atomen bei einer Distanz von 4 nm aufgrund ihrer Gravitationsfelder frei wird, ist nur etwa 7×10^{-52} Joule. Diese Energie ist um etwa 30 Grössenordnungen kleiner als die intermolekularen Kräfte und somit noch wesentlich kleiner als Bindungsenergien. Somit müssen die inter- und intramolekularen Kräfte im wesentlichen elektromagnetischen Ursprung haben. Dies bedeutet aber nicht, dass kleine Kräfte sowie die naturinhärente Symmetrieverletzung in evolutionären Langzeitprozessen oder weit entfernt von Gleichgewichtssituationen (→ Chaostheorie) unwichtig seien.

Die Bedeutung der elektromagnetischen Kräfte war ab etwa 1930 klar erkannt worden. Zu jener Zeit war es aber sehr schwierig, diese Kräfte ab initio mit Hilfe der Quantenmechanik quantitativ zu berechnen. So wurden etwa zur selben Zeit heuristische Methoden entwickelt, um Informationen über molekulare Kräfte zu sammeln. Diese Modelle enthalten die Annahme, dass eine algebraische Form für die Abhängigkeit der Kräfte von der Kernkonfiguration angegeben werden kann. Ein entscheidender Schritt in Richtung Molecular Modelling ist die Frage, ob diese Kraftgesetze durch experimentelle Daten bestimmt werden können. Es wurde sehr viel Arbeit in dieses inverse Problem investiert und es scheint heute klar, dass es nicht eindeutig gelöst werden kann. Es ist jedoch möglich, algebraische Formen und numerische Werte zu geben, welche die Simulation molekularer Kräfte zulassen. Dieser zweite heuristische Weg ist heute unter dem Begriff Molekülmechanik (Molecular Mechanics) oder Kraftfeld (Force Field) bekannt.

Zur gleichen Zeit, in der grosse Fortschritte in diesen heuristischen Modellen gemacht wurden, verzeichnete die numerische Quantenchemie ebenso grosse Fortschritte und eigentliche Durchbrüche. Trotzdem hat sich die Anwendung von Molecular Mechanics-Modellen bis heute erhalten und wird wohl auch in nächster Zukunft ihre Stellung behalten. Der Grund dafür liegt darin, dass sich unser Interesse entsprechend der technischen Möglichkeiten auf grössere Systeme ausgedehnt hat. Der Rechenaufwand in Molecular Mechanics Programmen steigt ungefähr mit n^2, wobei n die Anzahl der berücksichtigten Wechselwirkungen ist. Die Rechenzeit bei der quantenchemischen Behandlung eines Systems steigt jedoch mit etwa n^4 an, wobei n die Anzahl der symmetrieunabhängigen Basisorbitale ist. Versucht man, Elektronenkorrelation mitzuberücksichtigen, ist der Bedarf an Computerressourcen noch grösser. Je nach Art der gewünschten Aussage und der Grösse des Ausschnittes aus einem molekularen Gebilde, das untersucht werden soll, ergänzen sich diese zwei Methoden. Wir wollen darum in den anschliessenden zwei Kapiteln beide Welten etwas kennenlernen.

Tabelle 2.1 Geometrien von Wasserstoffperoxid und die von verschiedenen Methoden benötigte relative CPU-Zeit. (Kraftfeld: MM2, semiempirisches MO: AM1, ab initio mit verschiedenen Basissätzen.)

	exp.	MM2	AM1	STO-3G	DH	6-31G*	DH+*	MP2/6-31G*
r(O,O)	1.475	1.473	1.300	1.396	1.444	1.393	1.391	1.467
r(O,H)	0.950	0.943	0.983	1.001	0.956	0.949	0.949	0.976
ω(O,O,H)	94.8	95.1	106.0	101.2	102.7	102.2	102.7	98.7
ω(H,O,O,H)	120.0	108.5	126.3	123.7	146.6	115.2	114.9	121.3
μ [D]	2.2	1.33	1.41	1.33	1.31	–	2.0	
CPU [rel]		1	9	170	1540	a)	5300	a)

a) D.J. DeFrees: J. Am. Chem. Soc., 101, 4085 (1979)

2.1 Kraftfeldprogramme

Kraftfeldprogramme gehen davon aus, dass Moleküle aus Atomen aufgebaut sind und dass die Geometrie auf die Atomanordnung angewendet werden kann. Sie gehen weiter davon aus, dass zwischen gewissen Atomen in Molekülen Bindungen existieren, und dass zwischen den nicht gebundenen Atomen van der Waals-Kräfte wirken. Eine weitere fundamentale Idee dieser Methode ist die Annahme, dass Bindungen "natürliche" Längen und Winkel besitzen und dass die Moleküle ihre Geometrie so einrichten, dass diese natürlichen Werte möglichst gut realisiert werden. In Systemen, welche nicht alle natürlichen Grössen erreichen können, wird die lokale Geometrie in einer voraussagbaren Art und Weise deformiert, wobei Spannungsenergie aufgebaut wird, die berechnet werden kann. Die Geometrie wird sich so deformieren, dass die Summe all dieser Spannungsenergien minimal und in möglichst vielen kleinen Komponenten auf das Molekül verteilt ist. Für die Berechnung dieser Straffunktionen wird das Kraftfeld eines Moleküls in eine Summe von Modellkräften zerlegt, wobei diese Modellkräfte in der Sprache der klassischen Mechanik geschrieben werden.

Das einfachste Kraftfeld, das die üblichen chemischen Vorstellungen über die Natur der Kräfte in einem Molekül am besten wiedergibt, ist das sog. Valenz-Kraftfeld, das in internen Koordinaten formuliert wird. Diese internen Koordinaten sind normalerweise Bindungsdistanzen, ein Satz von unabhängigen Bindungs- und Torsionswinkeln. Auch wenn viele Terme und Ideen aus der Gedankenwelt der Vibrationsspektroskopie stammen, sind die in Kraftfeldern verwendeten Koordinaten keine Normalkoordinaten. Einer der Gründe für die Geschwindigkeit der Berechnung molekularer Energien mit Kraftfeldern liegt darin, dass in diesen im Gegensatz zu spektroskopischen Kraftfeldern und zur Quantenchemie keine Eigenwertprobleme gelöst werden müssen.

Mit Hilfe interner Koordinaten wird das einfachste Kraftfeldmodell durch Vernachlässigung von Abhängigkeiten zwischen den Kräften erhalten. Das Resultat ist ein Kraftfeld, dessen einzelne Komponente dem Hookschen Gesetz folgt.

$$V = \frac{1}{2}\left[\sum_i f_{ri}(r_i - r_{0i})^2 + \sum_k f_{\theta k}(\theta_k - \theta_{0k})^2 + \sum_l f_{\omega l}(\omega_l - \omega_{0l})^2\right]$$

Diese Zerlegung entspricht der empirischen Erfahrung, dass die Energien (Frequenzen) der Bindungs- und Winkelvibrationen sowie der Torsionsschwingungen gut getrennt sind, wie dies auch in Abbildung 2.1 dargestellt ist.

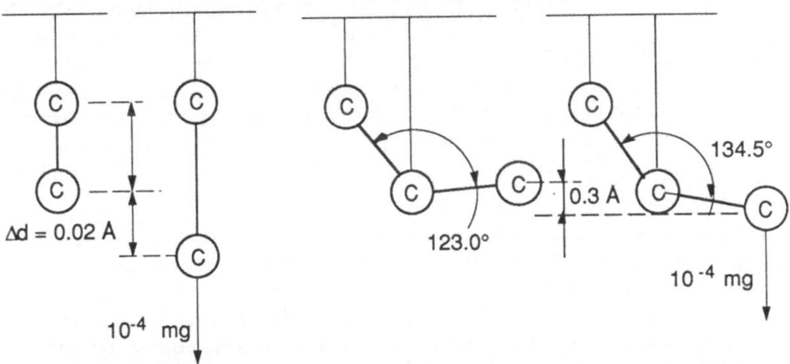

Abbildung 2.1 Gleiche Kräfte haben je nach Angriffsrichtung verschieden dramatische Konsequenzen auf die Geometrie. (Försterling & Kuhn: Moleküle und Molekülanhäufungen, Springer Verlag, 1983).

Um ein praktisch einsetzbares Kraftfeldprogramm zu erhalten, muss nun davon ausgegangen werden, dass entsprechende, d.h. zur gleichen lokalen Umgebung gehörige Terme von einem Molekül auf ein anderes übertragen werden können. Dabei tritt das Problem auf, was der Ausdruck "gleiche lokale Umgebung" bedeuten soll. Die Gleichheit wird normalerweise nur über denselben Radius untersucht, der für die Definition der entsprechenden internen Koordinate notwendig ist. Dies führt meist nicht zu vernünftig transferierbaren Energieausdrücken. Die CO-Einfachbindung als Beispiel ist in einem Äther nicht dieselbe wie diejenige in einem Ester. In Valenzkraftfeldern kann das Problem gelöst werden, indem es für die einzelnen Elemente verschiedene Repräsentanten gibt. So enthalten die meisten Kraftfelder mindestens drei verschiedene Kohlenstofftypen, sp, sp^2, sp^3, welche im Rahmen dieser Valenzkraftfelder verschiedene Elemente darstellen. Genauso wie es unmöglich ist, in einem chemischen System Stickstoff in Sauerstoff umzuwandeln, ist es in solchen Kraftfeldern unmöglich, einen sp^2- in einen sp^3-Kohlenstoff umzuwandeln. Oft wird sogar innerhalb dieser Typen unterschieden. So wird z.B. in MM2 zwischen einem sp^2-Kohlenstoff in einer Kohlenwasserstoff-Umgebung und dem sp^2-Kohlenstoff in einer Carbonylgruppe unterschieden. Das heisst, es handelt sich hier innerhalb eines Kraftfeldmodells um zwei verschiedene Atomsorten. Auch wenn wir uns innerhalb der sehr beschränkten strukturellen Möglichkeiten der klassisch schreibbaren organischen Moleküle bewegen, erzeugt dies natürlich sofort eine unüberschaubare Menge von Energieausdrücken.

Dazu kommt noch, dass ein derart einfaches Modell ein wirkliches molekulares Kraftfeld nur sehr ungenügend beschreibt. Wichtige zusätzliche Terme sind die van der Waals-Wechselwirkungen zwischen den nicht gebundenen Atomen sowie sog. Kreuzterme zwischen den Energieausdrücken.

Im Hinblick auf eine sinnvolle Implementierung ist es wichtig, diese Datenmenge so weit wie möglich zu reduzieren und in übertragbare Formen zu bringen. Dabei gelangen vor allem zwei Prinzipien zur Anwendung: Konformalität und Kombinationsregeln. Konformalität bedeutet, dass die mathematischen Ausdrücke für eine Energieart nach der Reduktion von charakteristischen Grössen (Parameter) die gleiche algebraische Form aufweisen. Dadurch muss für jede Art von Deformationsenergie nur eine mathematische Form programmiert werden. Die Anpassung an die innerhalb eines Moleküls benötigte numerische Form wird durch Einsetzen von atom- oder atompaar-, atomtripel- resp. atomquadrupel-spezifischen Parametern bewerkstelligt. Kombination bedeutet, dass Parameter für die Beschreibung von Kraftgesetzen zwischen verschiedenen Atomtypen durch geeignete Kombinationsregeln aus atomaren Werten berechnet werden können. Diese Kombination ist wesentlich schwieriger zu bewerkstelligen als die Konformalität und wird meist nur für die van der Waals-Wechselwirkungen angewendet. Wir wollen nun diese Probleme einzeln an konkreten Beispielen betrachten.

Die vier Basis-Straffunktionen sind, wie schon erwähnt, die Energie infolge der Bindungslängendeformation, der Bindungswinkeldeformation, der Torsionswinkel sowie der van der Waals-Wechselwirkung zwischen nicht gebundenen Atomen. Dass eine Separation der bindenden Kräfte in Streckung, Beugung und Torsion möglich ist, ist (wie bereits erwähnt) auf ihre stark unterschiedlichen Kraftkonstanten zurückzuführen, welche dafür sorgen, dass die lokalen Oszillatoren weitgehend entkoppelt sind. Die Notwendigkeit von Kreuztermen zwischen den Basistypen ist ebenfalls schon erwähnt worden. Dies soll anhand des Kreuzterms $V_{ST/B}$ (ST/B → stretch/bend) gezeigt werden. Die Geometrie von Molekülen der Form XMY_3 unter der Punktgruppe C_{3v} kann verglichen werden, indem man den experimentellen Winkel θ sowie die Bindungslängenabweichungen Δr_1 und Δr_2 betrachtet. Δr_1 und Δr_2 sind dabei als die Differenz der beobachteten Bindungslänge und der Summe der Kovalenzradien definiert. Aus Röntgenstrukturuntersuchungen ist ersichtlich, dass r_1 und r_2 vom Winkel θ abhängig sind.[1]

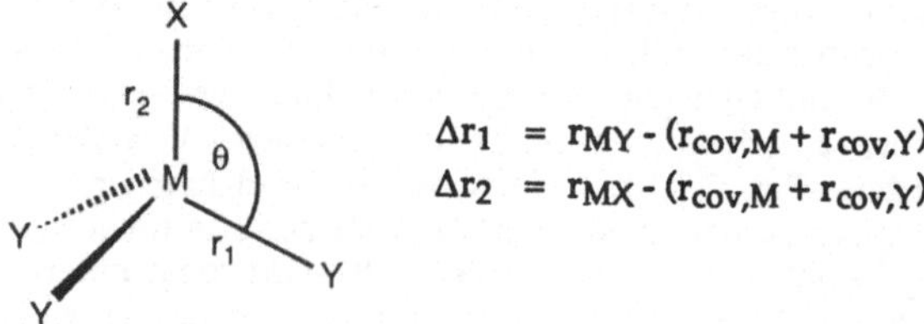

$$\Delta r_1 = r_{MY} - (r_{cov,M} + r_{cov,Y})$$
$$\Delta r_2 = r_{MX} - (r_{cov,M} + r_{cov,Y})$$

Bei kleinem θ ist dabei r_2 gross und r_1 klein. Nimmt θ zu, verkürzt sich r_2 und r_1 wird gestreckt. Bei $\theta \approx 110°$ gilt dabei $r_1 = r_2$. Die beobachteten Radienänderungen betragen bei Hauptgruppenelementen typischerweise 0.2 Å bei einer Winkeldeformation von

1. H.-B. Bürgi: Angew. Chem., 87, 461 (1975).

10° (Maximalwerte bis zu 0.4 Å !). Effekte dieser Grössenordnung dürfen nicht ohne besondere Gründe vernachlässigt werden.

Als Beispiel für ein Kraftfeld mit guter Präzision bei kleinen Molekülen (< 250 Atome) mag hier der Satz der Straffunktionen des populären Programms MM2 dienen:

$$V = \sum V_{ST} + \sum V_B + \sum V_T + \sum V_{VdW} + \sum V_{ST/B} + \sum V_{ST/T} + \sum V_\mu$$

In Heteroatome enthaltenden Bindungen repräsentiert der Term V_μ die elektrostatischen Wechselwirkungen. Andere Kraftfelder (z.B. AMBER) enthalten keine Terme des Typs $V_{ST/B}$ und $V_{ST/T}$. Einige behandeln jedoch Wasserstoffbrücken als gesonderten Wechselwirkungstyp $V_{H\text{-}B}$. Die algebraische Form der einzelnen Terme wird in Kapitel 2.1.4 unter die Lupe genommen.

2.1.1 Vor- und Nachteile von Kraftfeldern

Einer der grossen Vorteile von Kraftfeldern ist sicher die Geschwindigkeit, mit der molekulare Probleme berechnet werden können. Nimmt die Anzahl der Freiheitsgrade in ab initio Rechnungen mit n^4 zu (wobei n die Anzahl der Basisfunktionen darstellt), so sind semiempirische und empirische MO-Methoden mit einer n^2 bis n^3 Zuwachsrate und der Verwendung minimaler Basissätze schon wesentlich besser geeignet, Moleküle von der Grösse, die den Laborchemiker interessiert, zu behandeln. Kraftfeldmodelle haben aber eine Zuwachsrate von nur n^2, wobei n in diesem Falle die Anzahl Atome darstellt.

Ein zweiter Vorteil, der wesentlich zur Popularität von Kraftfeldansätzen beiträgt, ist die konzeptionelle Einfachheit dieser Modelle. Die konventionellen Konzepte wie Bindungslängendeformationen, Winkelspannung, van der Waals-Repulsionen und anderer sterischer Energien finden ihre Entsprechungen in Kraftfeldern wieder.

Als dritter Vorteil mag - adäquate Parametrisierung vorausgesetzt - die Präzision gelten, mit der Molekülgeometrien vorausgesagt werden können[1]. Aus diesem Grund werden Kraftfelder auch oft für die Erzeugung von Geometrien unbekannter Moleküle verwendet, um diese als Grundlagen für single point ab initio Rechnungen mit grossen Basissätzen zu verwenden. Das Dilemma, zwischen hoher Präzision und fehlender Parametrisierung wählen zu müssen, wurde in einem Versuch, ein generisches Kraftfeld (DREIDING) unter voller Ausnützung der Kombinationsregeln zu schaffen, zu Gunsten der Parametrisierung entschieden[2]. Die in kleinen organischen Molekülen auftretenden Fehler sind 0.04 Å (Bindungslängen), 3.5° (Bindungswinkel) und 9° (Torsionswinkel) (MM2 ~ 0.01 Å, 1°, 5°).

Nachteile von Kraftfeldmodellen gibt es einige: Zum einen ist eine allgemeine Erfahrung von Chemikern, dass die Parametrisierung von Kraftfeldern meistens in dem Bereich von organischen Strukturen, welche sie interessieren, nicht vollständig ist. Eine oft übersehene Limitierung besteht darin, dass, abgesehen von der Parametrisierung, die Anzahl und Art der Energiefunktionen in einem Kraftfeld die Möglichkeiten eines solchen Modells bereits inhärent einschränken. Das Bindungsnetzwerk in einem Mo-

1. K. Gundertofte et al.: J. Comput. Chem., **12**, 200 (1991).
2. S.L. Mayo, B.D. Olafson, W.A. Goddard: J. Phys. Chem., **94**, 8897 (1990).

lekül gehört zur Moleküldefinition. Es sind deshalb keine Reaktionen, welche das Bindungsnetzwerk ändern, in kontinuierlicher Weise simulierbar. Der letzte Nachteil von mechanischen Ansätzen liegt in der konzeptionellen Ähnlichkeit seiner Energieterme mit den Konzepten sterischer Energie des synthetischen Chemikers begründet. Diese Ähnlichkeit verleitet zu einer Überinterpretation der einzelnen Terme, deren Summe in Kraftfeldprogrammen als sterische Energie bezeichnet wird. Da durch die Parametrisierung und die Wahl der Energiefunktionen grosse Abhängigkeiten zwischen diesen Grössen existieren, ist nur ihre Summe relevant. Die Zerlegung dieser Summe in Einzelkomponenten ist stark vom Modell abhängig.

2.1.2 Kraftfelder für grosse Moleküle

Auch unter Verwendung eines Kraftfeldmodells nimmt dank der n^2-Abhängigkeit der zu optimierenden Freiheitsgrade die Rechenzeit für grosse Moleküle stark zu. Kraftfelder für extrem grosse Moleküle sind darum darauf angewiesen, möglichst einfache und wenige Energieausdrücke zu verwenden. Programme wie AMBER[1], GROMOS[2] und CHARMM[3] verwenden darum nur gerade Ausdrücke für die Deformation der Bindungslängen, Bindungswinkel, Torsionswinkel sowie einen zusätzlichen Term für van der Waals- und elektrostatische Wechselwirkungen. Es werden keine Kreuzterme zwischen diesen Basisgrössen verwendet. Als Funktion für die Einzelkomponenten der sterischen Energie wird nur die einfachste Form, d.h. das quadratische Potential, verwendet, während für elektrostatische Potentiale ein einfaches Coulomb-Potential und für die nichtbindenden Wechselwirkungen meist ein Lennard-Jones-Potential benutzt wird. Dies führt zu Energieausdrücken, die extrem schnell zu berechnen sind, andererseits kann eine hohe Präzision nur erreicht werden, indem eine Vielzahl von Parametern für das gleiche Element in einer Anzahl von chemischen Umgebungen bestimmt wird. Da bei sehr grossen Molekülen die Zeit, welche für das Aufsetzen der Energieausdrücke in einem Programm verwendet wird, gegenüber den Berechnungen und Geometrieoptimierungen verschwindend gering wird, ist ein solcher Ansatz aber angezeigt.

Bei der Anwendung von Kraftfeldmodellen auf extrem grosse Moleküle (Biopolymere) oder wenn die Notwendigkeit besteht, das gleiche Molekül sehr oft in geänderten Konformationen wiederzuberechnen (Molecular Dynamics, Monte Carlo Simulationen), genügt auch dieser Ansatz allein nicht. Es wird dann meist dazu übergegangen, CH-, CH_2- und CH_3-Gruppen als ein Atom zu behandeln. Dieser Ansatz ist in der Literatur unter dem Namen "United Atom" zu finden. Die Präzision solcher Kraftfelder ist für die Behandlung kleiner Moleküle meist ungenügend.

---

1. S.J. Weiner, P.A. Kollmann, D.A. Case, U.Ch. Singh, C. Ghio, G. Alagona, S. Profeta, P. Weiner: J. Am. Chem. Soc., **106**, 765 (1984).
2. W.F. van Gunsteren, H.J.C. Berendsen: Groningen Molecular Simulation (GROMOS) Library Manual, Bionas, Groningen 1987.
3. B.R. Brooks, R.E. Bruccoleri, B.D. Olafson, D.J. States, S. Swaminathan, M. Karplus: J. Comput. Chem., **4**, 187 (1983).

2.1.3 Kraftfelder für kleine Moleküle

Wie ausgangs des letzten Kapitels erwähnt, reicht die Präzision von Kraftfeldern für grosse Moleküle nicht für die Voraussage der Eigenschaften kleiner Moleküle aus. Dies führt speziell im Drug Design zum Dilemma, dass man einerseits grosse Moleküle (Rezeptoren) simulieren muss, andererseits aber auch einen Wirkstoff, d.h. im allgemeinen ein kleines Molekül. Methoden wie AMBER, GROMOS und CHARMM geben für die Simulation kleiner Moleküle den United Atom-Ansatz auf, behalten aber die Einfachheit der Energieausdrücke bei. Die Qualität solcher Hybrid-Kraftfelder[1] zeigt für kleine Moleküle wesentliche Verbesserungen. Für Chemiker, welche sich ausschliesslich für kleine Moleküle (weniger als 100 bis 200 Atome) interessieren, sind jedoch geeignetere Kraftfelder geschaffen worden.[2,3]

Die auf kleine Moleküle spezialisierten Kraftfelder verwenden einerseits für die verschiedenen Energieausdrücke nicht die einfachsten quadratischen Formen, sondern besitzen anharmonische Kraftfeldausdrücke sowie Kreuzterme zwischen den Basisdeformationen. Diese Verbesserung der mathematischen Form der Energieausdrücke lässt bei erhöhter Präzision zu, dass pro Element weniger chemisch verschiedene Umgebungen unterschieden werden müssen. Das heisst, dass bei der Parametrisierung prinzipiell weniger Parameter bestimmt werden müssen. Dies führt zur Möglichkeit, einen grösseren chemischen Bereich mit Kraftfeldparametern abzudecken. Typische Beispiele von Kraftfeldprogrammen für kleine Moleküle stellen Allingers Programme MM2 und MM3 dar, deren Funktionen wir im nächsten Kapitel zusammen mit verwandten Energieausdrücken kennenlernen möchten.

2.1.4 Mathematische Form von Kraftfeldtermen

A. Bindungslängendeformation (V_{ST})

Die einfachste mathematische Form für das Bindungsstreckungspotential ist das harmonische Potential. Dieses Potential wird in den spektroskopischen Kraftfeldern sehr oft eingesetzt. Der wesentliche Unterschied zwischen einem Kraftfeld für die Simulation von Geometrien unbekannter Moleküle und spektroskopischen Kraftfeldern besteht darin, dass r_0 im spektroskopischen Kraftfeld die mittlere Bindungsdistanz im entsprechenden Molekül darstellt, d.h. $r_0 = r_e$. Die Kraftkonstante wird durch eine Normalkoordinatenanalyse der Schwingungsspektren (Raman- und IR-Spektren) an dieser Stelle r_e ermittelt. Hier ist die quadratische Approximation oft genügend gut. Sie ist aber oft ungenügend, wenn man Strukturtypen mit fixierten Kraftkonstanten von einem Molekül auf ein anderes transferieren möchte. Dieses Ungenügen ist nicht in erster Linie auf fehlende Anharmonizität zurückzuführen. Auch die Evaluation von anharmonischen Potentialen würde ein zu einer r_e-Struktur gehöriges Resultat erzeugen. Da r_e-Strukturen molekülspezifisch und nicht substanzklassenspezifisch sind, ist ihre Übertragung problematisch. Für die Simulation neuer Moleküle benötigt man einen Satz von substanzklassenspezifischen Werten r_0 zusammen mit den assoziierten

1. P. Kollmann et al.: J. Comput. Chem., 7, 230 (1986).
2. N.J. Allinger: J. Am. Chem. Soc., 99, 8127 (1977).
3. O. Ermer, S. Lifson: J. Am. Chem. Soc., 95, 4121 (1973).

Kraftkonstanten. Das Zusammenspiel dieser Grössen soll die r_e-Struktur des neuen Moleküls ergeben. Die sterische Energie eines solchen Moleküls in der r_0-Basis wird im allgemeinen verschieden von Null sein. Parameter aus spektroskopischen Kraftfeldern sind jedoch noch immer gute Schätzwerte für die "ad hoc"-Parametrisierung (vgl. Kapitel 2.1.5.1).

Harmonisches Potential:

$$V_{ST} = \frac{1}{2}k(r - r_0)^2$$

k: Kraftkonstante
r_0: Distanz kleinster Energie

Verwendet in: AMBER, GROMOS, CHARMM, DREIDING

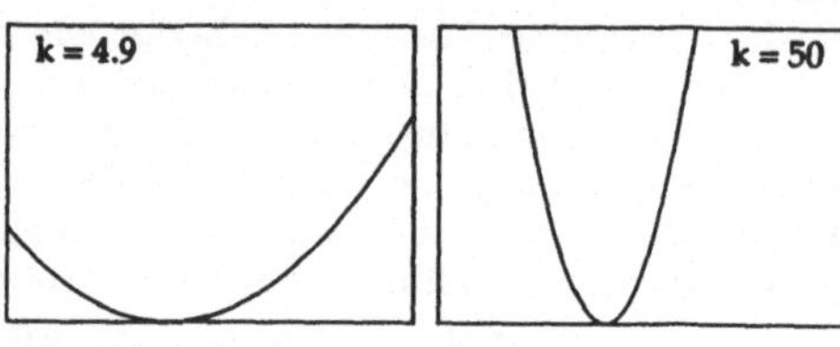

Anharmonisches Potential:

$$V_{ST} = \frac{1}{2}k(r - r_0)^2 + x(r - r_0)^3$$

x: kleine negative Zahl

Zum Beispiel verwendet in MM2 als

$$V_{ST} = 71.94 \cdot K_{ST}(r-r_0)^2[1-2(r-r_0)]$$

bzw.

$$V_{ST} = 71.94 \cdot K_{ST}(r-r_0)^2 \text{ für } r \gg r_0$$

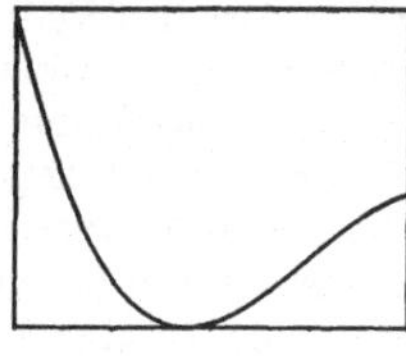

Morse-Potential:

$$V_{ST} = D(1 - \exp(-b(r - r_0)))^2 - D$$

D: Tiefe des Potentials
b: Krümmung
r_0: Distanz kleinster Energie

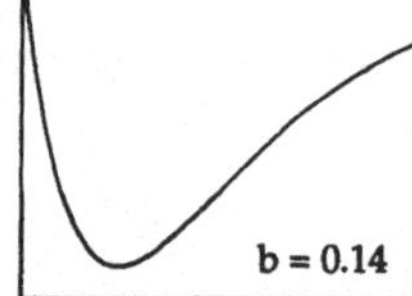

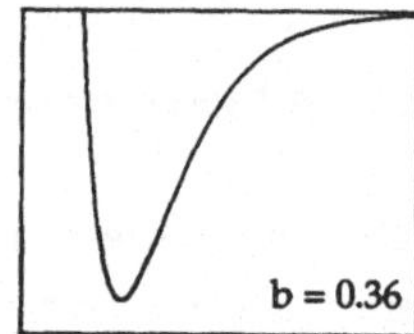

Um eine genügende Präzision der vorhergesagten r_e-Strukturen zu erreichen, können zwei Wege beschritten werden. Der eine besteht in der Definition einer Vielzahl von Struktur- resp. Atomtypen mit spezifischen Parametern unter Beibehaltung einfacher harmonischer Kraftgesetze. Dies hat sich vor allem bei grossen Molekülen mit kleinem Umfang an funktionellen Gruppen bewährt. Für die Simulation kleiner Moleküle und breiter Abdeckung von funktionellen Gruppen hat es sich als Vorteil erwiesen, weniger Atomtypen zu definieren, dafür aber kompliziertere (rechenintensivere) Potentialfunktionen zu verwenden. Es muss hier darauf hingewiesen werden, dass dieser Entscheid kein "besser oder schlechter" bedeutet. Es geht hierbei nur um ein situationsangepasstes Handeln, wobei die Situation eben nicht nur die Art und Grösse eines zu simulierenden Moleküls beinhaltet, sondern auch die endliche Geschwindigkeit von Computern sowie die Art und Präzision der gewünschten Aussage.

Gute Kraftfelder für kleine Moleküle enthalten anharmonische Bindungsstrekkungspotentiale, die in Richtung $r<r_0$ steiler ansteigen als das harmonische Potential, in Richtung grosse r jedoch wesentlich flacher. Geeignet wäre sicher das Morse-Potential. Es wird aber im Zusammenhang mit Molecular Modelling kaum gebraucht, da es die Berechnung von zwei Exponentialfunktionen verlangt, was erheblichen Rechen-

aufwand erzeugt. In den meisten Kraftfeldern, welche anharmonische Potentiale verwenden, wird darum der quadratische Term durch einen kubischen korrigiert. Dies führt zu einem Potential, das in einem gewissen Bereich um r_0 die richtige Anharmonizität zeigt. Es ist jedoch möglich, dass sich die Funktion bei sehr grossem r nicht wie die Morse-Funktion asymptotisch an einen konstanten Wert annähert, sondern entsprechend dem r^3-Charakter der Funktion plötzlich wieder abnimmt. Ein Programm, das solche Funktionen verwendet, muss entscheiden, ob der Radius r innerhalb des Gültigkeitsbereiches dieses anharmonischen Potentials liegt oder ausserhalb. Wenn r ausserhalb liegt, werden diese Programme nur den quadratischen Term für eine erste Annäherung verwenden. Dies gilt z.B. für das MM2-Programm.

Allingers MM3 verwendet einen stärker anharmonischen Ausdruck, kombiniert mit einem Term $(r-r_0)^4$. Dieser letzte Term sorgt dafür, dass für $r >> r_0$ keine "Umschaltung" auf das harmonische Potential notwendig ist.

$$V_{ST}^{MM3} = 71.94 \cdot K_{ST} \cdot (r-r_0)^2[1-2.55(r-r_0) + (7/12) \cdot (2.55(r-r_0))^2]$$

B. Bindungswinkeldeformation (V_B)

Für die Winkeldeformation gilt ähnliches wie für die Bindungslängendeformation. Auch hier ist das harmonische Potential nicht optimal und wird wie bei der Bindungsstreckung nur von solchen Programmen verwendet, die entweder spektroskopische, molekülspezifische Valenzfelder enthalten, oder aber von Programmen, welche sehr grosse molekulare Gebilde berechnen, wobei man die kleinere Genauigkeit von Potentialen mit nur quadratischen Termen in Kauf nimmt, um Rechenzeit zu gewinnen. Programme für die Simulation von kleinen Molekülen (klein bedeutet hier Moleküle mit weniger als etwa 200 Atomen) korrigieren das quadratische Potential ebenfalls entweder durch eine Funktion einer höheren Potenz wie z.B. das MM2-Kraftfeld durch einen Term in der 6. Potenz. Diese kleine Beimischung der 6. Potenz macht die Wände etwas steiler als beim harmonischen Potential. Das Gebiet um r_0 bzw. θ_0 wird dafür etwas flacher.

Harmonisches Potential: $V_B = 1/2\, k(\theta-\theta 0)^2$

Im Gegensatz zu AMBER, GROMOS und CHARMM, verwendet MM2 nicht nur den ersten Term der Taylor-Entwicklung von V_B, sondern korrigiert mit $+7 \cdot 10^{-8} K_B(\theta-\theta_0)^6$. MM3 verwendet alle Terme der Taylor-Serie bis zur 6. Potenz.

MM2: $V_B = 0.021914\, K_B(\theta-\theta_0)^2[(1 + (7 \cdot 10^{-8}(\theta-\theta_0)^4))]$

MM3: $V_B = 0.021914 \cdot K_B(\theta-\theta_0)^2 \cdot [1 + C_F(\theta-\theta_0) + Q_F(\theta-\theta_0)^2 + P_F(\theta-\theta_0)^3 + S_F(\theta-\theta_0)^4]$

mit
$C_F = -1400.0 \cdot 10^{-5}$
$Q_F = 5.6 \cdot 10^{-5}$
$P_F = -0.07 \cdot 10^{-5}$
$S_F = 0.022 \cdot 10^{-2}$

Das generische Kraftfeld DREIDING verwendet eine harmonische Cosinusform

$$V_B = 1/2\, k(\cos\theta - \cos\theta_0)^2$$

Diese Form garantiert bei $\theta = 180°$ einen horizontalen Kurvenverlauf.

In-plane und out-of-plane Kraftkonstanten müssen um sp^2-hybridisierte Atome unterschieden werden. Dies ist besonders dann wichtig, wenn andere Einschränkungen (z.B. kleine Ringe) ein starkes Abweichen von den "idealen" 120°-Bindungswinkeln verlangen. Ohne die Unterscheidung der beiden Deformationsmoden würde z.B. der exocyclische Sauerstoff in Cyclobutanone scharf aus der Kohlenstoffebene herausgeknickt.

richtig: O 135° falsch: O 120°

Diese Unterscheidung der in-plane und out-of-plane Deformation kann unterschiedlich angegangen werden. MM2, MM3 und DREIDING (wiederum in der Cosinusform) berechnen effektive Out-of-plane Bindungswinkel und wenden V_B mit einem separaten Satz von $K_{B,out\text{-}of\text{-}plane}$ darauf an. Andere Kraftfelder, wie z.B. die "MM2-Emulation" in MACROMODEL und CHARMM verwenden dazu uneigentliche Diederwinkel der Form (X-A-Y-Z), welche 180° als Energieminimum besitzen.

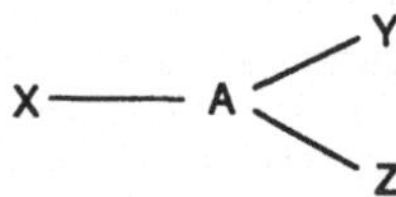

AMBER wiederum verwendet den Winkel, welcher die Gerade A-X mit der Ebene Y-A-Z einschliesst.

C. Torsionspotential (V_T)

Das Problem der Torsionspotentiale ist die Existenz von multiplen Minima. Im allgemeinen werden darum die Torsionspotentiale in einer Fourier-Expansion dargestellt, wobei die Fourier-Serie bei der höchsten Multiplizität der Minima pro Drehung durch 360° abgebrochen wird. Bei organischen Molekülen wird somit meist mit dem dritten Term abgebrochen, d.h. auf diese Art werden alle 60° Minima möglich.

Allgemeine Fourier-Expansion:

$$V_T = \sum_j \frac{1}{2} K_j (1 - \cos(j\omega - \gamma))$$

ω

j = 1,2,3... Symmetriezahl
K_j = Potential der j-zähligen Drehung
γ = Nullpunktsverschiebung

Die Allinger-Kraftfelder enthalten, im Gegensatz zu beispielsweise AMBER und DREIDING, keine Nullpunktverschiebung ($\gamma = 0$).

MM2 und MM3:

$$V_T = \frac{K_1}{2}(1 + \cos\omega) + \frac{K_2}{2}(1 - \cos 2\omega) + \frac{K_3}{2}(1 + \cos 3\omega)$$

Durch Variation von K_1, K_2, K_3 lassen sich praktisch alle für die Beschreibung von organischen Molekülen notwendigen Torsionspotentiale beschreiben.

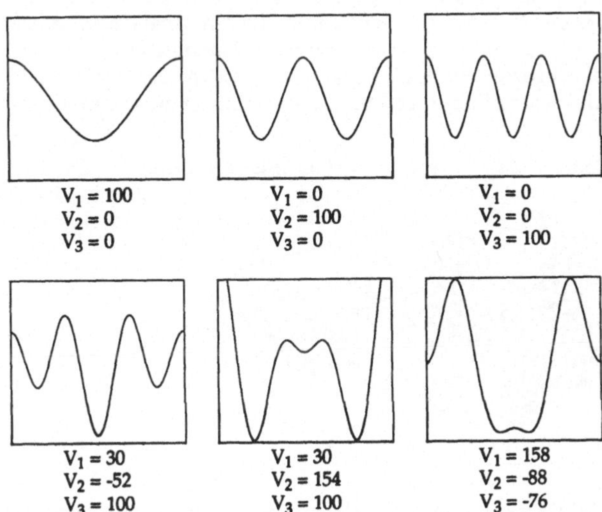

D. Der Kreuzterm $V_{ST/B}$

Zwischen der Bindungslänge und dem Bindungswinkel existiert bei praktisch allen Elementen ein Zusammenhang, indem die natürliche Bindungslänge bei kleinen Bindungswinkeln grösser zu sein scheint als bei grossen Bindungswinkeln (s. auch Seite 82 unten). Um diese Variabilität der natürlichen Bindungslänge richtig zu beschreiben, muss ein Kraftfeld einen stretch-bend Korrekturterm resp. Kreuzterm enthalten.

MM2 und MM3: $V_{SB} = 2.51124\ [K_{SB}(\theta-\theta_0)((r_1-r_{01}) + (r_2-r_{02}))]$

Urey-Bradley-Kraftfelder verwenden anstelle der stretch-bend Formulierung "echte" Dreizentren-Energiegesetze:

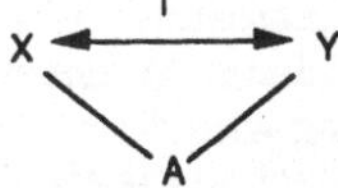

$$V_{UB} = \frac{K_{UB}}{2}(l - l_0)^2$$ mit $l = d(x,y)$, wenn x und y in einer 1,3-Beziehung stehen.

Dieses Gesetz sorgt dafür, dass durch die Streckung von A-X der Winkel X-A-Y kleiner und die Bindung A-Y gleichzeitig gestaucht wird.

E. Der Kreuzterm $V_{ST/T}$

Zwischen der Bindungslänge und der Torsion existiert ebenfalls ein Kreuzterm. Für die meisten molekularen Umgebungen in organischen Molekülen ist dieser Term vernachlässigbar klein und einige Programme berücksichtigen ihn überhaupt nicht oder, wie MM2, nur in ausgesuchten Fällen, nämlich immer dann, wenn zwei elektronegative Elemente mit lone pairs an ein gemeinsames elektropositives Zentrum gebunden sind. Unter diesen Voraussetzungen können die Bindungslängen zwischen dem gemeinsamen Zentrum und den elektronegativen Elementen jeweils durch die Diederwinkel der benachbarten Bindung stark beeinflusst werden (vgl. Abbildung 2.2). Beobachtet wurde dieser Effekt zuerst bei Zuckern und ist unter dem Begriff *anomerer Effekt* bekannt.

MM2 und MM3: $\Delta r_{0,1} = A/2[(1+\cos(2\omega_1))\text{-}C\cdot(1+\cos(2\omega_2))] + D$

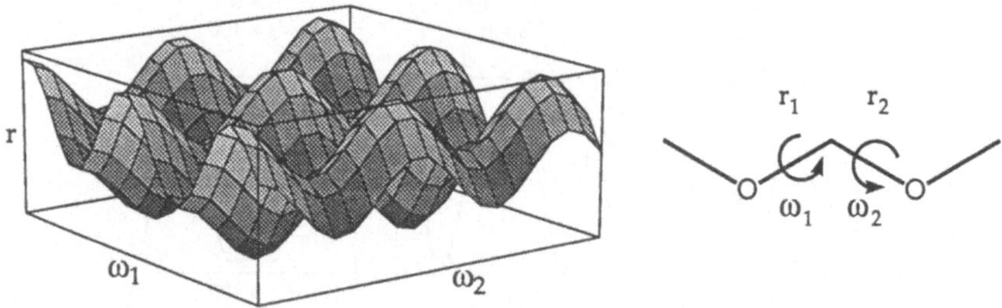

Abbildung 2.2 Geometrischer anomerer Effekt: Abhängigkeit der Bindungslänge r_1 (r_2) von den Diederwinkeln ω_1 und ω_2.

F. Die elektrostatische Wechselwirkung (V_μ resp. V_Q)

Elektrostatische Wechselwirkungen sind extrem weitreichende Kräfte, deren Potential mit nur 1/r abnimmt. Sobald Moleküle Heteroatome enthalten, d.h. ausgeprägte Ladungsseparationen innerhalb des Moleküls existieren, müssen diese elektrostatischen Wechselwirkungen für eine vernünftige Geometrievorhersage berücksichtigt werden. Ein Problem, das sich dabei stellt, ist die empirische Berechnung von partiellen Ladungen, wobei die Gesamtladung des Moleküls genau 0, 1 oder 2 sein muss. Diese Schwierigkeit wird im MM2 umgangen, indem die elektrostatischen Wechselwirkungen nicht auf dem Niveau der Monopol- (V_Q), sondern durch Dipol-Wechselwirkungen (V_μ) berücksichtigt werden. Sind Heteroatome gebunden, so wird der entsprechenden Bindung ein Bindungsdipol, mit anderen Worten eine Ladungsdifferenz, zugeordnet. Die elektrostatische Wechselwirkung wird dann als Effekt zwischen Bindungsdipolen berechnet. Andere Programme berechnen tatsächlich auf eine empirische Art und Weise die Partialladungen in einem Molekül auf dem Monopol-Niveau.[1]

Das MM2-Kraftfeld lässt die Monopol-Näherung zu, d.h. es ist möglich, Ladungen auf Atomen zu definieren, um die elektrostatischen Wechselwirkungen dann in der Form der Formel für V_Q zu berechnen.

1. J. Gasteiger, M. Marsili: Tetrahedron, 36, 3219 (1980).

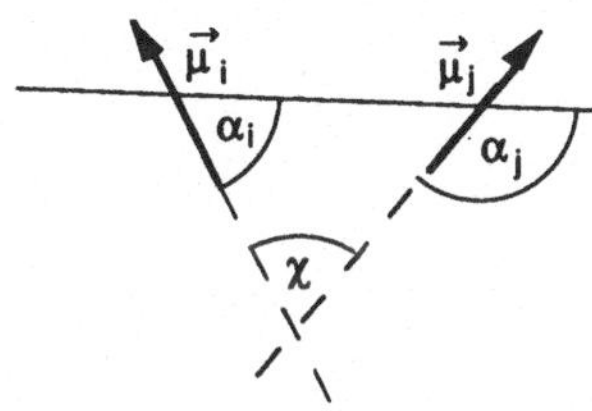

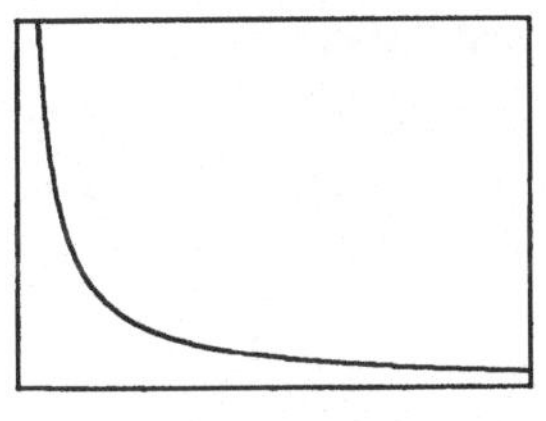

$$V_\mu = \frac{\mu_i \cdot \mu_j}{\varepsilon \cdot r_{ij}^3} \cdot (\cos\chi - 3\cos\alpha_i \cos\alpha_j) \qquad V_Q = \frac{q_i q_j}{D \cdot r_{ij}}$$

G. Van der Waals-Wechselwirkungen (V_{vdW})

Im van der Waals-Term ist eine ganze Reihe von Wechselwirkungen zusammengefasst. Diese weitreichenden Kräfte sind die Wechselwirkungen permanenter, induzierter oder auch kurzlebiger Multipole.

$$V = V_{el} + V_{ind} + V_{disp}$$

V_{el}: Ursache: Wechselwirkung permanenter elektrischer Multipole

V_{ind}: Ursache: Wechselwirkung zwischen permanenten Multipolen und den durch diese induzierten Multipolen

V_{disp}: Ursache: Fluktuationen in der Elektronenverteilung ⇒ kurzlebige Multipole

All diese theoretisch schwer zugänglichen Kräfte sind empirisch zusammengefasst als van der Waals-Kraft, wobei die van der Waals-Wechselwirkung bei kleinen Werten sehr steil ansteigt, typischerweise mit r^6 oder steiler, leicht ausserhalb dieser steilen Potentialwand leicht anziehend sind und sich dann asymptotisch an Null annähern. Es ist wichtig, sich daran zu erinnern, dass van der Waals-Terme in Atomrumpfnähe mit r^6 oder steiler ansteigen. Dieser r^6-Anstieg ist wesentlich steiler als der quadratische Anstieg einer Bindungslängendeformation. Das heisst, das Abweichen einer nichtbindenden Wechselwirkung vom hard sphere-Modell kann nicht die Erklärung für die Weichheit eines Moleküls bezüglich sterischem Druck sein. In verschiedenen Zusammenhängen sind viele Funktionen für diese Wechselwirkung verwendet worden, wobei wiederum das Morse-Potential für Kraftfeldberechnung an grösseren Molekülen aus ökonomischen Gründen nicht sehr geeignet ist. Sehr erfolgreich war das Lennard-Jones-Potential. Viele Programme verwenden es auch heute noch. Für nicht all zu grosse Moleküle, wie sie z.B. im MM2 berechnet werden können, wird ein Hybrid zwischen Morse- und Lennard-Jones-Potential verwendet, das dem Buckingham-Potential verwandte Hill-Potential.

Hard-Sphere:

$V(r) = \infty \qquad r \leq r_0$

$V(r) = 0 \qquad r > r_0$

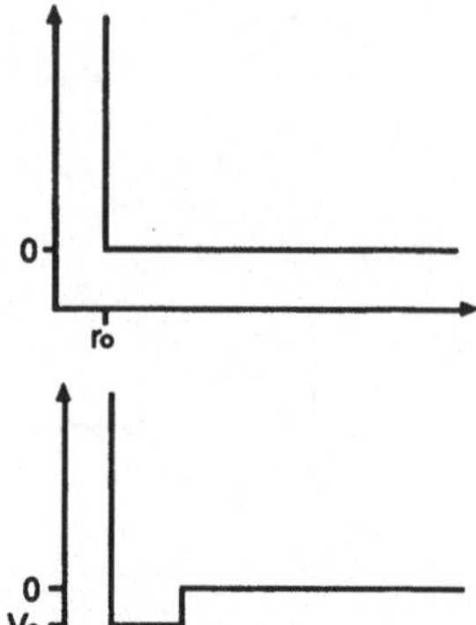

Square Well:

$V(r) = \infty \qquad r \leq r_1$

$V(r) = V_0 \qquad r_1 < r \leq r_2$

$V(r) = 0 \qquad r > r_2$

Morse-Potential: P.M. Morse: Phys. Rev., **34**, 57 (1929); Hirschfeld et al.: Phys. Fluids, **4**, 629 (1961).

Lennard-Jones Potential:

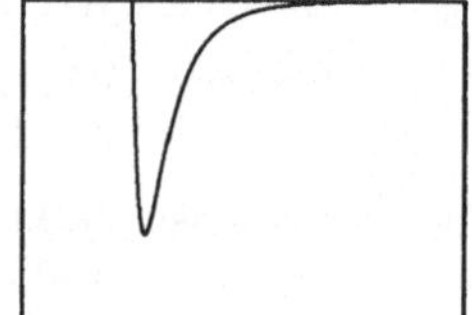

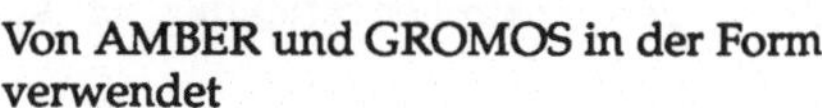

$$V = \frac{nK_{VdW}}{n-m}\left[\frac{m}{n}\left(\frac{r_0}{r}\right)^n - \left(\frac{r_0}{r}\right)^m\right]$$

Von AMBER und GROMOS in der Form verwendet

$$V_{ij} = \left[\frac{A_{ij}}{r_{ij}^{12}} - \frac{B_{ij}}{r_{ij}^{6}}\right]$$

J.E. Lennard-Jones: Proc. Roy. Soc., **106A**, 463 (1924).

Buckingham-Potential:

$$V = \frac{V_0}{1-6/\alpha}\,[(6/\alpha)\exp(\alpha/(1-r/r_0)) - (r_0/r)^6]$$

D.D. Fitts: Ann. Rev. Phys. Chem., **17**, 59 (1966).
A.D. Buckingham: ibid., **21**, 287 (1970).

MM2:

$$V_{VdW} = K_{VdW}\cdot[2.9\cdot10^5 \exp(-12.5\, r/r_0) - 2.25\cdot(r_0/r)^6]$$

N.L. Allinger, J. Am. Chem. Soc., **99**, 8127 (1977)

Im Laufe der Entwicklung von MM3 hat es sich gezeigt, dass die van der Waals-Abstossung in Molekülen etwas flacher sein muss, als bis dahin angenommen. Beobachtete H-H-Kontakte von unter 1.8 Å sind mit der in MM2 verwendeten Formel und "vernünftigen" Kraftkonstanten für V_B und V_T nicht reproduzierbar.

MM3: $$V_{VdW} = K_{VdW}[1.84 \cdot 10^5 \exp((-12\, r/r_0) - 2.25(r_0/r)^6]$$
$$V_{VdW} = K_{VdW} \cdot 192.27 \cdot (r_0/r)^2 \quad \text{für } (r_0/r) \geq 3.02$$

H. Ungesättigte konjugierte Systeme

Konjugierte π-Systeme enthalten eine grundlegende Schwierigkeit: durch die Delokalisierung erhalten die im π-System anwesenden Kohlenstoffatome eine von Ethylen abweichende Charakteristik. Betrachten wir die π-Systeme in Abbildung 2.3:

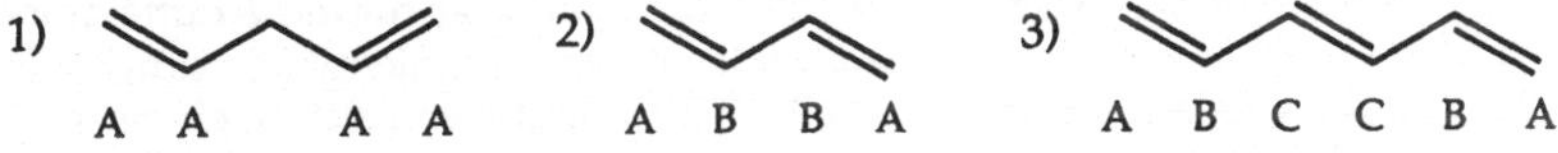

Abbildung 2.3 Atomtypen in π-Systemen.

Im ersten Molekül sind die zwei Ethylen-Einheiten durch eine Methylen-Brücke voneinander getrennt. Es tritt keine Delokalisation auf; demzufolge sind alle Kohlenstoffatome im π-System vom gleichen Typ A. Sind die π-Bindungen angeordnet wie im Molekül 2 angeordnet, so wissen wir, dass sich diese Doppelbindungen nicht wie getrennte Doppelbindungen verhalten. Sie müssen als Einheit betrachtet werden, d.h. sobald sich Doppelbindungen auf weniger als zwei σ-Bindungen nähern, wird es unmöglich, das Konzept der lokalisierten funktionellen Gruppen weiterhin anzuwenden. Im Molekül 2 werden die zwei Doppelbindungen zu einer neuen funktionellen Gruppe, nämlich derjenigen des Butadiens. Für eine erfolgreiche Behandlung muss der Doppelbindungscharakter über die formale Einfachbindung B-B richtig beschrieben werden können. Das führt dazu, dass zwei verschiedene Typen von sp^2-Kohlenstoffatomen in diesem Molekül vorkommen. Verlängert man die Kette wie in Molekül 3, so entstehen neue sp^2-Kohlenstofftypen. Erweitert man diesen Gedanken auf beliebige π-Systeme, so kommt man zur Einsicht, dass jedes π-System einzeln parametrisiert werden müsste. Damit wird ein solches Modell für die Voraussage der Geometrie von unbekannten Molekülen wertlos. Diese Schwierigkeit kann in Kraftfeldmodellen bewältigt werden, indem man sie mit π-Elektronen-MO-Rechnungen kombiniert. Geht man davon aus, dass die natürliche Bindungslänge, ihre Kraftkonstante, die Kraftkonstanten für das Torsionspotential, usw. stetige und monotone Funktionen der π-Überlappungspopulation sind, kann man die Standardwerte innerhalb der Simulation durch eine π-Elektronenrechnung skalieren. Die π-Elektronenrechnung sollte die effektive Geometrie des Moleküls berücksichtigen und nicht nur die Konnektivitätsmatrix, wie sie z.B. die π-Hückel-Theorie verwendet. Mit Methoden, die nur die Konnektivität berücksichtigen, könnte z.B. das Problem des 1,3,5-Cycloheptatriens (Abbildung 2.4) nicht richtig beschrieben werden. In diesem Molekül, dessen stabilste Konformation ein Boot ist, nähern sich die Atome 1 und 6 auf weniger als 2.5 Å. Die π-Lappen der Doppelbindungen 1,2 und 5,6 zeigen dabei gegeneinander, so dass eine erhebliche Stabilisierung des Systems erfolgt.

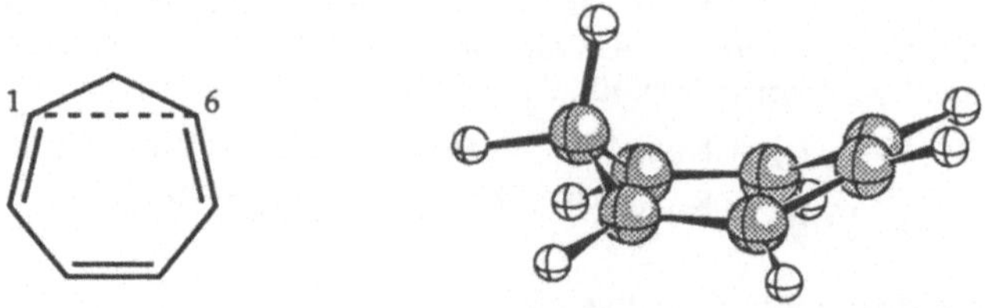

Abbildung 2.4 Cyclo-Heptatrien, π-Wechselwirkung zwischen nicht direkt gebundenen Atomen.

Die Geometrieoptimierung wird meist als Zyklus von Zyklen durchgeführt, wobei für eine bestimmte Geometrie SCF-Zyklen bis zur Konvergenz durchgeführt werden. Mit den Resultaten dieser SCF-Rechnung werden die Parameter für das Kraftfeldmodell skaliert, dann wird eine Reihe von Kraftfeldgeometrieoptimierzyklen durchgeführt und als nächstes wiederum folgen die SCF-Zyklen. Erst wenn sich in einem solchen Superzyklus die Geometrie resp. die Parameter nicht mehr ändern, wird die Gesamtgeometrie als konvergiert betrachtet.

2.1.5 Parametrisierung

Die Qualität eines mechanischen Kraftfeldes, d.h. die Präzision seiner Vorhersagen und seine Zuverlässigkeit, hängen kritisch von der Wahl der Potentialfunktionen und von den verwendeten Parametern ab. Parameteroptimierung muss also mit der gleichen Sorgfalt durchgeführt werden wie die Auswahl der Potentialfunktionen. Beides ist auch vom Ziel abhängig, das man einem Kraftfeld setzt. So muss bei einem Kraftfeld, mit dessen Hilfe vibrationsspektroskopische Daten und thermodynamische Funktionen berechnet werden sollen, sehr starkes Gewicht auf die Krümmung der Energiehyperfläche gelegt werden, während Kraftfelder wie das MM2 mehr Gewicht auf eine breite Anwendbarkeit für die reine Geometrieoptimierung legen. Beschränken wir uns auf die Geometrieoptimierung, so haben wir auch den Bonus, dass fehlende Parameter in einem sonst sorgfältig evaluierten Parametersatz leichter durch Schätzwerte ersetzt werden können, ohne dass die Resultate wertlos werden. Präzision und Zuverlässigkeit können dabei für die Parametrisierungsstufe und die Anwendungsstufe durchaus verschieden sein. Während der Parametrisierung wird man danach trachten, Fehler nur im Hundertstel-Ångström-Bereich zu produzieren. Dagegen können für die Anwendung Fehler im Bereich von einem halben Zehntel Ångström durchaus akzeptabel sein.

Die einzelnen Energien in einem Kraftfeld sind, wie schon wiederholt erwähnt, im Prinzip ohne physikalische Signifikanz. Auch die Summe der Energie ist in dem Sinne ohne physikalische Bedeutung, als dass ihre absolute Grösse nichts zu tun hat mit den absoluten Beträgen einer realen Energiehyperfläche. Das angestrebte Ziel ist, dass die Summe der Einzelenergien die reale Hyperfläche in ihrer Form modelliert. Das heisst zuerst einmal, dass die Minima geometrisch richtig reproduziert werden sollen und desgleichen die Übergangszustände. Mit Übergangszustand sind hier ausschließlich jene Sattelpunkte gemeint, welche lokale Minima mit verschiedener Distanzgeometrie aber unverändertem Bindungsnetzwerk verbinden. Das Bindungsnetzwerk muss während der ganzen Transformation intakt bleiben. Es kommen somit nur konformationelle Änderungen in Betracht (vgl. Kapitel 1.2). Die nächste Forderung wäre, dass die energetische Reihenfolge oder besser noch die Energiedifferenzen dieser ausgezeichneten Punkte richtig reproduziert werden. Eine dritte, noch weitergehende Forderung, könnte die Reproduktion der Krümmung in den ausgezeichneten Punkten sein. Wären all diese Forderungen erfüllt, könnten wir die Energieinhalte von Minima vollständig berechnen.

Die Einzelbeiträge zur totalen sterischen Energie haben den Nachteil, voneinander abhängig zu sein. Betrachten wir z.B. die Rotation der Methylgruppen in Ethan, so wird die Energiebarriere der Rotation unter anderem von den Parametern des Torsionspotentials abhängen. Sie werden aber weiter davon abhängen, wie steif die C-C-Bindung und die C-C-H- und H-C-H-Bindungswinkel sind. Die van der Waals-Wechselwirkungen zwischen den Wasserstoffatomen gehen ebenfalls in die Rotationsbarrieren ein. Es besteht die Hoffnung, dass bei einem grossen Satz von Referenzmolekülen und nach sorgfältiger Auswahl der Potentialfunktionen ein Satz von "guten Grössen" gefunden werden kann, der im Rahmen einer Diskussion mit Hilfe von chemischen Konzepten, wie Bindungsenergien und Spannungsenergien, verwendet werden kann.

Probleme bei der Parametrisierung entstehen aber nicht nur durch die Art des Kraftfeldes, sondern auch durch die Qualität resp. die exakte Aussage von experimentellen Strukturdaten. Nehmen wir als Beispiel den scheinbar klaren Begriff der Atom-Atom-Abstände. Verschiedene Methoden bestimmen Abstände unterschiedlich. Jede dieser Methoden nennt ihren Abstand Bindungslänge. Die Bedeutungen der jeweiligen Bindungslängen sind aber durchaus verschieden. So bestimmen *Elektronen- und Neutronenbeugung den mittleren Abstand* zweier Atome. Methoden, welche die Kern-Dipol-Momente und ihre Kopplungen ausnützen, wie z.B. NMR, bestimmen den mittleren Abstand der Kerne als dritte Wurzel aus dem $\langle r^3 \rangle$-Erwartungswert, während die *Röntgenstrukturanalyse den Abstand der mittleren Lagen* bestimmt. Bei der Röntgenstruktur kommt zusätzlich die Schwierigkeit ins Spiel, dass nicht wirklich die Kernpositionen vermessen werden, sondern Elektronendichten. Bei Schweratomen, welche Rumpf-Elektronen besitzen, ist, ohne grosse Fehler zu machen, der Ort grösster Elektronendichte auch mit dem Kernort zu identifizieren. Bei Wasserstoffatomen, welche keine Rumpf-Elektronen besitzen, werden die Fehler durch diesen Effekt aber relativ gross und können ca. 0.1 Å erreichen. Berücksichtigt man die verschiedenen Bedeutungen von Atom-Atom-Abständen in verschiedenen experimentellen Methoden nicht, so kann ihre eins-zu-eins-Übertragung in ein Kraftfeld, welches die r_e-Struktur eines Moleküls reproduzieren sollte, zu Fehlern führen, die auf den ersten Blick nicht dramatisch zu sein scheinen. Wenn wir jedoch die Fehlerfortpflanzung in grösseren Molekülen, vor allem in den Winkeln, betrachten, dann können die Fehler zu stark verfälschten Aussagen führen.

Steht ein sorgfältig evaluierter Satz von Parametern zur Verfügung und müssen nur noch einzelne fehlende Parameter ad hoc angefügt werden, sind die auftretenden Geometriefehler meist vernünftig klein. Eine step by step-Anweisung für die Generierung "vernünftiger" Parameter ist in der Literatur zu finden[1].

---

1. A.J. Hopfinger und R.A. Pearlstein: J. Comput. Chem., **5**, 486 (1984).
   J.M. Leonard, W.D. Ashman: J. Comput. Chem., **11**, 954 (1990).

Schwierigkeiten bei der Parametrisierung treten grundsätzlich immer auf, wenn energetisch wichtige Strukturtypen, für die es keine klassische Schreibweise gibt, auftreten. Zu diesen Strukturtypen gehören die Wasserstoffbrücken. Einige Kraftfelder verwenden dafür eigene Potentialfunktionen. In MM2 ist dies nur bedingt nötig, da diese im Prinzip elektrostatischen Wechselwirkungen durch die Dipol-Dipol-Wechselwirkung in ihrer Direktionalität und auch zu ca. 50% in ihrer energetischen Konsequenz richtig wiedergegeben werden. Neue Versionen von MM2 enthalten für die Wasserstoffbrückenbildung spezielle Zusatzparameter. Aber auch ohne diese Zusätze dimerisiert z.B. Methanol in älteren MM2-Versionen korrekt. Wasserstoffbrücken können wesentlich zur Modifikation von Molekülstrukturen beitragen, wie dies z.B. in Abbildung 2.5 an Hydroxy-Dioxan demonstriert ist. In diesem Molekül ist die axiale Anordnung der OH-Gruppe mit dem Wasserstoff nach innen über den Ring gefaltet etwa 5.8 kJ/mol stabiler als das stabilste äquatoriale Konformere. Diese Umkehr von äquatorialer zu axialer Bevorzugung ist auf die Ausbildung von gleichzeitig zwei Wasserstoffbrücken zurückzuführen.

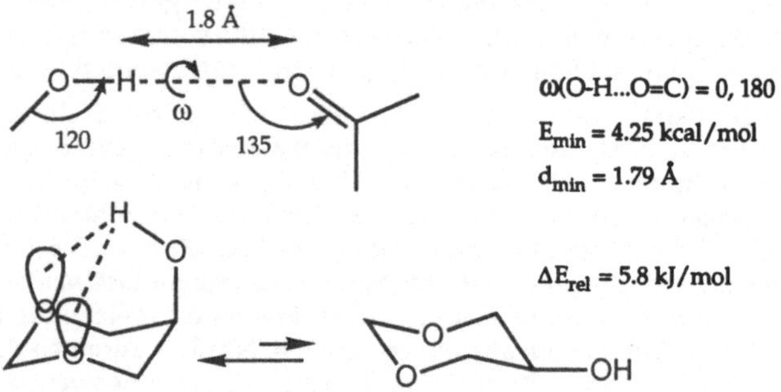

Abbildung 2.5 Stabilisierung von Hydroxy-Dioxan in der axialen C_S-Konformation durch H-Brücken und "ideale" Geometrie einer Wasserstoffbrücke.
(A. Vedani, J.D. Dunitz: J. Am. Chem. Soc., **107**, 7653 (1985))

Über die Absicht hinaus, die Energiehyperfläche eines realen Moleküls in seiner Form nachzubilden, existiert natürlich auch der Wunsch für die verschiedenen Minima die jeweiligen absoluten Bildungswärmen zu berechnen. Da die einzelnen Beiträge zur sterischen Energie physikalisch ohne Sinn sind, ist diese ungeeignet, die Bildungswärme wiederzugeben. Es ist jedoch möglich, für ein bestimmtes Kraftfeld einen Satz von substrukturspezifischen Inkrementen zu geben, der es erlaubt, zusammen mit der sterischen Energie und der Konnektivität, die Bildungswärme zu berechnen. Es lässt sich auch ein zweiter Satz von Inkrementen formulieren, der die Energiedifferenz zu einem hypothetischen, spannungsfreien Molekül berechnet, d.h. es ist möglich, einen Satz von Spannungsinkrementen anzugeben. Diese ermöglichen die Diskussion einer Struktur in typisch chemischen Begriffen, was schematisch in Abbildung 2.6 dargestellt ist.

Die Präzision von so berechneten Bildungswärmen ist beachtlich. Bei einem Satz von 20 Alkanen ist die Abweichung zwischen experimentellen und berechneten Werten im Mittel nur etwa 1.8 kJ/mol und damit nur unmerklich grösser als die Fehlergrenze der experimentellen Werte. Die entsprechenden Standardabweichungen für Alkohole und

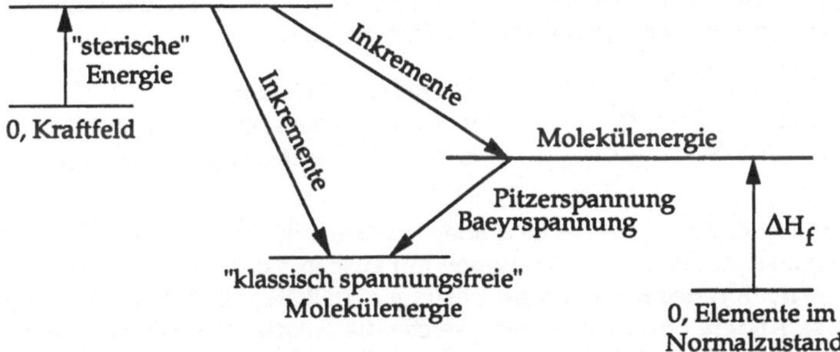

Abbildung 2.6 Beziehungen zwischen ΔH_f, "sterischer" Kraftfeldenergie und klassischer Spannungsenergie (Bayerspannung, Pitzerspannung, usw.).

Äther (35 Moleküle) beträgt 2.1 kJ/mol, während bei Carbonyl-Verbindungen (40 Verbindungen) die Standardabweichung etwa 4.1 kJ/mol beträgt. Bei der Berechnung von Bildungswärmen von grossen Molekülen kann man davon ausgehen, dass die Werte aus einem Kraftfeldprogramm präziser sind als experimentelle Werte, vorausgesetzt, man hat das richtige lokale Minimum resp. die richtige Mischung von lokalen Minima für die Berechnung zugrunde gelegt. Als Beispiel für die Präzision von berechneten Bildungswärmen in Gasphase seien die Werte in Abbildung 2.7 angeführt.

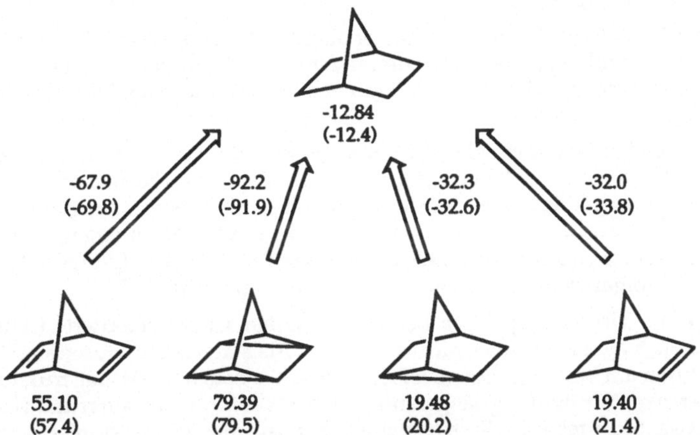

Abbildung 2.7 Berechnete ΔH_f und Hydrierwärmen im Vergleich zu experimentellen Daten (in Klammern). (U. Burkert, N.L. Allinger: Molecular Mechanics. ACS Monograph 177, American Chemical Society, Washington D.C., 1982.)

Die berechneten Bildungswärmen beziehen sich alle auf die Gasphase. Die Berücksichtigung von Lösungsmitteln ist nur begrenzt durch die Skalierung der elektrostatischen Wechselwirkungen im Molekül und durch eine Abschätzung der Solvatationsenergie, z.B. durch ein "Reaktionsfeld" nach Onsager[1] möglich. Die dabei verwendeten Skalierungsfaktoren (z.B. Dielektrizitätskonstante)

$$E^V - E^S \approx \frac{\varepsilon - 1}{2\varepsilon + 1} \cdot \frac{\mu^2}{a^3}$$

ε: Dielektrizitätskonstante
μ: Dipolmomente des gelösten Moleküls
a: Radius des Lösungsmittelkäfigs

sind aber Bulk-Grössen, und es ist unklar, was sie mikroskopisch bedeuten sollen. Effekte von site-spezifischen Solvatationen mit ausgeprägter Struktur und Änderungen der Konformation des Moleküls im Lösungsmittelkäfig sind so nicht zu erfassen (s. auch 1.1.4). Andere Formulierungen, welche die Polarisierbarkeit von Gelöstem und Lösungsmittel auf verschiedenen Stufen einführen (ebenfalls ohne strukturierte Lösungsmittel) wurden publiziert und implementiert.[2]

2.1.5.1 Ad hoc Parametrisierungen

Mechanische Molekülmodelle sind sehr nützlich für die Strukturvorhersage, sofern die Form des Kraftfeldes adäquat ist und die Kraftfeldparameter mit ausreichender Genauigkeit bekannt sind. In den Chemical Abstracts sind rund 10^7 Verbindungen erfasst. Davon können etwa $2.2 \cdot 10^6$ Moleküle mit MM2 für viele Zwecke mit ausreichender bis exzellenter Genauigkeit berechnet werden. Übrig bleiben $7.8 \cdot 10^6$ Moleküle. Für einen Teil davon sind lediglich Parameter unbekannt, für andere ist die algebraische Form von MM2 ungeeignet.

Die grosse Anzahl unbekannter Parameter mag zuerst überraschen. Überlegt man sich aber, welche Anzahl von Torsionsbeziehungen bei 50 Atomtypen möglich sind ($50^4 = 6.25 \cdot 10^6$) und dass für jeden davon 3 Parameter zu bestimmen sind, ist der chronische Mangel leicht einzusehen.

Der regelmässige Benützer solcher Methoden wird darum kaum darauf verzichten können, selber Parameter zu generieren. Für die Parameterabschätzung, sowohl als Startwerte für sorgfältige Parametrisierungen[3] als auch für Berechnungen mit nicht zu hohen Qualitätsansprüchen, sollen anschliessend einige Regeln angegeben werden. Die numerischen Grössen in diesen Regeln beziehen sich auf Allingers MM2. Das prinzipielle Vorgehen gilt jedoch auch für andere Kraftfelder.

Müssen keine Vibrationsspektren berechnet werden, ist die geforderte Genauigkeit für Kraftkonstanten zum Glück nicht sehr gross. Als Referenzstrukturen sind Gasphasenstrukturen am besten geeignet, leider aber selten bekannt. Kristallstrukturen sind gute Referenzen für Bindungslängen und -Winkel (Deformation aufgrund von Gitterkräften etwa .003Å resp. 1°). Torsionswinkel können erheblich deformiert sein.

---

1. L. Onsager: J. Am. Chem. Soc., **58**, 1486 (1936).
   R.J. Abraham, E. Bretschneider: in "Internal Rotation in Molecules", Wiley-Interscience, N.Y., 1974, p. 481.
2. A. Warshel, S.T. Russel: Quart. Rev. Biophys., **17**, 283 (1984).
   H.A. Scheraga et al.: J. Phys. Chem., **91**, 4105, 4109, 4118 (1987).
   D. Eisenberg, A.D. McLachlan: Nature (London), **319**, 199 (1986).
3. A.J. Hopfinger, R.A. Pearlstein: J. Comput. Chem., **5**, 486 (1984).

A. Bindungen

- Suche eine Valenzkraftfeldrechnung (oder Urey-Bradley) eines Vibrationsspektrums. K_S kann in erster Näherung direkt übernommen werden (Einheiten!). Sind solche Rechnungen nicht vorhanden, kann von folgenden Werten ausgegangen werden: Einfachbindung ~5 mdyne/Å, Doppelbindung ~10 mdyne/Å, Dreifachbindung ~15 mdyne/Å. Bindungen mit Atomen höherer Perioden haben normalerweise kleinere Kraftkonstanten (bis hinunter zu 3 mdyne/Å).
- Suche eine Struktur mit der zu parametrisierenden Bindung. Schätze l_0 (etwas kürzer als beobachtet) und führe eine MM2-Berechnung aus. Variiere l_0, bis berechnete und beobachtete Bindungslänge übereinstimmen.

B. Bindungswinkel

- Die Kraftkonstanten K_B müssen je nach Herkunft für den Gebrauch in MM2 skaliert werden. Experimentelle Werte (Valenzkraftfelder) müssen mit 0.6 (0.7 für Urey-Bradley) skaliert werden, K's aus ab initio Hessematrizen mit 0.9. Normalerweise sind die K's im Bereich 0.3-0.5 mdyne Å/rad^2, wenn ein Wasserstoffatom involviert ist, sonst 0.5 bis 0.8. In seltenen Fällen existieren Werte bis 1.5.
- Finde den Winkel in einer Röntgenstruktur oder in einer ab initio Rechnung hoher Qualität und setze diesen als θ_0 ein. Variiere θ_0, bis berechneter und beobachteter Winkel übereinstimmen.

Der Grund für die Skalierung liegt hauptsächlich darin, dass MM2 van der Waals-Wechselwirkungen (im Gegensatz zu Valenzkraftfeldern und ab initio Rechnungen) in expliziter Form enthält. Skalierung sollte deshalb für alle Kraftfelder mit expliziten van der Waals-Kräften notwendig sein.

C. Torsionsparameter

Torsionsparameter sind am schwierigsten zu bestimmen. Für gesättigte Verbindungen wird ein V_3-Term benötigt, für ungesättigte ein V_2-Term. V_1 kann dazu benützt werden, cis/trans-Energieunterschiede zu justieren. Die Werte V_i können aus beobachteten Rotationsbarrieren abgeschätzt werden. Werden die Werte nur leicht falsch geschätzt, so bleiben die Geometrien der lokalen Minima meist wenig beeinflusst.

2.1.6 Typischer Ablauf einer Kraftfeldrechnung

Der typische Ablauf einer Kraftfeldrechnung ist in Abbildung 2.8 dargestellt. Die Atomtypen übernehmen im Kraftfeld die Rolle der Ordnungszahlen. Das "Periodensystem" eines Kraftfeldes enthält meist wesentlich mehr Elemente als das "normale" periodische System. Je einfacher die Potentialfunktionen sind, desto grösser muss der Satz von Atomtypen sein, um eine vergleichbare Präzision zu erreichen. Da einfache quadratische Potentiale zu sehr effizienten Implementierungen führen können, wird diese Möglichkeit für die Berechnung grosser Moleküle und Dynamik eingesetzt. Die Notwendigkeit, einen riesigen Parametersatz zu optimieren, schränkt die Programme meist auf einen kleinen Umfang von Strukturtypen ein.

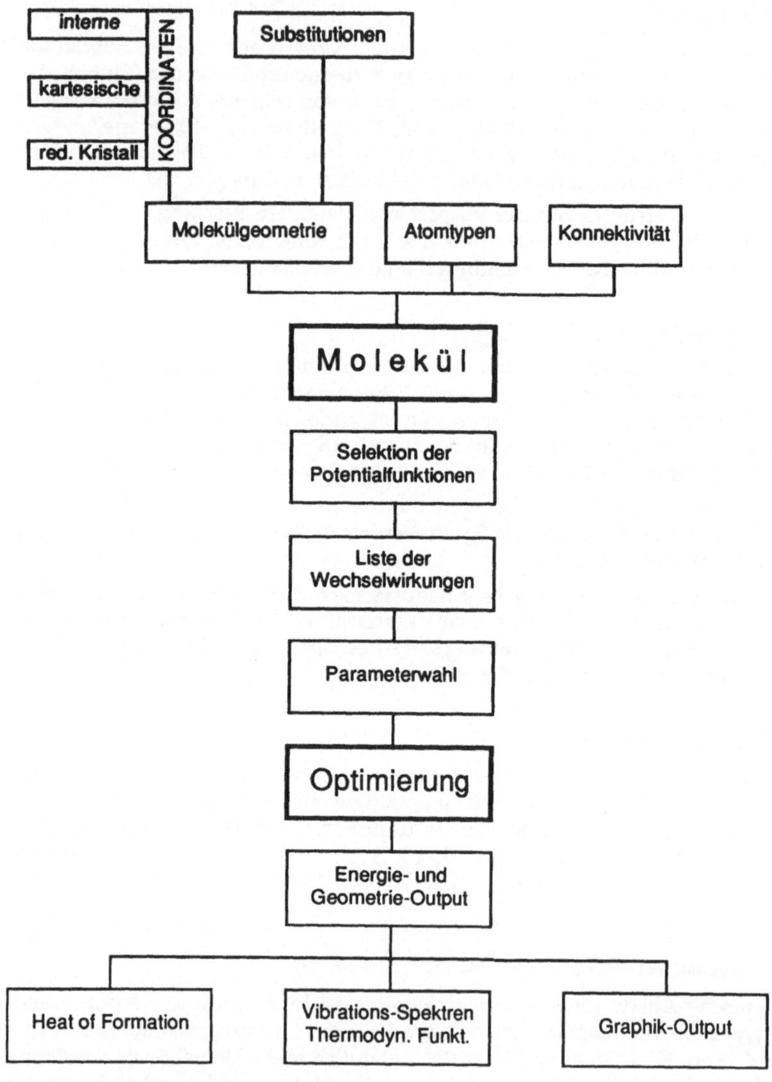

Abbildung 2.8 Typischer Ablauf einer Kraftfeldrechnung

Die Konnektivität im Kraftfeldmodell ist im Gegensatz zum Z-Matrix-Input nicht nur ein geometrisches Hilfsmittel, sondern bedeutet ganz konkret eine "Bindung". Ein Modell, das unabhängig von aktuellen interatomaren Abständen "weiss", wo eine Bindung ist und wo nicht, ist wesentlich weniger auf Fehler der Startgeometrie anfällig als z.B. MO-Methoden. Andererseits beinhaltet ein Modell, das ein Molekül wie einen makroskopischen Körper beschreibt, die Möglichkeit eines "Verhakens" von Gruppen (vgl. 1.2, Erklärungen zu Abbildung 1.37 und Abbildung 1.24).

Die Elemente der Konnektivitätsmatrix und die Atomtypen sind voneinander abhängig. Dies führt zu verschiedenen Methoden, den Input zu gestalten. Die eine ist in MM2 realisiert, wo die eingegebene Konnektivität (Connected Atom List + Attached Atom List) nur angibt, ob eine Bindung zwischen zwei Atomen existiert oder nicht. Diese Information, zusammen mit den explizit eingegebenen Atomtypen, definiert den Bindungstyp. Eine andere Möglichkeit ist in BIGSTRAIN-3 realisiert. Hier wird der Bindungstyp explizit eingegeben. Zusammen mit der Ordnungszahl als Oberklasse der Atomtypen wird der jeweilige Atomtyp ermittelt. Dieser zweite Weg ist sehr "chemisch", sind wir es uns doch gewohnt, in chemischen Graphen die Ecken durch Elementsymbole zu besetzen, welche in ihrer Bedeutung durch die Art der von ihnen ausgehenden Kanten modifiziert werden. Diese beiden Inputarten sind in Listing 2.1 und Listing 2.2 am Beispiel von Acetaldehyd demonstriert.

Listing 2.1 MM2-Input für Ethanal. Output in Listing 2.3.

```
ETHANAL   13 JUN 1989                                        7 1  1 0  0   4
    1   0 0.0000001   0   4   0   0   0   0   0   0   1   0   1   0
    1   2   3
    2   7   3   4   3   5   3   6
O11        0.0000000       0.0000000       0.0000000       7   8  0.0000
C22        1.2000000       0.0000000       0.0000000       3   6  0.0000
C33        1.9500000       1.2990381       0.0000000       1   6  0.0000
H44        1.4162406       1.2990381       0.4698463       1   1  0.0000
H55        2.8257795       1.1883374       0.4698463       5   1  0.0000
H66        2.1210101       1.5952362      -0.9396926       5   1  0.0000
H77        1.7000000      -0.8660254       0.0000000       5   1  0.0000
   3
 1111  2011  3001
END OF PROBLEM                                                   -1
```

Listing 2.2 BIGSTRAIN-3 Input für Ethanal. Output in Listing 2.4.

```
60.0 4 0 2  0 1  0  0 0.0 0.0        0.0      0    0 25.00001000000000000000
ETHANAL 13 JUN 1989 07:52:42

 7
  0.0000000       0.0000000       0.0000000  8    2   2                   1
  1.2000000       0.0000000       0.0000000  6    1   1   3   7           2
  1.9500000       1.2990381       0.0000000  6    2   4   5   6           3
  1.4162406       2.0021351       0.4698463  1    3                       4
  2.8257795       1.1883374       0.4698463  1    3                       5
  2.1210101       1.5952362      -0.9396926  1    3                       6
  1.7000000      -0.8660254       0.0000000  1    2                       7
```

Mit diesen Informationen und nach der Wahl des anzuwendenden Kraftfeldes werden die benötigten Parameter aus internen und externen Quellen herausgesucht. Damit ist das Kraftfeld aufgesetzt und die Geometrieoptimierung kann beginnen. Dazu wird entweder ein einziger Algorithmus verwendet oder, wie in BIGSTRAIN-3, solange der Gradient gross ist z.B., der Weg des steilsten Abstiegs gewählt (SIMPLEX wäre eine andere Möglichkeit), um später auf einen anderen Optimizer umzuschalten (z.B. Newton-Raphson). Den erwähnten Inputs entsprechende Resultate sind in Listing 2.3 und Listing 2.4 zu sehen.

Listing 2.3 MM2-Output für Ethanal.

```
ETHANAL    13 Jun 1989                                            DATE 89-06-13
     EMPIRICAL FORMULA:  C( 2)   H( 4)   O( 1)
     FORMULA WEIGHT  ( F.W.):   44.031 GRAM/MOLE

     THE COORDINATES OF   7 ATOMS ARE READ IN.
     THE MOTION OF SOME ATOMS IS RESTRICTED.

CONFORMATIONAL ENERGY, PART 1:  GEOMETRY AND STERIC ENERGY
                                OF INITIAL CONFORMATION.

CONNECTED ATOMS
     1-  2-  3-

ATTACHED ATOMS
     2-  7,  3-  4,  3-  5,  3-  6,

INITIAL ATOMIC COORDINATES
      ATOM          X            Y            Z          TYPE
     O(  1)     0.0          0.0          0.0          ( 7)
     C(  2)     1.20000      0.0          0.0          ( 3)
     C(  3)     1.95000      1.29904      0.0          ( 1)
     H(  4)     1.41624      2.00214      0.46985      ( 5)
     H(  5)     2.82578      1.18834      0.46985      ( 5)
     H(  6)     2.12101      1.59524     -0.93969      ( 5)
     H(  7)     1.70000     -0.86603      0.0          ( 5)

THE MOTION OF THE FOLLOWING ATOMS (AND THOSE RELATED
TO THEM BY SYMMETRY) HAS BEEN RESTRICTED AS SHOWN:

    MOVEMENT PARALLEL TO  X-AXIS Y-AXIS Z-AXIS

           O(  1)          YES    YES    YES
           C(  2)           NO    YES    YES
           C(  3)           NO     NO    YES

    DIELECTRIC CONSTANT =  1.500

# IN THE VDW CALCULATIONS THE HYDROGEN ATOMS ARE RELOCATED
SO THAT THE ATTACHED HYDROGEN DISTANCE IS REDUCED BY 0.915

# IN THE VDW CALCULATIONS THE DEUTERIUM ATOMS ARE RELOCATED
SO THAT THE ATTACHED DEUTERIUM DISTANCE IS REDUCED BY  0.915

INITIAL STERIC ENERGY IS     22.1980 KCAL.

     COMPRESSION       20.7988
     BENDING            0.1757
     STRETCH-BEND       0.0028
     VANDERWAALS
       1,4 ENERGY       0.9387
       OTHER            0.0
     TORSIONAL          0.2820
     DIPOLE             0.0
```

```
DIPOLE MOMENT =         2.762 D
  COMPONENTS WITH PRINCIPAL AXES
         X=  2.7500      Y=  0.2598      Z=  0.0
INITIAL ENERGY REQUIRES    0.01 SECONDS.

CONFORMATIONAL ENERGY, PART 2:  ENERGY MINIMIZATION

INITIAL ENERGY CALCULATED FROM INITIAL COORDINATES:

TOTAL ENERGY IS      22.1980 KCAL.
  COMPRESS    20.7988     VANDERWAALS                TORSION       0.2820
  BENDING      0.1757       1,4          0.9387
  STR-BEND     0.0028       OTHER        0.0         DIPL/CHG      0.0

* * * * * * * * * * * * *   C Y C L E   1  * * * * * * * * * * * * *
                            (CH)-MOVEMENT = 1

     ITERATION      1       AVG. MOVEMENT = 0.04572 A
     ITERATION      2       AVG. MOVEMENT = 0.04547 A
     ITERATION      3       AVG. MOVEMENT = 0.01422 A
     ITERATION      4       AVG. MOVEMENT = 0.00588 A
     ITERATION      5       AVG. MOVEMENT = 0.00485 A

TOTAL ENERGY IS       0.5510 KCAL.
  COMPRESS     0.0097     VANDERWAALS                TORSION       0.1117
  BENDING      0.0756       1,4          0.3491
  STR-BEND     0.0049       OTHER        0.0         DIPL/CHG      0.0

DELTA(T) =     0.02 SEC.          ELAPSED TIME =        0.03 SEC.

     ITERATION      6       AVG. MOVEMENT = 0.00441 A
     ITERATION      7       AVG. MOVEMENT = 0.00420 A
                    *
                    *
                    *
     ITERATION     78       AVG. MOVEMENT = 0.00077 A
     ITERATION     79       AVG. MOVEMENT = 0.00071 A
     ITERATION     80       AVG. MOVEMENT = 0.00072 A

TOTAL ENERGY IS       0.1339 KCAL.
  COMPRESS     0.0085     VANDERWAALS                TORSION      -0.2805
  BENDING      0.0540       1,4          0.3469
  STR-BEND     0.0050       OTHER        0.0         DIPL/CHG      0.0

DELTA(T) =     0.01 SEC.          ELAPSED TIME =        0.27 SEC.


* * * * * * * * * * * * *   C Y C L E   2  * * * * * * * * * * * * *
                            (CH)-MOVEMENT = 0

     ITERATION     81       AVG. MOVEMENT = 0.00093 A

TOTAL ENERGY IS       0.1344 KCAL.
  COMPRESS     0.0083     VANDERWAALS                TORSION      -0.2805
  BENDING      0.0549       1,4          0.3467
  STR-BEND     0.0049       OTHER        0.0         DIPL/CHG      0.0

DELTA(T) =     0.00 SEC.          ELAPSED TIME =        0.27 SEC.

* * * * * ENERGY IS MINIMIZED WITHIN 0.0000 KCAL * * * * *

        * * * * * ENERGY IS    0.1317 KCAL * * * * *
------------------------------------------------------------------------
```

```
O11          0.0         0.0         0.0          7   8
C22          1.207909    0.0         0.0          3   6
C33          2.046250    1.260380    0.0          1   6
H44          1.401884    2.168920    0.017890     5   1
H55          2.705354    1.279686    0.897604     5   1
H66          2.679699    1.296858   -0.915375     5   1
H77          1.755213   -0.970906   -0.001855     5   1
---------------------------------------------------------------------
   ETHANAL    13 Jun 1989                                 DATE 89-06-13
        EMPIRICAL FORMULA:  C(  2)   H(  4)   O(  1)
        FORMULA WEIGHT  ( F.W.):   44.031 GRAM/MOLE
```

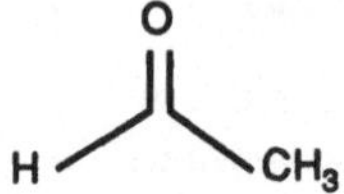


```
   CONFORMATIONAL ENERGY, PART 3:  GEOMETRY AND STERIC ENERGY
                                   OF FINAL CONFORMATION.

   CONNECTED ATOMS
        1-  2-  3-

   ATTACHED ATOMS
        2-  7,  3-  4,  3-  5,  3-  6,

   FINAL ATOMIC COORDINATES AND BONDED ATOM TABLE
        ATOM      X          Y          Z        TYPE    BOUND TO ATOMS PI #
        O(1)    0.0        0.0        0.0         (7)      2
        C(2)    1.20791    0.0        0.0         (3)      1    3    7
        C(3)    2.04625    1.26038    0.0         (1)      2    4    5    6
        H(4)    1.40188    2.16892    0.01789     (5)      3
        H(5)    2.70535    1.27969    0.89760     (5)      3
        H(6)    2.67970    1.29686   -0.91538     (5)      3
        H(7)    1.75521   -0.97091   -0.00186     (5)      2

   THE MOTION OF THE FOLLOWING ATOMS (AND THOSE RELATED
   TO THEM BY SYMMETRY) HAS BEEN RESTRICTED AS SHOWN:

       MOVEMENT PARALLEL TO  X-AXIS Y-AXIS Z-AXIS

               O(  1)           YES    YES    YES
               C(  2)            NO    YES    YES
               C(  3)            NO     NO    YES

 BOND LENGTHS AND STRETCHING ENERGY   (  6 BONDS)

       ENERGY = 71.94(KS)(DR)(DR)(1+(CS)(DR))
                        DR = R-RO
                        CS = -2.000
                                                            R(0)-CORR.
       BOND           LENGTH  R(0)     K(S)     ENERGY     E-NEG     ANOM
  O(  1)- C(  2)      1.2079  1.2080 10.8000    0.0000
  C(  2)- C(  3)      1.5137  1.5090  4.4000    0.0070
  C(  2)- H(  7)      1.1145  1.1130  4.6000    0.0008
  C(  3)- H(  4)      1.1140  1.1130  4.6000    0.0003
  C(  3)- H(  5)      1.1138  1.1130  4.6000    0.0002
  C(  3)- H(  6)      1.1138  1.1130  4.6000    0.0002

 NON-BONDED DISTANCES, VAN DER WAALS ENERGY
      6 VDW INTERACTIONS (1,3 EXCLUDED)

       ENERGY = KV*(2.90(10**5)EXP(-12.50/P) - 2.25(P**6))
                        RV = RVDW(I) + RVDW(K)
                        KV = SQRT(EPS(I)*EPS(K))
```

```
                                P = (RV/R) OR (RV/R#)
                                (IF P.GT.3.311, ENERGY = KV(336.176)(P**2))
# IN THE VDW CALCULATIONS THE HYDROGEN ATOMS ARE RELOCATED
SO THAT THE ATTACHED HYDROGEN DISTANCE IS REDUCED BY 0.915

# IN THE VDW CALCULATIONS THE DEUTERIUM ATOMS ARE RELOCATED
SO THAT THE ATTACHED DEUTERIUM DISTANCE IS REDUCED BY  0.915

* * INTERACTIONS OF LESS THAN 0.1 KCAL ARE NOT PRINTED * *

   ATOM PAIR         R          R#         RV      KV          ENERGY   (1,4)
 O(  1), H(  4)   2.5826    2.5490    3.240   0.0557        0.3371      *

# IN THE VDW CALCULATIONS THE HYDROGEN ATOMS ARE RELOCATED
SO THAT THE ATTACHED HYDROGEN DISTANCE IS REDUCED BY 0.915

# IN THE VDW CALCULATIONS THE DEUTERIUM ATOMS ARE RELOCATED
SO THAT THE ATTACHED DEUTERIUM DISTANCE IS REDUCED BY  0.915

BOND ANGLES, BENDING AND STRETCH-BEND ENERGIES   (9 ANGLES)

     EB = 0.021914(KB)(DT)(DT)(1+SF*DT**4)
                                DT = THETA-TZERO
                                SF =  0.00700E-5

     ESB(J) = 2.51124(KSB(J))(DT)(DR1+DR2)
                                DR(I) = R(I) - R0(I)
                                KSB(1) = 0.120    X-F-Y  F = 1ST ROW ATOM
                                KSB(2) = 0.250    X-S-Y  S = 2ND ROW ATOM
                                KSB(3) = 0.090    X-F-H  (DR2 = 0)
                                KSB(4) =-0.400    X-S-H  (DR2 = 0)
                                                  (X,Y = F OR S)

        A T O M S             THETA   TZERO       KB       EB        KSB     ESB
 O(  1)- C(  2)- C(  3)  123.630 122.500                         0.12   0.0016
   IN-PLN  1-  2-  3     123.630 122.500   0.460   0.0129
   OUT-PL  2-  7-  2       0.035           0.800   0.0000
 O(  1)- C(  2)- H(  7)  119.410 120.300                         0.09   0.0000
   IN-PLN  1-  2-  7     119.410 120.300   0.370   0.0064
   OUT-PL  2-  3-  2       0.025           0.800   0.0000
 C(  3)- C(  2)- H(  7)  116.960 116.400                         0.09   0.0006
   IN-PLN  3-  2-  7     116.960 116.400   0.370   0.0025
   OUT-PL  2-  1-  2       0.032           0.800   0.0000
 C(  2)- C(  3)- H(  4)  111.022 109.470   0.370   0.0195   0.09   0.0017
 C(  2)- C(  3)- H(  5)  110.009 109.470   0.370   0.0024   0.09   0.0006
 C(  2)- C(  3)- H(  6)  110.014 109.470   0.370   0.0024   0.09   0.0006
 H(  4)- C(  3)- H(  5)  108.374 109.000   0.320   0.0027
 H(  4)- C(  3)- H(  6)  108.389 109.000   0.320   0.0026
 H(  5)- C(  3)- H(  6)  108.979 109.000   0.320   0.0000

DIHEDRAL ANGLES, TORSIONAL ENERGY (ET)    (  6 ANGLES)

      ET = (V1/2)(1+COS(W))+(V2/2)(1-COS(2W))+(V3/2)(1+COS(3W))

      SIGN OF ANGLE A-B-C-D : WHEN LOOKING THROUGH B TOWARD C,
      IF D IS COUNTERCLOCKWISE FROM A, NEGATIVE.

         A T O M S                 OMEGA     V1      V2       V3       ET
O(  1) C(  2) C(  3) H(  4)    0.986 -0.167  0.0    -0.100  -0.267
O(  1) C(  2) C(  3) H(  5)  120.942 -0.167  0.0    -0.100  -0.141
O(  1) C(  2) C(  3) H(  6)-118.992 -0.167  0.0    -0.100  -0.143
H(  4) C(  3) C(  2) H(  7)-179.121  0.180  0.0     0.275   0.000
H(  5) C(  3) C(  2) H(  7) -59.165  0.180  0.0     0.275   0.136
H(  6) C(  3) C(  2) H(  7)  60.901  0.180  0.0     0.275   0.134

 FINAL STERIC ENERGY IS       0.1317 KCAL.
      COMPRESSION          0.0085
      BENDING              0.0515
```

```
     STRETCH-BEND        0.0050
     VANDERWAALS
       1,4 ENERGY        0.3466
       OTHER             0.0
     TORSIONAL          -0.2800
     DIPOLE              0.0
-------------------------------------------------------------------

COORDINATES TRANSLATED TO NEW ORIGIN WHICH IS CENTER OF MASS
     O(  1)   -1.13976    0.23964   -0.00006    ( 7)
     C(  2)   -0.13291   -0.42767    0.00026    ( 3)
     C(  3)    1.26218    0.15977   -0.00006    ( 1)
     H(  4)    1.22700    1.27307    0.01727    ( 5)
     H(  5)    1.82226   -0.18781    0.89770    ( 5)
     H(  6)    1.81033   -0.16023   -0.91529    ( 5)
     H(  7)   -0.21309   -1.53932   -0.00104    ( 5)
MOMENT OF INERTIA WITH THE PRINCIPAL AXES (UNIT = 10**(-39) GM*CM**2)

          IX=   1.5210      IY=   8.2991      IZ=   9.2698

DIPOLE MOMENT =          2.777 D

  COMPONENTS WITH PRINCIPAL AXES

           X=   2.4437      Y=   1.3200      Z=   0.0006
-------------------------------------------------------------------

HEAT OF FORMATION AND STRAIN ENERGY CALCULATIONS  (UNITS ARE KCAL.)
BOND ENTHALPY (BE) AND STRAINLESS BOND ENTHALPY (SBE) CONSTANTS AND SUMS
   #   BOND OR STRUCTURE           --- NORMAL ---      --STRAINLESS--
   3   C-H ALIPHATIC               -3.205   -9.61      -3.125   -9.38
   1   C=O                        -24.499  -24.50     -23.878  -23.88
   1   C-H ALDEHYDE                -3.205   -3.20      -3.125   -3.13
   1   C-C CP3-SP2 CARBONYL        -3.411   -3.41      -4.000   -4.00
   1   ME-CARBONYL                 -1.673   -1.67      -1.885   -1.89
                                 ---------------    ---------------
                                   BE =  -42.40      SBE =  -42.26
PARTITION FUNCTION CONTRIBUTION (PFC)
    CONFORMATIONAL POPULATION INCREMENT (POP)  0.0
    TORSIONAL CONTRIBUTION (TOR)               0.0
    TRANSLATION/ROTATION TERM (T/R)            2.40
                                         -------------
                                         PFC =  2.40
HEAT OF FORMATION (HF0) = E + BE + PFC          -39.87
STRAINLESS HEAT OF FORMATION FOR SIGMA SYSTEM (HFS)
          HFS = SBE + T/R + ESCF - ECPI                    -39.86
INHERENT SIGMA STRAIN (SI) = E + BE - SBE                  -0.01
SIGMA STRAIN ENERGY (S) = POP + TOR + SI                   -0.01
-------------------------------------------------------------------

  END OF ETHANAL    13 Jun 1989
     TOTAL ELAPSED TIME IS       0.28 SEC.
```

Listing 2.4 BIGSTRAIN-3 Output für Ethanal.

```
ETHANAL 13 JUN 1989 07:52:42
                    **** FORCE FIELD PARAMETERS ****
                         MM2 (ALLINGER 1977)
--------------------------------------------------------------------------------
ATOMS:                  ATOMIC  HYBRID-
         TYPE  NUMBER   SYMBOL  IZATION   SP2 TYPE
          1      1        C       SP3
          3      1        C       SP2     ISOLATED
          5      4        H        S
          7      1        O       SP2     ISOLATED
--------------------------------------------------------------------------------
BONDS:  E = 0.5*KS*(RIJ-R0)**2 + 0.5*KS*SC*(RIJ-R0)**3
            RIJ = BOND LENGTH (ANGSTROMS)
             SC =  -2.0000 (A**-1)
                        ATOM TYPES   MULTI-    NUMBER          KS              R0
         TYPE  NUMBER      I  J     PLICITY  HYDROGENS  (KCAL/MOL/A**2)  (ANGSTROM)
          4      1         1  3        1         5          633.42         1.509
          6      3         1  5        1         5          662.22         1.113
         30      1         3  5        1         5          662.22         1.113
         32      1         3  7        2         5         1554.77         1.208
         MULTIPLICITY = 1,2,3 :  SINGLE, DOUBLE, TRIPLE, RESPECTIVELY
                      = 4 :  AROMATIC (BENZENOID)
                      = 5 :  DATIVE (COORDINATE COVALENT)
      NUMBER HYDROGENS = 5 :  NO DEPENDENCE
--------------------------------------------------------------------------------
ANGLES:  E = 0.5*KB*(THETA-T0)**2 + 0.5*KB*BC*(THETA-T0)**6
             THETA = VALENCE ANGLE (RADIANS)
                BC =    0.7544 (RAD**-4)
               ATOM TYPES  NUMBER    RING  ANGLE        KB            --------T0-------
   TYPE   NUMBER  I  J  K  HYDROGENS SIZE   TYPE  (KCAL/MOL/RAD**2)  (RADIAN)  (DEGREE)
    44      3     5  1  5      3       5     0          46.07          1.902    109.00
    82      3     3  1  5      3       5     0          53.27          1.911    109.47
    91      1     1  3  5      5       5     1          53.27          2.032    116.40
    92      1     1  3  7      5       5     1          66.22          2.138    122.50
   101      1     5  3  7      5       5     1          53.27          2.100    120.30
         ANGLE TYPE = 0 :  VALENCE ANGLE
                    = 1 :  ALLINGER'S IN-PLANE ANGLE
                    = 2 :  COSINE OF VALENCE ANGLE
     NUMBER HYDROGENS = 5 :  NO DEPENDENCE
           RING SIZE = 0 :  NO DEPENDENCE
                     = 3 :  3-MEMBERED RING ONLY
                     = 4 :  4-MEMBERED RING ONLY
                     = 5 :  5- & LARGER MEMBERED RINGS, AND CHAINS
TORSIONS:  E = 0.5*(V0 + V1*COS(PHI) + V2*COS(2*PHI) + V3*COS(3*PHI))
        OR E = 0.5*(V0 + VN*COS(N*PHI))
               PHI = TORSION ANGLE
          ATOM TYPES RING  LIMIT     V0          V1          V2          V3          VN
TYPE NUMBER  I J K L  SIZE  PHI  (KCAL/MOL) (KCAL/MOL) (KCAL/MOL) (KCAL/MOL) (KCAL/MOL) N
 94     3    5 1 3 5   5     0     0.455       0.180       0.000       0.275
 95     3    5 1 3 7   5     0    -0.267      -0.167       0.000      -0.100
         RING SIZE = 0 :  NO DEPENDENCE
                   = 3 :  3-MEMBERED RING ONLY
                   = 4 :  4-MEMBERED RING ONLY
                   = 5 :  5- & LARGER MEMBERED RINGS, AND CHAINS
         LIMIT PHI = 0 :  ALL VALUES OF PHI USED
                   = 1 :  ONLY VALUES IN THE RANGE -PI/N < PHI < PI/N ARE USED
--------------------------------------------------------------------------------
OUT-OF-PLANES:  E = 0.5*KO*DELTA**2 + 0.5*KO*OC*DELTA**6
                  DELTA = OUT-OF-PLANE ANGLE (RADIANS)
                     OC =    0.7544 (RAD**-4)
                     --ATOM TYPES--  ANGLE          KO
         TYPE  NUMBER   I  J  K  L    TYPE  (KCAL/MOL/RAD**2)
```

```
         2     3      0 3 0 0     1          115.17
       ANGLE TYPE = 0 :  WILSON'S OOP ANGLE
                  = 1 :  ALLINGER'S OOP ANGLE
                  = 2 :  ERMER'S OOP ANGLE
```

```
NONBONDED:  E = A*EXP(B*DIJ) + C/DIJ**6
                            DIJ = INTERNUCLEAR DISTANCE (ANGSTROMS)
        H OFFSET ATOM TYPE =  5
            H OFFSET RATIO = 0.915

                       ATOM TYPES          A                B              C
       TYPE  NUMBER      I  J         (KCAL/MOL)         (A**-1)       (KCAL/MOL)
        87      3        5  5           13630.0         -4.16670       -77.0920
        89      3        5  7           16152.0         -3.85800       -144.970
```

```
DIPOLE-DIPOLE:  E = K*MUIJ*MUKL*(COS(CHI)-3*COS(A)*COS(B))/R**3/DE
                    K = 14.396 (KCAL/MOL)*(A**3/DEBYE**2)
                    MU = BOND DIPOLE MOMENT (DEBYE)
                    CHI = ANGLE SUBTENDED BY BOND VECTORS
                    R = DISTANCE BETWEEN BOND VECTOR MIDPOINTS
                    A,B = ANGLES SUBTENDED BY EACH BOND VECTOR AND
                          VECTOR JOINING BOND MIDPOINTS
                    DE = DIELECTRIC CONSTANT
                       =  1.50
                        ATOM TYPES  DIPOLE MOMENT
       TYPE  NUMBER     I+  J-         (DEBYE)
         4      1        1   3          0.30
         6      3        1   5          0.00
        30      1        3   5          0.00
        32      1        3   7          2.60
```

```
STRETCH-BEND:  E = KSB*(RIJ-R0)*(THETA-T0)
                        --ATOMIC PERIODS-    BOND        KSB
       TYPE  NUMBER    ---ANGLE-- -BOND-   LOCATION   (KCAL/MOL)
         3      5        1  2  2   2  2        0        12.956
         6      2        2  2  2   2  2        0        17.275
       BOND LOCATION = 0 :  BOND ENDO TO ANGLE
                     = 1 :  BOND EXO TO ANGLE
```

```
      ****   ***    ***     ***    *****  ****   *     *          *****
      *   *  *   *  *   *     *      *    *   *  **    *             *
      *   *  *   *  *         *      *    *   *  * *   *            *
      ****   *   *  *  **   ***      *    ****   *  *  *  ****    ***
      *   *  *   *  *   *       *    *    * *    *   * *             *
      *   *  *   *  *   *  *    *    *    *  *   *    **          *   *
      ****   ***    ***     ***      *    *   *  *     *           ***

*****************************************************************************
*                                                                           *
*  DATE:  13 JUN 1989   TIME:   8. 3.29    TIMAX =   3600.00               *
*   ETHANAL 13 JUN 1989 07:52:42                                           *
*  ENERGY =    22.2097    GRMS =    53.370      GMAX =   101.54            *
*  EMPIRICAL FORMULA:  C2H4O      MW =  44.024                             *
*  POINT SYMMETRY GROUP:  C1        SYMMETRY NUMBER =  1                   *
*  FORCE FIELD:  MM2 (ALLINGER 1977)                                        *
*  METHOD:  NEWTON-RAPHSON                                                  *
*  MINIMIZED VARIABLE:  ENERGY                                              *
*  NUMBER OF GROUPS:   0                                                    *
*  NUMBER OF CONSTRAINTS:   0                                               *
*  OPTION( 4):  REORIENT INITIAL STRUCTURE                                  *
*                                                                           *
*****************************************************************************
*                                                                           *
```

```
*  DEFINITIONS:                                                                        *
*       TIMAX = EXECUTION TIME LIMIT (MIN)                                             *
*       ENERGY = STERIC ENERGY AS SUM OF INDIVIDUAL INTERACTION ENERGIES (KCAL/MOL)    *
*       GRMS = RMS OF CARTESIAN COMPONENTS OF ENERGY GRADIENT (KCAL/(MOL*ANGSTROM))    *
*       GMAX = MAXIMUM COMPONENT OF GRADIENT VECTOR                                    *
*       KH = NUMBER OF UPDATES TO, OR EVALUATIONS OF, THE SECOND DERIVATIVE MATRIX     *
*       KE = NUMBER OF ENERGY AND GRADIENT EVALUATIONS DURING OPTIMIZATION             *
*       ALPHA = STEP SIZE ALONG SEARCH DIRECTION                                       *
*       XRMS = RMS OF ATOM MOVEMENTS (ANGSTROMS)                                       *
*       TIME = ELAPSED EXECUTION TIME (MIN)                                            *
*                                                                                      *
*  ALL DISTANCES ARE IN ANGSTROMS AND ALL ANGLES ARE IN DEGREES.                       *
*                                                                                      *
****************************************************************************************

        **** INITIAL VALUES ****

   --------COORDINATES---------                                                    ------GRADIENTS------
ATOM    X         Y          Z     ANUM ICHG NMASS ATYPE --CONNECTIVITY--   X        Y       Z
 1  -1.10590  -0.24950   0.00000  8    0    16     7    2  2  0  0  0  0  16.04     5.17    0.12
 2  -0.13213   0.45178   0.00000  6    0    12     3    1  1  3  7  0  0 -11.86    95.61    1.28
 3   1.23562  -0.16406   0.00000  6    0    12     1    2  4  5  6  0  0  85.25   -43.48   -0.26
 4   1.21338  -1.04652  -0.46985  1    0     1     5    3  0  0  0  0  0   0.13    89.62   47.05
 5   1.88160   0.43758  -0.46985  1    0     1     5    3  0  0  0  0  0 -66.36   -59.34   48.18
 6   1.54749  -0.30447   0.93969  1    0     1     5    3  0  0  0  0  0 -32.15    13.96  -94.73
 7  -0.23250   1.44673   0.00000  1    0     1     5    2  0  0  0  0  0   8.949 -101.5    -1.65

------DIRECTION COSINES------
   X         Y         Z

 0.0000    0.0000    0.0000    CENTER OF MASS

-1.0000    0.0000    0.0000    INERTIAL MOMENT =      8.602 AMU*ANGSTROM**2
 0.0000   -1.0000    0.0000    INERTIAL MOMENT =     46.944 AMU*ANGSTROM**2
 0.0000    0.0000    1.0000    INERTIAL MOMENT =     52.877 AMU*ANGSTROM**2

-0.8628   -0.5055    0.0000      DIPOLE MOMENT =      2.762 DEBYE
       B O N D   S T R E T C H I N G
 --ATOMS--     BOND               BOND    STERIC
   I   J      LENGTH   DEVIATION  TYPE    ENERGY
   1   2      1.200    -0.0080     32     0.051
   2   3      1.500    -0.0090      4     0.026
   2   7      1.000    -0.1130     30     5.183
   3   4      1.000    -0.1130      6     5.183
   3   5      1.000    -0.1130      6     5.183
   3   6      1.000    -0.1130      6     5.183
     RMS BOND LENGTH DEVIATION =     9.239500E-02
 MAXIMUM BOND LENGTH DEVIATION =     0.113000
      TOTAL BOND STRAIN ENERGY =      20.8104
          A N G L E   B E N D I N G
  ----ATOMS----    VALENCE              ANGLE   STERIC
   I    J    K      ANGLE    DEVIATION  TYPE    ENERGY
   1    2    3    120.000    -2.5000     92     0.063   IN-PLANE ANGLE = 120.000
   1    2    7    120.000    -0.3000    101     0.001   IN-PLANE ANGLE = 120.000
   3    2    7    120.000     3.6000     91     0.105   IN-PLANE ANGLE = 120.000
   2    3    4    110.000     0.5300     82     0.002
   2    3    5    110.000     0.5300     82     0.002
   2    3    6    110.000     0.5300     82     0.002
   4    3    5    108.937    -0.0627     44     0.000
   4    3    6    108.937    -0.0627     44     0.000
   5    3    6    108.937    -0.0627     44     0.000
     RMS VALENCE ANGLE DEVIATION =     1.49646
 MAXIMUM VALENCE ANGLE DEVIATION =     3.60000
      TOTAL ANGLE STRAIN ENERGY =     0.175830
           T O R S I O N A L
  ------ATOMS------     TORSION  ANGLE   STERIC
   I    J    K    L      ANGLE   TYPE    ENERGY
```

```
      1    2    3    4    30.000   95    -0.206
      1    2    3    5   150.000   95    -0.061
      1    2    3    6   -90.000   95    -0.134
      7    2    3    4  -150.000   94     0.150
      7    2    3    5   -30.000   94     0.305
      7    2    3    6    90.000   94     0.227
   TOTAL TORSION STRAIN ENERGY =    0.282000
 O U T - O F - P L A N E   A N G L E    B E N D I N G
   ------ATOMS------ OUT-OF-PLANE          STERIC
     I    J    K    L     ANGLE   TYPE     ENERGY
     1    2    3    7     0.000     2       0.000
     3    2    7    1     0.000     2       0.000
     7    2    1    3     0.000     2       0.000
           RMS OUT-OF-PLANE ANGLE DEVIATION =    6.812316E-23
       MAXIMUM OUT-OF-PLANE ANGLE DEVIATION =    1.011364E-22
     TOTAL OUT-OF-PLANE ANGLE STRAIN ENERGY =    2.442122E-46
            N O N - B O N D E D
   -ATOMS-   NONBONDED  OFFSET          STERIC
    I     J   DISTANCE  DISTANCE TYPE   ENERGY
    1     4     2.497     2.469   89     0.540
    1     6     2.815     2.764   89     0.052
    5     7     2.389     2.311   87     0.390
    6     7     2.668     2.554   87     0.048
 TOTAL NONBONDED STRAIN ENERGY =    0.938700
 ****NOTE:  ONLY REPULSIVE NONBONDED INTERACTIONS ARE PRINTED.
                     D I P O L E - D I P O L E
  ---DIPOLE 1---    ---DIPOLE 2---                        STERIC
   I+   J-  TYPE    K+   L-  TYPE DISTANCE ORIENTATION    ENERGY
 TOTAL DIPOLE-DIPOLE ENERGY =    0.000000E+00
 TOTAL STRETCH-STRETCH ENERGY =    0.000000E+00
 TOTAL STRETCH-BEND ENERGY =    2.794232E-03
 TOTAL STRETCH-TORSION STRAIN ENERGY =    0.000000E+00
 TOTAL BEND-BEND ENERGY =    0.000000E+00
 TOTAL BEND-TORSION STRAIN ENERGY =    0.000000E+00
 TOTAL CONSTRAINT ENERGY =    0.000000E+00
 TOTAL STERIC ENERGY =     22.2097

 ***** START STEEPEST DESCENT OPTIMIZATION *****
 TRANSITION CRITERION IS TWO CONSECUTIVE STEPS WITH GRMS.LT.   5.
 ENERGY & FIRST DERIVATIVE CALCULATION TIME =   0.00
  ITER KE     ENERGY         GRMS           ALPHA          XRMS          TIME   SYMMETRY
    0   1    22.210        53.370      0.00000E+00  0.00000E+00     0.20
    1   2    13.055        34.788      1.87370E-04  1.00000E-02     0.20
    2   3    6.5726        19.305      3.44949E-04  1.20000E-02     0.20
    3   4    2.4007        9.7728      7.45904E-04  1.44000E-02     0.21
    4   5   0.95214        5.4660      1.76818E-03  1.72800E-02     0.21
    5   8   0.82258        3.7462      9.48409E-04  5.18400E-03     0.21
    6  10   0.76184        2.7803      8.30282E-04  3.11040E-03     0.21

 ***** START NEWTON-RAPHSON OPTIMIZATION *****
 CONVERGENCE CRITERIA ARE GRMS.LT. 1.0E-06 AND XRMS.LT. 1.0E-06

 KH KE   ENERGY      GRMS          ALPHA          GD0           GDA           XRMS         TIME
  0  0  0.76184     2.7803      0.00000E+00  0.00000E+00  0.00000E+00  0.00000E+00     0.21
  1  3  0.55385     3.2700      3.68124E-02  -8.1960       1.3064       7.29136E-02     0.23
  2  6  0.40150     2.8839      0.17949      -1.2755       0.16795      5.30162E-02     0.25
  3  8  0.16718    0.98442       1.0000      -0.42653     -5.37343E-02  3.45463E-02     0.26
  4 11  0.13506    0.74655      0.95443      -6.39312E-02 -2.98845E-04  2.18749E-02     0.28
  5 13  0.13042    4.00340E-02   1.0000      -9.13700E-03 -1.90622E-04  6.94245E-03     0.29
  5 14  0.13039    2.49502E-03   1.0000      -5.23292E-05 -3.33075E-06  4.98978E-04     0.30
  5 16  0.13039    3.34033E-03  0.94866      -4.00246E-06 -6.94536E-12  2.87868E-04     0.30
```

```
 6 18  0.13039   1.92201E-06   1.0000     -3.28935E-07 -3.12440E-12  3.00306E-05      0.31
 6 19  0.13039   9.82513E-10   1.0000     -3.93203E-14  3.11107E-18  1.75958E-08      0.32
OPTIMIZATION CONVERGED
EIGENVALUES OF SECOND DERIVATIVES MATRIX:
-6.51245E-10 -3.60827E-10 -3.81009E-13  5.93399E-14  5.50813E-13  5.33062E-12   4.0010
61.341        67.304        104.19  112.22        128.77        170.24         231.15
343.43        541.11        1121.1         1647.0        1659.2         1772.7  3382.7
CUTOFF = 6.7653E-04
ENERGY, FIRST, AND SECOND DERIVATIVES CALCULATION TIME =     0.0038
DIAGONALIZATION TIME =     0.0093
INVERSION TIME =     0.0007
ENERGY AND FIRST DERIVATIVES CALCULATION TIME =     0.0011
EIGENVALUE CALCULATION TIME =     0.0027
TIMING FACTOR =    1.49E-06

         ****   ***   ***    ***   *****  ****   *     *         *****
         *   *   *   *   *  *   *    *    *   *  **    *            *
         *   *   *   *      *        *    *   *  * *   *           *
         ****    *   *  **   ***     *    ****   *  *  *  ****   ***
         *   *   *   *   *      *    *    * *    *   * *             *
         *   *   *   *   *  *   *    *    *  *   *    **         *   *
         ****   ***   ***    ***     *    *   *  *     *         ***

*************************************************************************************
*  DATE:  13 JUN 1989   TIME:   8. 3.29     TIMAX =   3600.00                       *
*   ETHANAL 13 JUN 1989 07:52:42                                                    *
*  ENERGY =      0.1304    GRMS =  9.82946E-10    GMAX =  3.18380E-09               *
*  EMPIRICAL FORMULA:  C2H4O      MW =  44.024                                      *
*  POINT SYMMETRY GROUP:  CS          SYMMETRY NUMBER =  1                          *
*  FORCE FIELD:  MM2 (ALLINGER 1977)                                                *
*  METHOD:  NEWTON-RAPHSON                                                          *
*  MINIMIZED VARIABLE:  ENERGY                                                      *
*  NUMBER OF GROUPS:   0                                                            *
*  NUMBER OF CONSTRAINTS:   0                                                       *
*  OPTION( 4):  REORIENT INITIAL STRUCTURE                                          *
*************************************************************************************
*  DEFINITIONS:                                                                     *
*       TIMAX = EXECUTION TIME LIMIT (MIN)                                          *
*       ENERGY = STERIC ENERGY AS SUM OF INDIVIDUAL INTERACTION ENERGIES (KCAL/MOL) *
*       GRMS = RMS OF CARTESIAN COMPONENTS OF ENERGY GRADIENT (KCAL/(MOL*ANGSTROM))  *
*       GMAX = MAXIMUM COMPONENT OF GRADIENT VECTOR                                 *
*       KH = NUMBER OF UPDATES TO, OR EVALUATIONS OF, THE SECOND DERIVATIVE MATRIX  *
*       KE = NUMBER OF ENERGY AND GRADIENT EVALUATIONS DURING OPTIMIZATION          *
*       ALPHA = STEP SIZE ALONG SEARCH DIRECTION                                    *
*       XRMS = RMS OF ATOM MOVEMENTS (ANGSTROMS)                                    *
*       TIME = ELAPSED EXECUTION TIME (MIN)                                         *
*  ALL DISTANCES ARE IN ANGSTROMS AND ALL ANGLES ARE IN DEGREES.                    *
*************************************************************************************

         **** FINAL VALUES ****

    -------COORDINATES-------                                             ----------GRADIENTS----------
ATOM    X         Y         Z      ANUM ICHG NMASS ATYPE CONNECTIVITY    X          Y          Z
1   1.16024  0.10874  0.00000  8     0     16     7   2 2 0 0 0 0 -3.18E-09  9.48E-10 -5.41E-10
2   0.00000  0.44800  0.00000  6     0     12     3   1 1 3 7 0 0  2.83E-09 -4.97E-10  3.44E-10
3  -1.15826 -0.52656  0.00000  6     0     12     1   2 4 5 6 0 0  1.81E-10 -4.89E-11  1.99E-10
4  -0.79448 -1.57947  0.00000  1     0      1     5   3 0 0 0 0 0  2.95E-11 -5.24E-11  1.69E-10
5  -1.78640 -0.37199  0.90666  1     0      1     5   3 0 0 0 0 0 -2.68E-10  1.15E-10 -8.34E-11
6  -1.78640 -0.37199 -0.90666  1     0      1     5   3 0 0 0 0 0  1.42E-10 -8.24E-11 -2.93E-10
7  -0.25286  1.53339  0.00000  1     0      1     5   2 0 0 0 0 0  2.67E-10 -3.83E-10  2.06E-10

------DIRECTION COSINES------
   X          Y          Z
 0.0000     0.0000     0.0000     CENTER OF MASS
-0.9551    -0.2961     0.0000     INERTIAL MOMENT =       9.164 AMU*ANGSTROM**2
 0.2961    -0.9551     0.0000     INERTIAL MOMENT =      49.998 AMU*ANGSTROM**2
 0.0000     0.0000     1.0000     INERTIAL MOMENT =      55.848 AMU*ANGSTROM**2
 0.9812    -0.1932     0.0000       DIPOLE MOMENT =       2.777 DEBYE
```

```
        B O N D   S T R E T C H I N G
  --ATOMS--    BOND              BOND   STERIC
   I    J     LENGTH  DEVIATION  TYPE   ENERGY
   1    2      1.209    0.0008    32     0.001
   2    3      1.514    0.0047     4     0.007
   2    7      1.114    0.0015    30     0.001
   3    4      1.114    0.0010     6     0.000
   3    5      1.114    0.0008     6     0.000
   3    6      1.114    0.0008     6     0.000
    RMS BOND LENGTH DEVIATION =    2.130640E-03
MAXIMUM BOND LENGTH DEVIATION =    4.717659E-03
       RMS BOND LENGTH CHANGE =    2.293652E-09
   MAXIMUM BOND LENGTH CHANGE =    4.208101E-09
     TOTAL BOND STRAIN ENERGY =    8.932234E-03

          A N G L E   B E N D I N G
  ----ATOMS----     VALENCE              ANGLE  STERIC
   I    J    K       ANGLE   DEVIATION  TYPE   ENERGY
   1    2    3     123.624     1.1236    92     0.013   IN-PLANE ANGLE = 123.624
   1    2    7     119.413    -0.8865   101     0.006   IN-PLANE ANGLE = 119.413
   3    2    7     116.963     0.5629    91     0.003   IN-PLANE ANGLE = 116.963
   2    3    4     111.017     1.5468    82     0.019
   2    3    5     110.010     0.5403    82     0.002
   2    3    6     110.010     0.5403    82     0.002
   4    3    5     108.382    -0.6180    44     0.003
   4    3    6     108.382    -0.6180    44     0.003
   5    3    6     108.986    -0.0138    44     0.000
    RMS VALENCE ANGLE DEVIATION =    0.823670
MAXIMUM VALENCE ANGLE DEVIATION =     1.54683
       RMS VALENCE ANGLE CHANGE =    9.053193E-08
   MAXIMUM VALENCE ANGLE CHANGE =    2.180904E-07
      TOTAL ANGLE STRAIN ENERGY =    5.118941E-02

           T O R S I O N A L
  ------ATOMS------      TORSION  ANGLE   STERIC
   I    J    K    L       ANGLE    TYPE   ENERGY
   1    2    3    4        0.000    95    -0.267
   1    2    3    5      119.963    95    -0.142
   1    2    3    6     -119.963    95    -0.142
   7    2    3    4     -180.000    94     0.000
   7    2    3    5      -60.037    94     0.135
   7    2    3    6       60.037    94     0.135
    RMS TORSION ANGLE CHANGE =    9.692230E-07
MAXIMUM TORSION ANGLE CHANGE =    1.011942E-06
  TOTAL TORSION STRAIN ENERGY =  -0.280692

O U T - O F - P L A N E   A N G L E   B E N D I N G
  ------ATOMS------ OUT-OF-PLANE        STERIC
   I    J    K    L      ANGLE   TYPE   ENERGY
   1    2    3    7      0.000     2     0.000
   3    2    7    1      0.000     2     0.000
   7    2    1    3      0.000     2     0.000
          RMS OUT-OF-PLANE ANGLE DEVIATION =    2.326978E-10
      MAXIMUM OUT-OF-PLANE ANGLE DEVIATION =    2.605978E-10
             RMS OUT-OF-PLANE ANGLE CHANGE =    2.071640E-08
         MAXIMUM OUT-OF-PLANE ANGLE CHANGE =    2.320026E-08
    TOTAL OUT-OF-PLANE ANGLE STRAIN ENERGY =    2.849459E-21

          N O N - B O N D E D
  -ATOMS-   NONBONDED   OFFSET          STERIC
   I    J   DISTANCE  DISTANCE  TYPE   ENERGY
   1    4     2.583     2.549    89     0.337
   5    7     2.608     2.506    87     0.087
   6    7     2.608     2.506    87     0.087
TOTAL NONBONDED STRAIN ENERGY =    0.345847

****NOTE:  ONLY REPULSIVE NONBONDED INTERACTIONS ARE PRINTED.

                   D I P O L E - D I P O L E
```

```
 ---DIPOLE 1---    ---DIPOLE 2---                        STERIC
  I+   J-  TYPE    K+   L-  TYPE DISTANCE ORIENTATION    ENERGY
TOTAL DIPOLE-DIPOLE ENERGY =   0.000000E+00
TOTAL STRETCH-STRETCH ENERGY =   0.000000E+00
TOTAL STRETCH-BEND ENERGY =   5.115969E-03
TOTAL STRETCH-TORSION STRAIN ENERGY =    0.000000E+00
TOTAL BEND-BEND ENERGY =   0.000000E+00
TOTAL BEND-TORSION STRAIN ENERGY =   0.000000E+00
TOTAL CONSTRAINT ENERGY =   0.000000E+00
TOTAL STERIC ENERGY =   0.130392

THERMODYNAMIC FUNCTIONS FOR  ETHANAL 13 JUN 1989 07:52:42

TEMPERATURE (K) = 298.15
SYMMETRY NUMBER =  1
ZERO POINT ENERGY (KCAL/MOL) =  52.05
              INTERNAL ENERGY  ENTHALPY  ENTROPY  FREE ENERGY
                 (KCAL/MOL)     (KCAL/MOL)  (EU)     (KCAL/MOL)
TRANSLATIONAL*      0.89           1.48    37.27        -9.63
   ROTATIONAL       0.89           0.89    21.68        -5.58
  VIBRATIONAL#     52.51          52.51     2.47        51.77
    POTENTIAL       0.13           0.13     0.00         0.13
       MIXING       0.00           0.00     0.00         0.00
        TOTAL      54.41          55.01    61.42        36.69

* INCLUDES RT/2 ( 0.296     ) FOR EACH IMAGINARY FREQUENCY.
# INCLUDES ZERO POINT ENERGY.
THIS STRUCTURE HAS  0 IMAGINARY FREQUENCIES,
                    6 ZERO FREQUENCIES, AND
                   15 REAL FREQUENCIES.
 ETHANAL 13 JUN 1989 07:52:42

*****   END OF PROBLEM   *****
*****   TIME =   0.410   *****

*****   END OF JOB              *****
*****   TOTAL TIME =   0.411    *****
***** 4 0 2  0 1  0  0 5.00  1.00E-06  1.00E-06   0   0 25.00001000000000000000

 ETHANAL 13 JUN 1989 07:52:42
CS   , E =   0.130, G = 9.825E-10, M(0)       MM2 (ALLINGER 1977)
  7
   1.160242636   0.108737012   0.000000000  8  0 16   2   2   0   0   0   0   1
   0.000000000   0.447997976   0.000000000  6  0 12   1   1   3   7   0   0   2
  -1.158263334  -0.526562028   0.000000000  6  0 12   2   4   5   6   0   0   3
  -0.794475721  -1.579474168   0.000000000  1  0  1   3   0   0   0   0   0   4
  -1.786403093  -0.371986296   0.906661511  1  0  1   3   0   0   0   0   0   5
  -1.786403092  -0.371986297  -0.906661511  1  0  1   3   0   0   0   0   0   6
  -0.252864152   1.533393022   0.000000000  1  0  1   2   0   0   0   0   0   7
```

2.1.7 Anwendungen

Es existieren sehr ausführliche Review-Artikel, welche die Anwendungsbreite von "organischen" Kraftfeldern belegen[1,2,3,4,5]. Es wird aus diesem Grunde auf eine aus-

1. U. Burkert, N.L. Allinger: "Molecular Mechanics", ACS Monograph 177, American Chemical Society, Washington D.C. (1982).
2. E. Osawa: QCPE Bulletin, 3(4), 87 (1983).
3. E. Osawa, H. Musso: Angew. Chem., 95, 1 (1983).
4. O. Ermer: "Aspekte von Kraftfeldrechnungen", Wolfgang Bauer Verlag, München, 1981.
5. D. Boyd, K. Lipkowitz: J. Chem. Ed., 59, 269 (1982).

führliche Darstellung an dieser Stelle verzichtet und nur eine Übersicht in Schlagworten gegeben:

- offenkettige Systeme
- kleine, mittlere und grosse Ringe
- Pseudorotationen mittlerer Ringe
- polycyclische Systeme
- Alkene und Cycloalkene
- Alkine
- konjugierte ungesättigte Systeme
- Verbindungen mit Si, Hal, O, N, S, u.a.
- grosse Moleküle:
  - Steroide
  - Kohlenhydrate
  - Nucleoside, Nucleotide
  - Peptide und Proteine
- Kristallpackung

2.2 MO-Programme

Die im vorangegangenen Kapitel besprochenen Kraftfeldmodelle gehen von der Existenz eines molekularen Graphen aus. Eine ihrer Limitierungen muss folgerichtig darin liegen, dass gewisse Eigenschaften aus klassischen molekularen Graphen nicht herauslesbar sind, ohne dass Zusatzinformation zur Verfügung gestellt wird. Ein solcher Fall ist in Abbildung 2.9 dargestellt, wo es ohne zusätzliche Information nicht möglich ist zu entscheiden, ob der eine Stickstoff in diesem 5-Ring-System einem pyramidalen Amin-, einem planaren Pyrrol-Stickstoff, oder sogar (wenn wir die C-N-Doppelbindungen C-O-Doppelbindungen gleichsetzen) einem Amid-N entspricht.

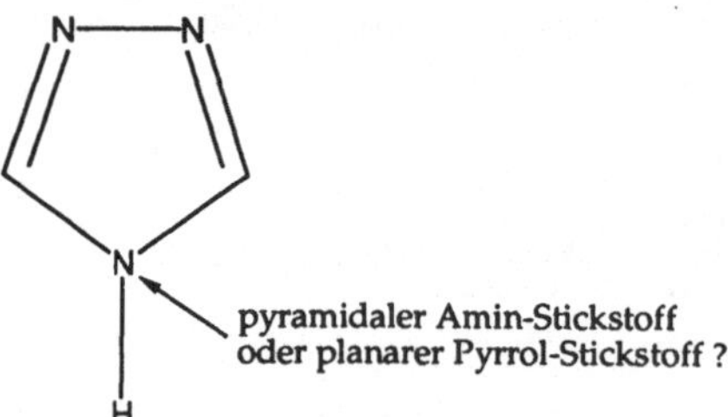

Abbildung 2.9 Molekularer Graph, der ohne Zusatzannahme keine ausreichende Beschreibung liefert.

Diese Limitierung gilt umso mehr für Moleküle, für die es keine klassischen molekularen Graphen gibt. Eine weitere Einschränkung besteht darin, dass die Kraftfeldansätze Geometrieänderungen, welche zu einer Änderung des molekularen Graphen führen, nicht zu behandeln vermögen (Abbildung 2.10).

Das Problem in Abbildung 2.10 muss in einem MO-Modell behandelt werden, wobei erschwerend hinzukommt, dass die Reaktion thermisch verboten ist (level crossing im qualitativen MO-Schema). Ein wesentlich trivialerer Grund für die Wahl eines MO-

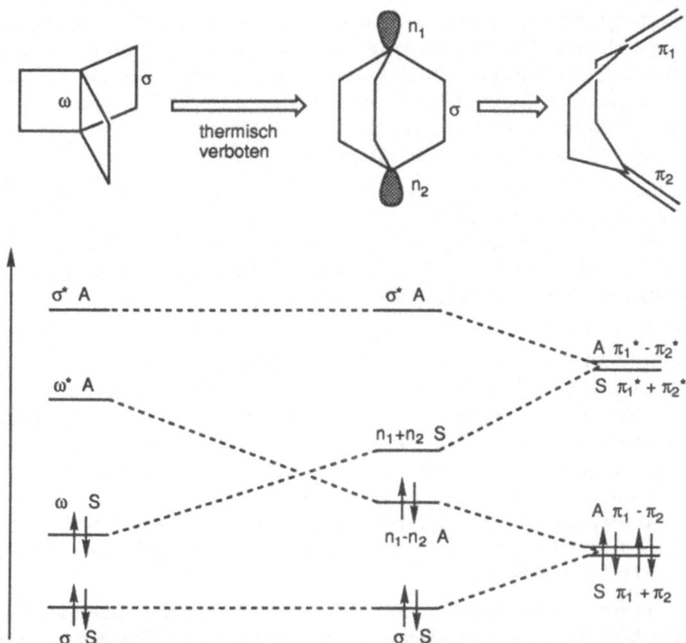

Abbildung 2.10 Änderung der Kernkonfiguration, die zu einer Änderung des molekularen Graphen führt. Zusätzlich ist ein Symmetrieverbot vorhanden (S = symmetrisch, A = antisymmetrisch bezüglich Spiegelebene). (W.-D. Stohrer, R. Hoffmann: J. Am. Chem. Soc., 94, 779 (1972).)

Programms kann das einfache Fehlen von adäquaten Parametern in den verfügbaren Kraftfeldprogrammen sein.

In den folgenden drei Kapiteln soll nun zuerst die Hierarchie der verschiedenen, in der Literatur auftauchenden MO-Methoden dargestellt werden und anschliessend an konkreten Input- und Output-Beispielen ein ab initio Programm und zwei semiempirische Programme vorgestellt werden.

2.2.1 Hierarchie der quantenchemischen Methoden

Die Quantenchemie, wie sie der Anwender normalerweise betreibt, befindet sich bereits auf einem recht hohen Abstraktionsniveau. So beinhaltet die molekulare Quantenchemie mindestens die Existenz von isolierten Objekten, den Molekülen. Nachdem zusätzlich zu den ersten Prinzipien der Quantenmechanik der Grenzübergang zu unendlicher Lichtgeschwindigkeit ($C \rightarrow \infty$), d.h. die Kontraktion der Lorentz-Gruppe zur Galilei-Gruppe vollzogen wurde, erhalten wir das uns geläufige Konzept der konstanten Masse. Die Existenz der Moleküle wird dann durch Vernachlässigung der Einstein-Podolsky-Rosen-Korrelation zwischen der Umgebung und dem Molekül erreicht. Normalerweise bewegen wir uns noch eine Abstraktionsstufe höher, in der eine weitere dieser ganzheitlichen Korrelationen, nämlich jene zwischen Kernen und Elektronen aufgehoben ist. Dieser Übergang $m/M \to 0$ ist der Übergang zur sogenannten Born-Oppenheimer-Näherung. Nun haben Moleküle eine Gestalt (Geometrie der Kernkonfiguration) und eine feste Bruttoformel mit zugehöriger Masse. Diese Abstraktionen ermöglichen erst das Erscheinen von klassischen, dispersionsfreien Observablen, welche chemisch relevante Aspekte beschreiben.

Für viele qualitative Diskussionen wird auch die Korrelation zwischen den Elektronen für irrelevant erklärt, womit die absolute Quantenchemie auf das Abstraktionsniveau der Quasielektronentheorien der Moleküle angehoben wird. In einem solchen Modell sind Moleküle mit Gestalt aus individuellen Quasielektronen aufgebaut, welche durch lokalisierte Orbitale beschrieben werden.

Es liegt in der Natur hierarchischer Systeme, dass die höher liegende Schicht immer durch die Sprache der tiefer liegenden Schicht beschrieben werden kann. Üblicherweise wird aber für die höhere Schicht eine neue Sprache geschaffen, welche starke Vereinfachungen in der Beschreibung mit sich bringen. Starke Vereinfachungen in der Beschreibung bedeuten neue Begriffe, welche auf der fundamentaleren, hierarchisch tiefer liegenden Stufe nicht existieren. Diese Begriffe sind Aspekte der Theorie, welche im Sinne der hierarchisch tieferen Stufe nicht wahr, in der neuen Sprache aber richtig und zweckmässig sind. Chemisch interessante Objekte (Molekeln) sind komplexe Systeme, d.h. Systeme, für die es viele richtige aber wesensverschiedene Betrachtungsweisen und damit Sprachen gibt.

Innerhalb der für uns interessanten Abstraktionsniveaus gibt es Familien von Ansätzen, welche die praktische numerische Behandlung eines molekularen Systems innerhalb dieser Niveaus zulassen. Diese verschiedenen Ansätze unterscheiden sich meist durch einen verschiedenen Grad von Approximation (im Unterschied zur Theorie-Reduktion). Wir wollen nun die Hierarchie einiger quantenchemischer Methoden innerhalb der absoluten Quantenchemie aufstellen.

Dies geschieht in Kapitel 2.2.4, in dem streiflichtartig an verschiedene Niveaus der numerischen ab initio Quantenchemie erinnert wird, sowie in Kapitel 2.2.2, in dem ebenfalls stark verkürzt einige Konzepte semiempirischer MO-Methoden aufgefrischt werden. Diese zwei Kapitel sind nicht dazu geeignet, Quantenchemie in grundlegender Art und Weise zu vermitteln[1,2]. Es geht vielmehr darum, die in der Literatur verwendete Sprache und Vokabeln in Erinnerung zu rufen. Kapitel 2.2.4 schliesslich zeigt, auf welchem Niveau die Theorie für bestimmte Probleme möglicherweise angewendet werden muss, und macht, sofern möglich, Verweise auf Beispiele in Kapitel 3.

Im Zusammenhang mit quantenchemischen Rechnungen werden sehr oft anstelle der SI-Einheiten sogenannte atomare Einheiten verwendet. Diese erlauben es, gewisse Ausdrücke wesentlich vereinfacht zu schreiben. Tabelle 2.2 enthält eine Zusammenstellung solcher Grössen.

---

1. A. Szabo, N.S. Ostlund: Modern Quantum Chemistry: Introduction to Advanced Electronic Structure Theory. MacMillan, N.Y., 1982.
2. M. Scholz, H.-J. Köhler: Quantenchemie, Band 3. Hüthig-Verlag, Heidelberg, 1981.

Tabelle 2.2 Atomare Einheiten[1].

Physikalische Quantität	Atomare Einheit	SI-Äquivalent
Feinstrukturkonstante	$\alpha = v_0/c$	$7.297351 \cdot 10^{-3}$
Länge	$a_0 = 1 = (1/\alpha)(h/m_0c)$	$5.2917706 \cdot 10^{-11}$ m
Geschwindigkeit	$v_0 = 1 = \alpha c$	$2.187690 \cdot 10^{6}$ m/s
Zeit	$t_0 = 1 = a_0/v_0 = h/\alpha^2 m_0 c^2$	$2.418885 \cdot 10^{-17}$ s
Impuls	$P_0 = 1 = m_0 v_0 = \alpha m_0 c$	$1.992888 \cdot 10^{-24}$ kg·m/s
Drehimpuls	$h = 1$	$1.0545 \cdot 10^{-34}$ J·s
Frequenz	$\omega_0 = 1 = v_0/a_0 = 4\pi c R_\infty = \alpha^2 m_0 c^2/h$	$4.134136 \cdot 10^{16}$ Hz
Energie	$E_0 = 1 = h\omega_0 = \alpha^2 m_0 c^2$	$4.35984 \cdot 10^{-18}$ J = 27.21161 eV
Wellenzahl	$1/a_0 = 1 = \alpha m_0 c/h = 4\pi R_\infty/\alpha$	$1.8897267 \cdot 10^{10}$ m^{-1}
El. Dipolmoment	$e \cdot a_0 = 1 = eh/\alpha m_0 c$	$8.47842 \cdot 10^{-30}$ C·m = 2.54177 D
El. Potential	$U_0 = 1 = \alpha \cdot hc/a_0 e$	27.21161 V
El. Feldstärke	$E_0 = 1 = \alpha \cdot hc/a_0^2 e$	$5.14225 \cdot 10^{11}$ V/m
Magn. Feldstärke	$H_0 = 1 = (\alpha \cdot hc/\mu_B)R_\infty$	$1.71527 \cdot 10^{3}$ T
Magn. Dipolmoment	$eh/m = 1 = 2\mu_B$	$1.85464 \cdot 10^{-23}$ J/T
Masse	$m_0 = 1$	$9.1091 \cdot 10^{-31}$ kg
Ladung	$\lvert e \rvert = 1$	$1.6021 \cdot 10^{-19}$ C
Kraft	$F_0 = 1 = E_0/a_0$	$8.238860 \cdot 10^{-8}$ J/m
Kraftkonstante	$k_0 = 1 = F_0/a_0$	$1.556919 \cdot 10^{3}$ J/m^2
Polarisierbarkeit	$\alpha = e^2 a_0^2/E_0$	$1.648775 \cdot 10^{-41}$ C^2m^2/J
$\psi^2(x,y,z)$	$a_0^{-3} = 1$	$6.748342 \cdot 10^{30}$ m^{-3}
Quadrupolmoment	$\Theta_{\alpha\beta} = ea_0^2$	$4.486583 \cdot 10^{-40}$ $C \cdot m^2$

1 E_0 = 2625.5 kJ/mol = 627.51 kcal/mol
1 eV = 96.4846 kJ/mol = 23.0604 kcal/mol

2.2.2 Ab initio Programme

Eine Familie von quantenchemischen Programmen, welche die Berechnung von physikalischen Eigenschaften erlauben, sind die ab initio Programme. Wir wollen an dieser Stelle kurz einige Grundlagen resp. Resultate der Theorie anfügen mit der Absicht, an dieser Stelle den in Publikationen normalerweise verwendeten Jargon einzuführen.

1. R. McWeeny: Nature, 243, 196 (1973).

2.2.2.1 Methoden

Ab initio Methoden werden eigentümlicherweise nicht "top-down" in ihrer Hierarchie diskutiert, vielmehr steht normalerweise die Hartree-Fock-Limite im Zentrum. Andere Methoden werden entsprechend ihrer Abweichung von diesem Modell in Post-Hartree-Fock-Methoden oder in solchen, welche diese Limite nicht erreichen, klassiert. Eine dritte Klasse von Programmen, welche in einem späteren Kapitel (vgl. Kap. 2.2.3) besprochen werden sollen, sind die semiempirischen Methoden, welche entweder strikte Approximationen der ab initio Methoden darstellen (approximative semiempirische Methoden), oder mit theoretisch nicht einwandfrei belegbaren Ansätzen, aber unter Beibehaltung einiger Formalismen der Quantenchemie beobachtete Grössen reproduzieren (rein empirische MO-Methoden).

A. Hartree-Fock

Entsprechend seiner zentralen Bedeutung, sollen hier die grundlegendsten Gedanken des Hartree-Fock-Modells zusammengefasst werden. Das Hartree-Fock-Modell enthält im wesentlichen drei Komponenten: eine Wellenfunktion, einen Operator und ein numerisches Verfahren. Eine wesentliche Voraussetzung des Hartree-Fock-Modells ist die BO-Approximation, welche dazu führt, dass die Schrödinger-Gleichung zu einer rein elektronischen Schrödinger-Gleichung wird.

$$\mathcal{H}_{el}\Psi_{el} = E_{el}\Psi_{El}$$

Bei der *Wellenfunktion* geht man davon aus, dass die Zustandswellenfunktion einer Molekel durch ein Produkt von quadratisch integrierbaren Einelektronenfunktionen (Slaterdeterminanten) näherungsweise dargestellt werden kann.

$$\psi(r_1, r_2, \ldots, r_N) \approx \Phi(r_1, r_2, \ldots, r_N) = |\varphi_1(r_1)\varphi_2(r_2)\ldots\varphi_N(r_N)|$$

gilt exakt, wenn

$$\mathcal{H}(1, \ldots, N) = \sum_i^N h(i) \text{ , wobei } \varepsilon_i = \langle\varphi_i|h(i)|\varphi_i\rangle / \langle\varphi_i|\varphi_i\rangle \text{ gilt}$$

Dies würde exakt gelten, wenn der Hamilton-Operator des Systems eine Summe von Einteilchenoperatoren ist. Für chemisch relevante N-Elektronensysteme ist dies allerdings nicht erfüllt und es müsste eigentlich immer mit einer Summe von Zweiteilchenoperatoren gearbeitet werden. Slater-Determinanten können also die zugehörige Schrödinger-Gleichung nicht erfüllen, aber in vielen Fällen deren Lösung befriedigend approximieren.

Der *Operator* des Hartree-Fock-Modells ist ein reiner Einelektronen-Operator (der ausschliesslich auf Einelektronenfunktionen wirkt.

$$\mathcal{H}_{el} = \underbrace{T_a + V_{eK}}_{\text{Einteilchen-operatoren}} + \underbrace{V_{ee}}_{\text{Zweiteilchen-operator}}$$

$$V_{ee}^{HF} = h(1) + g(1,2)$$

mit h(1): $\langle \varphi_i (1) | h (1) | \varphi_i (1) \rangle$ für alle i

g(1,2): Pseudo-Einteilchenoperator
Coulomb- und Austauschoperatoren

In diesem Operator steht nach wie vor ein Zweiteilchenoperator V_{ee}. Der "Trick" besteht nun darin, im Zweiteilchenoperator g(1,2) die Dichte des zweiten Elektrons als "bekannt" in den Operator einzubauen und ihn dadurch in einen Pseudo-Einteilchenoperator überzuführen (Coulomb- und Austauschoperatoren). Es bleibt der Lösungsmethode überlassen, die richtige Dichte des zweiten Elektrons zu bestimmen. Dies führt zu der Integro-Differentialgleichung für Hartree-Fock Spin-Orbitale.

Das *Variationsprinzip* stellt die Lösungsmethode des Problems dar. Sie geht davon aus, dass der Erwartungswert des Energieoperators gegenüber einer infinitesimalen Änderung der Wellenfunktion stabil ist. Unter dieser Voraussetzung und unter der Annahme, dass die Dichte des zweiten Teilchens in g(1,2) vernünftig vorausgesagt werden kann, lässt sich die Wellenfunktion (und damit g) iterativ optimieren.

Bis zu diesem Punkt haben wir nur Ansätze diskutiert. Zur numerischen Lösung des Problems sind aber weitere Schritte notwendig. Das Hauptproblem bei der Umsetzung der Ansätze besteht darin, dass wir die Orbitale Ψ_i am Beginn einer Rechnung nicht kennen und dass wir für die numerische Lösung der folgenden Gleichung ebenfalls neue Methoden brauchen.

$$f(1)\Psi_i = \varepsilon_i \Psi_i$$

mit $f(1) = h(1) + \Sigma\, J_i(1) - \Sigma\, K_i(1)$

Das Überführen der Wellenfunktion Ψ_i in eine Linearkombination von bekannten Basisfunktionen führt die sog. Basissätze in die ab initio-Rechnung ein,

$$\Psi_i = \sum_{\mu} c_{\mu i} \phi_\mu$$

und zusammen mit einem neuen Verfahren zur numerischen Lösung von $f(1)\Psi_i$ wird das schon erwähnte Integro-Differentialgleichungssystem in ein Matrixgleichungssystem (der Roothaan-Gleichung) überführt.

$$FC = SC\,\varepsilon$$

$$F_{\mu\nu} = \langle \phi_\mu (1) | h | \phi_\nu (1) \rangle + \sum_i \int \phi_\mu (1) \; [2J_i(1) - K_i(1)] \phi_\nu(1)$$

$$S_{\mu\nu} = \int \phi_\mu \phi_\nu dV$$

Dieses Matrix-Gleichungssystem ist nun numerisch handhabbar und stellt die Grundlage praktisch aller ab initio MO-Implementationen dar.

Im Hartree-Fock Modell sind in den meisten Programmen mindestens zwei Methoden zugänglich, nämlich die "unrestricted" Hartree-Fock (UHF)[1] und die "restricted" Hartree-Fock (RHF)[2] Methode. Setzt man als Orbitale in der Roothaan-Gleichung

1. J.A. Pople, R.K. Nesbet: J. Chem. Phys., 22, 571 (1954).
2. C.C.J. Roothaan: Rev. Mod. Phys., 23, 69 (1951).

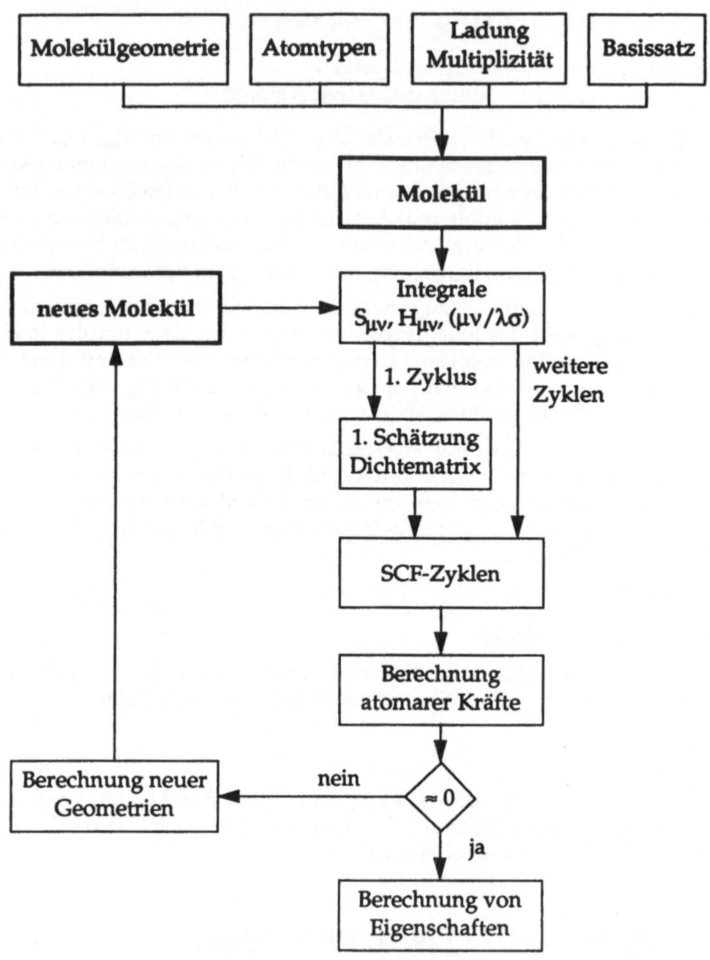

Abbildung 2.11 Ablauf einer typischen Hartree-Fock-Rechnung

Spin-Orbitale ein, so entstehen zwei Sätze von Raumorbitalen, wobei einer zu den α- der andere zu den β-Spins gehört. Diese Methode (UHF) wird für open shell Systeme verwendet. Berechnet man closed shell Systeme, so beobachtet man, dass die Raumorbitale für den α- und den β-Satz praktisch gleich sind. Man setzt dann in die Gleichungen mit Vorteil nicht Spin-Orbitale sondern Raum-Orbitale ein und füllt diese mit zwei oder null Elektronen (RHF).

B. Post-Hartree-Fock-Methoden

Die meist vorhandenen und angewendeten Post-Hartree-Fock-Methoden sind die Konfigurationswechselwirkungsmethode (C.I.)[1,2], die Multikonfigurations-SCF-Rechnung (MCSCF)[3] und das Møller-Plesset-Verfahren 2. oder höherer Ordnung (MPn)[4]. Diese Methoden beseitigen die Unzulänglichkeiten des Eindeterminanten-Verfahrens, indem sie die sog. Elektronenkorrelation mitberücksichtigen können. Die Energiedifferenz zwischen einer Rechnung an der Hartree-Fock-Limite und der einer Rechnung mit einem Post-Hartree-Fock-Modell wird normalerweise als Korrelationsenergie bezeichnet. Diese Energie ist in dem Sinne nicht physikalischer Natur, als diese Differenz keine Observable darstellt, sondern eine Grösse ist, welche durch die Approximationen im Hartree-Fock-Eindeterminantenmodell gemacht werden. Post-Hartree-Fock-Rechnungen bauen normalerweise auf HF-Orbitalen auf. Für die Einteilung der MO's, entsprechend ihrer Funktion in der Rechnung, wird jedoch ein anderer "Jargon" verwendet. Das Verhältnis dieser zwei Ausdruckswelten ist in Abbildung 2.12

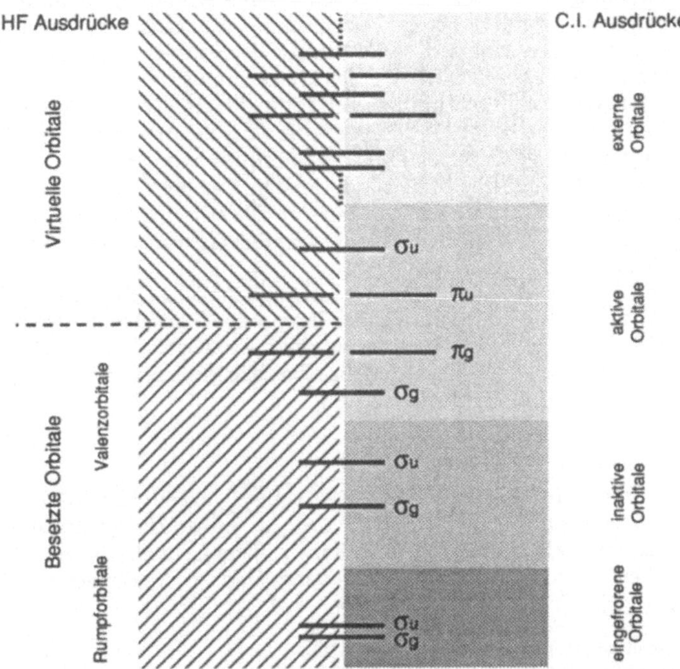

Abbildung 2.12 Hartree-Fock- und C.I.-Ausdrücke für verschiedene Abschnitte des Orbitalraumes am Beispiel des N_2-Orbitalschemas.

1. B. Brooks, H.F. Schäfer: J. Chem. Phys., **70**, 5092 (1979).
2. B. Brooks et al.: Physica Scripta, **21**, 312 (1980).
3. R. Shepart: Advances in Chemical Physics, **69**, 63-200 (1987).
4. P. Carsky, B.A. Hess, L.J. Schaad: J. Comput. Chem., **5**, 280 (1984).

dargestellt. Da vollständige C.I.-Rechnungen nur für kleine Moleküle realisierbar sind, wird normalerweise ein Satz sogenannter aktiver Orbitale für die Erzeugung der Zustände, welche in die Korrelation eingehen, ausgewählt. Rumpforbitale werden meist vollständig eingefroren.
Die virtuellen HF-MO's sind nicht die für eine C.I.-Rechnung wirksamsten Funktionen, da sie zu diffus sind. Wirksamer wären natürliche oder pseudonatürliche Orbitale (vgl. Abbildung 2.15). Da ihre Berechnung aber ähnlich zeitintensiv ist wie die C.I. selber, ist ihre Verwendung unrentabel. Mit der Methode der modifizierten virtuellen MO's steht jedoch eine günstige Methode für die Produktion kompakterer virtueller Orbitale zur Verfügung.[1]

2.2.2.2 Basissätze

Der Term "ab initio" impliziert eine rigorose, nicht parametrisierte MO-Behandlung entsprechend ersten Prinzipien der Quantenmechanik. Dies ist natürlich in der Realität nicht vollständig wahr. Einerseits stecken in der absoluten Quantenchemie nicht nur erste Prinzipien sondern bereits verschiedene Abstraktionen (Kap. 2.2.1). Zum zweiten wird durch den Ansatz, dass die Orbitale der Slater-Determinante durch eine Entwicklung von AO's ausgedrückt werden können, nur garantiert, dass eine unendlich grosse Basis ein solches MO bestmöglich approximiert. In der Realität wird jedoch mit endlichen Basen gearbeitet. Da die Grösse der verwendeten Basis ungefähr mit der vierten Potenz in die Rechenzeit einer Hartree-Fock-Rechnung eingeht, ist es wichtig, eine möglichst kleine endliche Basis zu verwenden. Das heisst, man ist darauf angewiesen, eine "kluge" Wahl der einzelnen Basisorbitale zu treffen. Die Basis muss so gewählt werden, dass sie bezüglich der interessierenden Eigenschaften optimal ist (s. nebenstehende Skizze).
Spricht man von AO's, sind damit meist wasserstoffähnliche Orbitale vom Slater-Typ gemeint[2]. Ab initio Programme verwenden ihrer mathematischen Eigenschaften wegen ausschliesslich Gauss-Orbitale (obwohl diese Atomorbitale schlechter beschreiben als Slater-Orbitale). Es haben sich dabei spezielle Basissätze eingebürgert, die in vielen Programmen schon implementiert sind.

A. STO-nG Basen

Die STO-nG Basen sind minimale Basissätze, bei welchen ein Slater-Orbital durch n Gauss-Funktionen approximiert wird ($2 \leq n \leq 6$). Der Ausdruck "minimaler Basissatz" bedeutet, dass pro "klassisches" Atomorbital ein Slater-Orbital existiert. Die STO-3G Basis ist sicherlich am populärsten. Solche Basen sind für die Elemente H-Xe publiziert worden[3,4,5,6,7,8,9].

1. C.W. Bauschlicher, Jr.: J. Chem. Phys., **72**, 880 (1980).
2. J. Brickmann et al.: Chemie in unserer Zeit, **12**, 23 (1978).
3. W.J. Hehre, R.F. Stewart, J.A. Pople: J. Chem. Phys., **51**, 2657 (1969).
4. W.J. Hehre, R. Ditchfield, R.F. Stewart, J.A. Pople: J. Chem. Phys., **52**, 2769 (1970).
5. M.S. Gordon, M.D. Bjorke, F.J. Marsh, M.S. Korth: J. Am. Chem. Soc., **100**, 2670 (1978).
6. W.J. Pietro, B.A. Levi, W.J. Hehre, R.F. Stewart: Inorg. Chem., **19**, 2225 (1980).
7. W.J. Pietro et al.: Inorg. Chem., **20**, 3650 (1980).
8. W.J. Pietro, W.J. Hehre: J. Comput. Chem., **4**, 241 (1983).
9. S. Huzinaga, J. Andzelm, M. Klobukowski, E. Radzio-Andzelm, Y. Sakai, H. Tatewaki: Gaussian Basis Sets for Molecular Calculations. Elsevier, Amsterdam, 1984.

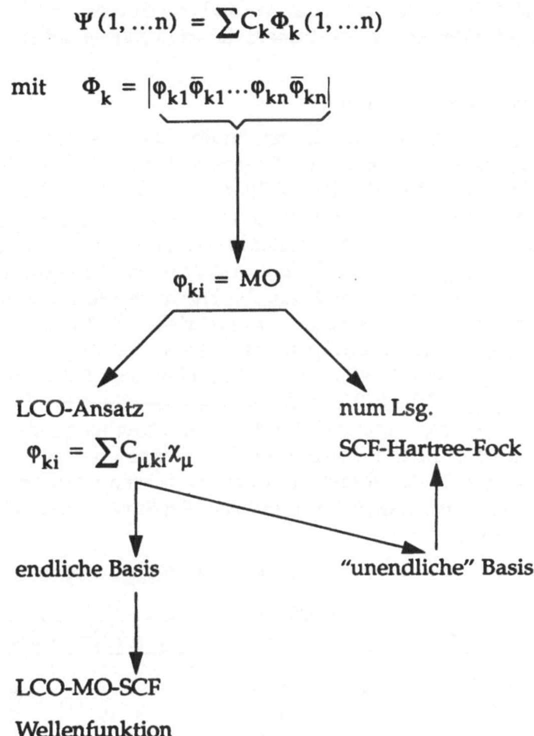

Für ab initio Berechnungen von hoher Qualität sind diese Basen jedoch nicht geeignet, da ihre Flexibilität in radialer Richtung ungenügend ist. Dazu sind flexiblere Basissätze notwendig. Weitere sp-Basisorbitale verbessern dabei die radiale, d und höhere Funktionen die anguläre Flexibilität.

B. Pople-Basen

Allen sogenannten Pople-Basen ist gemeinsam, dass für s- und p-Funktionen jeweils die gleiche Radialfunktion verwendet wird. Die inneren AO's werden durch STO-NG-Expansionen dargestellt, während für die Valenz-AO's zwei unabhängige sp-Expansionen verwendet werden (→ Split-Valence Basis). Dies führt zu einer gegenüber den STO-nG Basen verbesserten radialen Flexibilität.

- Die n-31G-Basissätze verwenden einen minimalen Basissatz für die inneren Atomschalen mit n Gauss-Orbitalen pro Slater-Funktion und eine 2-ζ-Basis von Gauss-Orbitalen für die Valenz-Orbitale.
- Die n-31G*-Basissätze unterscheiden sich von den n-31G-Basen durch zusätzliche Polarisationsfunktionen mit d-Symmetrie.

- Die n-31+G*-Basissätze enthalten zusätzliche diffuse Orbitale vom s- und p-Typ für die Beschreibung von elektronenreichen Systemen und Anionen.

C. Allgemeine Gauss-Basen

Für Rechnungen höchster Qualität werden flexiblere Basissätze verwendet[1,2,3,4]. Die grobe Reihenfolge von Qualität und Kosten ist etwa: STO3G < 321G < 631G < DZ < 321G* < 431G* < 631G* < 6311G* < D2P < 5S4P2D < 8S6P3D. Diese Reihenfolge ist nicht für alle Eigenschaften gleich! Inwiefern ein Basissatz genügend ist, hängt selbst bei ein und demselben Molekül von der Fragestellung ab (Geometrie, Dipolmoment, Energie, Vibrationsspektren). So liefern die "mittleren" Basissätze beispielsweise die besten Geometrien auf der SCF-Ebene. Die Effekte der Basissatzwahl auf die Qualität der MO-Rechnung sind in der Literatur beschrieben[5,6]. Die Anzahl der Basisfunktionen pro Atom bei einigen geläufigen Basissätzen sind aus Tabelle 2.3 ersichtlich. Die sich für einige Moleküle daraus ergebenden relativen CPU-Zeiten sind in Tabelle 2.4 zusammengefasst. In Tabelle 2.5 findet man atomare Energien für verschiedene Basissätze, welche eine Abschätzung der Fehler in der totalen molekularen Energie erlauben. Dies ist nicht mit der Präzision der Vorhersage von Energiedifferenzen zu verwechseln, da Fehler in der Totalenergie oft durch Mängel in Basissatz-Komponenten der inneren Schalen verursacht werden (Basis Set Superposition Error, BSSE).

Tabelle 2.3 Anzahl der Basisfunktionen pro Atome für einige geläufige Basissätze.

	Basissatz						
Atom	STO-3G	3-21G	3-21G*	3-21+G	6-31G*	6-31G**	6-311G*
H	1	2	2	2	2	5	3
Li-Ne	5	9	9	13	15	15	18
Na-Ar	9	13	18	17	19	19	22

Tabelle 2.4 Approximativer relativer CPU-Zeitbedarf von ab initio (SCF)-Rechnungen in Abhängigkeit der Molekülgrösse und des Basissatzes (~$n^4/4$).

Molekül H	Li-Ne	Na-Ar	Beispiel	STO-3G	3-21G	6-31G*	6-311G*	6-31G**
4	1	0	CH_4	1	4	11	30	60
6	2	0	C_2H_6	3	30	120	330	500
6	3	0	C_3H_6	8	90	410	1'030	1210
8	4	0	C_4H_8	25	280	1'270	3'240	3'810
8	3	1	C_3H_8Si	40	380	1'560	3'810	4'460
8	2	2	$C_2H_8Si_2$	65	500	1'900	4'460	5'180

1. T.H. Dunning: J. Chem. Phys., **53**, 2823 (1970).
2. T.H. Dunning: J. Chem. Phys., **55**, 716 (1971).
3. A.D. McLean & G.S. Chandler: J. Chem. Phys., **72**, 5639 (1980).
4. R. Krishnan et al.: J. Chem. Phys., **72**, 650 (1980).
5. Douglas J. DeFrees et al.: J. Am. Chem. Soc., **101**, 4085 (1979).
6. E.R. Davidson & D. Feller: Chem. Rev., **86**, 681 (1986).

Tabelle 2.5 **Atomare Energien für einige Basissätze [in a.u.]**

Atom	state	STO-3G	3-21G	6-31G	DH	6-311G/MC	SCF limit *
H	2-S	-.46658	-.49620	-.49823	-.49819	-.49981/--	-0.5
He	1-S	-2.80778	-2.83568	-2.85516	--	-2.85990/--	-2.86168
Li	2-S	-7.31553	-7.38151	-7.43124	-7.43174	-7.43203/--	-7.43273
Be	1-S	-14.35188	-14.48682	-14.56676	-14.57090	-14.57187/--	-14.57302
B	2-P	-24.14899	-24.38976	-24.51949	-24.52660	-24.52702/--	-24.52906
C	3-P	-37.19839	-37.48107	-37.67784	-37.68557	-37.58502/--	-37.68862
N	4-S	-53.71901	-54.10539	-54.38501	-54.39726	-54.39798/--	-54.40094
O	3-P	-73.53012	-74.39366	-74.78031	-74.80271	-74.80250/--	-74.80940
F	2-P	-98.98651	-98.84501	-99.36086	-99.39501	-99.39416/--	-99.40935
Ne	1-S	-126.13255	-127.80383	-128.47388	-128.52235	-128.52255/--	-128.54710
Na	2-S	-159.79715	-160.85407	-161.84143	--	--/-161.84559	-161.85892
Mg	1-S	-197.18598	-198.46810	-199.59522	--	--/-199.60656	-199.61464
Al	2-P	-239.02647	-240.55105	-241.85419	-241.85508	--/-241.87001	-241.87670
Si	3-P	-285.56305	-287.34443	-288.82860	-288.82962	--/-288.84778	-288.85438
P	4-S	-336.94486	-339.00008	-340.68901	-340.68904	--/-340.71135	-340.71880
S	3-P	-393.17895	-395.55134	-397.47141	-397.46867	--/-397.49802	-397.50491
Cl	2-P	-454.54602	-457.27655	-459.44294	-459.43594	--/-459.47341	-459.48209
Ar	1-S	-521.22288	-524.34296	-526.77215	--	--/-526.80663	-526.81753

* M.W. Schmidt and K. Ruedenberg, J. Chem. Phys., 71, 3951 (1979)

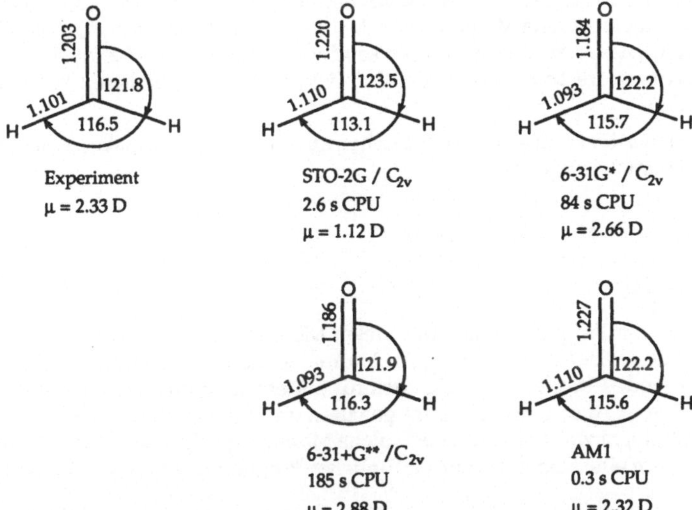

Abbildung 2.13 Basissatzabhängigkeit von molekularen Geometrien für "Pople-Basen". Auf dem SCF-Niveau sind die Bindungslängen notorisch zu kurz. Für eine ausreichende Genauigkeit der Winkel sind Polarisationsfunktionen unerlässlich. Im Vergleich zu den ab initio-Resultaten ist auch die mit AM1 (semiempirisch) optimierte Geometrie ausgeführt. Das Dipolmoment einer STO-6G/6-31G*-Rechnung beträgt 1.55 D.

D. Polarisationsfunktionen

Werden durch die allgemeineren Pople- und Gauss-Basen die Defizite der STO-nG-Basen in radialer Richtung verbessert, so bleibt diesen Funktionen immer noch die mangelnde azimutale Flexibilität. Dies wird durch den Zusatz von Polarisationsfunktionen behoben. Solche Polarisationsfunktionen besitzen höhere Orbitaldrehmomente, sind also typischerweise d-Orbitale. Die Wahl der Orbitalexponenten dieser d-Orbitale folgt nicht den gleichen Kriterien wie die Wahl der Exponenten der Split-Valence-Basissätze. Geht es bei diesen darum, die radiale Richtung möglichst harmonisch abzudecken, müssen Polarisationsfunktionen die "Richtungsänderung" der Orbitallappen möglichst effizient bewerkstelligen. Dies ist möglich, wenn die Funktionen $r \cdot \Psi(r)$ der Polarisationsfunktion ihr Maximum etwa dort erreicht, wo der entsprechende Wert der zu polarisierenden Basisfunktion ihr Maximum erreicht. Meist beschränkt man sich auf jene d-Funktion, welche diejenige Komponente im Basissatz polarisiert, die für die chemische Bindung den grössten Beitrag liefert. Polarisationsfunktionen und diffuse Anionenfunktionen für gängige Basissätze sind publiziert worden.[1,2,3,4,5,6,7,8]

E. Pseudopotentiale

Ab initio-Rechnungen an Molekülen mit Elementen höherer Perioden scheitern schnell am Anwachsen der Zahl der Basisfunktionen. Geht man davon aus, dass eine Anzahl von chemisch relevanten Eigenschaften mehrheitlich durch die Valenzschale bestimmt sind, kann eine Methode, welche die Rumpforbitale ersetzt, dieses Problem entschärfen. Dieses Vorgehen ist als Pseudopotentialansatz bekannt. Pseudopotentiale[9] (effective core potentials = ECP's) und zugehörige Valenzbasen[10,11] sind publiziert worden.

Im folgenden sollen nun an einem typischen ab initio Programmpaket einige der Möglichkeiten demonstriert werden.

2.2.2.3 Typische ab initio-Programme

A. GAMESS

GAMESS ist ein Programmpaket mit vielen Möglichkeiten. Der Einsatzbereich kann dem anschliessenden Auszug aus dem Manual entnommen werden. Darin enthalten sind auch Modell-Inputs und viele auch für andere ab initio Pakete relevante Literaturzitate. Dieser Auszug ist sehr kurz gehalten und soll vor allem einen Eindruck davon vermitteln, in welcher "Sprache" solche Manuals geschrieben sind. Für die Arbeit sollte man sich eine Kopie des zur verfügbaren Programmversion gehörigen Manuals machen.

---

1. J.S. Binkley, J.A. Pople: J. Chem. Phys., **66**, 879 (1977).
2. M.M. Francl et al.: J. Chem. Phys., **77**, 3654 (1982).
3. J.B. Collins et al.: J. Chem. Phys., **64**, 5142 (1976).
4. K.D. Dobbs, W.J. Hehre: J. Comput. Chem., **7**, 359 (1986).
5. W.J. Pietro et al.: J. Am. Chem. Soc., **104**, 5039 (1982).
6. P.C. Hariharan, J.A. Pople: Theoret. Chim. Acta, **28**, 213 (1973).
7. T. Clark et al.: J. Comput. Chem., **4**, 294 (1983).
8. M.J. Frisch, J.A. Pople, J.S. Binkley: J. Chem. Phys., **80**, 3265 (1984).
9. LR. Kahn, P. Baybutt, D.G. Truhlar: J. Chem. Phys., **65**, 3826 (1976).
10. W.J. Stevens, H. Basch, M. Krauss: J. Chem. Phys., **81**, 6026 (1984).
11. P.J. Hay, W.R. Wadt: J. Chem. Phys., **82**, 270, 284, 299 (1985).

Im Anschluss an das Manual ist der Input für die Geometrieoptimierung von Formaldehyd mit einer 6-31G* Basis und ein Input für eine "single point" STO-6G Rechnung, die auf dieser Geometrie basiert, zu finden. Der STO-6G Output folgt anschliessend.

Listing 2.5 GAMESS-Manual (Auszug). Es werden nur diejenigen Stichworte wiedergegeben, welche für das Verständnis der in diesem Buch verwendeten Inputs nötig sind.

```
          M.W.Schmidt, J.A.Boatz, K.K.Baldridge, S.Koseki,
                M.S.Gordon, S.T.Elbert, B.Lam,
                QCPE Bulletin, Vol 7, 115, 1987.

A wide range of quantum chemical computations are possible using GAMESS.

 1. Calculates -RHF-   SCF molecular wavefunctions.
 2. Calculates -UHF-   SCF molecular wavefunctions.
 3. Calculates -ROHF-  SCF molecular wavefunctions.
 4. Calculates -GVB-   SCF molecular wavefunctions.
 5. Calculates -MCSCF- wavefunctions.
 6. Calculates -C.I.-  wavefunctions using the unitary group method.
 7. Calculates analytic energy gradients for all thesewavefunctions except -C.I.-.
 8. Optimizes molecular geometries using an energygradient in terms of Cartesian or
    internal coords.
 9. Searches for potential energy surface saddle points.
10. Traces the intrinsic reaction path from a saddle point to reactants or products.
11. Computes normal modes, vibrational frequencies and IR intensities.
12. Computes radiative transition probabilities.
13. Obtains Boys localized orbitals.
14. Calculates the following molecular properties:
       a. dipole, quadrupole, and octupole moments
       b. electrostatic potential
       c. electric field and electric field gradients
       d. electron density and spin density
       e. Mulliken and Lowdin population analysis
       f. virial theorem and energy components.
```

Input Philosophy

```
All input to GAMESS (except title cards) must be in CAPITAL letters!

GAMESS input utilizes a pseudo-namelist format consisting of several different namelist
input "groups". Most of these groups can be ignored if the program defaults (described below)
are adequate.  A typical namelist input group is shown below:

          ....v....1....v....2.columns.3....v....4....v....5....v
           $DATA
             STO-3G TEST CASE FOR WATER
          CNV       2

          OXYGEN         8.          0.                  0.          -0.091
              1   1S      3   STO
              2   2SP     3   STO

          HYDROGEN       1.        -0.758                0.           0.545
              1   1S      3   STO

           $END
          ....v....1....v....2....v....3....v....4....v....5....v

 If this is the only input given, GAMESS will calculate the restricted Hartree-Fock
wavefunction and energy for the water molecule in a STO-3G basis.  The resulting energy is
-74.965901183.
 Two types of namelist groups are used.  The first type is a fixed format group, for example
the $DATA deck just shown.  These groups must begin with a blank in column one and a dollar
sign in column 2, and are terminated by a card containing $END in column 2.  The intervening
cards must contain the expected data in the proper format.
```

The other type of namelist group is free format. These groups begin the same way, i.e." $", but are followed by keyword data entries, spread over as many cards as needed, and terminated by $END, appearing anywhere. Integer, floating point, or character data are given by keyword, and are separated by blanks and/or commas:

```
$CONTRL MULT=3 SCFTYP=UHF,TIMLIM=30.0 $END
```

Floating point numbers need not include the decimal, and may be given in exponential form, i.e. TIMLIM=30, TIMLIM=3.E1, and TIMLIM=3.0D+01 are all equivalent. Array elements are entered by specifying the desired subscript:

```
$SCF NO(1)=1 NO(2)=1 $END
```

When contiguous array elements are given this may be given in a shorter form:

```
$SCF NO(1)=1,1 $END
```

When just one value is given to the first element of an array, the subscript may be omitted:

```
$SCF NO=1 NO(2)=1 $END
```

Logical variables can be .TRUE. or .FALSE. or .T. or .F.

The program rewinds the input file before searching for the namelist group it needs. This means that the order in which the namelist groups are given is immaterial, and that comment cards may be placed between namelist groups.

Furthermore, the input file is read all the way through for each free-form namelist so multiple occurances will be processed, although only the last occurance of any variable will be accepted. Comment fields within a free-form namelist group are turned on and off by an exclamation point (!). Comments may also be placed after the $END's of free format namelist groups. Keywords which expect numeric data follow the FORTRAN convention, namely that keywords beginning with I-N are integer values, and all other starting letters expect floating point values.

Each namelist group is described in the Input Description section. Fixed format groups are indicated as such, and the conditions for which each group is required and/or relevant are stated.

There are a number of examples of GAMESS input given in the Input Examples section of this manual.

Section 2 - Input Description

$CONTRL

This is a free format group specifying global switches.

```
SCFTYP = RHF       Restricted Hartree Fock calculation
       = UHF       Unrestricted Hartree Fock calculation
       = ROHF      Restricted open shell Hartree-Fock.
       = GVB       Generalized valence bond wavefunction
       = MCSCF     Multiconfigurational SCF wavefunction
       = CI        Configuration Interaction calculation

RUNTYP = ENERGY    Single point energy calculation. (default)
       = GRADIENT  Single point energy plus gradient.
       = OPTIMIZE  Optimize the molecular geometry.
       = SADPOINT  Locate saddle point (transition state)
       = HESSIAN   Energy second derivatives and harmonic vibrational analysis.
       = IRC       Follow intrinsic reaction coordinate.
       = PROP      Properties will be calculated.
       = TRANSITN  Find radiative transition moment.

MPLEVL = n         Moller-Plesset perturbation level. Implemented for n=2 with RHF

EXETYP = RUN       Actually do the run. (default)
       = CHECK     This lets you speedily check input and memory requirements.

ICHARG =           Molecular charge.  (default=0, neutral)

MULT   =           Multiplicity of the electronic state
       = 1         singlet (default)
       = 2,3,...   doublet, triplet, and so on.
```

```
UNITS  =            Coordinate input units
       = ANGS       Angstroms (default)
       = BOHR       Bohr atomic units
       = HINT       Hilderbrandt type internal coordinates

NZVAR  =            Coordinate control switch
       = 0          Use Cartesian coordinates (default)
       = M          M internal coordinates will be input in
                    a $ZMAT group.

LOCAL  =            controls orbital localization, after any RUNTYP except IRC.
       = NONE       (default)
       = BOYS       Do Boys localization

ECP    =            effective core potential control.
       = NONE       all electron calculation (default).
       = READ       read the potentials in $ECP group.
       = SBK        Stevens, Basch, Krauss potentials for heavy atoms (Li-Ar only).
       = HW         Hay, Wadt potentials for all heavy atoms (Na-Xe are available).

MAXIT  =            Maximum number of SCF iteration cycles.
TIMLIM = minutes    Time limit (default = 600.0 minutes)
MEMORY = words      establishes the maximum memory which can be used.
```

$DATA

This group describes the global molecular data such as point group symmetry, nuclear coordinates, and basis set. It consists of a series of fixed format card images.

-1- TITLE format(10A8)

-2- Schoenflies symbol of the symmetry point group

```
format(A5,I5)        Left justify the point group. Right justify the integer.

possible symbols-   'C1        '  For atoms, use C1.
                    'CS        '
                    'CI        '
                    'CN       i'  i=order of principal axis
                    'S2N      i'
                    'CNH      i'
                    'CNV      i'
                    'DN       i'
                    'DNH      i'
                    'DND      i'
                    'CINFV     '  use C4V subgroup
                    'DINFH     '  use D4H subgroup
                    'T         '
                    'TH        '
                    'TD        '
                    'O         '
                    'OH        '
```

Although you can and should use a higher point group to ease the input of atoms, SCFTYP=GVB, MCSCF, or CI will use only C1 symmetry during integral computation.

-5- first unique center (atom)

Other symmetry equivalent atoms are generated automatically according to the point group and coordinates selected above. (See UNITS in $CONTRL)

```
if UNITS eq ANGS or BOHR   NAME, ZNUC, X, Y, Z
************************   A10,  F5.0, 3F20.10 format

NAME = atomic name (used only for print out).
ZNUC = nuclear charge. Zero for bond functions, dummies.
X,Y,Z = coordinates in the master frame.
```

```
-------------------------------------------------------------------------------
-6-  ISHELL, ITYPE, IGAUSS, IBASIS, (SC(i),i=1,4)
-------------------------------------------------------------------------------
column-   5      10      15      20     4F10.5
     format(I5,1X,A4,I5,1X,A4,4F10.5)

The most important variable is IBASIS, what goes in the other fields depends on your choice
for IBASIS.

ISHELL - Shell number on this atom (value is ignored).
ITYPE  - Shell type
         a) For N21, N31, N311, DH, MC, MINI, MIDI, SBK, or HW, leave this blank.
         b) For general bases, types are
            '   S' or '   K' for s shells
            '   P'          for p shells
                   '   L' for l shells (s and p)
            '   D'          for d shells
         c) For STO, types are
            '  1S',' 2S',' 2P',' 2SP',' 3S',' 3P',
            '  3D',' 3SP',' 4S',' 4P',' 4D',' 4SP',
            ' 4SP',' 5S',' 5P',' 5D',' 5SP'
IGAUSS - Number of contracted primitives in shell. For general basis sets, this is the
         number of Gaussians in the shell (30 or less). For STO-NG, N-21G, N-31G, and
         N-311G, this is N. For other built in bases, leave blank.
IBASIS - Name of the built in basis function.
         '    ' for general bases (user input).
         ' STO' for STO-NG functions. N=2,3,4,5,6 for H-Xe.
         ' N21' for N-21G functions. N=3 for H-Xe, N=6 for H-Ar.
         ' N31' for N-31G functions. N=4 for H-Ne, P-Cl. N=5 for H-He, C-F. N=6 for H-Ar.
         'N311' for N-311G functions.  N=6 for H-Ne.
         'MINI' for Huzinaga 3 gaussian minimal bases
         'MIDI' for Huzinaga 3 gaussian split valence available for H-Xe.
         '  DH' for Dunning/Hay bases.
                (4s) contracted (2s) for H.; (9s,4p) contracted (3s,2p) for Li.
                (9s,5p) contracted (3s,2p) for Be-Ne.; (11s,7p) contr. (6s,4p) for Al-Cl.
         '  MC' for McLean/Chandler bases. (12s,9p) contracted (6s,5p) for Na-Ar.
         ' SBK' for Stevens/Basch/Krauss valence basis, available for Li-Ar
         '  HW' for Hay/Wadt valence basis sets, these are available for Na-Xe,
SC     - scaling factors for built in basis functions.

For STO, N21, N31, N311, DH, MC, MINI, MIDI, DBK, or HW
(any built in basis), go back to -6- or else on to -8-

-------------------------------------------------------------------------------
-7- IG, ZETA, C1, C2,    format(I5,E15.9,2E15.10)
-------------------------------------------------------------------------------

IG = Primitive number in the shell ISHELL.
          For each shell, IG takes values 1,2,...,IGAUSS.

ZETA = Gaussian exponential parameter of primitive.

C1 = Contraction coefficient for s,p,d shells, and for the s function of L shells.

C2 = Contraction coefficient for the p in L shells.

There are IGAUSS cards -7-, one for each primitive. For more shells on this atom, go back
to card -6-. If there are no more shells, go on to card -8-.

-------------------------------------------------------------------------------
-8- A blank card ends list of shells centered on this atom.
-------------------------------------------------------------------------------

To input additional atoms, go back to card -5-. To quit, provide the " $END" card.

===============================================================================
                                                                          $ZMAT
===============================================================================

This group lets you define the internal coordinates in which the geometry search is carried
out.  These need not be the same as the internal coordinates used in $DATA, in fact the $DATA
group can be (and usually is) in Cartesian coordinates. IZMAT is an array of integers
```

defining each coordinate. The general form for each internal coordinate is code number,I,J,K,L,M,N

```
IZMAT =1 followed by two atom numbers. (bond length) I-J bond distance.
      =2 followed by three atom numbers. (bond angle) I-J-K bond angle.
      =3 followed by four atom numbers. (dihedral angle) I-J-K-L torsion angle.
```

You must input a total of 3N-6 internal coordinates (3N-5 for linear molecules).

$FORCE

This group controls the computation of the hessian matrix (the energy second derivative tensor, also known as the force constant matrix), and an optional harmonic vibrational analysis. This can be a very time consuming calculation. However, given the force constant matrix, the vibrational analysis for an isotopically substituted molecule is very cheap.

```
METHOD = chooses the computational method.
       = ANALYTIC is implemented only for SCFTYPs RHF,
       = NUMERIC  is the default for all cases.
```

IR intensities are available only for NUMERIC runs at present.

$GUESS

This group controls the selection of initial molecular orbitals.

```
GUESS = Selects type of initial orbital guess.
      = HCORE    (default for most runs)  The initial orbitals are obtained by
                 diagonalization of the one electron Hamiltonian operator. This method is
                 applicable to any basis set, but does not work as well as the Huckel
                 guess. (use for MC, DH, N311, mixed bases, etc.)
      = MINGUESS The initial orbitals are obtained from an extended Huckel  calculation in
                 the minimal basis set. (use only for STO or MINI  basis sets)
      = EXTGUESS The initial orbitals are obtained from an extended Huckel calculation in
                 the split valence basis set. (use only for N21, N31, MIDI, SBK, HW basis)
      = MOREAD   Read formatted vectors punched by an earlier run. This requires  a $VEC
                 group, and you MUST pay attention to NORB below.
NORB    = The number of orbitals to be read in the $VEC group. This applies only to
          GUESS=MOREAD. For -RHF-, -UHF-, -ROHF-, and -GVB-, this defaults to the  number
          of occupied orbitals. Required for -CI- and  -MCSCF-. For -UHF-, if this
          parameter is not given only the occupied alpha and beta orbitals should be given
          in $VEC, back to back. If given, then both alpha and beta orbitals must consist
          of NORB vectors. If NORB is less than the number of atomic orbitals, the
          remaining orbitals are generated as the orthogonal complement to those read in.
          NORB may be larger than the number of occupied MOs, if you wish to read in the
          virtual orbitals.
```

$VEC

This group consists of formatted vectors, as written onto file PUNCH in a previous run.

$ELMOM

This group controls electrostatic moments calculation.

```
IEMOM  = 0 - skip this property
         1 - calculate monopole and dipole (default)
         2 - also calculate quadrupole moments
         3 - also calculate octupole moments
```

$ELPOT

This group controls electrostatic potential calculation.

IEPOT = 0 skip this property (default)
1 calculate electric potential

$ELDENS

This group controls electron density calculation.

IEDEN = 0 skip this property (default)
= 1 compute the electron density.

MORB = The molecular orbital whose electron density is to be computed. If zero, the total density is computed. (default=0)

$EFIELD

This group controls electrostatic field and electric field gradient calculation.

IEFLD = 0 - skip this property (default)
1 - calculate field
2 - calculate field and gradient

$DRT

This group describes the -CI- or -MCSCF- wavefunction. The distinct row table is the means by which the Graphical Unitary Group Approach names the configurations.

There is no default for GROUP, you must choose one of FORS, FOCI, SOCI, or IEXCIT.

GROUP = the name of the point group to be used. This is usually the same as that in $DATA, except for RUNTYP=HESSIAN, when it must be C1. Choose from the following: C1, C2, CI, CS, C2V, C2H, D2, D2H, C4V, CINFV, D4, D4H, DINFH. If your $DATA group is not listed, choose only C1.

FORS = flag specifying the Full Optimized Reaction Space set of configuration should be generated. This is usually set true for MCSCF runs.

FOCI = flag specifying first order CI. In addition to the FORS configurations, all singly excited CSFs from the FORS reference are included.

SOCI = flag specifying second order CI. In addition to the FORS configurations, all singly and doubly excited configurations from the FORS reference are included.

IEXCIT= electron excitation level, for example 2 will lead to a singles and doubles CI. This variable is computed by the program if FORS, FOCI, or SOCI is chosen, otherwise it must be entered.

The single configuration reference is defined by filling in the orbitals by each type, in the order shown. The default for each type is 0.

Core orbitals, which are always doubly occupied:
NMCC = number of MCSCF core MOs.
NFZC = number of CI frozen core MOs.

Internal orbitals, which are partially occupied:
NDOC = number of doubly occupied MOs in the reference.
NAOS = number of alpha occupied MOs in the reference, which are singlet coupled with a corresponding number of NBOS orbitals.
NBOS = number of beta spin singly occupied MOs.
NALP = number of alpha spin singly occupied MOs in the reference, which are coupled high spin.
NVAL = number of empty MOs in the reference.

External orbitals, occupied only in FOCI or SOCI:
NEXT = number of external MOs. If given as -1, this will be set to all remaining orbitals (apart from any frozen virtual orbitals).
NFZV = number of frozen virtual MOs, never occupied.

$MCSCF

This group controls the MCSCF Newton-Raphson orbital improvement step.

```
METHOD = DM2 selects a density driven approach to the construction of the Newton- Raphson
         matrices. (default).
       = TEI selects 2e- integral driven NR construction.
       = FORMULA selects formula driven NR construction.

MAXIT  = Maximum number of iterations (default=30)

FORS   = a flag to specify that the MCSCF function is of the Full Optimized  Reaction
         Space type, which is sometimes known as CAS-SCF. The default  is to declare
         act-act rotations redundant. This must be set false if  FORS was not set in $DRT.

CANONC = a flag to cause formation of the closed shell Fock operator, and generation of
         canonical core orbitals. This will order the MCC core by their orbital energies.

FCORE  = a flag to freeze optimization of the MCC core orbitals, which is useful in
         preparation for RUNTYP=TRANSITN jobs. Setting this flag will automatically force
         CANONC false. This option is incompatible with gradients, so can only be used
         with RUNTYP=ENERGY. (default=.FALSE.)
```

$TRANST

This group controls the evaluation of radiative transition moments. The defaults assume that there is one common set of orbitals, all of which are occupied. This would be the case for a conventional SD-CI run. The program can also use two separately optimized MO sets, provided certain conditions are met.

```
NUMVEC = the number of different MO sets.  1 or 2. (default=1)
NUMCI  = the number of different CI calculations to do. This should equal NUMVEC.
NOCC   = the number of occupied orbitals.
NFZC   = the number of identical core orbitals found in the two MO sets.
IROOTS = array containing the two CI states for which the transition moments are to be
         found. The default is IROOTS(1)=1,2)  (ground and first excited state).
```

Section 3 - Input Examples

```
Example  Description
-------  -----------
   1     CH2 RHF geometry optimization
   2     CH2 UHF + gradient
   3     CH2 ROHF + gradient
   4     CH2 GVB + gradient
   5     CH2 CI
   6     CH2 MCSCF geometry optimization
   7     HPO RHF + gradient
   8     H2O RHF
   9     H2O MCSCF
  10     H2O RHF + hessian
  11     HCN RHF IRC
  12     HCCH RHF geometry optimization
  13     H2O RHF properties
  14     H2O CI transition moment
  15     C2- GVB/ROHF on 2-pi-u state
  16     Si GVB/ROHF on 3-P state
  17     CH2 GVB/ROHF + hessian
  18     P2 RHF with effective core potential
```

```
! EXAM 8.
!    1-A-1 H2O    RHF + MP2 calculation using GAMESS.
!    This job generates RHF orbitals which should be saved
!    for use with EXAM9.  This run, together with EXAM9,
!    shows a much more typical MCSCF calculation, which
!    should always be started with some sort of SCF MOs.
```

```
!    This job also tests the 2nd order Moller-Plesset code.
!
!    The initial energy is -75.028680473
!    The FINAL E is -75.5854099058 after 10 iterations.
!    E(MP2) is -75.7060361994
!
 $CONTRL SCFTYP=RHF MPLEVL=2 $END
 $DATA
WATER...RHF/3-21G...EXP.GEOM...R(OH)=0.95781,A(HOH)=104.4776
CNV    2

OXYGEN    8.0
   1   SV    3  N21

HYDROGEN   1.0   0.0                0.7572157          0.5865358
   1   SV    0  N21

 $END
 $GUESS GUESS=EXTGUESS $END

! EXAM 9.
!    1-A-1 H2O    FORS-MCSCF calculation using GAMESS.
!    This job finds the Full Optimized Reaction Space
!    MCSCF (or CAS-SCF) wavefunction for water.
!    The initial RHF orbitals are taken from EXAM8.
!    The wavefunction contains 37 configurations.
!
!    On the first iteration,
!    E(HF) = 75.585409906 and E(CI)= -75.601726235.
!    The FINAL E(MC) = -75.6386218832 after 10 iterations,
!    with c(1) = 0.988417 and the dipole moment = 2.301587
!
 $CONTRL SCFTYP=MCSCF $END
---- EXPERIMENTAL GEOMETRY, R(OH)=0.95781A, HOH=104.4776 DEG.
 $DATA
WATER...3-21G BASIS...FORS-MCSCF...EXPERIMENTAL GEOMETRY
CNV    2

OXYGEN    8.0
   1   SV    3  N21

HYDROGEN   1.0   0.0                0.7572157          0.5865358
   1   SV    0  N21

 $END
 $GUESS GUESS=MOREAD  NORB=13 $END
 $MCSCF  MAXIT=10 $END
 $DRTINP
FULL OPTIMIZED VALENCE SPACE MCSCF (CAS-SCF) CALCULATION ON WATER
   4     7       4                                             1
MCC1 DOC1 DOC4 DOC1 DOC3 VAL1 VAL4
 $END
---- CONVERGED 3-21G WATER VECTORS, E=-75.585409913 - - -
 $VEC
 1  1 0.98323195E+00 0.95883436E-01 ...
... the rest of the $VEC group goes here ...
13  3 0.35961579E+00 0.28728587E+00 0.35961579E+00
 $END

! EXAM 10.
!   This run duplicates the first column of table 6 in
!   Y.Yamaguchi, M.Frisch, J.Gaw, H.F.Schaefer, and
!   J.S.Binkley   J.Chem. Phys. 1986, 84, 2262-2278.
!
!   The FINAL energy at the VIB 0 geometry is -74.9659012159.
!
!   If run with METHOD=ANALYTIC,
!   the FREQuencies are 2170.04, 4140.00, and 4391.07
```

```
!
!   If run with METHOD=NUMERIC, NVIB=2,
!   the FREQuencies are 2169.85, 4140.06, and 4391.11
!   the INTENSities are 0.17129, 1.04803, and 0.70914
!
 $CONTRL SCFTYP=RHF  RUNTYP=HESSIAN  UNITS=BOHR  NZVAR=3 $END
 $FORCE  METHOD=ANALYTIC   $END
 $DATA
Water at the RHF/STO-3G equilibrium geometry
CNV      2

OXYGEN       8.        0.0000000000      0.0000000000   0.0702816679
   1  1S    3  STO
   2  2SP   3  STO

HYDROGEN     1.        0.0000000000      1.4325665478  -1.1312080153
   1  1S    3  STO

 $END
 $ZMAT   IZMAT(1)=1,1,2,   1,1,3,    2,2,1,3  $END
 $GUESS  GUESS=MINGUESS   $END

! EXAM 13.
!  This run nearly duplicates the POLYATOM calculation
!  of D.Neumann + J.W.Moskowitz, J.Chem.Phys. 49,2056(1968)
!  This run differs in that the cartesian s contaminant
!  in the d shells is retained. All properties are tested.
!
!    V(NE) = -199.1899150313
!    V(EE) =   37.8936608260   T      =   76.0126444396
!    V(NN) =    9.2390200836   E(TOT)=  -76.0445896821
!   DENSITY - O=286.751656     H=0.404808
!   MULL.Q(O)=-0.622843    MOMENTS -  DZ= 2.097011
!   QXX=-2.369591   QYY= 2.480726   QZZ=-0.111134
!  OXXZ=-0.863479  OYYZ= 2.149715  OZZZ=-1.286236
!  ELECTRIC FIELD/GRADIENT    H(YZ)=+/-0.364926
!   O(Z)=-0.060754  H(Y)=+/-0.007327  H(Z)=0.001535
!   O(XX)=1.909586  O(YY)=-1.727606   O(ZZ)=-0.181980
!   H(XX)=0.301168  H(YY)=-0.258105  H(ZZ)=-0.043062
!   POTENTIAL - V(O)=-22.337450     V(H)=-1.006137
!
 $CONTRL SCFTYP=RHF RUNTYP=ENERGY UNITS=BOHR $END
 $DATA
WATER MOLECULE...PROPERTIES TEST...(10,5,2/4,2)/[5,3,2/2,1] BASIS
CNV      2

OXYGEN     8.0
    1    S    2
    1   31.3166          0.243991
    2   76.232           0.152763
    2    S    3
    1  290.785           0.904785
    2 1424.0643          0.121603
    3 4643.4485          0.029225
    3    S    2
    1    4.6037          0.264438
    2   12.8607          0.458240
    4    S    2
    1    0.9311          1.051534
    2    9.7044         -0.140314
    5    S    1
    1    0.2825          1.0
    6    P    3
    1    7.90403         0.124190
    2   35.1832          0.019580
    3    2.30512         0.394730
    7    P    1
    1    0.21373         1.0
```

```
      8    P   1
      1    0.71706        1.0
      9    D   1
      1    1.5            1.0
     10    D   1
      1    0.5            1.0
HYDROGEN  1.0     0.0            1.428036          1.0957706
      1    S   3
      1   0.65341         0.817238
      2   2.89915         0.231208
      3  19.2406          0.032828
      2    S   1
      1   0.17758         1.0
      3    P   1
      1   1.0             1.0
 $END
 $GUESS GUESS=HCORE $END
 $ELMOM  IEMOM=3 $END
 $EFIELD IEFLD=2 $END
 $ELPOT  IEPOT=1 $END
 $ELDENS IEDEN=1 $END

! EXAM 14.
!  CI transition moments.  Water, using RHF/STO-3G MOs.
!  All orbitals are occupied, transition is 1st to 2nd 1-A-1.
!
!  E(CI STATE 1)= -75.010111355, E(CI STATE 2)= -74.394581937
!  Dipole LENGTH <Q>=0.392614, Dipole VELOCITY <d/dQ>=0.368205
!
 $CONTRL SCFTYP=CI RUNTYP=TRANSITN UNITS=BOHR $END
 $DATA
WATER MOLECULE...STO-3G...TRANSITION MOMENT
CNV      2

OXYGEN       8.0
    1   1S     3  STO
    2  2SP     3  STO

HYDROGEN     1.0                   1.428              -1.096
    1   1S     3  STO

 $END
 $DRTINP
WATER MOLECULE...1-A-1 STATE SD-CI CALCULATION WITH RHF ORBITALS
    4    7        2                                               1
FZC1 DOC1 DOC3 DOC1 DOC4 VAL1 VAL3
 $END
 $TRANST $END

--- RHF ORBITALS --- GENERATED AT 09:24:04    18-FEB-88
WATER MOLECULE...STO-3G...TRANSITION MOMENT
E(RHF)=  -74.9620539825E(NUC)=     9.2384802989
 $VEC1
 1  1 9.94117078E-01 2.66680164E-02 ...
... one group of formatted orbitals ...
 7  2-8.42653177E-01 8.42653177E-01
 $END
```

Listing 2.6 6-31G*-Input Formaldehyd

```
!
!    FORMALDEHYDE RHF GEOMETRY OPTIMIZATION USING GAMESS.
!
 $CONTRL  SCFTYP=RHF  RUNTYP=OPTIMIZE  UNITS=ANGS  TIMLIM=9  $END
 $DATA
FORMALDEHYDE   ....         RHF...6-31G* BASIS
CNV       2

O1            8.0   0.0000000000        0.0000000000       -0.0046542710
    1   SV     6  N31
    3   D      1
    1      0.85         1.0
C2            6.0   0.0000000000        0.0000000000        1.2157742410
    1   SV     6  N31
    3   D      1
    1      0.75         1.0
H3            1.0   0.0000000000        0.9261221391        1.8275603910
    1   SV     6  N31
 $END
 $GUESS GUESS=EXTGUESS $END
```

Listing 2.7 STO-6G-Input für Formaldehyd

```
! EXAM 1.
!    FORMALDEHYDE RHF MINIMAL BASIS CALCULATION USING GAMESS.
!
 $CONTRL  SCFTYP=RHF   RUNTYP=ENERGY  UNITS=BOHR  TIMLIM=1  $END
 $DATA
FORMALDEHYDE   ....         RHF...STO-6G BASIS // 6-31G*-GEOMETRIE
CNV       2
O1           8.0       0.000000           0.000000           0.0714840732
    1   1S     6  STO
    2  2SP     6  STO
C2            6.0   0.0000000000        0.0000000000        2.3084120476
    1   1S     6  STO
    2  2SP     6  STO
H3            1.0   0.0000000000        1.7476395914        3.4079739200
    1   1S     6  STO
 $END
 $GUESS GUESS=MINGUESS $END
```

Listing 2.8 STO-6G-Output für Formaldehyd

```
*******************************************************************************************
*                                                                                         *
*                  GAMESS VERSION 1.02 - REVISION  1 OCT 80 - QG01.2                      *
*                  NRCC STAFF - M.DUPUIS, D.SPANGLER, J.WENDOLOSKI                        *
*  NORTH DAKOTA STATE UNIVERSITY  AND  IOWA STATE UNIVERSITY  -  M. SCHMIDT, S. ELBERT    *
*                              REVISION 13 OCT 1988                                       *
*                                                                                         *
*********************************** IBM(MVS/CMS) VERSION *********************************
EXECUTION OF GAMESS BEGUN 13:51:26 ON 27-JUN-1989

         ECHO OF THE FIRST FEW INPUT CARDS -
INPUT CARD>! EXAM 1.
INPUT CARD>!    FORMALDEHYDE RHF MINIMAL BASIS CALCULATION USING GAMESS.
INPUT CARD>!
INPUT CARD> $CONTRL  SCFTYP=RHF   RUNTYP=ENERGY  UNITS=BOHR  TIMLIM=1  $END
INPUT CARD> $DATA
INPUT CARD>FORMALDEHYDE   ....        RHF...STO-6G BASIS // 6-31G*-GEOMETRIE
INPUT CARD>CNV      2
INPUT CARD>
INPUT CARD>O1          8.0      0.000000          0.000000          0.0714840732
INPUT CARD>    1   1S    6  STO
INPUT CARD>    2  2SP    6  STO
INPUT CARD>
INPUT CARD>C2          6.0  0.0000000000       0.0000000000       2.3084120476
INPUT CARD>    1   1S    6  STO
INPUT CARD>    2  2SP    6  STO
INPUT CARD>
INPUT CARD>H3          1.0  0.0000000000       1.7476395914       3.4079739200
INPUT CARD>    1   1S    6  STO
INPUT CARD>
INPUT CARD> $END
INPUT CARD> $GUESS GUESS=MINGUESS $END
                                                                        ET 000002A2).
*******************************************************************************************
*                                                                                         *
*    FORMALDEHYDE   ....        RHF...STO-6G BASIS // 6-31G*-GEOMETRIE                    *
*                                                                                         *
*******************************************************************************************
THE POINT GROUP OF THE MOLECULE IS ...CNV
THE ORDER OF THE PRINCIPAL AXIS IS ...    2
                    ********************
                    MOLECULAR BASIS SET
                    ********************
THE CONTRACTED PRIMITIVE FUNCTIONS HAVE BEEN UNNORMALIZED
THE CONTRACTED BASIS FUNCTIONS ARE NOW NORMALIZED TO UNITY

* * * * * * * * * * * * * * * * * * * * * * * * * * * * * * * * * * *

     ATOM   ATOMIC                    COORDINATES (BOHR)
            CHARGE        X                 Y                 Z
* * * * * * * * * * * * * * * * * * * * * * * * * * * * * * * * * * *
* O1           8.0    0.0000000000   0.0000000000    0.0714840732   *
* C2           6.0    0.0000000000   0.0000000000    2.3084120476   *
* H3           1.0    0.0000000000  -1.7476395914    3.4079739200   *
* H3           1.0    0.0000000000   1.7476395914    3.4079739200   *
* * * * * * * * * * * * * * * * * * * * * * * * * * * * * * * * * * *
      ATOMIC BASIS SET

SHELL TYPE PRIM     EXPONENT          CONTRACTION COEFFICIENTS

O1

  1     1S   1    1355.584234    1.459053  (  0.009164)
```

```
  1      1S    2      248.544886     2.202176   (  0.049361)
  1      1S    3       69.533902     2.892385   (  0.168538)
  1      1S    4       23.886772     2.853580   (  0.370563)
  1      1S    5        9.275933     1.577736   (  0.416492)
  1      1S    6        3.820341     0.253831   (  0.130334)

  2     2SP    7       52.187762    -0.183398   ( -0.013253)      0.751716   (  0.003760)
  2     2SP    8       10.329320    -0.192968   ( -0.046992)      0.994565   (  0.037679)
  2     2SP    9        3.210345    -0.057750   ( -0.033785)      1.065175   (  0.173897)
  2     2SP   10        1.235135     0.208956   (  0.250242)      0.775885   (  0.418036)
  2     2SP   11        0.536420     0.265853   (  0.595117)      0.278668   (  0.425860)
  2     2SP   12        0.245881     0.059902   (  0.240706)      0.025102   (  0.101708)

C2

  3      1S   13      742.737049     0.929185   (  0.009164)
  3      1S   14      136.180025     1.402437   (  0.049361)
  3      1S   15       38.098264     1.841991   (  0.168538)
  3      1S   16       13.087782     1.817278   (  0.370563)
  3      1S   17        5.082369     1.004768   (  0.416492)
  3      1S   18        2.093200     0.161650   (  0.130334)

  4     2SP   19       30.497240    -0.122578   ( -0.013253)      0.384077   (  0.003760)
  4     2SP   20        6.036200    -0.128975   ( -0.046992)      0.508157   (  0.037679)
  4     2SP   21        1.876046    -0.038599   ( -0.033785)      0.544234   (  0.173897)
  4     2SP   22        0.721783     0.139661   (  0.250242)      0.396426   (  0.418036)
  4     2SP   23        0.313471     0.177689   (  0.595117)      0.142381   (  0.425860)
  4     2SP   24        0.143687     0.040037   (  0.240706)      0.012825   (  0.101708)

H3

  6      1S   25       35.523221     0.095030   (  0.009164)
  6      1S   26        6.513144     0.143430   (  0.049361)
  6      1S   27        1.822143     0.188385   (  0.168538)
  6      1S   28        0.625955     0.185857   (  0.370563)
  6      1S   29        0.243077     0.102760   (  0.416492)
  6      1S   30        0.100112     0.016532   (  0.130334)

TOTAL NUMBER OF SHELLS                 =    6
TOTAL NUMBER OF BASIS FUNCTIONS        =   12
NUMBER OF ELECTRONS                    =   16
CHARGE OF MOLECULE                     =    0
STATE MULTIPLICITY                     =    1
NUMBER OF OCCUPIED ORBITALS (ALPHA) =       8
NUMBER OF OCCUPIED ORBITALS (BETA ) =       8
TOTAL NUMBER OF ATOMS                  =    4
THE NUCLEAR-NUCLEAR REPULSION ENERGY IS    31.8038742704

    JOB OPTIONS
    -----------
    SCFTYP=RHF              RUNTYP=ENERGY           EXETYP=RUN
    INTTYP=POPLE            LOCAL =NONE             UNITS =BOHR
    MULT  =        1        ICHARG=        0        MAXIT =        30
    NPRINT=        7        IREST =        0        OPTTOL=    0.000500
    NHOPT =        0        NORMF =        0        NORMP =         0
    ITOL  =       20        ICUT  =        9        NZVAR =         0
    NOSYM =        0        KDIAG =        0        GEOM  =INPUT
    TIMLIM=     60.0

         INTERNUCLEAR DISTANCES (ANGS.)
         ------------------------------

                     O1            C2            H3            H3

 1  O1           0.0000000     1.1837312     1.9931378     1.9931378
 2  C2           1.1837312     0.0000000     1.0926298     1.0926298
 3  H3           1.9931378     1.0926298     0.0000000     1.8496219
 4  H3           1.9931378     1.0926298     1.8496219     0.0000000
```

```
          ----------------
          PROPERTIES INPUT
          ----------------

     MOMENTS              FIELD              POTENTIAL            DENSITY
IEMOM =        1   IEFLD =         0   IEPOT =         0   IEDEN =         0
WHERE =COMASS      WHERE =NUCLEI       WHERE =NUCLEI       WHERE =NUCLEI
OUTPUT=BOTH        OUTPUT=BOTH         OUTPUT=BOTH         OUTPUT=BOTH
IEMINT=    0       IEFINT=         0                       IEDINT=         0
                                                           MORB  =         0
          EXTRAPOLATION IN EFFECT
          DIIS IN EFFECT
..... DONE SETTING UP THE RUN .....

STEP CPU TIME = 0.26 TOTAL CPU TIME = 0.26 (0.0 MIN) IS 1.11 PERCENT OF REAL TIME OF 23.40
          ********************
          1 ELECTRON INTEGRALS
          ********************
...... END OF ONE-ELECTRON INTEGRALS ......

STEP CPU TIME = 0.07 TOTAL CPU TIME = 0.33 (0.0 MIN) IS 1.41 PERCENT OF REAL TIME OF 23.53
          GUESS OPTIONS
          -------------
          GUESS =MINGUESS
          NORB  =       0
          NORDER=       0
          TOLZ  = 1.0E-08
          TOLE  = 1.0E-05
          MIX   =       F
          ---------------

INITIAL GUESS ORBITALS GENERATED BY MINGUESS ROUTINE
...... END OF INITIAL ORBITAL SELECTION ......

STEP CPU TIME = 0.02 TOTAL CPU TIME = 0.35 (0.0 MIN) IS 1.48 PERCENT OF REAL TIME OF 23.73
          ********************
          2 ELECTRON INTEGRALS
          ********************

THE MAXIMUM NUMBER OF INTEGRALS PER INTEGRAL RECORD = 2725
THE -PK- OPTION IS ON , THE INTEGRALS ARE IN A SUPERMATRIX FORM. -P- AND -K- = F

II,JST,KST,LST =   1  1  1  1 NREC =         1 INTLOC =     1
II,JST,KST,LST =   2  1  1  1 NREC =         1 INTLOC =     2
II,JST,KST,LST =   3  1  1  1 NREC =         1 INTLOC =    34
II,JST,KST,LST =   4  1  1  1 NREC =         1 INTLOC =    84
II,JST,KST,LST =   5  1  1  1 NREC =         1 INTLOC =   513
II,JST,KST,LST =   6  1  1  1 NREC =         1 INTLOC =   513
TOTAL NUMBER OF TWO-ELECTRON INTEGRALS =                 1065
THERE IS (ARE) 1 RECORD(S) OF 2E-INTEGRALS WRITTEN ON THE INTEGRAL FILE (IS) (INTLOC = 1066)

...... END OF TWO-ELECTRON INTEGRALS .....
STEP CPU TIME = 0.84 TOTAL CPU TIME = 1.20 (0.0 MIN) IS 4.78 PERCENT OF REAL TIME OF 25.02
          -------------------
          RHF SCF CALCULATION
          -------------------

    NUCLEAR ENERGY =         31.8038742704
    MAXIT =   30      NPUNCH=    2
    EXTRAP=T  DAMP=F  SHIFT=F  RSTRCT=F  DIIS=T
    DENSITY CONV=  1.00E-05

CYCLE     TOTAL ENERGY    ELECTRONIC ENERGY    E CONV.          MAX DIFD        VIR. SHIFT
1  0    -113.239135443   -145.043009714   -145.043009714    0.580783392     0.000000000
2  1    -113.417061167   -145.220935437     -0.177925724    0.142444514     0.000000000
3  2    -113.435511334   -145.239385605     -0.018450167    0.056671987     0.000000000
4  3    -113.438273829   -145.242148099     -0.002762495    0.005408957     0.000000000
5  4    -113.438312676   -145.242186946     -0.000038847    0.000999075     0.000000000
6  5    -113.438313380   -145.242187650     -0.000000704    0.000087976     0.000000000
7  6    -113.438313386   -145.242187657     -0.000000007    0.000029324     0.000000000
```

```
 8  7  -113.438313387  -145.242187657     0.000000000  0.000008115  0.000000000
 9  8  -113.438313387  -145.242187657     0.000000000  0.000001585  0.000000000

CYCLE      DAMPING          DIIS ERR
 1 0      0.000000000      0.496474475
 2 1      0.000000000      0.145810349
 3 2      0.000000000      0.049968675
 4 3      0.000000000      0.005712304
 5 4      0.000000000      0.000570448
 6 7      0.000000000      0.000070754
 7 8      0.000000000      0.000015814
 8 7      0.000000000      0.000002800
 9 8      0.000000000      0.000000683

          ----------------
          DENSITY CONVERGED
          ----------------

FINAL ENERGY IS     -113.4383133869 AFTER   9 ITERATIONS

          ------------
          EIGENVECTORS
          ------------

                 1         2         3         4         5         6         7         8

             -20.5813  -11.2864   -1.3690   -0.8132   -0.6516   -0.5593   -0.4665   -0.3601

  1 1 O S   0.996715 -0.000064  0.208529  0.093515  0.000000  0.087292  0.000000  0.000000
  2 1 O S   0.016027 -0.003972 -0.760733 -0.428712  0.000000 -0.505369  0.000000  0.000000
  3 1 O X   0.000000  0.000000  0.000000  0.000000  0.000000  0.000000 -0.670806  0.000000
  4 1 O Y   0.000000  0.000000  0.000000  0.000000 -0.452327  0.000000  0.000000  0.862844
  5 1 O Z   0.004418 -0.001094 -0.184024  0.168562  0.000000  0.686745  0.000000  0.000000
  6 2 C S   0.000304  0.995518  0.121097 -0.176608  0.000000 -0.031261  0.000000  0.000000
  7 2 C S  -0.004971  0.021104 -0.270160  0.570628  0.000000  0.093193  0.000000  0.000000
  8 2 C X   0.000000  0.000000  0.000000  0.000000  0.000000  0.000000 -0.607027  0.000000
  9 2 C Y   0.000000  0.000000  0.000000  0.000000 -0.533741  0.000000  0.000000 -0.189240
 10 2 C Z   0.004312 -0.000981  0.160005  0.235293  0.000000 -0.435841  0.000000  0.000000
 11 3 H S   0.000089 -0.004164 -0.029402  0.266181  0.287495 -0.155124  0.000000  0.369934
 12 4 H S   0.000089 -0.004164 -0.029402  0.266181 -0.287495 -0.155124  0.000000 -0.369934
                 9        10        11        12

               0.2853    0.6308    0.7409    0.9400

  1 1 O S   0.000000 -0.021618  0.000000  0.107966
  2 1 O S   0.000000  0.125961  0.000000 -0.936326
  3 1 O X  -0.776085  0.000000  0.000000  0.000000
  4 1 O Y   0.000000  0.000000  0.336278  0.000000
  5 1 O Z   0.000000  0.196900  0.000000 -0.950625
  6 2 C S   0.000000  0.186466  0.000000 -0.098058
  7 2 C S   0.000000 -1.287219  0.000000  0.754885
  8 2 C X   0.826925  0.000000  0.000000  0.000000
  9 2 C Y   0.000000  0.000000 -1.163019  0.000000
 10 2 C Z   0.000000 -0.499955  0.000000 -1.184341
 11 3 H S   0.000000  0.902953 -0.849454  0.105571
 12 4 H S   0.000000  0.902953  0.849454  0.105571
 ...... END OF RHF CALCULATION ......
STEP CPU TIME = 0.25 TOTAL CPU TIME = 1.44 (0.0 MIN) IS 2.69 PERCENT OF REAL TIME OF 53.61

          -----------------
          ENERGY COMPONENTS
          -----------------

ONE ELECTRON ENERGY = -218.3096962301 NUCLEUS-ELECTRON POTENTIAL ENERGY  = -331.7159292970
TWO ELECTRON ENERGY =   73.0675085729 ELECTRON-ELECTRON POTENTIAL ENERGY =   73.0675085729
NUCL.REPULS. ENERGY =   31.8038742704 NUCLEUS-NUCLEUS POTENTIAL ENERGY   =   31.8038742704
                      ---------------                                      ---------------
       TOTAL ENERGY = -113.4383133869            TOTAL POTENTIAL ENERGY = -226.8445464538
                                                   TOTAL KINETIC ENERGY =  113.4062330669
       WAVEFUNCTION
       NORMALIZATION = 1.0000000000                 VIRIAL RATIO (V/T) =    2.0002828797
```

```
          -------------------------------------
          MULLIKEN AND LOWDIN POPULATION ANALYSES
          -------------------------------------

          --------- ALL ELECTRONS --------

     ----- TOTAL GROSS POPULATION IN AO'S -----
              1   1  O  S      1.99883     1.99806
              2   1  O  S      1.86279     1.73126
              3   1  O  X      1.08150     1.07945
              4   1  O  Y      1.90332     1.90687
              5   1  O  Z      1.36110     1.40576
              6   2  C  S      1.99625     1.98996
              7   2  C  S      1.11632     1.03142
              8   2  C  X      0.91850     0.92055
              9   2  C  Y      1.02905     1.04301
             10   2  C  Z      0.84771     0.92702
             11   3  H  S      0.94232     0.98332
             12   4  H  S      0.94232     0.98332
     ----- CONDENSED TO ATOMS -----
          OVERLAP POPULATION (OFF-DIAGONAL ELEMENTS NEED TO BE MULTIPLIED BY 2)
              1            2            3            4

   1    7.7991765
   2    0.4591402    4.6992510
   3   -0.0253845    0.3747151    0.6306049
   4   -0.0253845    0.3747151   -0.0376201    0.6306049
          MULLIKEN AND LOWDIN POPULATION
       ATOM           MULL.POP.    CHARGE          LOW.POP.     CHARGE
   1 O1               8.207548   -0.207548         8.121395   -0.121395
   2 C2               5.907821    0.092179         5.911963    0.088037
   3 H3               0.942315    0.057685         0.983321    0.016679
   4 H3               0.942315    0.057685         0.983321    0.016679

          ---------------------
          ELECTROSTATIC MOMENTS
          ---------------------

POINT   1            X            Y            Z (BOHR)     CHARGE
                  0.000000     0.000000     1.190035      0.00 (A.U.)
        DX           DY           DZ           /D/  (DEBYE)
    0.000000     0.000000     1.546249     1.546249
...... END OF PROPERTY EVALUATION ......

STEP CPU TIME = 0.03 TOTAL CPU TIME = 1.48 (0.0 MIN) IS 2.73 PERCENT OF REAL TIME OF 53.99

     6775 WORDS OF DYNAMIC MEMORY USED
EXECUTION OF GAMESS TERMINATED NORMALLY 13:52:20 ON 27-JUN-1989
```

B. Andere Programme

In der Literatur sind häufig die Programme HONDO, GAUSSIAN und CADPACK, erwähnt. Wie GAMESS sind auch diese Programmpakete vor allem für die Behandlung von Grundzustandseigenschaften von Molekülen zugeschnitten. Alle diese Programme sind relativ benutzerfreundlich. Da Programme laufend weiterentwickelt werden, ist eine abschliessende Beurteilung nicht möglich. Welches Programm für eine bestimmte Aufgabe optimal geeignet ist, muss von Fall zu Fall und entsprechend der zur Verfügung stehenden Programmversion entschieden werden.

Da ab initio Programme CPU, Memory, I/O-Kanäle und Diskspace gleichzeitig stark beanspruchen, wird zur Zeit an Programmen gearbeitet, die vor allem die langsamen

Diskoperationen minimieren. Dies geschieht einerseits durch Ersatz der Rumpforbitale durch Pseudopotentiale ("effective core potentials", ECP's). Durch Wegfall dieser Orbitale wird die Anzahl der zu berechnenden Orbitale (Rechenaufwand proportional zu n^4, s. Tabelle 2.4 und Tabelle 2.5) vor allem bei schweren Elementen stark reduziert. Zudem werden Programme entwickelt, welche die Integrale nicht extern abspeichern, sondern sie bei Bedarf jedesmal neu berechnen. Dies erhöht zwar die CPU-Belastung, verhindert jedoch langsame I/O-Operationen (DISCO auf CRAY, TURBOMOL auf UNIX-Workstations).

2.2.3 Semiempirische Programme

Wie wir gesehen haben, ist für die theoretische Behandlung molekularer Systeme auf quantenchemischer Ebene ein enormer Aufwand notwendig. Dieser Aufwand hat einerseits rein mathematische Gründe, liegt andererseits aber auch in praktischen, rechentechnischen Problemen begründet. Das Hauptproblem kann in einem Wort zusammengefasst werden: Dimensionalität. Das Problem der Dimensionalität wird in drastischer Weise aus den Zahlen in Tabelle 2.6 ersichtlich, in der die Zahl der Zweielektronenintegrale als Funktion der Anzahl von Basisfunktionen in einem Molekül aufgezeigt ist. Es ist darum klar, dass für die quantenchemische Behandlung von Molekülen, die in der organisch-synthetischen Chemie relevant sind, vereinfachte Modellansätze entwickelt werden müssen.

Tabelle 2.6 Zahl der Zweielektronenintegrale als Funktion der Anzahl von Basisfunktionen

n	$\langle\mu\nu/\gamma\rho\rangle$
10	1'540
30	108'345
50	813'450
100	12'753'775
200	202'015'050

Die Entwicklung solcher Modellansätze geht das Problem der Dimensionalität vor allem auf zwei Wegen an, nämlich in der nur teilweise expliziten Berücksichtigung der Elektronen im System und in der Vereinfachung des Hartree-Fock-Roothaan-Formalismus. Vereinfacht wird die Entwicklung von Modellansätzen durch die Beschränkung auf spezielle Aussagen. Könnte man die Zustandswellenfunktion exakt berechnen, wären alle Erwartungswerte und damit alle Antworten auf sinnvolle, an ein quantenchemisches Modell stellbare Fragen, berechenbar. Wohl kaum ein Naturwissenschafter ist an der simultanen Beantwortung aller Fragen interessiert. Darum sind Verfahren akzeptabel, die für gewisse Typen von Fragen gute Antworten liefern und in anderem Zusammenhang versagen. Was wir einzig fordern müssen ist, dass a priori bekannt sein muss, welches Verfahren in welchem Kontext sinnvoll eingesetzt werden kann.

Semiempirische Methoden übernehmen grundsätzlich den Hartree-Fock-Formalismus der ab-initio Technik. Eine allen diesen bekannten Methoden gemeinsame Näherung zur Reduktion der Dimensionalität ist die Beschränkung auf die Valenzelektronen. Man geht dabei davon aus, dass die interessierenden Eigenschaften von Molekülen im wesentlichen durch die Valenzelektronen bestimmt sind. Dies ist für die meisten Moleküle aus Atomen der Hauptgruppenelemente bei normalen Drucken eine vernünftige Annahme. Moleküle, welche Übergangsmetalle enthalten, benötigen jedoch eine Methode, welche mindestens die n-1 d-Orbitale einbezieht. Ferner sind Moleküle unter extrem hohen Drucken nicht mehr richtig zu beschreiben, wenn die n-1-Schale nicht in die Rechnung eingeht. Es ist damit zu rechnen, dass künftige Methoden die Rumpfelektronen in einer der Pseudopotentialtechnik ähnlichen Methodik implizit beschreiben werden. Die Vernachlässigung resp. nicht-explizite Beschreibung der Rumpfelektronen bringt vor allem bei den Elementen der dritten und höheren Perioden eine wesentliche Einschränkung der Dimensionalität, während die Rechenzeitvorteile für die "klassisch organischen" Elemente C,N,O nicht so gravierend sind. In verschiedenen Verfahren wird der Satz von Elektronen auf die sogenannten π-Elektronen eingeschränkt (PPP- und Hückel-Verfahren). Über diese Reduktion der in einem molekularen System berücksichtigten Anzahl der Elektronen hinaus sind aber für die Entwicklung einer semiempirischen Methode, welche grössere molekulare Systeme behandeln können soll, wesentliche weitere Einschränkungen des Dimensionalitätenproblems notwendig.

Wesentliche Vereinfachungen in den semiempirischen Methoden bestehen darin, dass im Hartree-Fock-Roothaan-Formalismus vorkommenden Integrale vernachlässigt oder durch Näherungen ersetzt werden. Dies wirkt sich stark auf die Rechenzeit aus, da die Integralberechnungen normalerweise in ab initio Verfahren ein Vielfaches der Zeit verbrauchen, welche für SCF-Zyklen aufgewendet werden muss. Bekannte Integralnäherungen sind das ZDO-Verfahren, das NDDO-Verfahren, die Mulliken-Näherung, die Rüdenberg-Näherung u.a.

Nachdem alle semiempirischen Methoden den Formalismus von ab initio Methoden übernehmen, müssen sie sich darin unterscheiden, welche Integrale vernachlässigt werden und welcher Art die Vernachlässigungen resp. die Approximationen sind. In diesem Sinne unterschiedliche theoretische Modelle sind beispielweise CNDO, MINDO, MNDO und Extended Hückel. Andere Modelle unterscheiden sich nur in ihrer Parametrisierung. Ein Beispiel dafür ist die Familie MNDO, AM1 und PM3. Die Modelle AM1 und PM3 können die prinzipiellen Unzulänglichkeiten des theoretischen Modells MNDO nicht beseitigen. Es handelt sich bei solchen Weiterentwicklungen viel mehr um eine Verbesserung des statistischen Verhaltens der Voraussagekraft einer Methode[1]. Eine vollständig andere Klassierung der Methoden ist möglich, indem man sie in approximative und rein semiempirische Methoden einteilt. Die approximativen Methoden gehen vom vollen Hartree-Fock-Roothaan-Formalismus aus und verwenden ausschliesslich Näherungen als Integralverfahren. Im Gegensatz dazu können die rein semiempirischen Modelle auch theoriefremde Grössen für die Integralberechnung verwenden. Müssen sich die approximativen Verfahren an der Qualität entsprechender Resultate des vollen Hartree-Fock-Roothaan-Formalismus messen, so ist dies für die rein semiempirischen Methoden nicht der Fall. Ihr Gradmesser ist die Qualität der Vorhersagekraft bezüglich real beobachteter Systeme. Es wäre natürlich wünschenswert, Verfahren zur Verfügung zu haben, welche beiden Arten von Kriteri-

1. W.M.F. Fabian: J. Comput. Chem., 12, 17 (1991).
J.E. Gano et al.: J. Comput. Chem., 12, 126 (1991).

en standhalten könnten. Die Verwandtschaft der gängigsten semiempirischen Methoden ist in Tabelle 2.7 zusammengefasst.

Tabelle 2.7 Approximationen in verschiedenen semiempirischen Modellen

	Semiempirik		ZDO/NDDO		Mehrteilchen-WW	
	rein	approx.	mit	ohne	mit	ohne
EHT	•			•		•
LCBO-MO	•		•			•
NEMO		•		•		•
MNDO/AM1/PM3	•		•		•	
MINDO	•		•		•	
CNDO/INDO		•	•		•	

Auf eine eingehende Darstellung der verschiedenen Näherungsansätze wird an dieser Stelle verzichtet, da sehr gute Lehrtexte zu diesem Thema zu finden sind.[1] An dieser Stelle sei nur ganz kurz skizziert, in welchen Bereichen die Näherungen liegen, die einerseits zum Extended Hückel MO (EHMO)-Modell führen und andererseits zu den ZDO-Verfahren, wobei die besonderen Merkmale des MNDO[2] (Medium Neglect of Differential Overlap)-Verfahren als ein Vertreter der reinen semiempirischen Verfahren mit Mehrteilchenwechselwirkung dargestellt werden. Beide Verfahren lassen sich auf die Roothaan-Gleichung zurückführen:

SCF: $\hat{h}_F \varphi_i = \varepsilon_i \varphi_i$

$$\ldots \varphi_i^{(n)} \rightarrow \hat{h}_F^{(n)} \rightarrow \varphi_i^{(n+1)} \rightarrow \hat{h}_F^{(n+1)} \rightarrow \ldots$$

bis ε_i und φ_i konvergiert haben.

Fock-Operator: $\hat{h}_F = \hat{h} + \sum_j^{occ} (s\hat{J} - \hat{K})$

$\langle \varphi_i | \hat{h} | \varphi_i \rangle = I_i$ Einelektronenenergie

$\langle \varphi_i | \hat{J} | \varphi_i \rangle = J_i$ e-e Repulsion (Coulomb)

$\langle \varphi_i | \hat{K} | \varphi_i \rangle = K_i$ Austausch-WW (Spin-Korrelation)

1. Manfred Scholz und Hans-Joachim Köhler: Quantenchemie, Band 3, Quantenchemische Näherungsverfahren und ihre Anwendung in der Organischen Chemie. Dr. Alfred Hüthig Verlag, Heidelberg, 1981.
2. J.J.P. Stewart: J. Comp.-Aided Mol. Design, 4, 1 (1990).

LCAO: $$\Phi_i = \sum_{\mu}^{N} C_{\mu i}\chi_\mu$$

⇒ Roothaan-Gleichungen der Form (μ Gleichungen, simultan zu lösen)

$$\sum_{\nu=1}^{N} [F_{\mu\nu} - \varepsilon_i S_{\mu\nu}]\, C_{\nu i} = 0 \qquad \mu = 1,2,\ldots,N$$

$$\text{mit } S_{\mu\nu} = \langle\chi_\mu|\chi_\nu\rangle \text{ und } F_{\mu\nu} = \langle\chi_\mu|\hat{h}_F|\chi_\nu\rangle$$

Einsetzen für die Fock-Matrix (in spinfreier Schreibweise):

$$\sum_{\nu=1}^{N} [\,(H_{\mu\nu} + \underbrace{\sum_{\lambda}^{m}\sum_{\sigma}^{m} P_{\lambda\sigma}\,\{(\mu\nu/\lambda\sigma) - \frac{1}{2}\,(\mu\lambda/\nu\sigma)\})}_{G_{\mu\nu}(P) = 0 \;\Rightarrow\; \text{EHMO}} - \varepsilon_i \underbrace{S_{\mu\nu}}_{\delta_{\mu\nu} \;\Rightarrow\; \text{ZDO}}]C_{\nu i} = 0$$

Der Ersatz der Überlappungsmatrix S durch eine diagonale Einheitsmatrix ($S_{\mu\nu} = \delta_{\mu\nu}$, Vernachlässigung aller Überlappung zwischen voneinander verschiedenen Orbitalen) bringt die Fock-Matrix auf die ZDO (Zero Differential Overlap)-Form. Die Roothaan-Hall-Sekulärgleichung

$$c_i|F - \varepsilon_i S|c_i = 0$$

reduziert sich damit auf

$$c_i|F - \varepsilon_i|c_i = 0$$

Die verschiedenen ZDO-Modelle (CNDO, INDO, MNDO...) unterscheiden sich nun in den Approximationen, welche in der Fock-Matrix, insbesondere in $G_{\mu\nu}(P)$ gemacht werden. Die bis heute erfolgreichste Methode (MNDO) und ihre analogen Verfahren (AM1, PM3) sollen hier als Beispiel dienen. Wegen der Vernachlässigung von Drei- und Vierzentrenintegralen vereinfachen sich die Elemente der Fock-Matrix, wenn die AO's zu verschiedenen Kernen gehören, zu:

$$F^{\alpha}_{\mu\nu} = H_{\mu\nu} - \sum_{\lambda}^{A}\sum_{\sigma}^{B} P^{\alpha}_{\lambda\sigma}\langle\mu\lambda|\nu\sigma\rangle$$

mit

$$P^{\alpha}_{\lambda\sigma} = \sum_{i}^{occ} c^{\alpha}_{\lambda i} c^{\alpha}_{\sigma i}$$

Sind φ_μ und φ_ν verschiedene AO's am gleichen Kern, so gilt:

$$F^{\alpha}_{\mu\nu} = H_{\mu\nu} + 2P^{\alpha+\beta}_{\mu\nu}\langle\mu\nu|\mu\nu\rangle - P^{\alpha}_{\mu\nu}\,(\langle\mu\nu|\mu\nu\rangle + \langle\mu\mu|\nu\nu\rangle)$$

Sind φ_μ und φ_ν identisch, so gilt:

$$F^{\alpha}_{\mu\mu} = H_{\mu\mu} + \sum_{\nu}^{A} (P^{\alpha+\beta}_{\nu\nu}\langle\mu\mu|\nu\nu\rangle - P^{a}_{\nu\nu}\langle\mu\nu|\mu\nu\rangle) + \sum_{B}\sum_{\lambda}^{B}\sum_{\sigma}^{B} P^{\alpha+\beta}_{\lambda\alpha}\langle\mu\mu|\lambda\sigma\rangle$$

Die für die Berechnung der Fock-Matrixelemente benötigten Ein- und Zweizentrenintegrale <ss | ss>, <pp | pp>, <ss | pp>, <sp | sp> und <pp | p'p'> werden aus spektroskopischen Daten ermittelt oder teilweise als optimierbare Parameter behandelt.

Die Resonanzintegrale $H_{\mu\nu}$ werden im MNDO und seinen Verwandten mit Hilfe des Überlappungsintegrals $S_{\mu\nu}$ berechnet. Dies verletzt die NDO (Neglect of Differential Overlap)-Näherung. Da Resonanzintegrale in der Realität gross sind, wird diese Verletzung in Kauf genommen. Das M in MNDO und MINDO (M = Modified) weist auf diese Verletzung hin.

$$H_{\mu\mu} = U^{A}_{\mu\mu} + \sum_{B \neq A} V^{B}_{\mu\mu}$$

$$H_{\mu\nu} = S'_{\mu\nu}(\beta^{A}_{\mu} + \beta^{B}_{\mu}) / 2$$

Die "atomaren" Grössen b_μ, b_ν und $U_{\mu\mu}$ werden als optimierbare Parameter behandelt.

Mit $G_{\mu\nu}(P)$ und $H_{\mu\nu}$ ist der elektronische Teil, welcher E_{el} zur Totalenergie beiträgt, bekannt. Zu E_{el} muss nun die Kern-Kern-Repulsion E_{nuc} addiert werden, um E_{tot} zu erhalten. E_{nuc} kann wegen des endlichen Radius des Rumpfes nicht einfach als Punktladungsformel beschrieben werden.

$$E_{nuc} = \sum_{A<B}\sum Z_A Z_B (S_A S_A | S_B S_B) \left[1 + e^{-\alpha_A R} + e^{-\alpha_B R}\right]$$

Das Extended-Hückel-Modell ist ein reines Überlappungsmodell, in dem keine Elektron-Elektron-Wechselwirkung berücksichtigt wird ($G_{\mu\nu}(P) = 0$). Die Sekulärgleichung reduziert sich deshalb auf

$$c_i | H - \varepsilon_i S | c_i = 0$$

Die H-Matrixelemente werden aus spektroskopisch ermittelten atomaren Werten errechnet. Dabei werden für $H_{\mu\mu}$ entweder fixierte atomare Ionisationspotentiale oder aber ladungsabhängige Valenzschalen-Ionisationspotentiale[1] $H_{\mu\mu}(Q) = -VSIP$ verwendet. Die Ausserdiagonalelemente der H-Matrix werden aus den korrespondierenden Diagonalelementen und dem Überlappungsintegral berechnet.

$$H_{\mu\nu} = K \cdot S_{\mu\nu} \cdot (H_{\mu\mu} + H_{\nu\nu}) / 2$$

Wegen der fehlenden E-E-Wechselwirkung ist das EHT-Modell ein reines Überlappungskovalenzmodell. Wird $H_{\mu\mu} = -IP$ verwendet, so sind die Ladungsseparationen innerhalb eines Moleküls unsinnig gross. Verwendet man aber $H_{\mu\mu} = -VSIP$ mit Ladungsiteration, so sind die Ladungsunterschiede aufgrund des kovalenten Charakters des Modells zu klein. Aufgrund der fehlenden E-E-Wechselwirkung und vor al-

1. H. Basch, A. Viste, H.B. Gray: Theoret. Chim. Acta, 3, 458 (1965).

lem wegen der fehlenden Kern-Kern-Repulsion sind Effekte, welche mit Distanzen in Zusammenhang stehen, schlecht zu beschreiben. Die Wellenfunktionen besitzen jedoch die korrekte Knotenstruktur. Symmetrieverbote und Phänomene, die mit Bindungswinkeldeformationen korreliert werden können, werden vielfach adäquat beschrieben.

Extended-Hückel-MO- und MNDO-Verfahren sind wohl die zwei am weitesten verbreiteten semiempirischen Methoden in der organischen Chemie. Andere semiempirische Methoden existieren in grosser Zahl. Allen gemeinsam ist, dass diese Verfahren in dem für sie gedachten Kontext gute Resultate ergeben können, dass sie aber in der Hand von Unerfahrenen leicht versagen. Insbesondere die approximativen semiempirischen Verfahren sind alles andere als narrensicher, während einige rein semiempirische Ansätze innerhalb überraschend weiter Grenzen gut einsetzbar sind. Die Möglichkeit, "sehr leicht" und für Unerfahrene unbemerkt unsinnige Resultate zu erzeugen, hat sicherlich den schlechten Ruf von semiempirischen Methoden hervorgerufen. Man muss sich aber darüber im Klaren sein, dass auch ab initio Rechnungen Erfahrung verlangen und dass der Term "ab initio" keine Qualitätsgarantie darstellt.

Wie bei den Kraftfeldprogrammen sind auch bei den semiempirischen Methoden die Prinzipien von Konformalität und Kombination mehr oder weniger verwirklicht. Die Konformalität ist auch hier, im Gegensatz zur Kombination, bei allen Programmen verwirklicht, d.h. alle zu berechnenden Grössen sind nach Reduktion durch charakteristische Grössen von der gleichen mathematischen Form. Die Kombinationsregel kommt jedoch nicht bei allen Ansätzen gleichermassen zum Einsatz. Während z.B. MNDO (oder AM1) Terme, welche Information über verschiedene Kerne enthalten, vollständig durch Kombination von atomaren Werten berechnet, sind in MINDO/3 die interatomaren Wechselwirkungen durch spezifische Atompaarparameter definiert.

Ein solches Vorgehen hat eine interessante theoretische Konsequenz: Sind ab initio Rechnungen, und damit auch die approximativen semiempirischen Berechnungen, rein molekülspezifisch, so enthalten rein semiempirische Programme wie MINDO/3 Informationen darüber, was z.B. eine CC- oder eine CO-Bindung unabhängig von einem aktuellen Molekül sein soll. Damit lösen sich diese Methoden ganz klar von der Theorie der Moleküle und machen Aussagen über die Eigenschaften von Klassen ähnlicher Moleküle. Diese Methoden versuchen, etwas zu leisten, was ab initio Methoden prinzipiell nicht können. Es wäre somit sicher falsch, die rein semiempirischen Modelle als Näherungen zu bezeichnen. Näherungen könnten sie nur zu einer voll ausgearbeiteten Theorie der Stoffklassen sein, welche aber nicht existiert. Rein semiempirische Verfahren sind darum nicht herleitbar, sondern entsprechen weitgehend dem Denken des Chemikers, der, im Gegensatz zur ab initio Quantenchemie, Begriffe wie Stoffklassen kennt. Die rein semiempirischen Methoden unterscheiden sich in ihrem theoretischen Status vollständig von den approximativen Verfahren, die als Näherungen der ab initio Quantenchemie nichts grundsätzlich Neues leisten können.

Zusammenfassend kann gesagt werden, dass die Semiempirik heute ein teilweise geglückter Versuch ist, einerseits Klassen von chemisch ähnlichen Molekülen zu erfassen, und andererseits die numerische Quantenchemie auf Moleküle, welche aus zeitlichen oder finanziellen Gründen mit ab initio Methoden nicht bewältigt werden können, auszudehnen. Beides ist legitim, entspricht aber grundverschiedenen Forschungsbereichen, welche klar getrennt und nicht in einen einheitlichen Rahmen gezwängt werden sollten.

Im folgenden sollen nun zwei konkrete Vertreter von Programmen, welche semiempirische Methoden enthalten, vorgestellt werden. Das erste Programm ist AMPAC resp. MOPAC, welches die rein semiempirischen Methoden MINDO/3, MNDO und AM1 implementiert hat. Das zweite Programm wird QATREX als Vertreter der Extended Hückel-Methoden sein. Mit Hilfe von QATREX soll zusätzlich das Versagen von nicht-relativistischen, quantenchemischen Verfahren bei schweren Elementen, bei denen die Relativistik der Elektronenbewegung nahe am Kern nicht vernachlässigt werden darf, angedeutet werden. Mit relativistischen Effekten und ihren Folgen sind Phänomene wie die Gelbfärbung von Gold, der niedrige Schmelzpunkt von Quecksilber und die Farbigkeit der Halogene verbunden[1]. Programme, welche keine Relativistik enthalten, müssen deshalb in allen Systemen, in denen z.B. Spin-Bahn-Kopplung wichtig ist (Übergangsmetalle, schwere Hauptgruppenelemente) unzulängliche Resultate liefern. Auch ESR- und NMR-Parameter sind empfindlich auf relativistische Effekte (vgl. 2.2.4.3).

A. AMPAC / MOPAC

AMPAC resp. MOPAC ermöglicht Rechnungen mit drei verschiedenen semiempirischen Hamiltons[2]: MINDO/3, MNDO und AM1. AM1 ist im wesentlichen gleich wie MNDO, ausser dass für die Kern-Kern-Wechselwirkung zusätzliche Parameter eingeführt werden. MINDO/3 ist nur für Vergleiche mit der Literatur von Interesse. Neue Rechnungen werden kaum noch mit dieser Methode durchgeführt. Die Inputstruktur sieht folgendermassen aus:

Keywords
Titel Titel
Atomkoordinaten • • •
Zusätzlicher Input, sofern nötig

Listing 2.9 und Listing 2.10 zeigen In- und Output einer typischen Geometrieoptimierung mit AMPAC. Listing 2.11 enthält eine Reihe von Beispielinputs und in Listing 2.12 ist ein gekürztes MOPAC V4.0 Manual zu finden.

---

1. P. Pyykkö: Relativistic Theory of Atoms and Molecules, Springer (Berlin), 1986.
   P. Pyykkö: Chem. Rev., **88**, 563 (1988).
   P. Pyykkö: Adv. Quant. Chem., **11**, 353 (1978).
2. W.M.F. Fabian: J. Comput. Chem., **12**, 17 (1991).
   J.E. Gano et al.: J. Comput. Chem., **12**, 126 (1991).

Listing 2.9 1-AZA-3-BORA-ALLEN AMPAC-Input

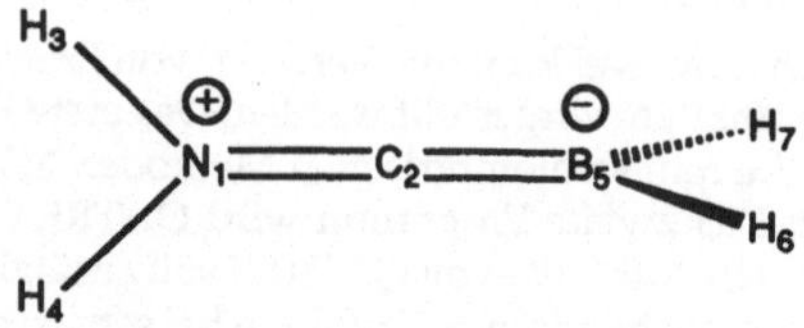


```
 T=300 AM1 PRECISE SYMMETRY
1-AZA-3-BORA-ALLEN  Geometrieoptimierung unter C2v
 4. 7.89  RWK
N              0.0  0      0.0  0      0.0  0    0  0  0
C              1.4  1      0.0  0      0.0  0    1  0  0
H              1.0  1    120.0  1      0.0  0    1  2  0
H              1.0  0    120.0  0    180.0  0    1  2  3
B              1.4  1    180.0  0      0.0  0    2  1  3
H              1.0  1    120.0  1     90.0  0    5  1  3
H              1.0  0    120.0  0    -90.0  0    5  1  3
0              0.0  0      0.0  0      0.0  0    0  0  0
   3,   1,   4,
   3,   2,   4,
   6,   1,   7,
   6,   2,   7,
```

Listing 2.10 1-AZA-BORA-ALLEN AMPAC-Output

```
*******************************************************************************
                           AM1 CALCULATION RESULTS
*******************************************************************************
*                    VERSION  2.12:    AMPAC - IBM
*                    STARTED ON
*  SYMMETRY - SYMMETRY CONDITIONS TO BE IMPOSED
*    T=     - A TIME OF   300.0 SECONDS REQUESTED
*  AM1      - THE AM1 HAMILTONIAN TO BE USED
*  PRECISE  - CRITERIA INCREASED BY 10 TO 100 TIMES
*******************************************************************************

    PARAMETER DEPENDENCE DATA

       REFERENCE ATOM       FUNCTION NO.    DEPENDENT ATOM(S)
            3                    1              4
            3                    2              4
            6                    1              7
            6                    2              7

          DESCRIPTIONS OF THE FUNCTIONS USED

 1       BOND LENGTH     IS SET EQUAL TO THE REFERENCE BOND LENGTH
 2       BOND ANGLE      IS SET EQUAL TO THE REFERENCE BOND ANGLE
 T=300 AM1 PRECISE SYMMETRY
1-AZA-3-BORA-ALLEN
 4. 7.89  RWK
   ATOM    CHEMICAL    BOND LENGTH      BOND ANGLE      TWIST ANGLE
  NUMBER    SYMBOL     (ANGSTROMS)       (DEGREES)       (DEGREES)
   (I)                    NA:I           NB:NA:I        NC:NB:NA:I     NA   NB   NC
    1         N
    2         C        1.40000 *                                        1
    3         H        1.00000 *       120.00000 *                      1    2
    4         H        1.00000         120.00000       180.00000        1    2    3
    5         B        1.40000 *       180.00000         0.00000        2    1    3
```

```
    6      H         1.00000 *      120.00000 *    90.00000      5   1   3
    7      H         1.00000        120.00000     -90.00000      5   1   3

       CARTESIAN COORDINATES

 NO.       ATOM           X              Y              Z

  1         7         0.0000000      0.0000000      0.0000000
  2         6         1.4000000      0.0000000      0.0000000
  3         1        -0.5000000      0.8660254      0.0000000
  4         1        -0.5000000     -0.8660254      0.0000000
  5         5         2.8000000      0.0000000      0.0000000
  6         1         3.3000000      0.0000000      0.8660254
  7         1         3.3000000      0.0000000     -0.8660254

       RHF CALCULATION, NO. OF DOUBLY OCCUPIED LEVELS =  8

          INTERATOMIC DISTANCES

              N  1         C  2         H  3         H  4         B  5         H  6
------------------------------------------------------------------------------------

    N  1   0.000000
    C  2   1.400000    0.000000
    H  3   1.000000    2.088061    0.000000
    H  4   1.000000    2.088061    1.732051    0.000000
    B  5   2.800000    1.400000    3.411744    3.411744    0.000000
    H  6   3.411744    2.088061    3.992493    3.992493    1.000000    0.000000
    H  7   3.411744    2.088061    3.992493    3.992493    1.000000    1.732051

              H  7
------------------

    H  7   0.000000
CYCLE:  1 TIME:    0.41 TIME LEFT:     299.4 GRAD.:     65.7580 HEAT:   29.57525
CYCLE:  2 TIME:    0.34 TIME LEFT:     299.0 GRAD.:      4.1223 HEAT:   28.12347
CYCLE:  3 TIME:    0.17 TIME LEFT:     298.8 GRAD.:      1.2875 HEAT:   28.11349
CYCLE:  4 TIME:    0.17 TIME LEFT:     298.7 GRAD.:      0.5031 HEAT:   28.11279
CYCLE:  5 TIME:    0.23 TIME LEFT:     298.5 GRAD.:      0.0771 HEAT:   28.11270
HEAT OF FORMATION TEST SATISFIED
TEST ON GRADIENT SATISFIED
PETERS TEST SATISFIED

  T=300 AM1 PRECISE SYMMETRY

 1-AZA-3-BORA-ALLEN
  4. 7.89  RWK

    PETERS TEST WAS SATISFIED IN FLETCHER-POWELL OPTIMISATION
    SCF FIELD WAS ACHIEVED

                                  AM1    CALCULATION
                              VERSION  2.12:     AMPAC - IBM

       FINAL HEAT OF FORMATION =    28.112694 KCAL/MOL

       ELECTRONIC ENERGY        = -1170.610627 EV
       CORE-CORE REPULSION      =   711.472454 EV

       GRADIENT NORM            =     0.011974
       RMS FORCE                =     0.004888

       IONISATION POTENTIAL     =     9.164938 EV
       NO. OF FILLED LEVELS     =     8
       MOLECULAR WEIGHT         =    40.859

       SCF CALCULATIONS  =        30
       MOLECULAR SYMMETRY:           C2V
       COMPUTATION TIME  =       1.75 SECONDS

   ATOM    CHEMICAL   BOND LENGTH    BOND ANGLE    TWIST ANGLE
  NUMBER    SYMBOL    (ANGSTROMS)     (DEGREES)     (DEGREES)
   (I)                   NA:I          NB:NA:I      NC:NB:NA:I     NA   NB   NC

    1        N
    2        C          1.27905 *                                   1
    3        H          0.99814 *     121.99917 *                   1    2
```

```
       4      H          0.99814         121.99917       180.00000       1   2   3
       5      B          1.36475 *       180.00000       180.00000       2   1   3
       6      H          1.16335 *       118.97331 *      90.00000       5   1   3
       7      H          1.16335         118.97331       -90.00000       5   1   3
          INTERATOMIC DISTANCES

                N 1        C 2        H 3        H 4        B 5        H 6
------------------------------------------------------------------------------
    N 1   0.000000
    C 2   1.279046   0.000000
    H 3   0.998138   1.996313   0.000000
    H 4   0.998138   1.996313   1.692954   0.000000
    B 5   2.643794   1.364748   3.283693   3.283693   0.000000
    H 6   3.364927   2.180382   3.963817   3.963817   1.163348   0.000000
    H 7   3.364927   2.180382   3.963817   3.963817   1.163348   2.035499

                H 7
-----------------
    H 7   0.000000

             EIGENVALUES

-37.31853 -26.27565 -20.06437 -18.71532 -14.28681 -14.19961 -11.45753  -9.16494
  1.02451   2.07973   2.96628   3.96123   5.35906   5.97404   7.43141   7.71114

           NET ATOMIC CHARGES AND DIPOLE CONTRIBUTIONS

       ATOM NO.   TYPE          CHARGE        ATOM  ELECTRON DENSITY
         1          N           -0.1467          5.1467
         2          C           -0.1980          4.1980
         3          H            0.2064          0.7936
         4          H            0.2064          0.7936
         5          B           -0.2060          3.2060
         6          H            0.0689          0.9311
         7          H            0.0689          0.9311
DIPOLE           X         Y         Z       TOTAL
POINT-CHG.    -2.758     0.000     0.000     2.758
HYBRID        -1.063     0.000     0.000     1.063
SUM           -3.821     0.000     0.000     3.821

         CARTESIAN COORDINATES

ATOM/NO.         X              Y              Z                 NAT E-DENSITY

 N 1          0.000000       0.000000       0.000000              7  5.1467
 C 2          1.279046       0.000000       0.000000              6  4.1980
 H 3         -0.528920       0.846477       0.000000              1  0.7936
 H 4         -0.528920      -0.846477       0.000000              1  0.7936
 B 5          2.643794       0.000000       0.000000              5  3.2060
 H 6          3.207322       0.000000       1.017750              1  0.9311
 H 7          3.207322       0.000000      -1.017750              1  0.9311
         ATOMIC ORBITAL ELECTRON POPULATIONS

  1.40054   1.05926   1.10956   1.57732   1.28892   0.87537   1.50645   0.52731
  0.79356   0.79356   1.16516   0.72127   0.45858   0.86094   0.93111   0.93111
```

Listing 2.11 Einige MOPAC/AMPAC-Modellinputs

```
ROT=2 THERMO(298,298,) PRECISE FORCE      ISOTOPE SYMMETRY  MNDO
DEMONSTRATION OF MOPAC - FORCE AND THERMODYNAMICS CALCULATION
FORMALDEHYDE, MNDO ENERGY = -32.8819
 O     0.000000  0     0.000000  0     0.000000  0    0    0    0         -0.2902
 C     1.216487  1     0.000000  0     0.000000  0    1    0    0          0.2921
 H     1.106108  1   123.513379  1     0.000000  0    2    1    0         -0.0010
 H     1.106109  1   123.513366  1   179.997716  1    2    1    3         -0.0010
 0     0.000000  0     0.000000  0     0.000000  0    0    0    0

1SCF GRADIENTS    TRIPLET      PRECISE  UHF  MNDO
```

```
TEST OF UHF.  TEST IS SUCCESSFUL IF HEAT OF FORMATION = 41.6682
AND GRADIENT NORM IS LESS THAN 1.D0
 C     0.000000  0     0.000000  0     0.000000  0    0    0    0        -0.1000
 C     1.436554  1     0.000000  0     0.000000  0    1    0    0        -0.1000
 H     1.083509  1   121.240333  1     0.000000  0    2    1    0         0.0500
 H     1.083509  1   121.240345  1   179.999266  1    2    1    3         0.0500
 H     1.083509  1   121.240383  1    90.000240  1    1    2    3         0.0500
 H     1.083509  1   121.240325  1   -89.999311  1    1    2    3         0.0500
 0     0.000000  0     0.000000  0     0.000000  0    0    0    0

MINDO3 ROT=2 THERMO   FORCE
TEST OF MINDO/3 AT RHF LEVEL, FIRST VIBRATION SHOULD BE 1045-1047 CM**(-1)
ENTHALPY(200K) =1593 CALORIES
  O    0.000000  0     0.000000  0     0.000000  0   0  0  0
  C    1.181383  1     0.000000  0     0.000000  0   1  0  0
  H    1.123066  1   126.588842  1     0.000000  0   2  1  0
  H    1.123061  1   126.588456  1   180.000000  1   2  1  3
  0    0.000000  0     0.000000  0     0.000000  0   0  0  0

SYMMETRY  MNDO
ETHANE "REACTION COORDINATE"
UNDER D3 SYMMETRY CONSTRAINTS
  C    0.000000 0     0.000000 0     0.000000  0    0  0  0
  C    1.544846 1     0.000000 0     0.000000  0    1  0  0
  H    1.116935 1   110.665270 1     0.000000  0    2  1  0
  H    1.116935 0   110.665213 0   120.000000  0    2  1  3
  H    1.116935 0   110.665213 0   240.000000  0    2  1  3
  H    1.116935 0   110.665213 0    60.000000 -1    1  2  3
  H    1.116935 0   110.665213 0   180.000000  0    1  2  3
  H    1.116935 0   110.665213 0   300.000000  0    1  2  3
  0    0.000000 0     0.000000 0     0.000000  0    0  0  0
   3,    1,    4,
   3,    1,    5,
   3,    1,    6,
   3,    1,    7,
   3,    1,    8,
   3,    2,    4,
   3,    2,    5,
   3,    2,    6,
   3,    2,    7,
   3,    2,    8,
   6,    7,    7,
   6,   11,    8,

50 40 30 20 10 0 -10 -20 -30 -40 -50 -60
```

Listing 2.12 **Auszug aus dem MOPAC on-line Help. Die Beschreibung zu den Keywords wurde nur für diejenigen, welche in diesem Text verwendet werden, übernommen. Lesen Sie die vollständige Beschreibung Ihrer lokalen Version.**

```
1SCF
WHEN A SINGLE GEOMETRY IS TO BE STUDIED, THEN 1SCF SHOULD BE USED.

BIRADICAL
FOR MOLECULES WHICH ARE BELIEVED TO HAVE BIRADICALOID CHARACTER THE OPTION EXISTS TO OPTIMISE
THE LOWEST ENERGY STATE WHICH RESULTS FROM THE MIXING OF THREE STATES. THESE STATES ARE, IN
ORDER, (A) THE (MICRO)STATE ARISING FROM A ONE ELECTRON EXCITATION FROM THE HOMO TO THE LUMO;
THIS IS COMBINED WITH THE MICROSTATE RESULTING FROM THE TIME-REVERSAL OPERATOR ACTING ON THE
PARENT MICROSTATE, THE RESULT BEING A FULL SINGLET STATE, (B) THE STATE RESULTING FROM DE-
EXCITATION FROM THE FORMAL LUMO TO THE HOMO, AND (C) THE STATE RESULTING FROM THE SINGLE
ELECTRON IN THE FORMAL HOMO BEING EXCITED INTO THE LUMO. A CONFIGURATION INTERACTION
CALCULATION IS INVOLVED.

BONDS
THE ROTATIONALLY INVARIANT BOND ORDER BETWEEN ALL PAIRS OF ATOMS IS PRINTED. IN THIS CONTEXT
A BOND IS DEFINED AS THE SUM OF THE SQUARES OF THE DENSITY MATRIX ELEMENTS CONNECTING ANY
```

TWO ATOMS. FOR ETHANE, ETHYLENE, AND ACETYLENE THE CARBON-CARBON BOND ORDERS ARE CA. 1.00, 2.00, AND 3.00, RESPECTIVELY. THE DIAGONAL TERMS ARE THE VALENCIES CALCULATED FROM THE ATOMIC TERMS ONLY AND ARE DEFINED AS THE SUM OF THE BONDS THE ATOM MAKES WITH OTHER ATOMS. IN UHF AND NON-VARIATIONALLY OPTIMISED WAVEFUNCTIONS THE CALCULATED VALENCY WILL BE INCORRECT, THE DEGREE OF ERROR BEING PROPORTIONAL TO THE NON-DUODEMPOTENCY OF THE DENSITY MATRIX. FOR AN RHF WAVEFUNCTION THE SQUARE OF THE DENSITY MATRIX IS EQUAL TO TWICE THE DENSITY MATRIX.

CI (C.I.)
NORMALLY CONFIGURATION INTERACTION IS INVOKED WHEN NECESSARY, FOR EXAMPLE IN BIRADICAL, HALF-ELECTRON OR EXCITED STATE CALCULATIONS. FOR THE USER WHO WISHES TO PERFORM A C.I. CALCULATION ON A GROUND STATE SYSTEM THE KEY-WORD C.I. IS RETAINED. THE USER SHOULD BE VERY CAREFUL WHEN USING C.I. ON ITS OWN. THE STATES USED IN THE C.I. ARE (1) THE GROUND STATE, (2) THE STATE RESULTING FROM DOUBLE EXCITATION FROM THE HOMO TO THE LUMO, (3) THE STATE RESULTING FROM DOUBLE EXCITATION FROM THE HOMO TO THE LUMO+1. C.I. MUST REDUCE THE ENERGY OF THE GROUND STATE.

CHARGE
WHEN THE SYSTEM BEING STUDIED IS AN ION, THE CHARGE, N, ON THE ION CAN BE SUPPLIED BY CHARGE=N. FOR CATIONS N CAN BE 1 OR 2 OR 3 ETC, FOR ANIONS -1 OR -2 OR -3 ETC.

EXAMPLES

ION	KEYWORD	ION	KEYWORD
NH4(+)	CHARGE=1	CH3COO(-)	CHARGE=-1
C2H5(+)	CHARGE=1	(COO)(=)	CHARGE=-2
SO4(=)	CHARGE=-2	PO4(3-)	CHARGE=-3
HSO4(-)	CHARGE=-1	H2PO4(-)	CHARGE=-1

ENPART
A VERY USEFUL TOOL FOR ANALYSING THE ENERGY TERMS WITHIN A SYSTEM. THE TOTAL ENERGY, IN EV, EQUAL TO THE ADDITION OF THE ELECTRONIC AND NUCLEAR TERMS IS PARTITIONED INTO MONO- AND BI-CENTRIC CONTRIBUTIONS, AND THESE CONTRIBUTIONS IN TURN ARE DIVIDED INTO NUCLEAR AND ONE- AND TWO-ELECTRON TERMS.

EXCITED
THE STATE TO BE CALCULATED IS THE SECOND SINGLET STATE. IF THE GROUND STATE IS A SINGLET, THEN THE STATE CALCULATED WILL BE S(1), IF THE GROUND STATE IS A TRIPLET THEN S(2). THIS STATE WOULD NORMALLY BE THE STATE RESULTING FROM A ONE-ELECTRON EXCITATION FROM THE HOMO TO THE LUMO. EXCEPTIONS WOULD BE IF THE LOWEST SINGLET STATE WERE A BIRADICAL, IN WHICH CASE THE EXCITED STATE COULD BE A CLOSED SHELL. THE EXCITED STATE WILL BE CALCULATED FROM A C.I. CALCULATION WHICH USES THREE MICROSTATES. THESE MICROSTATES ARE: (1) THE STATE RESULTING FROM ONE ELECTRON BEING EXCITED FROM THE HOMO TO THE LUMO. (2) THE STATE RESULTING FROM THE FIRST STATE AFTER THE LUMO ELECTRON HAS BEEN DE-EXCITED BACK INTO THE HOMO. (3) THE STATE RESULTING FROM THE FIRST STATE AFTER A SECOND ELECTRON HAS BEEN EXCITED INTO THE LUMO.

FORCE
A FORCE-CALCULATION IS TO BE RUN. THE HESSIAN, THAT IS THE MATRIX (IN MILLIDYNES PER ANGSTROM) OF SECOND DERIVATIVES OF THE ENERGY WITH RESPECT TO DISPLACEMENTS OF ALL PAIRS OF ATOMS IN X, Y, AND Z IS CALCULATED, ON DIAGONALISATION THIS GIVES THE FORCE CONSTANTS FOR THE MOLECULE. THE FORCE MATRIX, WEIGHTED FOR ISOTOPIC MASSES, IS THEN USED FOR CALCULATING THE VIBRATIONAL FREQUENCIES. THE SYSTEM CAN BE CHARACTERISED AS A GROUND STATE OR A TRANSITION STATE BY THE PRESENCE OF FIVE (FOR A LINEAR SYSTEM) OR SIX EIGENVALUES WHICH ARE VERY SMALL (LESS THAN ABOUT 30CM(-1)) A TRANSITION STATE IS FURTHER CHARACTERISED BY ONE, AND EXACTLY ONE, NEGATIVE FORCE CONSTANT. A FORCE CALCULATION IS A PREREQUISITE FOR A THERMO CALCULATION. BEFORE A FORCE CALCULATION IS STARTED, A CHECK IS MADE TO ENSURE THAT A STATIONARY POINT IS BEING USED. THE CHECK INVOLVES CALCULATING THE GRADIENT NORM (GNORM) AND IF THIS IS SIGNIFICANT, THE GNORM WILL BE REDUCED USING BARTELL'S METHOD. ALL INTERNAL COORDINATES ARE OPTIMISED, AND ANY SYMMETRY CONSTRAINTS ARE IGNORED AT THIS POINT. AN IMPLICATION OF THIS IS THAT IF THE SPECIFICATION OF THE GEOMETRY RELIES ON ANY ANGLES BEING EXACTLY 180 OR ZERO DEGREES, THE CALCULATION MAY FAIL.

LOCALISE
THE OCCUPIED EIGENVECTORS ARE TRANSFORMED INTO A LOCALISED SET OF M.O.S BY A SERIES OF 2 BY 2 ROTATIONS WHICH MAXIMISE <PSI**4>. THE VALUE OF 1/<PSI**4> IS A DIRECT MEASURE OF THE NUMBER OF CENTRES INVOLVED IN THE M.O., THUS FOR H2 THE VALUE IF 1/<PSI**4> IS 2.0, FOR A THREE-CENTRE BOND IS 3.0, AND A LONE PAIR WOULD BE 1.0. HIGHER DEGENERACIES THAN ALLOWED BY POINT GROUP THEORY ARE READILY OBTAINED. FOR EXAMPLE, BENZENE WOULD GIVE RISE TO A 6-FOLD DEGENERATE C-H BOND, A 6-FOLD DEGENERATE C-C SIGMA BOND AND A THREE-FOLD DEGENERATE C-C PI BOND. IN PRINCIPLE, THERE IS NO SINGLE STEP METHOD TO UNAMBIGUOUSLY OBTAIN THE MOST LOCALISED

SET OF M.O.S IN SYSTEMS WHERE SEVERAL CANNONICAL STRUCTURES ARE POSSIBLE, JUST AS NO SIMPLE METHOD EXISTS FOR FINDING THE MOST STABLE CONFORMER OF SOME LARGE COMPOUND. HOWEVER, THE LOCALISED BONDS GENERATED WILL NORMALLY BE QUITE ACCEPTABLE FOR ROUTINE APPLICATIONS.

MINDO3
THE DEFAULT HAMILTONIAN WITHIN MOPAC IS MNDO, WITH THE ALTERNATIVE OF MINDO/3. TO USE THE MINDO/3 HAMILTONIAN THE KEY-WORD MINDO3 SHOULD BE USED. NOTE THERE IS NO "/" IN THE KEY-WORD MINDO3.

NLLSQ
THE GRADIENT NORM IS TO BE MINIMISED BY BARTEL'S METHOD. THIS IS A NON-LINEAR LEAST SQUARES GRADIENT MINIMISATION ROUTINE. GRADIENT MINIMISATION WILL LOCATE ONE OF THREE POSSIBLE POINTS:

(A) A MINIMUM IN THE ENERGY SURFACE. THE GRADIENT NORM WILL GO TO ZERO, AND THE LOWEST FIVE OR SIX EIGENVALUES RESULTING FROM A FORCE CALCULATION WILL BE APPROXIMATELY ZERO.

(B) A TRANSITION STATE. THE GRADIENT NORM WILL VANISH, AS IN (A), BUT IN THIS CASE THE SYSTEM IS CHARACTERISED BY ONE, AND ONLY ONE, NEGATIVE FORCE CONSTANT.

(C) A LOCAL MINIMUM IN THE GRADIENT NORM SPACE. IN THIS (NORMALLY UNWANTED) CASE THE GRADIENT NORM IS MINIMISED, BUT DOES NOT GO TO ZERO. A FORCE CALCULATION WILL NOT GIVE THE CHARACTERISTIC FIVE OR SIX ZERO EIGENVALUES. WHILE NORMALLY VERY UNDESIRABLE, SOMETIMES THIS IS THE ONLY WAY TO OBTAIN A GEOMETRY. FOR INSTANCE, IF A SYSTEM IS FORMED WHICH CANNOT BE CHARACTERISED AS AN INTERMEDIATE, AND AT THE SAME TIME IS NOT A TRANSITION STATE, BUT NONE THE LESS HAS SOME CHEMICAL SIGNIFICANCE, THEN THAT STATE CAN BE REFINED USING NLLSQ.

PI
THE DENSITY MATRIX IS DECOMPOSED INTO SIGMA, PI AND DEL COMPONENTS. THIS IS VERY USEFUL WHEN THE CHARACTER OF THE BOND IS IN DOUBT. THE DIAGONAL TERMS GIVE THE HYBRIDISATION STATE OF THE ATOM, WHETHER IT IS SP2 OR SP3 OR WHATEVER.

PRECISE
THE CRITERIA FOR TERMINATING ALL OPTIMISATIONS, ELECTRONIC AND GEOMETRIC, ARE TO BE INCREASED BY A FACTOR OF 100. THIS CAN BE USED WHERE MORE PRECISE RESULTS ARE WANTED. FOR A FORCE CALCULATION THE GEOMETRY NEEDS TO BE KNOWN QUITE PRECISELY, AND FOR SMALL SYSTEMS THE EXTRA COST IN CPU TIME IS MINIMAL.

ROT=N
IN THE CALCULATION OF THE ROTATIONAL CONTRIBUTIONS TO THE THERMODYNAMIC QUANTITIES THE SYMMETRY NUMBER OF THE MOLECULE MUST BE SUPPLIED. THE SYMMETRY NUMBER OF A POINT GROUP IS THE NUMBER OF EQUIVALENT POSITIONS ATTAINABLE BY PURE ROTATIONS. NO REFLECTIONS OR IMPROPER ROTATIONS ARE ALLOWED. THIS NUMBER CANNOT BE ASSUMED BY DEFAULT, AND MAY BE AFFECTED BY SUBTLE MODIFICATIONS TO THE MOLECULE, SUCH AS ISOTOPIC SUBSTITUTION. A LIST OF THE MOST IMPORTANT SYMMETRY NUMBERS FOLLOWS:

---- TABLE OF SYMMETRY NUMBERS ----

C1 CI CS	1	D2 D2D D2H	4	C(INF)V	1
C2 C2V C2H	2	D3 D3D D3H	6	D(INF)H	2
C3 C3V C3H	3	D4 D4D D4H	8	T TD	12
C4 C4V C4H	4	D6 D6D D6H	12	OH	24
C6 C6V C6H	6	S6	3		

SIGMA
THE MCIVER-KOMORNICKI GRADIENT NORM MINIMISATION ROUTINES, POWSQ AND SEARCH ARE TO BE USED. THESE ARE VERY RAPID ROUTINES, BUT VERY OFTEN THEY DO NOT WORK. IF THE GRADIENT NORM IS LOW, SAY LESS THAN ABOUT 5 UNITS, THEN SIGMA WILL PROBABLY WORK, IN MOST CASES NLLSQ IS RECOMMENDED. SIGMA FIRST CALCULATES A QUITE ACCURATE HESSIAN MATRIX, THIS IS A SLOW STEP, THEN WORKS OUT THE DIRECTION OF FASTEST DECENT, AND SEARCHES ALONG THAT DIRECTION UNTIL THE GRADIENT NORM IS MINIMISED. THE HESSIAN IS THEN PARTIALLY UPDATED IN LIGHT OF THE NEW GRADIENTS, AND A FRESH SEARCH DIRECTION FOUND. CLEARLY, IF THE HESSIAN CHANGES MARKEDLY AS A RESULT OF THE LINE-SEARCH, THE UPDATE DONE WILL BE INACCURATE, AND THE NEW SEARCH DIRECTION WILL BE FAULTY. OF COURSE, SIGMA SHOULD BE AVOIDED IF AT ALL POSSIBLE WHEN NON-VARIATIONALLY OPTIMISED CALCULATIONS ARE BEING DONE.

SPIN
THE SPIN MATRIX, DEFINED AS THE DIFFERENCE BETWEEN THE ALPHA AND BETA DENSITY MATRICES, IS TO BE PRINTED. IF THE SYSTEM HAS A CLOSED-SHELL, E.G. METHANE RUN UHF, THE SPIN MATRIX WILL BE NULL.

SYMMETRY
SYMMETRY DATA DEFINING RELATED BOND LENGTHS, ANGLES AND DIHEDRALS CAN BE INCLUDED BY SUPPLYING ADDITIONAL DATA AFTER THE GEOMETRY HAS BEEN ENTERED. IF THERE ARE ANY OTHER DATA,

SUCH AS VALUES FOR THE REACTION COORDINATES, OR A SECOND GEOMETRY, AS REQUIRED BY SADDLE, THEN IT WOULD FOLLOW THE SYMMETRY DATA. SYMMETRY DATA ARE TERMINATED BY ONE BLANK LINE. FOR NON-VARIATIONALLY OPTIMISED SYSTEMS SYMMETRY CONSTRAINTS CAN SAVE A LOT OF TIME BECAUSE MANY DERIVATIVES DO NOT NEED TO BE CALCULATED. AT THE SAME TIME, THERE IS A RISK THAT THE GEOMETRY MAY BE WRONGLY SPECIFIED, E.G. IF METHANE RADICAL CATION IS DEFINED AS BEING TETRAHEDRAL, NO INDICATION THAT THIS IS FAULTY WILL BE GIVEN UNTIL A FORCE CALCULATION IS RUN. (THIS SYSTEM JAHN-TELLER DISTORTS.)

THE LAYOUT OF THE SYMMETRY DATA IS:
<DEFINING ATOM>,<SYMMETRY RELATION>,<DEFINED ATOM>,<DEFINED ATOM>,...
FOR EXAMPLE, METHANE, WITH ONE INDEPENDENT VARIABLE, CAN BE DEFINED AS

```
 SYMMETRY
 METHANE

   H    0.000000 0     0.000000 0     0.000000 0    0  0  0
   C    1.108557 1     0.000000 0     0.000000 0    1  0  0
   H    1.108556 0   109.471221 0     0.000000 0    2  1  0
   H    1.108556 0   109.471221 0   240.000000 0    2  1  3
   H    1.108556 0   109.471221 0   120.000000 0    2  1  3
   0    0.000000 0     0.000000 0     0.000000 0    0  0  0
2 1 3 4 5
```

HERE THE BOND LENGTH (FUNCTION 1) OF THE CARBON ATOM (ATOM 2) IS USED TO DEFINE THE BOND LENGTHS OF HYDROGENS 3, 4 AND 5. SPACES OR COMMAS CAN BE USED TO SEPARATE DATA. NOTE THAT ONLY ONE PARAMETER IS MARKED TO BE OPTIMISED. TO END SYMMETRY DATA USE A BLANK LINE.

THE FULL LIST OF AVAILABLE SYMMETRY RELATIONS IS AS FOLLOWS:

```
   1      BOND LENGTH    IS SET EQUAL TO THE REFERENCE BOND LENGTH
   2      BOND ANGLE     IS SET EQUAL TO THE REFERENCE BOND ANGLE
   3      DIHEDRAL ANGLE IS SET EQUAL TO THE REFERENCE DIHEDRAL ANGLE
   4      DIHEDRAL ANGLE VARIES AS  90 DEGREES - REFERENCE DIHEDRAL
   5      DIHEDRAL ANGLE VARIES AS  90 DEGREES + REFERENCE DIHEDRAL
   6      DIHEDRAL ANGLE VARIES AS 120 DEGREES - REFERENCE DIHEDRAL
   7      DIHEDRAL ANGLE VARIES AS 120 DEGREES + REFERENCE DIHEDRAL
   8      DIHEDRAL ANGLE VARIES AS 180 DEGREES - REFERENCE DIHEDRAL
   9      DIHEDRAL ANGLE VARIES AS 180 DEGREES + REFERENCE DIHEDRAL
  10      DIHEDRAL ANGLE VARIES AS 240 DEGREES - REFERENCE DIHEDRAL
  11      DIHEDRAL ANGLE VARIES AS 240 DEGREES + REFERENCE DIHEDRAL
  12      DIHEDRAL ANGLE VARIES AS 270 DEGREES - REFERENCE DIHEDRAL
  13      DIHEDRAL ANGLE VARIES AS 270 DEGREES + REFERENCE DIHEDRAL
  14      DIHEDRAL ANGLE VARIES AS - REFERENCE DIHEDRAL
  15      BOND LENGTH VARIES AS HALF THE REFERENCE BOND LENGTH
  16      BOND ANGLE VARIES AS HALF THE REFERENCE BOND ANGLE
  17      BOND ANGLE VARIES AS 180 DEGREES - REFERENCE BOND ANGLE
  18      THE USER HAS TO SUPPLY THIS FUNCTION IN SUBROUTINE HADDON
```

FUNCTION 18 IS RECOMMENDED ONLY FOR VERY EXOTIC SYSTEMS, FUNCTIONS 1,2,3 AND 14 ARE MOST COMMONLY USED.

T=NN.NN

THE TOTAL C.P.U. TIME ALLOWED FOR THE CURRENT JOB IS LIMITED TO NN.NN SECONDS. IF THE NEXT CYCLE OF THE CALCULATION CANNOT BE COMPLETED WITHOUT RUNNING A RISK OF EXCEEDING THE ASSIGNED TIME THE CALCULATION WILL WRITE A RESTART FILE AND THEN STOP. THE SAFETY MARGIN IS 100 PERCENT, THAT IS TO DO ANOTHER CYCLE, ENOUGH TIME TO DO AT LEAST TWO FULL CYCLES MUST REMAIN. MAKE SURE THAT THERE IS A SPACE BEFORE THE "T" OF T=N.NNN. ALTERNATIVE: T=N.NNNM WILL DEFINE THE TIME IN MINUTES RATHER THAN IN SECONDS. E.G.   T=60M OR T=60.0M WOULD DEFINE ONE HOUR.

THERMO

THE THERMODYNAMIC QUANTITIES INTERNAL ENERGY, HEAT CAPACITY, PARTITION FUNCTION, AND ENTROPY CAN BE CALCULATED FOR TRANSLATION, ROTATION AND VIBRATIONAL DEGREES OF FREEDOM FOR A SINGLE TEMPERATURE, OR A RANGE OF TEMPERATURES. SPECIAL SITUATIONS SUCH AS LINEAR SYSTEMS AND TRANSITION STATES ARE ACCOMMODATED. THE APPROXIMATIONS USED IN THE THERMO CALCULATION ARE INVALID BELOW 100K, AND CHECKING OF THE LOWER BOUND OF THE TEMPERATURE RANGE IS DONE TO PREVENT TEMPERATURES OF LESS THAN 100K BEING USED. ANOTHER LIMITATION, FOR WHICH NO CHECKING IS DONE, IS THAT THERE SHOULD BE NO INTERNAL ROTATIONS. IF ANY EXIST, THEY WILL NOT BE RECOGNISED AS SUCH, AND THE CALCULATED QUANTITIES TOO LOW AS A RESULT. IF THERMO IS SPECIFIED ON ITS OWN THEN THE DEFAULT VALUES OF THE TEMPERATURE RANGE ARE ASSUMED. THIS STARTS AT 200K AND INCREASES IN STEPS OF 10 DEGREES TO 400K. THREE OPTIONS EXIST FOR OVERRIDING THE DEFAULT TEMPERATURE RANGE.

A) THERMO(NNN)
THE THERMODYNAMIC QUANTITIES FOR A 200 DEGREE RANGE OF TEMPERATURES, STARTING AT NNNK AND WITH AN INTERVAL OF 20 DEGREES ARE TO BE CALCULATED.

B) THERMO(NNN,MMM)
THE THERMODYNAMIC QUANTITIES FOR THE TEMPERATURE RANGE LIMITED BY A LOWER BOUND OF NNN KELVIN AND AN UPPER BOUND OF MMM KELVIN, THE STEP SIZE BEING CALCULATED IN ORDER TO GIVE APPRIXIMATELY 20 POINTS, AND A REASONABLE VALUE FOR THE STEP. THE SIZE OF THE STEP IN KELVIN DEGREES WILL BE 1, 2, OR 5, OR A POWER OF 10 TIMES THESE NUMBERS.

C) THERMO(NNN,MMM,LLL)
AS FOR THERMO(NNN,MMM) ONLY NOW THE USER CAN EXPLICITLY DEFINE THE STEP SIZE. THE STEP SIZE CANNOT BE LESS THAN 1K.

TRIPLET
THE TRIPLET STATE IS DEFINED.

UHF
THE UNRESTRICTED HARTREE-FOCK HAMILTONIAN IS TO BE USED.

VECTORS
THE EIGENVECTORS ARE TO BE PRINTED. IN UHF CALCULATIONS BOTH ALPHA AND BETA EIGENVECTORS ARE PRINTED, IN ALL CASES THE FULL SET, OCCUPIED AND VIRTUAL, ARE OUTPUT. THE EIGENVECTORS ARE NORMALISED TO UNITY, THAT IS THE SUM OF THE SQUARES OF THE COEFFICIENTS IS EXACTLY ONE. IF DEBUG IS SPECIFIED, THEN ALL EIGENVECTORS ON EVERY ITERATION OF EVERY SCF CALCULATION WILL BE PRINTED. THIS IS USEFUL IN A LEARNING CONTEXT, BUT WOULD NORMALLY BE VERY UNDESIRABLE.

B. QATREX

Inputbeschreibung

1. FORMAT (20A4)
   ITITLE (1-80)
   The first 4 characters define the defailt parameters in case they are used:
   (REX): relativistic parametrization
   (EHT): non-relativistic parametrization
   (TEST): perform self-test to check the built-in data
   (****): terminate the run
   The columns 5-80 contain a title.

2. FORMAT (10I3,F10.3)
   N,NOVER,NINTJ,NSMAT,NHMAT,NEIGS,NPOP,MK,MOLCHA,NPUNCH,CON
   N is the number of different atoms
   CON is the Wolfsberg-Helmholtz constant (default option 1.75)

   The other integers are control parameters:
   NOVER>0: print the original total overlap matrix
   NINTJ>0: print the Coulomb integrals in (J,MJ) basis
   NSMAT>0: print the transformed S matrix
   NHMAT>0: print the transformed H matrix
   NEIGS>0: print the final eigenvectors in (J,MJ) basis

   MPOP=0: no population analysis
   MPOP=1: population analysis with respect to atoms
   MPOP=2: " " with respect to atomic orbitals
   MPOP=3: " " with respect to J,MJ> components

   MK=0: uses mean Wolfsberg-Helmholtz formula
   MK=1: uses direct proportionality of Hamiltonian to overlap
   MK=2: uses geometric mean Wolfsberg-Helmholtz formula

   MOLCHA=0: assumes a neutral molecule and uses defaults in CORCHA for electron numbers in the total energy sum

If NPUNCH is not zero, the eigenvalues and -vectors are written by subroutine RSOREN to device number "/NPUNCH/".
If NPUNCH < 0, the overlap matrix in (J,MJ) basis is also punched.

3. For every atom, FORMAT(2I3,F7.2,3F10.6)
MENDEL,NOR(I),CORE(I),Y(I),Z(I)
MENDEL: Number of atom in the periodic table
NOR: Number of AO's (with different L)
CORE: Charge or core
X,Y,Z: Cartesian coordinates in Angstroms

If NOR(I) = 1, default parameterization is used for the atom I.
CORE(I) may also be left blank. Then a default is used in population analysis.
If NOR(I) < 0, only the first "/NOR(I)/" default AO's are taken. In this case, remember to use CORE(I) for population analysis.

Example: Lead normally uses 6S, 6P and 6D orbitals.
To use only the 6S NOR(I) = -1
To use 6S and 6P NOR(I) = -2

Positive values of NOR are equivalent except that they require the user to input the parameters.

When NOR(I) > 0 first occurs in input for element "/MENDEL/", 2 times the cards (3.1-3.2). If the element "/MENDEL/" occurs again with NOR(I) > 0, these cards are no more needed:
First time: Small J (J = L - 1/2)
Second time: Large J (J = L + 1/2)
Even the S AO's must be included twice.

3.1 FORMAT(4(3I2,F10.6))
(NO(I,K),LO(I,K),NZ(I,K),HII(I,K),K=1,NOR(I))
The orbitals must be in the order S, P, D, F for K = 1-4.
NO: Principal quantum number of Slater orbital (integer)
LO: Angular momentum quantum number
HII: Hückel Alpha (diagonal matrix element) in eV. HII < 0.

3.2 FORMAT(8F10.7), NOR(I) Cards, I.E. one for each L value.
(CONST(I,K,L), EXPON(I,K,L), L = 1, NZ(I,K)
The case NZ(I,K) > 1 corresponds to a multiple-zeta basis.
CONST(L) is the coefficient for the Slater exponent EXPON(L).
Up to 4 Slater orbitals of the same principle quantum number N may be used for each atomic orbital type L.

4. If MOLCHA is not zero on card 2, the card(S): FORMAT(72I1)
(IOCC(I), I = 1, NDIM)
The occupation number for every energy level, starting from the lowest: 2 or 1 for occupied, 0 for unoccupied levels.

5. FORMAT(A4)
Four asterisks (****)
terminates the run, any number of card decks 1-4 may precede it.

Listing 2.13 QATREX-Input für die nicht-relativistische (EHT) und relativistische (REX) Berechnung Iodmoleküls I_2.

```
EHT  I2  DEFAULT PARAMETERIZATION /  MK=3
  2  0  0  0  0  1  0  3  0  0
I1          0.0           0.0           0.0                53
I2          0.0           0.0           2.66               53
REX  I2  DEFAULT PARAMETERIZATION /  MK=3
  2  0  0  0  0  1  0  3  0  0
I1          0.0           0.0           0.0                53
I2          0.0           0.0           2.66               53
****
```

Listing 2.14 QATREX-Output der nicht-relativistischen (EHT) und der relativistischen (REX) Berechnung des Iodmoleküls I_2.

```
RELATIVISTICALLY PARAMETERIZED EXTENDED HUCKEL PROGRAM   Q A T R E X
N. ROESCH, TECHNICAL UNIVERSITY MUNICH, W.GERMANY.
CDC VERSION OF PROGRAM  R E X  ORIGINALLY WRITTEN BY L.L. LOHR, M. HOTOKKA AND P. PYYKKO.

EHT CALCULATION FOR  I2  DEFAULT PARAMETERIZATION /  MK=3
*****************************************************************************************

CONTROL VARIABLES :   2  0  0  0  0  1  0  3  0  0

THE ORBITALS ARE NUMBERED AS FOLLOWS
ORBITAL ATOM ELEMENT   N   L   M  SIGMA  X      Y       Z          EXP       ALPHA

    1     1     I      5   0   0   0    0.0    0.0     0.0       2.626010  -22.343979
    2     1     I      5   1   0   0    0.0    0.0     0.0       2.198460  -10.971200
    3     1     I      5   1   1   0    0.0    0.0     0.0       2.198460  -10.971200
    4     1     I      5   1   1   1    0.0    0.0     0.0       2.198460  -10.971200

    5     2     I      5   0   0   0    0.0    0.0     0.0       2.626010  -22.343979
    6     2     I      5   1   0   0    0.0    0.0     0.0       2.198460  -10.971200
    7     2     I      5   1   1   0    0.0    0.0     0.0       2.198460  -10.971200
    8     2     I      5   1   1   1    0.0    0.0     0.0       2.198460  -10.971200

    9     3     I      5   0   0   0    0.0    0.0   2.660000    2.626010  -22.343979
   10     3     I      5   1   0   0    0.0    0.0   2.660000    2.198460  -10.971200
   11     3     I      5   1   1   0    0.0    0.0   2.660000    2.198460  -10.971200
   12     3     I      5   1   1   1    0.0    0.0   2.660000    2.198460  -10.971200

   13     4     I      5   0   0   0    0.0    0.0   2.660000    2.626010  -22.343979
   14     4     I      5   1   0   0    0.0    0.0   2.660000    2.198460  -10.971200
   15     4     I      5   1   1   0    0.0    0.0   2.660000    2.198460  -10.971200
   16     4     I      5   1   1   1    0.0    0.0   2.660000    2.198460  -10.971200
H(I,J)=0.5*K*S(I,J)*(H(I,I)+H(J,J)) WITH K=   1.75

DISTANCE MATRIX

            1          2
  1    0.0
  2    2.660000   0.0

EIGENVECTORS IN A (J,MJ) BASIS FROM EHT FOR  I2  DEFAULT PARAMETERIZATION /  MK=3
AO      MO'S
REAL PART

        1          2          3          4          5          6          7          8
 1   0.0        0.0        0.0        0.0        0.0        0.0        0.0        0.0
     0.0        0.0        0.0        0.0        0.0        0.0        0.0        0.0
 2   0.029741   0.080346   0.356210  -0.550418  -0.011665   0.607418   0.036321  -0.522396
     0.0        0.0        0.0        0.0        0.0        0.0        0.0        0.0
 3  -0.000000  -0.000000   0.000000   0.014287  -0.674104   0.044486  -0.743941  -0.000000
     0.0        0.0        0.0        0.0        0.0        0.0        0.0        0.0
 4  -0.042061  -0.113625  -0.503761  -0.389200  -0.008249   0.429511   0.025683   0.738780
```

```
       0.0       0.0       0.0       0.0       0.0       0.0       0.0       0.0
  5    0.0       0.0       0.0       0.0       0.0       0.0       0.0       0.0
       0.0       0.0       0.0       0.0       0.0       0.0       0.0       0.0
  6   -0.029742  0.080342 -0.356218 -0.550404 -0.011669 -0.607424 -0.036320 -0.522396
       0.0       0.0       0.0       0.0       0.0       0.0       0.0       0.0
  7    0.000002  0.000000  0.000002  0.014289 -0.674122 -0.044482  0.743928  0.000000
       0.0       0.0       0.0       0.0       0.0       0.0       0.0       0.0
  8    0.042064 -0.113625  0.503758 -0.389201 -0.008249 -0.429518 -0.025683  0.738779
       0.0       0.0       0.0       0.0       0.0       0.0       0.0       0.0
IMAG. PART
        1         2         3         4         5         6         7         8
  1    0.660821 -0.703331 -0.179900  0.000002 -0.000001  0.000002  0.000001 -0.336505
       0.0       0.0       0.0       0.0       0.0       0.0       0.0       0.0
  2    0.0       0.0       0.0       0.0       0.0       0.0       0.0       0.0
       0.0       0.0       0.0       0.0       0.0       0.0       0.0       0.0
  3    0.0       0.0       0.0       0.0       0.0       0.0       0.0       0.0
       0.0       0.0       0.0       0.0       0.0       0.0       0.0       0.0
  4    0.0       0.0       0.0       0.0       0.0       0.0       0.0       0.0
       0.0       0.0       0.0       0.0       0.0       0.0       0.0       0.0
  5    0.660802  0.703346 -0.179900  0.000000  0.000002  0.000001 -0.000001  0.336506
       0.0       0.0       0.0       0.0       0.0       0.0       0.0       0.0
  6    0.0       0.0       0.0       0.0       0.0       0.0       0.0       0.0
       0.0       0.0       0.0       0.0       0.0       0.0       0.0       0.0
  7    0.0       0.0       0.0       0.0       0.0       0.0       0.0       0.0
       0.0       0.0       0.0       0.0       0.0       0.0       0.0       0.0
  8    0.0       0.0       0.0       0.0       0.0       0.0       0.0       0.0
       0.0       0.0       0.0       0.0       0.0       0.0       0.0       0.0
EIGENVALUES: EHT FOR  I2  DEFAULT PARAMETERIZATION /  MK=3
        I  OCC          EV.              RY.              A.U.            CM-1

        8              -3.295412       -0.242206       -0.121103       -26579.08
        7  2          -10.059043       -0.739320       -0.369660       -81131.02
        6  2          -10.059110       -0.739325       -0.369663       -81131.56
        5  2          -11.717757       -0.861232       -0.430616       -94509.34
        4  2          -11.717768       -0.861233       -0.430617       -94509.43
        3  2          -12.292739       -0.903493       -0.451746       -99146.85
        2  2          -20.839171       -1.531639       -0.765819      -168077.93
        1  2          -23.980322       -1.762507       -0.881254      -193412.82

     SUM=       -7.398752 AU
        =     -201.331821 EV
        =    -4642.785027 KCAL
        =   -19425.412626 KJ

RELATIVISTICALLY PARAMETERIZED EXTENDED HUCKEL PROGRAM   Q A T R E X
N. ROESCH, TECHNICAL UNIVERSITY MUNICH, W.GERMANY.
CDC VERSION OF PROGRAM  R E X  ORIGINALLY WRITTEN BY L.L. LOHR, M. HOTOKKA AND P. PYYKKO.
REX CALCULATION FOR  I2  DEFAULT PARAMETERIZATION /  MK=3
*****************************************************************************************

CONTROL VARIABLES :   2  0  0  0  0  1  0  3  0  0

THE ORBITALS ARE NUMBERED AS FOLLOWS
ORBITAL  ATOM  ELEMENT   N  L  M  SIGMA  X      Y      Z          EXP        ALPHA

   1      1      I       5  0  0   0     0.0    0.0    0.0        2.730730   -23.859802
   2      1      I       5  1  0   0     0.0    0.0    0.0        2.289460   -11.718660
   3      1      I       5  1  1   0     0.0    0.0    0.0        2.289460   -11.718660
   4      1      I       5  1  1   1     0.0    0.0    0.0        2.289460   -11.718660

   5      2      I       5  0  0   0     0.0    0.0    0.0        2.730730   -23.859802
   6      2      I       5  1  0   0     0.0    0.0    0.0        2.185910   -10.579640
   7      2      I       5  1  1   0     0.0    0.0    0.0        2.185910   -10.579640
   8      2      I       5  1  1   1     0.0    0.0    0.0        2.185910   -10.579640

   9      3      I       5  0  0   0     0.0    0.0    2.660000   2.730730   -23.859802
  10      3      I       5  1  0   0     0.0    0.0    2.660000   2.289460   -11.718660
  11      3      I       5  1  1   0     0.0    0.0    2.660000   2.289460   -11.718660
```

```
    12     3     I        5  1  1  1     0.0   0.0   2.660000   2.289460   -11.718660
    13     4     I        5  0  0  0     0.0   0.0   2.660000   2.730730   -23.859802
    14     4     I        5  1  0  0     0.0   0.0   2.660000   2.185910   -10.579640
    15     4     I        5  1  1  0     0.0   0.0   2.660000   2.185910   -10.579640
    16     4     I        5  1  1  1     0.0   0.0   2.660000   2.185910   -10.579640
H(I,J)=0.5*K*S(I,J)*(H(I,I)+H(J,J)) WITH K=   1.75

DISTANCE MATRIX
           1          2
  1    0.0
  2    2.660000   0.0
EIGENVECTORS IN A (J,MJ) BASIS FROM REX FOR  I2  DEFAULT PARAMETERIZATION /  MK=3
AO      MO'S
REAL PART

          1          2          3          4          5          6          7          8
  1    0.0        0.0        0.0        0.0        0.0        0.0        0.0        0.0
       0.0        0.0        0.0        0.0        0.0        0.0        0.0        0.0
  2   -0.028167   0.067768  -0.515960   0.588892  -0.000001   0.477119   0.000002   0.471404
       0.0        0.0        0.0        0.0        0.0        0.0        0.0        0.0
  3    0.000000   0.000000  -0.000001   0.000003   0.673479  -0.000005   0.746333  -0.000000
       0.0        0.0        0.0        0.0        0.0        0.0        0.0        0.0
  4    0.032676  -0.087783   0.360451   0.337037   0.000003   0.554237   0.000001  -0.761280
       0.0        0.0        0.0        0.0        0.0        0.0        0.0        0.0
  5    0.0        0.0        0.0        0.0        0.0        0.0        0.0        0.0
       0.0        0.0        0.0        0.0        0.0        0.0        0.0        0.0
  6    0.028172   0.067765   0.515943   0.588905   0.000002  -0.477120  -0.000007   0.471403
       0.0        0.0        0.0        0.0        0.0        0.0        0.0        0.0
  7   -0.000002  -0.000001  -0.000008  -0.000001   0.673467   0.000001  -0.746340  -0.000000
       0.0        0.0        0.0        0.0        0.0        0.0        0.0        0.0
  8   -0.032678  -0.087779  -0.360462   0.337024  -0.000004  -0.554240  -0.000002  -0.761280
       0.0        0.0        0.0        0.0        0.0        0.0        0.0        0.0
IMAG. PART

          1          2          3          4          5          6          7          8
  1   -0.669515  -0.708456   0.155882   0.019250   0.000002   0.050031  -0.000002   0.290091
       0.0        0.0        0.0        0.0        0.0        0.0        0.0        0.0
  2    0.0        0.0        0.0        0.0        0.0        0.0        0.0        0.0
       0.0        0.0        0.0        0.0        0.0        0.0        0.0        0.0
  3    0.0        0.0        0.0        0.0        0.0        0.0        0.0        0.0
       0.0        0.0        0.0        0.0        0.0        0.0        0.0        0.0
  4    0.0        0.0        0.0        0.0        0.0        0.0        0.0        0.0
       0.0        0.0        0.0        0.0        0.0        0.0        0.0        0.0
  5   -0.669479   0.708488   0.155883  -0.019243   0.000001   0.050031  -0.000000  -0.290092
       0.0        0.0        0.0        0.0        0.0        0.0        0.0        0.0
  6    0.0        0.0        0.0        0.0        0.0        0.0        0.0        0.0
       0.0        0.0        0.0        0.0        0.0        0.0        0.0        0.0
  7    0.0        0.0        0.0        0.0        0.0        0.0        0.0        0.0
       0.0        0.0        0.0        0.0        0.0        0.0        0.0        0.0
  8    0.0        0.0        0.0        0.0        0.0        0.0        0.0        0.0
       0.0        0.0        0.0        0.0        0.0        0.0        0.0        0.0
EIGENVALUES: REX FOR  I2  DEFAULT PARAMETERIZATION /  MK=3
        I  OCC          EV.             RY.             A.U.            CM-1

        8             -4.003812       -0.294272       -0.147136       -32292.67
        7  2          -9.674645       -0.711068       -0.355534       -78030.66
        6  2         -10.325116       -0.758876       -0.379438       -83277.03
        5  2         -11.316503       -0.831741       -0.415871       -91273.04
        4  2         -12.079307       -0.887806       -0.443903       -97425.42
        3  2         -12.495311       -0.918381       -0.459191      -100780.69
        2  2         -22.499296       -1.653655       -0.826827      -181467.63
        1  2         -25.306477       -1.859977       -0.929989      -204108.89

     SUM=        -7.621506 AU
        =      -207.393311 EV
        =     -4782.565188 KCAL
        =    -20010.252819 KJ
```

C. Andere Programme

Es existieren noch viele weitere Methoden wie PCILO, CNDO, CNDO/S, INDO usw. Hier sei nur noch ein Ausschnitt aus dem Output von CNDOUV99 angefügt. CNDOUV99 berechnet UV/VIS-Spektren von Molekülen wobei einfach und doppelt angeregte Zustände in die C.I.-Rechnung eingehen (max. 99 Konfigurationen).
Das Molekül ist Ethylen in AM1-Geometrie. Die experimentell in Heptan beobachtete Absorption besitzt ein Maximum bei 163 nm (log ε = 4.18).

Listing 2.15 Ausschnitt aus dem Output der Berechnung des UV-Spektrums von Ethylen mit CNDOUV99.

NR	EV	KK	NM	SX	SY	SZ	OSZ	LOGEPS
63	15.834480	127.7209	78.3	3.525434	0.000018	0.0	0.746424	4.608312
69	13.899019	112.1095	89.2	-2.926262	-0.000040	0.0	0.451406	4.389893
73	12.422834	100.2026	99.8	-0.000031	2.584573	0.0	0.314742	4.233280
81	7.151229	57.6818	173.4	-3.696450	0.000001	0.0	0.370601	4.304233

```
                                    L O G   E P S I L O N

       1.0       1.5       2.0       2.5       3.0       3.5       4.0       4.5
   KK   | . . . . | . . . . | . . . . | . . . . | . . . . | . . . . | . . . . | . . . . . NM
       -------------------------------------------------------------------------------
62.000 .*                   .                   .                   .                 161
61.500 .*                   .                   .                   .                 163
61.000 .*                   .                   .                   .                 164
60.500 .*                   .                   .                   .                 165
60.000 .*                   .                   .                   .                 167
59.500 .*                   .                   .                   .                 168
59.000 .*                   .                   .                   .                 169
58.500 .*                   .                   .                   .                 171
58.000 .*                   .                   .                   .                 172
57.500 .*-----------------------------------------------------------------X           174
57.000 .*                   .                   .                   .                 175
56.500 .*                   .                   .                   .                 177
56.000 .*                   .                   .                   .                 179
55.500 .*                   .                   .                   .                 180
55.000 .*                   .                   .                   .                 182
54.500 .*                   .                   .                   .                 183
54.000 .*                   .                   .                   .                 185
53.500 .*                   .                   .                   .                 187
53.000 .*                   .                   .                   .                 189
       -------------------------------------------------------------------------------
   KK   ? . . . . ? . . . . ? . . . . ? . . . . ? . . . . ? . . . . ? . . . . ? . . . . . NM
       1.0       1.5       2.0       2.5       3.0       3.5       4.0       4.5

                                    L O G   E P S I L O N
```

2.2.4 Berechnung von physikalischen Eigenschaften und Hilfsgrössen für die Interpretation von Wellenfunktionen

Entsprechend dem Ziel dieser Einführung, eine Anleitung zur Applikation zu sein, sollen in diesem Kapitel berechenbare Grössen, welche die Einsatzbreite von MO-Methoden zeigen, streiflichtartig dargestellt werden. Für die jeweils dazugehörige Theorie wird auf entsprechende Abschnitte in Kapitel 2.2.2 verwiesen. Für eine adäquate Darstellung der Theorie sei auf die Literatur verwiesen[1]. Die Einsatzbreite reicht von

1. A. Szabo, N.S. Ostlund: Modern Quantum Chemistry: Introduction to Advanced Electronic Structure Theory. MacMillan, N.Y., 1982.

scheinbar trivialen Dingen wie der Berechnung von Geometrien an ausgezeichneten stationären Punkten (Minima, Übergangszustände) bis zur Berechnung von Eigenschaften angeregter Zustände. Die dabei anfallenden Wellenfunktionen enthalten eine Fülle von Informationen, welche aber nur schwer direkt daraus abgelesen werden können. Darum wurde eine Reihe von Methoden entwickelt, welche Vorhersagen von Eigenschaften der untersuchten Moleküle mittels zusammenfassender, mehrheitlich nicht eigentlich quantenchemischer Grössen erlaubt. Dazu gehören Grenzorbital- (frontier orbital) Betrachtungen, Reaktivitätsindizes, Bindungsordnungen, Ladungen, Energieaufteilungsanalyse, Bindungslokalisierung, usw. Eine andere Gruppe von Eigenschaften ist theoretisch leicht erfassbar, indem es sich um Erwartungswerte von physikalischen Eigenschaften handelt. Diese können gemessenen Werten direkt gegenübergestellt werden können und damit auch einen quantitativen Test für die Verwendbarkeit einer Methode in einem bestimmten Zusammenhang darstellen.[1,2]

2.2.4.1 Geometrie

Geometrien lassen sich mit den meisten weiter verbreiteten MO-Programmen optimieren, d.h. es ist möglich, automatisch von einer Startgeometrie ausgehend, das nächstgelegene Minimum aufzusuchen (vgl. dazu Kap. 1.3.2). Das Problem, ob es sich beim gefundenen Minimum um das globale oder nur um ein lokales Minimum handelt, bleibt ungelöst. MO-Methoden erlauben nicht nur die Berechnung von Molekülen in einer Gleichgewichtsgeometrie, sondern auch bei beliebigen Punkten auf der Energiehyperfläche. Dazu gehört eine ganze Reihe von weiteren stationären Punkten, von denen eigentlich nur jene von Interesse sind, welche in der Hesse-Matrix ausschliesslich einen über die rotatorischen und vibratorischen Freiheitsgrade hinausgehenden negativen Eigenwert besitzen (imaginäre Frequenz im IR-Spektrum): die Übergangszustände.

Wir können Übergangszustände danach einteilen, ob im Laufe der Kernbewegung das klassische Bindungsnetzwerk, d.h. der molekulare Graph, verändert wird oder nicht. Zur zweiten Sorte gehören die internen Rotationen um Bindungen, welche keine erheblichen Rotationsbarrieren aufweisen (in der organischen Chemie sog. Einfachbindungen). Muss für die Beschreibung des Übergangszustandes mit Hilfe klassischer molekularer Graphen eine Veränderung der Anzahl von Bindungsstrichen vorgenommen werden, oder benötigt man einen anderen Satz von Resonanzstrukturen, oder ist man versucht, Elektronen über mehrere Bindungen durch gepunktete Linien delokalisiert darzustellen, so ist die Berechnung der Geometrien immer noch möglich. Man muss allerdings beachten, dass derartige Strukturen in der klassischen Schreibweise darauf hindeuten, dass auf dem MO-Niveau die Elektronen nicht in mit anderen Bindungstypen vergleichbaren Situationen sind, d.h. dass erhebliche Unterschiede in der radialen Ausdehnung von Wellenfunktionen auftreten und entsprechend die Korrelationsenergien stark von Standardsituationen abweichen. Solche Übergangszustände sind immer potentielle Anwärter für Berechnungen mit Post-Hartree-Fock-Methoden (Kap. 2.2.2.1.B). Diese Schwierigkeiten sind verwandt mit dem Problem, dass viele zweiatomige Moleküle auf dem Hartree-Fock-Niveau falsch dissoziieren, falls sie nicht zu closed shell Atomen führen, da gewisse e-e Repulsions-

1. A.D. Buckingham: J. Chem. Phys., **30**, 1580 (1959).
2. D. Neumann, J.W. Moskowitz: J. Chem. Phys., **49**, 2056 (1968).

integrale für $r \rightarrow \infty$ in diesem Modell einem von null verschiedenen endlichen Wert zustreben.

Kleine Moleküle können heute mit ab initio Methoden ziemlich genau berechnet werden. Erfahrungsgemäss stimmen bei guten SCF-Rechnungen die Bindungslängen bis auf etwa 0.03 Å und die Bindungswinkel auf etwa 5°, wobei die Bindungslängen in organischen Molekülen notorisch zu kurz werden. Diederwinkel können im Mittel bis zu 10° von den experimentellen Werten abweichen. Beispiele für die Basissatzabhängigkeit der Geometrie sind aus Tabelle 2.1 und Abbildung 2.13 ersichtlich. In C.I.-Rechnungen verkleinern sich die Abweichungen in den meisten Fällen auf etwa die Hälfte. Moleküle, welche nicht elektronenpräzis (= ein Elektron pro AO in einer Minimalbasis) sind oder direkt aneinander gebundene elektronenreiche Atome enthalten (d.h. direkt benachbarte "lone pairs"), werden dabei notorisch schlecht beschrieben. Solche Moleküle können auch mit Einsatz von diffusen Funktionen nur durch Rechnungen, welche die Elektronenkorrelation einbeziehen, adäquat behandelt werden (C.I., MCSCF, Møller-Plesset) (Kap. 2.2.2.1.B). Møller-Plesset-Verfahren sind störungstheoretische Post-Hartree-Fock-Verfahren, welche aber prinzipiell nicht über die Eindeterminantendarstellung hinausgehen. Sie verbessern Grundzustandswellenfunktionen von Molekülen, die klassisch mit 2-Elektronen-Bindungen und lone pairs geschrieben werden können, ohne die Elektronenkorrelation voll zu berücksichtigen.

Übergangsmetalle verlangen ebenfalls sehr oft Post-Hartree-Fock-Methoden, wie Multireferenz-C.I. und MCSCF. Dies gilt vor allem für Elemente aus der "Mitte" der Übergangsreihen. Die manchmal überraschend guten Resultate bei Geometrieoptimierungen an Übergangsmetallkomplexen mit sehr einfachen Basissätzen ist wohl darauf zurückzuführen, dass sich Basissatz- und andere Mängel aufheben.

Zusammenfassend kann gesagt werden, dass bei der Verwendung von ab initio Methoden genau wie bei der Verwendung von semiempirischen Modellen ein genaues Studium der Literatur für die optimale Abstimmung von Basis und Methode auf ein zu behandelndes Problem wichtig ist. Bei der Berechnung von Korrelationsenergien gilt das in verstärktem Masse. Der nicht besonders geschulte Anwender sollte in diesem Falle unbedingt bei einem Spezialisten Rat suchen. Bei der Anwendung von rein semiempirischen Methoden (z.B. MNDO, Kap. 2.2.3) stellen sich andere Probleme. Diese Methoden sind an beobachteten Grössen geeicht. Da Übergangszustände nicht beobachtbar sind, muss ihre Berechnung besonders kritisch beurteilt werden. Durch den Eichvorgang sind Korrelationseffekte in der Nähe von Minima implizit in den Parametern enthalten. Die Anwendung von C.I.-Methoden auf Moleküle mit closed-shell Konfigurationen in der Nähe von Minima ist darum fraglich. Sie ist aber für angeregte Zustände und Übergangszustände von Nutzen. Auf jeden Fall sollte bei der Berechnung grösserer Moleküle mit kritischen Fragmenten alle in der Literatur erhältlichen experimentellen Hinweise und Vergleiche mit sorgfältigen ab initio Rechnungen an kleinen Modellen zur Beurteilung herangezogen werden. Die Genauigkeit der "vertrauenswürdigeren" semiempirischen Methoden MNDO, AM1 und PM3 kann global wie folgt angegeben werden:

	MNDO	AM1	PM3
Dipolmoment:	0.5 D	0.4 D	0.4 D
Ionisationspotentiale:	0.8 eV	0.6 eV	0.6 eV
Bildungswärme:	46 kcal/mol	28 kcal/mol	12 kcal/mol
Bildungswärme (C,H,N,O):	19 kcal/mol	11 kcal/mol	8 kcal/mol
Bindungslängen:	0.04 Å	0.03 Å	0.03 Å
Bindungswinkel:	3.8°	3.0°	3.9°

Die hier gemachten Angaben sind nur als Orientierung gedacht. Detaillierte Angaben zu verschiedenen Substanzklassen sind aus der Literatur ersichtlich.[1]

2.2.4.2 Reaktivität

Für das Studium der Reaktivität existiert an und für sich ein rigoroses Mittel, nämlich das Abtasten der gesamten Energiehyperfläche für eine bestimmte Reaktion. Dies führt zu einem riesigen Rechenaufwand für jede einzelne Elementarreaktion und muss für Substituentenmuster für jeden einzelnen Substituenten neu durchgeführt werden. Ein solcher Aufwand ist nicht tragbar und darum wurden Methoden entwikkelt, um ihn zu reduzieren. Zum einen durch intelligente Auswahl von Unterräumen aus der Gesamthyperfläche, welche die chemisch relevante Information bereits enthalten sollten, zum anderen aber durch Berechnung von Grössen wie Bindungsordnung, Reaktivitätsindex, Ladungen oder Energieaufteilungsanalysen und lokalisierte Bindungen, und zum dritten durch die alleinige Betrachtung von Orbitalen an der Besetzungsgrenze (Grenzorbitale). Diese Methoden liefern pseudo-transferierbare Eigenschaften und sind in einem strengeren Sinn nicht quantenchemischer Natur (vgl. Kapitel 1.2).

Gute Übereinstimmung zwischen theoretischen und experimentellen Werten erhält man auf SCF-Niveau für Energiebarrieren interner Inversionen und Rotationen. Rotationsbarrieren können dabei empfindlich von der Wahl der Polarisationsfunktionen abhängen. Beim Vergleich muss man sich allerdings bewusst sein, dass in die Bestimmung der experimentellen Werte oft viele schlecht kontrollierbare Modellannahmen eingehen. Definitiv überfordert ist die SCF-Methode für die quantitative Bestimmung von Ionisationsenergien und elektronischen Anregungsenergien. Dazu sind C.I.-Rechnungen erforderlich. Qualitativ falsche Ergebnisse liefert das SCF-Verfahren vor allem bei der Dissoziation von Molekülen, falls diese nicht zu closed shell Fragmenten führen. Bei der Berechnung von Reaktionen ohne Bindungsbrechung (Rotationen) muss die Notwendigkeit von diffusen Polarisationsfunktionen (Kap. 2.2.2.2.B) abgeklärt werden (klassisch sog. nicht-bindende Wechselwirkungen auf Distanzen, die wesentlich grösser als der entsprechende Bindungsabstand sind). Bei Reaktionen mit Bindungsbrechung oder -formation ist ein flexibler Valenzbasissatz mit mitteldiffusen Anteilen besser geeignet als extrem diffuse Funktionen. Hier muss vor allem abgeklärt werden, ob eine Eindeterminantendarstellung wirklich genügt. Häufiger als angenommen, ist dies nicht der Fall. Die Elektronenkorrelation ist für die extrem gestreckten Bindungen so stark verschieden von "normalen" Molekülen, dass Unterschiede zwischen Edukten und Produkten nur unter korrekter Berücksichtigung dieser Beiträ-

1. J.J.P. Stewart: MOPAC, a Semiempirical Molecular Orbital Program. In: J. Comp.-Aided Mol. Design, 4, 1 (1990).

ge zur Totalenergie richtig diskutiert werden können. Ob Geometrieoptimierungen auf SCF-Niveau vernünftig sind, bleibt von Fall zu Fall abzuklären.

A. Minima / Übergangszustände / Hyperflächen

Um eine spezifische Reaktion rechnerisch zu erfassen, ist es nicht nötig, die gesamte Hyperfläche zu berechnen. Es genügt oft, Minima und Übergangszustände zu kennen und die Wege entlang der intrinsischen Reaktionskoordinate, welche die stationären Punkte untereinander verbindet, zu berechnen. Für ein genaueres Verständnis genügt der intrinsische Reaktionsweg allein nicht. Es ist notwendig, die Hyperfläche in seiner Umgebung abzutasten. Man berechnet sozusagen n-1 dimensionale "Schläuche" durch die n-dimensionale Hyperfläche. Das ist nötig, um die effektive Kernbewegung in Molekülen, welche etwas grösseren Energieinhalt besitzen, als dem Threshold entspricht, abzuschätzen. Je tiefer man sich energetisch in der Hyperfläche bewegt, desto weiter müssen diese Schläuche werden (geometrisch, d.h. energetisch bleiben sie konstant). Bei solchen Berechnungen muss darauf geachtet werden, dass die verwendeten Basissätze für alle Kernkonfigurationen entlang der Reaktionskoordinate radial und winkelmässig adäquat sind (auch nichtbindende und antibindende Wechselwirkungen nicht vergessen). Werden klassisch nicht schreibbare Bindungsverhältnisse durchlaufen, so sind oft post Hartree-Fock-Methoden notwendig (vgl. 2.2.4.1). Zum Problem der Relevanz von Gasphasenrechnungen an Reaktionen, die klassisch mit Ladungstrennung formuliert werden, vergleiche man Kapitel 2.1.5 und 3.1.2.

B. Frontier Orbitals / Orbital-Wechselwirkungen

Bei dieser Methode wird nicht die Energie als Kriterium verwendet, sondern die aufgrund der Form von Wellenfunktionen in der Nähe der Besetzungsgrenze zu erwartenden, leicht erreichbaren Veränderungen. Eine solche Vorgehensweise ist nicht streng physikalisch, da Orbitale keine Observablen darstellen. Trotzdem ist dieser Ansatz sehr erfolgreich und bietet den Vorteil, dass die Reaktivität eines Substrates gegenüber ganzen Klassen von Reagenzien beschrieben werden kann. Der Erfolg dieser Methode kann am besten anhand der Anwendungen abgeschätzt werden. Dazu gehören die Woodward-Hoffmann-Regeln[1], die Grenzorbitale und Grenzorbital-Betrachtungen[2], oder auch Orbitalwechselwirkungen[3] und Abschätzungen von geometrischen Eigenschaften aufgrund der Wechselwirkung von Fragment-MOs.

Grundsätzlich ist zu bemerken, dass die virtuellen Orbitale von ab initio Rechnungen für Grenzorbitalbetrachtungen ungeeignet sind. Dies hängt damit zusammen, wie der Zweiteilchenoperator g(1,2) im HF-Modell in einen Pseudoeinteilchenoperator überführt wird (vgl. 2.2.2.1.A). Dazu muss eine "Testladung" in die virtuellen Orbitale gebracht werden. Das hat zur Folge, dass die besetzten Orbitale zum Molekül gehören, die virtuellen Orbitale aber eigentlich zum entsprechenden Molekülanion. Sie liegen deshalb energetisch zu hoch und sind zu diffus. Grenzorbitale sollten darum mit semiempirischen Methoden berechnet werden.

---

1. Nguyên Trong Anh: Die Woodward-Hoffmann-Regeln und ihre Anwendungen. Verlag Chemie, 1972.
2. Ian Fleming: Grenzorbitale und Reaktionen organischer Verbindungen, Verlag Chemie, 1979.
3. T.A. Albright, J.K. Burdett, M.H. Whangbo: Orbital Interactions in Chemistry, John Wiley, 1985.

C. Reaktivitätsindizes / Bindungsordnungen

Ein Problem der bis jetzt erwähnten Methoden besteht darin, dass sie wesentlich komplexerer Natur sind als die klassischen molekularen Graphen. Es besteht darum der Wunsch, die Resultate von MO-Rechnungen auf Atome und Bindungen (welche in der MO-Theorie von Molekülen nicht vorkommende Entitäten sind) abzubilden. Resultate solcher Abbildungen sind Reaktivitätsindizes wie Bindungsordnungen oder Valenzen von Atomen, welche als Absolutwert oder im Vergleich zueinander Reaktivitäten in einer intuitiven, dem Chemiker verständlichen Art wiedergeben.

D. Ladungen / elektrostatische Potentiale

Das elektrostatische Potential an einem bestimmten Ort relativ zu einem Molekül ist eine physikalische Grösse. Es wird durch die Kernladungen und durch die Ladungsdichteverteilung der Elektronen hervorgerufen. Es ist berechenbar, aber die Elektronendichteverteilung, welche dem elektrostatischen Potential zugrunde liegt, ist mnemotechnisch keine leicht fassbare Grösse. Ein Ausweg ist die Bestimmung skalarer Grössen, welche die Diskussion von theoretischen Resultaten bis zu einem gewissen Grade in der intuitiven Sprache der Chemiker ermöglichen. Eine solche Bestimmung ist die Abbildung der Elektronendichteverteilung auf Atome und Atompaare (Populationsanalyse). Sie ergibt Masszahlen für Atomladungen und Bindungsstärken. Solche Populationsanalysen können in der ZDO-Welt (PPP, CNDO, INDO, MNDO...) im Rahmen der von Coulson und Longuet-Higgins[1] beschriebenen Ladungsdichten-Bindungsordnungs-Matrix durchgeführt werden. In der Welt der Overlap-Modelle (z.B. EHT) wird die Mulliken-Populationsanalyse[2] angewandt.

Populationsanalysen sind immer mit einer gewissen Willkür behaftet. Atomladungen sind von der Art der Analyse und vom Basissatz abhängig. Die Basissatzabhängigkeit ist in Populationsanalysen weit ausgeprägter als diejenige der "realen" Elektronendichteverteilung.[3] Verwendet man für die zwei Wasserstoffatome in H_2 verschiedene Basissätze, kann eine erhebliche Ladungsseparation erzeugt werden (vgl. Abbildung 2.14).

Basissatz		Populationsanalyse	
		Mulliken	Löwdin
STO-3G	H	+0.120	+0.344
	|		
6-31++G**	H	−0.120	−0.344

Abbildung 2.14 Abhängigkeit der Populationsanalyse im Wasserstoffmolekül H_2 vom Basissatz in einer Rechnung mit unausgewogenem Basissatz. Die Verwendung unterschiedlicher Basissätze für die zwei Wasserstoffatome erniedrigt die Molekülsymmetrie auf $C_{\infty v}$.

1. C.A. Coulson, H.C. Longuet-Higgins: Proc. Roy. Soc. [London], **A191**, 39 (1947)
2. R.S. Mulliken: J. Chem. Phys., **23**, 1833, 1841, 2338, 2743 (1955).
3. R. Ahlrichs, C. Ehrhardt: Chemie in unserer Zeit, **19**, 120 (1985).

Elektronenpopulationsanalyse

Ladungsdichte
Bindungsordnung

Coulson
Longuet-Higgins

"ZDO-Welt"

$$N = \sum_{A} P_{AA}$$

N = Anzahl Elektronen im Molekül

$$P_{AA} = \sum_{\mu}^{A} P_{\mu\mu}$$

$$P_{\mu\mu} = \sum_{i}^{occ} n_i c_{\mu i}^2$$

$$P_{\mu\nu} = \sum_{\nu_i} c_{\mu i} c_{\nu i}$$

Bindungsordnung

$$B_{AB} = \sum_{\mu}^{A} \sum_{\nu}^{B} P_{\mu\nu} S_{\mu\nu}$$

Bindungsindex

$$P_{AB} = \sum_{\mu}^{A} \sum_{\nu}^{B} P_{\mu\nu}^2$$

Atompopulation
Überlappungspopulation

Mulliken

"Überlappungsmodelle"

$$\Psi^2 = \left(\sum_{\mu} c_{\mu i} \chi_{\mu}\right)^2$$

$$= \sum_{\mu} c_{\mu i}^2 c_{\mu}^2 + 2 \sum_{\mu} \sum_{<\nu} c_{\mu i} c_{\nu i} \chi_{\mu} \chi_{\nu}$$

$$n_i = \sum_{\mu}^{n_i} c_{\mu i}^2 + 2 \sum_{\mu} \sum_{<\nu} n_i c_{\mu i} S_{\mu\nu}$$

E. Energieaufteilungsanalyse

Die Virialaufteilung der molekularen Energie lässt eine wesentlich bessere Klassifizierung chemischer Bindung zu als die Elektronendichte. Man findet dabei "reine" Bindungstypen[1], die durch folgende Eigenschaften charakterisiert sind:

- geringe kinetische Energie (Überlappungs-Austausch-Kovalenz)
- grosse Kern-Elektron-Anziehungsenergie (ionische Bindung)
- geringe Zwei-Elektronen-Abstossung (Korrelations-Kovalenz)

Die Virialaufteilung der molekularen Energie in kinetische Energie, Kern-Kern-Abstossung, Elektron-Elektron-Wechselwirkung und Elektron-Kern-Anziehung lässt sich leider auf semiempirische LCAO-MO-Verfahren nicht anwenden, da aufgrund der verschiedenen Näherungen nicht alle für diese Art von Energieaufteilung notwendigen Integrale zur Verfügung stehen. Man ist darum auf die Anwendung von For-

1. W.H.E. Schwarz und H.E. Mons: Chem. Phys. Letters, **156**, 275 (1989).

meln, welche die Energie in Atom- und Bindungsbeiträge zerlegen, angewiesen. Diese Aufteilung ist willkürlich und wird durch die Verwendung des LCAO-MO-Ansatzes möglich; sie ist aber nicht in der Theorie selber verankert. Der Aussagewert dieser Aufteilung ist darum begrenzt.

Die folgenden Formeln für eine solche Aufteilung besitzen für semiempirische Verfahren Gültigkeit, die in der Überlappungsbasis formuliert sind.

$$E = 2\sum_i h_i + 2\sum_i\sum_j J_{ij} + \sum_i\sum_j K_{ij} + \sum_{A<B}\sum \frac{Z_A Z_B}{R_{AB}}$$

Erwartungswert von h_i — Coulomb-Integral — Austausch-Integral — Kern-Kern Repulsion

↓ LCAO
Mit Hilfe von an Atomen (A,B) zentrierten Orbitalen = AO's wird die Energie als Summe von Atombeiträgen schreibbar

$$E = \sum_A E_A + \sum_A\sum_{<B} E_{AB} + \sum_A\sum_{<B}\sum_{<C} E_{ABC} + \sum_A\sum_{<B}\sum_{<C}\sum_{<D} E_{ABCD}$$

↓ ZDO

$$E = \sum_A E_A + \sum_A\sum_{<B} E_{AB}$$

Im Rahmen der ZDO-Verfahren können E_A und E_{AB} in folgende Beiträge zerlegt werden:

$$E_A = E_A^U + E_A^J + E_A^K$$

U: Einelektronenenergie am Atom A
J: E-E-Abstossung am Kern A
K: Austauschwechselwirkung am Atom A

$$E_{AB} = E_{AB}^R + E_{AB}^V + E_{AB}^J + E_{AB}^K + E_{AB}^N$$

R: Beitrag der Resonanzintegrale
V: potentielle Energie der Elektronen bei A im Feld des Kernes B
J: E-E-Abstossung zwischen Elektronen an verschiedenen Atomen A und B
K: Austauschwechselwirkung von Elektronen an verschiedenen Atomen A und B
N: Kern-Kern-Repulsion
E_{AB}^{J+V+N}: Elektrostatische Wechselwirkung zwischen den Kernen A und B

F. Bindungslokalisierung

Kanonische MO's sind wohl eindeutig bestimmt, aber leider aufgrund ihrer Delokalisierung nicht in intuitiver Art verwendbar. Ein weiterer Versuch, Resultate von MO-Rechnungen auf molekulare Graphen abzubilden, besteht in der Lokalisierung von

MOs. Diese Orbitaltransformation ist nur eine von vielen, die in der Quantenchemie eingesetzt werden (Abbildung 2.15). Sie betrifft nur die besetzten MO's und führt zu einem neuen (nicht notwendigerweise eindeutigen) Satz von MO's, welche so gut wie möglich zwischen Atomen (Bindungsstriche), resp. an Atomen lokalisiert sind (lone pairs). Die Anordnung solcher MO's lässt die intuitive Interpretation des von einer MO-Rechnung aufgespannten Bindungsnetzwerkes als Elektronendichte- resp. MO-Dichte zu. Lokalisierte MO's und ihre Eigenschaften sind weitgehend zwischen Molekülen transferierbar. Sie stellen somit Substanzklasseneigenschaften dar, womit ihre nicht streng quantenchemische Natur belegt ist. Sie sind nicht Observablen im Sinne des Erwartungswertes eines Operators (obwohl ihre Summe experimentellen Beobachtungen zugänglich sein kann).

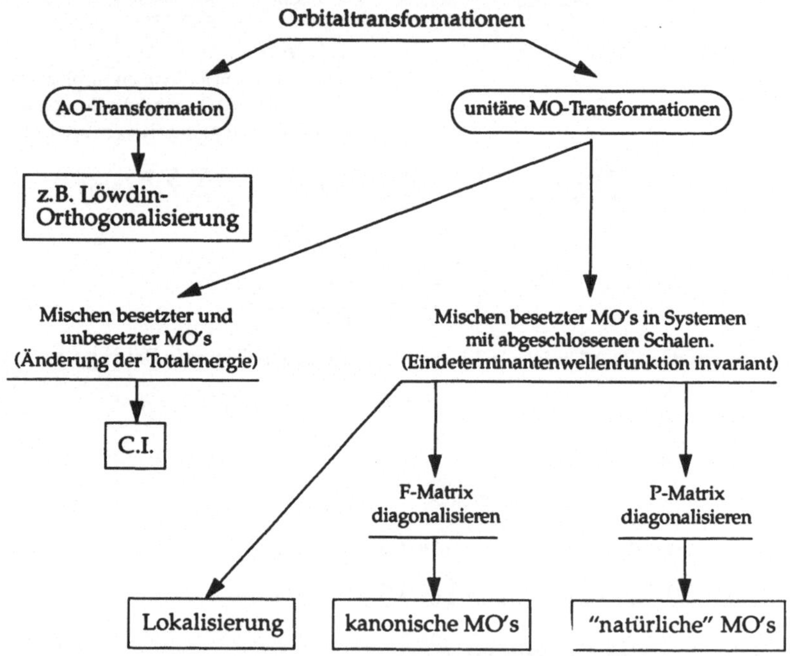

Abbildung 2.15 Ausschnitt aus der Familie der Orbitaltransformationen.

2.2.4.3 Spektroskopie

Spektroskopische Daten sind Observablen eines Systems und können darum nicht nur vorausgesagt werden, sondern sollten auch als Testgrössen für zur Wahl stehende Methoden verwendet werden. Diese spektroskopischen Daten resp. Methoden können in zwei Klassen eingeteilt werden, wobei die eine ohne die Betrachtung von magnetischen Wechselwirkungen erhalten werden kann. Dazu gehören IR-/UV-Spektren, ESR-Kopplungskonstanten von Radikalen und Photoelektronen-Spektren. Andere Eigenschaften sind zweiter und höherer Ordnung, welche eine durch äussere Störfelder hervorgerufene Veränderung in der elektronischen Ladungsverteilung zugrunde haben. Dazu gehören zum Beispiel die Eigenschaften von NMR-Spektren oder die elektrische Polarisierbarkeit eines Moleküls.

A. IR-Spektren

Die Berechnung von Infrarotspektren[1,2] erfordert Potentialhyperflächen von wesentlich höherer Qualität als dies für die reine Geometrieoptimierung notwendig ist. Es muss nicht nur das lokale Minimum richtig liegen, sondern auch die Krümmung richtig reproduziert werden. Dies bedingt die Verwendung von "guten" Basissätzen, was aber in vielen Fällen nicht genügt, da die Hartree-Fock-Methode aufgrund ihres falschen Dissoziationsverhaltens für die Bindungsstreckung zu hohe Kraftkonstanten liefert. Streckschwingungen sollten daher immer mit zu hohen Frequenzen berechnet werden. Dies gilt nicht gleichermassen für Beugeschwingungen. Für eine gute Voraussage von IR-Spektren werden Post-Hartree-Fock-Methoden und gute Basissätze benötigt, was solche Berechnungen auf kleine Moleküle beschränkt. Oft wird einer Voraussage durch Skalierung mit Hilfe bekannter Moleküle mit ähnlichen Strukturmerkmalen nachgeholfen.

B. UV/VIS-Spektren

Die Berechnung von elektronischen Anregungsspektren verlangt die Berechnung des Grund- und des angeregten Zustandes. Wie bei der Berechnung von Übergangszuständen, können dabei erhebliche Unterschiede in den Korrelationsenergien entstehen, so dass sowohl Grund- als auch angeregter Zustand mit einer Post-Hartree-Fock-Methode berechnet werden sollte.

C. Photoelektronenspektren und Ionisationspotentiale

Sowohl adiabatische als auch vertikale Ionisationspotentiale können mit Hilfe des Frank-Condon-Prinzips und des Koopman-Theorems für Valenzschalenionisationen relativ leicht abgeschätzt werden. Effekte stark ändernder Elektronenkorrelation und Orbitalrelaxation heben sich bei der Ionisation nicht exakt auf, wodurch Fehler in der Grössenordnung von etwa 10% des aufgrund des Koopman-Theorems abgeschätzten Wertes auftreten können. In besonderen Fällen, vor allem in kleinen Molekülen (wo sich die positive Ladung nicht delokalisieren kann), treten erheblich grössere Fehler auf. Unbrauchbar ist das Koopmans-Theorem für die Abschätzung von ESCA-Anregungsenergien, da hier Änderungen der Korrelationsenergie und der Relaxationsenergie stark voneinander verschieden sind.

D. NMR-Spektren

Die NMR-Parameter chemische Verschiebung und Kopplungskonstanten sind molekulare Eigenschaften zweiter Ordnung[3]. Ihre Berechnung ist mit drei verschiedenen

---

1. W.D. Gwinn: J. Chem. Phys., 55, 477 (1971).
2. J.A. Boatz, M.S. Gordon: J. Chem. Phys., 93, 1819 (1989).
3. I. Ando, G.A. Webb: Theory of NMR Parameters, Academic Press, 1983.

Formalismen möglich (SOS = sum over states[1,2], FPT = finite perturbation theory[3,4], SCP = self consistent perturbation[5]).

Drei hauptsächliche Fehlerquellen verhindern die Berechnung von NMR-Parametern mit einer dem Experiment vergleichbaren Präzision. Eine Fehlerquelle liegt im starken Einfluss der Solvatation vor allem auf die chemische Verschiebung polarer Moleküle. Die anderen zwei Fehlerquellen sind in der Hartree-Fock-Gleichung (Kap. 2.2.2.1.A) begründet. Die eine ist die fehlende Elektronenkorrelation; NMR-Parameter müssten eigentlich auf einem Post-Hartree-Fock-Niveau (Kap. 2.2.2.1.B) behandelt werden. Die andere ist in der Schrödingergleichung begründet, welche Operatoren meist nur unter Vernachlässigung von relativistischen Effekten enthält. Sowohl chemische Verschiebungen als auch Kopplungskonstanten hängen aber kritisch von der Elektronenbewegung nahe am Kern ab und sind daher empfindlich auf relativistische Kontraktionen von s- und p-Funktionen und die daraus resultierende Expansion der d- und f-Funktionen.

Für die Untersuchung der Ursachen von Veränderungen von NMR-Parametern in einer Familie von Verbindungen werden meist skalierte Resultate semiempirischer Verfahren verwendet.

E. ESR-Spektren

Die Hyperfeinkopplungskonstante in ESR-Spektren von Radikalen ist eine spektrale Grösse 1. Ordnung. Trotzdem ist sie recht schwierig zu berechnen, da grosse Beiträge vor allem zur isotropen Kopplungskonstante durch Spin-Polarisation von Rumpf-s-Elektronen hervorgerufen wird. Es sind darum Rechnungen vom UHF-Typ (Kap. 2.2.2.1.A) mit Basissätzen, welche sowohl Valenz- als auch Rumpforbitale sehr gut beschreiben, notwendig. Im Gegensatz zur Kopplungskonstanten ist die chemische Verschiebung im ESR-Spektrum eine Grösse 2. Ordnung, die durch den Einfluss, welcher ein externes magnetisches Feld auf die Elektronenverteilung ausübt, hervorgerufen wird.

---

1. J.A. Pople: J. Chem. Phys., 57, 53 (1963); ibid., 57, 60 (1963).
2. J.A. Pople, D. P. Santry: Molec Phys., 8, 1 (1964).
3. R. Ditchfield: J. Chem. Phys., 56, 5688 (1972).
4. J.A. Pople, J.W. McIver, N.S. Ortlund: J. Chem. Phys., 49, 2960 (1968).
5. A.C. Blizzard, D.P. Santry: J. Chem. Phys., 55, 950 (1971).

Kapitel 3
Beispiele

Versucht man, ein Problem mit theoretischen Methoden anzugehen, stellen sich einem zu Beginn meist einige Hindernisse in den Weg. Obwohl die hier angesprochenen theoretischen Werkzeuge im Sinne eines Computerexperimentes gebraucht werden sollen, ist gerade die experimentelle Erfahrung des Anwenders oft hinderlich. Das liegt daran, dass für experimentelle, "nasschemische" Zwecke Zugänglichkeit und Lösungseigenschaften einer Molekel für die Wahl mitausschlaggebend sind und nicht nur die Frage, ob der zu untersuchende Effekt an diesem Molekül am klarsten zu erkennen ist. Dies führt meist dazu, dass der Anfänger versucht ist, seine Molekel inklusive aller Schutzgruppen zu simulieren. Geschieht die Simulation mit Hilfe eines Kraftfeldmodells, ist dies ohne weiteres möglich. Ist das verwendete Modell jedoch ein MO-Modell, ergeben sich zwei Probleme: Zum einen nimmt die Rechenzeit mit der Grösse des Moleküls stark zu, zum anderen werden die Resultate einer MO-Rechnung mit grösser werdendem Molekül immer schwieriger interpretierbar. Ein erster Schritt für die Modellierung eines Problems besteht deshalb darin, denjenigen Teil des Moleküls zu separieren, welcher von theoretischem Interesse ist. So ist es bei Gasphasenrechnungen vielfach nicht notwendig, die Schutzgruppen miteinzubeziehen. Auch sind Teile des Moleküls, welche vom interessierenden Zentrum weit entfernt sind und auch durch Faltung nicht in Nachbarschaftsbeziehungen treten können, für die Simulation unwichtig. Der zweite Schritt vor der eigentlichen Simulation ist die Festlegung der Art der Argumente, welche in der späteren Diskussion gebraucht werden sollen.

Die mit theoretischen Mitteln zugänglichen Argumente lassen sich grob in drei Kategorien einteilen: Energien, Geometrie und modellgebundene Strukturvorstellungen.

Bei Energiebetrachtungen können wir weiter zwischen Argumenten unterscheiden, welche sich auf absolute Energien beziehen (molekulare Totalenergie, Bildungswärmen, usw.) und solchen, die auf Energiedifferenzen basieren (Gleichgewichte, Aktivierungsenergien, elektronische Anregungen). Schwierige Probleme stellen sich im Zusammenhang mit der Solvatation eines Moleküls. Eine weitere Gruppe von Energieargumenten schliesslich bezieht sich auf differentielle Eigenschaften der Energiehyperfläche, so z.B. die Voraussage von IR-spektroskopischen Daten, welche die Berechnung der Matrix der zweiten Ableitungen voraussetzt.

Argumente, welche geometrische Gesichtspunkte im Zentrum haben, können einerseits geometrische Daten aufgrund theoretischer Zusammenhänge mit Beobachtungen direkt korrelieren, so z.B. die Korrelation von NOE-Daten mit der Distanz oder die Berechnung der molekularen Korrelationszeit aus Dipol-Dipol-Relaxationsraten mit Hilfe sämtlicher zur Relaxation beitragenden Atompaare und ihrer Distanzen. Andere Grössen wie die vicinalen Proton-Proton-Kopplungskonstanten in NMR-Spektren werden meist mit Hilfe empirischer Korrelationen aus den geometrischen Daten (im Falle der Kopplungskonstanten dem Diederwinkel) berechnet.

Modellgebundene Strukturen sind in der modernen Chemie typischerweise die elektronischen Strukturen von Molekeln. Solche Strukturen und Argumente müssen nicht notwendigerweise Observable sein. So sind Partialladungen, Bindungsordnungen, Valenzen, Grenzorbitale und lokalisierte Orbitale im Gegensatz zu Dipol-Momenten und elektrostatischen Potentialen keine Observablen. Sie helfen jedoch, Resultate von MO-Rechnungen in chemische Konzepte umzuwandeln.

Energien:	• Bildungswärme	
	• Solvatationsenergien	
	• Energiedifferenzen:	- Gleichgewichte - Aktivierungsenergien - Anregungsenergien
Geometrie:	• direkt korrelierte Observablen	- NOE - T1-Korrelationszeiten
	• empirisch korrelierte Observablen	- NMR-Kopplungs-konstanten
Modellgebundene Strukturen:	• elektronische Struktur	- Ladungen - Bindungsordnung - Valenzen - Grenzorbitale - lokalisierte Orbitale

In den folgenden Kapiteln sollen nun einige Beispiele zu den verschiedenen Argumentarten betrachtet werden.

3.1 Energien

Eine Schwierigkeit bei der Verwendung von Energieargumenten besteht darin, dass chemische Selektivität (sowohl kinetische als auch thermodynamische) meistens mit kleinen Energiedifferenzen in der Grössenordnung unter 2-3 kcal/mol verbunden ist. Dies ist insbesondere in Zusammenhang mit der selektivitätssteigernden Chemie bei tiefer Temperatur von Bedeutung. Tabelle 3.1 zeigt, welch kleine Unterschiede in der freien Energie bei Raumtemperatur bereits zu einem vollständigen Verschwinden einer Spezies führen können.

Ähnliches gilt bei der kinetischen Kontrolle für die Energiedifferenz zwischen Grundzustand und Übergangszustand.

$$A \xrightarrow{k} B$$

$$\Delta G^{\#} = -RT \ln(k) + \text{const}$$

Sollen Experimente, deren Selektivität auf solch kleinen Energiedifferenzen beruhen, mit Hilfe von theoretischen Methoden interpretiert oder gar vorausgesagt werden, so ist ein sehr genaues Studium der Literatur über die im Zusammenhang mit einer bestimmten Substanzklasse erreichbare Präzision notwendig. Dabei ist u.a. zu beachten, welche Art von Bindungen in einem solchen Prozess gebrochen resp. gebildet werden, und in welchem Umfang sich systematische Fehler addieren oder aufheben.

Tabelle 3.1 Gleichgewichtslage und Energiedifferenz zweier im thermodynamischen Gleichgewicht stehender Substanzen.

$$\Delta G^0 = -RT \ln(K)$$

$$\text{bei } 25°C\text{: } \Delta G^0 = -0.59 \ln(K)$$

$$A \rightleftharpoons B$$

	-75°C		25°C		200°C	
ΔG^0 [kcal/mol]	%A	%B	%A	%B	%A	%B
0.65	84.0	16.0	75.0	25.0	67.0	33.0
0.0	50.0	50.0	50.0	50.0	50.0	50.0
-0.65	16.0	84.0	25.0	75.0	33.0	67.0
-1.30	4.0	96.0	10.0	90.0	20.0	80.0
-2.72	0.1	99.9	1.0	99.0	5.0	95.0
-4.09	—	—	0.1	99.9	1.0	99.0
-5.46	—	—	0.01	99.99	0.3	99.7

3.1.1 Bildungswärmen

Für die Berechnung der Bildungswärmen von organischen Molekülen sind sicherlich Kraftfeldprogramme, sofern die Parametrisierung für entsprechende Strukturelemente gemacht wurde, den semiempirischen und ab initio MO-Methoden überlegen. So kann bei der Verwendung von Allingers MM2-Kraftfeld mit einer Präzision von 5 kJ/mol gerechnet werden, während die entsprechenden Abweichungen von MNDO-Programmen in AM1-Parametrisierung für Moleküle, welche C, H, N und O enthalten, etwa 45 kJ/mol betragen. Dieser geringeren Präzision der semiempirischen MO-Methode steht allerdings eine breitere Einsatzpalette im Vergleich zur Kraftfeldmethode gegenüber. Dies ist darauf zurückzuführen, dass in der Kraftfeldmethode die Anzahl parametrisierter Strukturelemente wesentlich geringer ist als in der semiempirischen Methode, in der nur die Elemente, nicht aber Strukturelemente parametrisiert werden müssen.

Vertrauensbereich von MM2-Bildungswärmen:

Kohlenwasserstoffe	1.8 kJ/mol
Alkohole/Ether	2.1 kJ/mol
Carbonyle	4.1 kJ/mol

Vertrauensbereich von AM1-Bildungswärmen:

normalvalente C,H,N,O Verbindungen	44 kJ/mol
normalvalente C,H,N,O,F,Cl,Br,I,Si,S,P Verbindungen	61 kJ/mol
hypervalente Verbindungen	260 kJ/mol
Nitro, Organo-P(V) Verbindungen	77 kJ/mol

Zu diesen relativ grossen Fehlern in der Voraussage der Bildungswärme muss gesagt werden, dass natürlich auch die experimentellen Werte stark fehlerbehaftet sind. So sind in der Literatur für die Bildungswärme von Adamantan in Gasphase Werte von -127.9 ± 3.8 kJ/mol bis -137.9 ± 0.9 kJ/mol zu finden. Bedenkt man die vielen Fehler, welche bei der experimentellen Bestimmung von Bildungswärmen mittels Kalorimetrie gemacht werden können, kann davon ausgegangen werden, dass für mittelgrosse Moleküle die mit MM2 berechneten Bildungswärmen eher vertrauenswürdiger sind als durchschnittliche experimentelle Werte. Auch wenn die Abweichungen mit semiempirischen Methoden um einen Faktor 10 grösser sind, können die so berechneten Bildungswärmen doch wichtige Hinweise auf mögliche Exothermien einer Reaktion geben. So sind Hydrierwärmen z.B. in der Grössenordnung von 100 bis 400 kJ/mol. Eine Voraussage solcher Bildungswärmenunterschiede mit einer Genauigkeit von 10% ist durchaus geeignet, Sicherheitsmassnahmen für die Durchführung einer Reaktion im 100-Gramm-Massstab abzuschätzen (vgl. Abbildung 2.7).

A. Beispiel: Abschätzung systematischer Fehler in der Berechnung der Bildungswärmen von Nitropropanen [kcal/mol]

Es sollten immer dem Problem entsprechende Analysen von Bildungswärmen kleiner Modellmoleküle gemacht werden, um ein Gefühl für systematische "computerexperimentelle" Fehler zu entwickeln. Mit derart abgeleiteten "Regeln" und Fehlergrenzen lassen sich berechnete Werte wesentlich sicherer diskutieren. Sind systematische Fehler isolierbar, ist es möglich, berechnete Werte zu korrigieren.

	exp	AM1	Δ
1,1-Dinitropropan	-25.9	-9.2	16.7
2,2-Dinitropropan	-27.0	-5.5	21.5
ΔE	+1.1	-3.7	ΔΔ = 4.8

Die Nitrogruppe ergibt mit AM1 extrem ungenaue Bildungswärmen. Die Reihenfolge von 1,1- und 2,2-Dinitropropan wird zwar falsch wiedergegeben, die Abweichung von 4.8 kcal/mol ist jedoch wesentlich kleiner als die Einzelabweichungen von 16.7 resp. 21.5 kcal/mol. Die Fehler sind systematisch, wie die Werte von 1-Nitro-, 1,1-Dinitro- und 1,1,1-Trinitropropan zeigen.

	exp	AM1	Δ
1-Nitropropan	-30.0	-23.8	6.2
1,1-Dinitropropan	-25.9	-9.2	16.7
1,1,1-Trinitropropan	-18.4	+18.5	36.9

Die Reihenfolge wird in diesem Falle mit immer grösser werdendem Fehler richtig wiedergegeben. 1-Nitro- und 2-Nitropropan zeigen den gleichen Unterschied in den Abweichungen wie die 1,1- und 2,2-Dinitroderivate.

Die Resultate solcher Modellrechnungen führen zu folgenden ad hoc-Regeln:

1) Die Substitution eines Protons an einer Methylgruppe durch eine Nitrogruppe führt einen Fehler von ca. 6-7 kcal/mol ein.

2) Entsprechende Substitution an einer Methylen- oder Methin-Gruppe verursacht einen Fehler von 9-12 kcal/mol.

CH_3—CH_2 ...	→	O_2N—CH_2—CH_2 ...	Δ ~6
O_2N—CH_2—CH_2 ...	→	$(O_2N)_2CH$—CH_2 ...	ΔΔ ~10
CH_3—CH_2 ...	→	$(O_2N)_2CH$—CH_2 ...	Δ ~16

3.1.2 Solvatationsenergie

Das Problem der Solvatation kann prinzipiell auf drei Arten angegangen werden. Man kann versuchen, das Problem als Kontinuums(substanz)problem oder alternativ die Solvatation in ihrer gesamten Komplexität mikroskopisch zu betrachten. Die dritte Alternative besteht darin, jene Teile, welche nur mikroskopisch richtig wiedergegeben werden können, so zu behandeln und den Rest als Kontinuum zu betrachten.

Betrachtet man Solvatation mikroskopisch, setzt sich die Solvatationsenergie aus den Energieänderungen von verschiedenen Mechanismen zusammen. Bringt man ein Gasphasenmolekül in ein Lösungsmittel, entsteht ein Lösungsmittelkäfig um dieses, das Lösungsmittel polarisierende Molekül. Die Solvatationsenergie entspricht dann im wesentlichen der Summe der durch die Lösungsmittelreorganisation gestörten Lösungsmittelstruktur und den neuen Wechselwirkungen zwischen Lösungsmittel und gelöstem Molekül. Über diese "schwachen" Wechselwirkungen hinaus können aber extrem starke lokale Wechselwirkungen zwischen Lösungsmittelmolekülen und gelöstem Molekül entstehen. Solche Komplexe werden besser als Supermolekül beschrieben. Diese Supermoleküle können mehrere Lösungsmittelmoleküle enthalten. Insbesondere in protischen Lösungsmitteln ist oft ein grösseres Wasserstoffbrückennetzwerk für die korrekte Simulation der Lösungsmitteleffekte zu erreichen.

Dieser komplexen Betrachtungsweise gegenüber steht die Kontinuumsbetrachtung, welche auf Onsager[1] zurückgeht. Darin wird ein Molekül in ein polarisierbares Solvens, welches durch eine Dielektrizitätskonstante ε charakterisiert ist, eingebracht und induziert dort ein "Reaktionsfeld". Diese Reorganisation des Dielektrikums wird von einer Energieerniedrigung begleitet, welche in einer ersten Approximation durch folgende Gleichung beschrieben wird:

$$\Delta E^s = \frac{\varepsilon - 1}{2\varepsilon + 1} \cdot \frac{\mu^2}{a^3}$$

ε: Dielektrizitätskonstante des Lösungsmittels
μ: Dipolmoment des gelösten Moleküls in Gasphase
a: Radius des Lösungsmittelskäfigs

Komplexere Kontinuumsansätze[2] sind in der Literatur ebenfalls zu finden.

1. L. Onsager: J. Am. Chem. Soc., **58**, 1486 (1936).
2. D. Eisenberg, A.D. McLachlan: Nature (London), **319**, 199 (1986).
   Y.K. Kang, G. Nemethy, H.A. Scheraga: J. Phys. Chem., **91**, 4105, 4109, 4118 (1987).
   A. Warshel, S.T. Russel: Quart. Rev. Biophysics, **17**, 283 (1984).
   M. Gilson, B. Honig: Proteins, **4**, 7 (1988).

A. Beispiel: Aminosäure in "normaler" und zwitterionischer Form

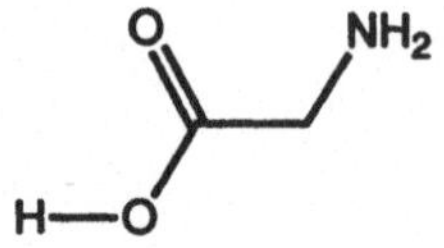

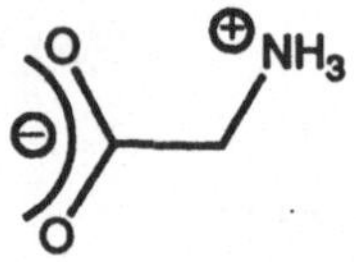

$\Delta H_f^0(g) = -425.4 kJ/mol$ | $\Delta H_f^0(g) = -247.9 kJ/mol$

$\mu = 0.8 D$ | $\mu = 11.4 D$

Die Gasphasenberechnungen wurden mit MOPAC/AM1 durchgeführt. Die "benetzbare" Conolly-Oberfläche beträgt etwa 105 $Å^2$, der Radius einer Kugel mit gleicher Oberfläche beträgt 2.9 Å.

Mit diesen Daten und der Onsager-Formel lassen sich Solvatationsenergien von 0.6 kJ/mol und 115.0 kJ/mol berechnen, wenn die Moleküle in ein Lösungsmittel mit $\varepsilon = 4.8$ ($CHCl_3$) eingebracht werden. In einem Lösungsmittel mit $\varepsilon = 80$ (H_2O) sind die entsprechenden Werte 0.8 resp. 157.4 kJ/mol. Die sich so ergebenden Totalenergien in wässriger Lösung sind -426 resp. -405 kJ/mol.

In wässriger Lösung wird das Zwitterion beobachtet. Bereits ein so primitives Modell wie das Onsagersche Reaktionsfeld zeigt, dass Unterschiede von 200 kJ/mol in Gasphase durch Solvatation überbrückt werden können.

3.1.3 Energiedifferenzen

Drei Typen von Energiedifferenzen sind allgemein von Interesse, nämlich Differenzen zwischen

Energieminima	→	Gleichgewichtslagen
Minima und Sattelpunkten	→	Aktivierungsenergie, Kinetik
Grund- und angeregten Zuständen	→	Spektroskopie, Photochemie

Die ersten zwei Typen sollen anschliessend gemeinsam diskutiert werden, da mit gewissen Einschränkungen beide sowohl mit MO- als auch mit Kraftfeldmethoden angegangen werden können. Der dritte Typ ist ganz klar die Domäne der MO-Methoden.

3.1.3.1 Gleichgewichte und Kinetik

Bei der Berechnung von Gleichgewichtslagen und Aktivierungsenergien sind einerseits Probleme prinzipieller Natur, aber auch Probleme der Genauigkeit der verwendeten Methode zu berücksichtigen (analog den Betrachtungen in Kapitel 3.1.1 und 3.1.2).

Zuerst einige Bemerkungen zu den prinzipiellen Einschränkungen. Sowohl MO- als auch Kraftfeld-Methoden vermögen die Energie von stationären Punkten auf der BO-Hyperfläche wiederzugeben. Die Energiedifferenzen dieser Punkte entsprechen jedoch nicht den Energiedifferenzen, welche eigentlich diskutiert werden müssten, da die BO-Hyperfläche nichts über die energetischen Lagen der vibratorischen Zustände, welche sie beherbergt, aussagen. Die Unterschiede der relevanten Energien sind in Abbildung 3.1 dargestellt.

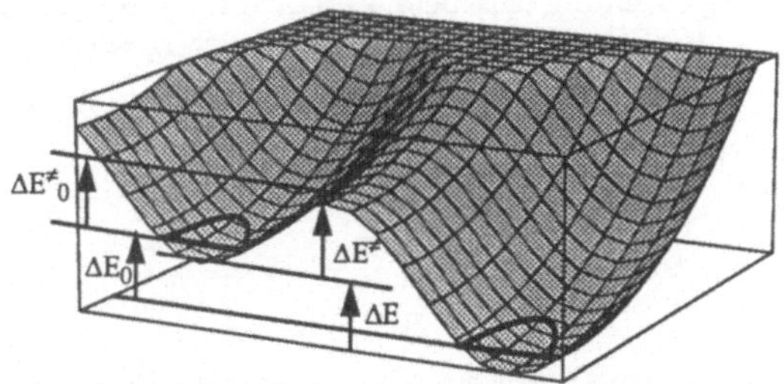

Abbildung 3.1 Energien entlang eines Reaktionsweges. (M. Scholz, H.-J. Köhler: Quantenchemie, Band 3, Hüthig-Verlag, Heidelberg, 1981.)

Auch diese Darstellung enthält noch nicht alle für die Reaktivität relevanten Daten, indem die Entropien von Edukt, Produkt und Übergangszustand nicht enthalten sind. Macht man an den entsprechenden Stellen eine Normalkoordinatenanalyse, so ist es möglich, die Enthalpie und Entropie an den entsprechenden Stellen zu erhalten, sofern die differentiellen Eigenschaften der Hyperfläche richtig berechnet werden können. Man muss sich dabei allerdings bewusst sein, dass damit ein Kategorienwechsel durchgeführt wird, da Grössen wie Temperatur und Entropie für Moleküle an und für sich nicht definiert sind. Diese Grössen sind eigentlich Substanzbegriffe.

Von diesen Problemen abgesehen, können Energiedifferenzen sowohl mit MO- als auch mit Kraftfeldmethoden angegangen werden. Bei der Verwendung von Kraftfeldmethoden sind allerdings nur jene Übergangszustände berechenbar, welche keine Änderungen in molekularen Graphen erzeugen (vgl. Kapitel 1.2 und 2.1.6), mit anderen Worten keine Bindungsbrechung und -Bildung beinhalten.

Auch bei der Anwendung von MO-Methoden ist die Berechnung eines Übergangszustandes nicht trivial. Dies hängt zum einen damit zusammen, dass die Realisierung verschiedener mikroskopischer Prozesse medienabhängig ist. So kann zum Beispiel eine Bindungsdissoziation prinzipiell homolytisch oder heterolytisch verlaufen. Diese zwei Typen von Prozessen können in Lösung Konkurrenzreaktionen sein. In Gasphase jedoch wird die heterolytische Spaltung einer Bindung kaum realisiert werden können, da die Ladungsseparation zu einem enormen Energieanstieg führen muss. In Lösung können Ionen solvatisiert werden, wodurch die Energie wiederum gesenkt wird. Solvatationsprozesse müssen dabei typischerweise mehrere Hundert kcal/mol Energie wettmachen. Berechnungen in Gasphase können darum auf keinen Fall dazu herangezogen werden, zwischen polaren und nichtpolaren Prozessen zu unterscheiden. Ähnlich werden zwitterionische Zwischenstufen in der Gasphasenrechnung zu unvernünftig hohen Energien führen (vgl. Kap. 3.1.2)[1].

1. Bem.: Spricht man von Solvatation, so muss man klar zwischen zwei Situationen unterscheiden. Solvatation kann einerseits das blosse Einbetten der Gasphasenstruktur in ein Lösungsmittelbett bedeuten. Andererseits kann spezifische Solvatation so stark sein, dass besser vom Konzept einer neuen Molekel ausgegangen wird.

Normalerweise werden für die Berechnung von closed-shell-Molekülen restricted Hartree-Fock-Modelle angewandt. Diese Modelle zwingen Elektronen paarweise in Molekülorbitale. Als Folge davon ist nur eine heterolytische Bindungsbrechung möglich. Der langsame Übergang von einem closed-shell System in ein open-shell System während einer Bindungsbrechung (z.B. beim Zerfall von Wasserstoff in zwei H-Radikale) kann nur durch MCSCF- oder C.I.-Rechnungen richtig wiedergegeben werden (Abbildung 3.3).

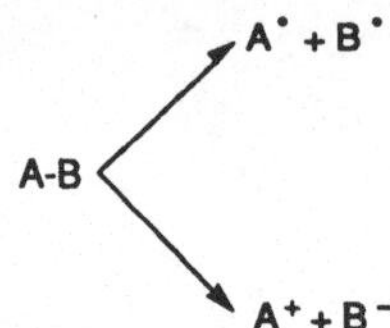

Abbildung 3.2 Heterolytische versus homolytische Bindungsspaltung. Heterolytische Prozesse sind normalerweise nur in kondensierter Phase zu beobachten.

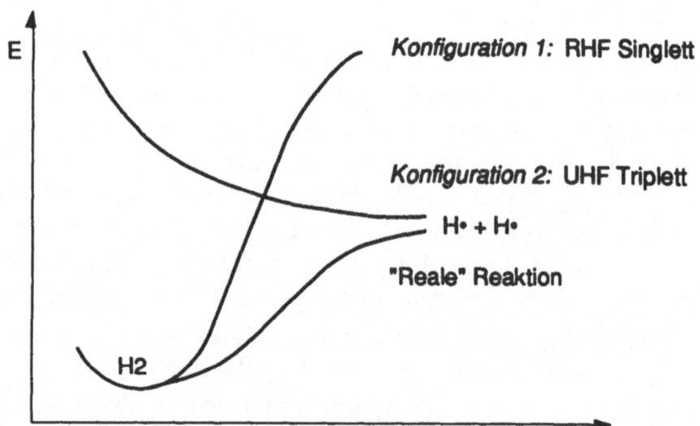

Abbildung 3.3 Verhalten von Eindeterminantenverfahren bei der Dissoziation von Wasserstoff.

Können alle prinzipiellen Fragen geklärt werden, so bleibt noch die Genauigkeit, mit der Energiedifferenzen vorausgesagt werden können, zu diskutieren. Im allgemeinen Fall entspricht die mögliche Ungenauigkeit zweimal dem Fehlerband der Einzelberechnung. Dies bedeutet im Fall eines guten Kraftfeldprogramms etwa 10 kJ/mol, bei MNDO/AM1 aber etwa 100 kJ/mol. Dies würde bedeuten, dass im zweiten Fall erst berechnete Differenzen von über 100 kJ/mol die qualitativ richtige Wiedergabe der Energiereihenfolge garantieren können!

Glücklicherweise sind wir meist nicht an Molekülpaaren ohne jegliche Ähnlichkeit interessiert. Je ähnlicher zwei zu vergleichende Moleküle sind, desto mehr absolute Fehler werden sich in der Differenzbildung kompensieren.

A. Beispiel: Reaktionswärme einer Cycloaddition

Betrachten wir die 2+4 Cycloaddition von Ethylen mit Butadien zu Cyclohexen. Für dieses Beispiel ist die Parametrisierung sowohl für das semiempirische MO-Verfahren AM1 als auch für das Kraftfeldprogramm MM2 vorhanden.

In der folgenden Zusammenstellung zeigt sich die klare Überlegenheit des gut parametrisierten Kraftfeldes. MM2 sagt die Wärmetönung mit nur 8% Fehler voraus. Der Fehler der AM1-Simulation beträgt dagegen 28%.

Bildungswärmen der Edukte [kcal/mol]:

	exp	AM1	MM2
Butadien	26.0	23.9	25.2
Ethylen	12.4	16.4	12.9
Σ	38.4	40.3	38.1
Bildungswärme von Cyclohexen:	-1.1	-10.1	-4.6
Wärmetönung der Cycloaddition:	39.5	50.4	42.7
Differenz zum Experiment	0.0	10.9	3.2

B. Beispiel: Ausschnitt aus der C_2H_2O-Energiehyperfläche (Strukturisomere des Ketens)

Als weiteres Beispiel soll ein Ausschnitt aus der C_2H_2O-Energiehyperfläche dienen. Die hier gezeigten Strukturisomere des Ketens wurden nicht durch systematische Suche auf der Energiehyperfläche, sondern nach Plausibilitätskriterien und Konstruierbarkeit nach klassischen Regeln gefunden. Bereits der in Abbildung 3.4 gezeigte kleine Ausschnitt aus der Hyperfläche dieses doch kleinen Systems zeigt eine Vielzahl von stationären Punkten. Solche Schemata erlauben es, mögliche kurzlebige Zwischenprodukte und bevorzugte Umwandlungskanäle, mit anderen Worten approximative Reaktionsmechanismen zu diskutieren.

Man sieht sofort, dass neben dem Keten auch Ethynol, welches nur etwa 24 kcal/mol weniger stabil sein sollte, möglicherweise experimentell zugänglich sein könnte. Daneben existieren als lokale Minima Oxiren und Oxiranyliden, welche durch niedrige Energiebarrieren von Formylmethylen getrennt sind. Formylmethylen selber stellt ein sehr flaches lokales Minimum dar, welches über eine Energiebarriere von nur etwa 4 kcal/mol vom Einzugsgebiet des Ketens separiert ist. Ob Formylmethylen ein reales lokales Minimum ist oder ein Artefakt der semiempirischen Methode AM1, lässt sich aufgrund der kleinen berechneten Energiebarriere nicht mit Sicherheit sagen. Neben der möglichen Existenz von Ethynol ist aber vor allem interessant, dass Oxiranyliden nicht bevorzugt durch eine CO-Bindungsspaltung in Keten umgewandelt wird. Vielmehr führt der Weg minimaler Energie mittels eines Wasserstoff-Shifts zu Formylmethylen, welches nach einer geometrischen Veränderung durch die erneute Wanderung desselben Protons zu Keten zerfällt.

Man kann diese Resultate mit denjenigen einer ab initio Rechnung[1] vergleichen. Diese Studie gelangte qualitativ grösstenteils zu denselben Resultaten. Die quantitativen Unterschiede sind je nach Anwendung mehr oder weniger gravierend. Als qualitativer Unterschied fällt auf, dass der Übergangszustand zwischen Oxiranyliden und Keten in der ab initio Studie nicht gefunden werden konnte, während Formylmethylen

1. W.J. Bouma et al.: J. Org. Chem., 47, 1869 (1982).

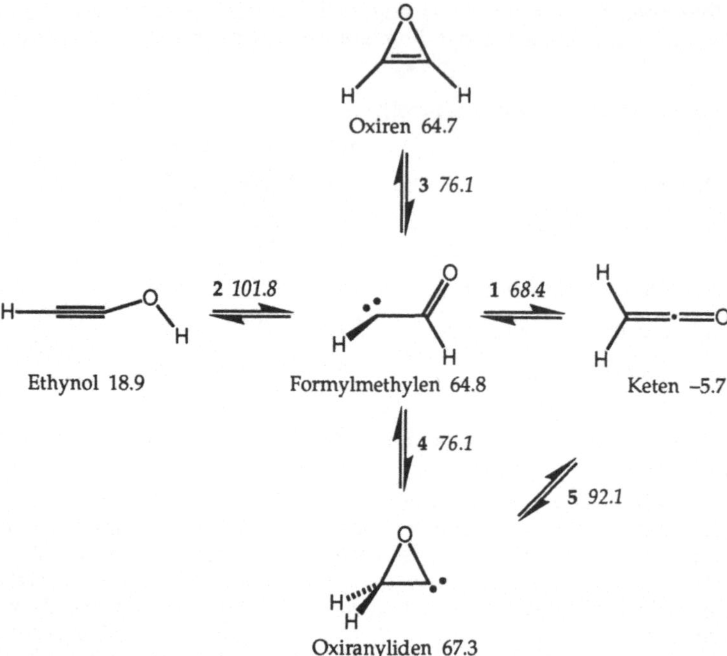

Abbildung 3.4 Einige stationäre Punkte der C_2H_2O-Hyperfläche gemäss AM1-Rechnung (Energien in kcal/mol).

auf dem dort verwendeten Niveau keinem lokalen Minimum entspricht und ohne Energiebarriere zu Keten zerfällt.

In Listing 3.1 sind die MOPAC-Inputs für Ethynol und für den Übergangszustand 3, der Formylmethylen in Oxiren überführt, gezeigt. Man beachte die Definition der Molekülgeometrie mit Hilfe zweier Dummy-Atome. Die Verwendung dieser zwei Dummy-Atome ist nicht zwingend. Sie erlaubt es jedoch, den gesamten gezeigten Ausschnitt aus der Energiehyperfläche von C_2H_2O zu explorieren, ohne Gefahr zu laufen, dass im Laufe der Berechnungen ein Bindungswinkel, welcher für weitere Geometriedefinitionen gebraucht wird, nahe an 0 oder 180 Grad kommt und damit nachfolgende Diederwinkel nicht mehr definiert sind. Die Input-Geometrie für den Übergangszustand 3 ist dem gesuchten lokalen Minimum schon recht nahe. Darum wurde als Optimieralgorithmus die Least-Square-Methode NLLSQ gewählt, welche den Gradienten und nicht die Energie minimiert. Dadurch wird die Geometrieoptimierung am Sattelpunkt enden (vgl. Kapitel 1.3.2.6).

Da keine weiteren Optionen in der Befehlszeile für MOPAC eingegeben wurden, handelt es sich bei diesen Rechnungen um Restricted-Hartree-Fock-Rechnungen (RHF). Man vergleiche die Resultate dieser Rechnungen mit den entsprechenden unter Verwendung der UHF- und der C.I.-Optionen. Man vergleiche die Resultate auch mit der

Arbeit von Bouma et al. In Tabelle 3.2 sind die Input-Geometrien der übrigen Punkte, welche in Abbildung 3.4 erwähnt sind, zu finden.

Tabelle 3.2 Inputgeometrien der stationären Punkte aus Abbildung 3.4. Die Definitionen der Distanzen, Bindungswinkel und Diederwinkel sind identisch mit denjenigen in Listing 3.1. * bedeuten, dass die entsprechenden Grössen in der Geometrieoptimierung variabel sind.

```
Oxiren
C
O   1.457 *
XX  1.000        90.0
C   1.299 *      90.0      -63.5 *
XX  1.000        90.0        0.0
H   1.066 *      90.0 *    166.1 *
H   1.066 *      90.0 *    130.3 *
```

```
Keten
C
O   1.193 *
XX  1.000        90.0
C   1.307 *      90.0      180.0 *
XX  1.000        90.0        0.0
H   1.095 *      90.0     -121.4
H   2.098 *      90.0      153.6 *
```

```
Formylmethylen
C
O   1.241 *
XX  1.000        90.0
C   1.392 *      90.0     -129.6 *
XX  1.000        90.0        0.0
H   1.082 *     136.5 *    170.1 *
H   1.130 *      81.0 *    121.4 *
```

```
Oxiranyliden
C
O   1.327 *
XX  1.000        90.0
C   1.504 *      90.0      -62.3 *
XX  1.000        90.0        0.0
H   1.103 *     147.5 *    170.3 *
H   2.288 *      66.0 *    -65.1 *
```

```
Formylmethylen → Keten
C
O   1.224 *
XX  1.000        90.0
C   1.330 *      90.0     -150.4 *
XX  1.000        90.0        0.0
H   1.075 *     121.8 *    152.9 *
H   1.224 *      64.1 *    129.2 *
```

```
Formylmethylen → Ethynol
C
O   1.315 *
XX  1.000        90.0
C   1.241 *      90.0     -152.7 *
XX  1.000        90.0        0.0
H   1.060 *      90.0 *    165.4 *
H   1.237 *      90.0 *     74.5
```

```
Formylmethylen → Oxiranyliden
C
O   1.315 *
XX  1.000        90.0
C   1.320 *      90.0      -93.3 *
XX  1.000        90.0        0.0
H   1.061 *      89.6 *   -163.9 *
H   1.088 *      90.2 *    127.4 *
```

Listing 3.1 MOPAC-Inputs für zwei Punkte aus Abbildung 3.4.

```
AM1 PRECISE
ETHYNOL
GRUNDZUSTAND
C    0.0     0    0.0   0      0.0   0     0  0  0
O    1.326   1    0.0   0      0.0   0     1  0  0
XX   1.000   0   90.0   0      0.0   0     1  2  0
C    1.194   1   90.0   0   -175.4   1     1  3  2
XX   1.000   0   90.0   0      0.0   0     4  1  3
H    1.058   1   90.0   0   -179.8   1     4  5  1
H    1.850   1   90.0   0     30.5   1     1  3  2
0    0.0     0    0.0   0      0.0   0     0  0  0
```

```
AM1 PRECISE NLLSQ
FORMYLMETHYLENE ---> OXIRENE
UEBERGANGSZUSTAND  3
C    0.0     0    0.0   0       0.0   0     0   0   0
O    1.315   1    0.0   0       0.0   0     1   0   0
XX   1.000   0   90.0   0       0.0   0     1   2   0
C    1.320   1   90.0   0     -93.4   1     1   3   2
XX   1.000   0   90.0   0       0.0   0     4   1   3
H    1.061   1   90.0   1    -163.9   1     4   5   1
H    1.088   1   90.0   1     127.4   1     1   3   2
0    0.0     0    0.0   0       0.0   0     0   0   0
```

3.1.3.2 Spektroskopie und Photochemie

Ist das Resultat einer elektronischen Anregung ein angeregter Zustand des neutralen Moleküls, sprechen wir von UV/VIS-Spektroskopie. Diese angeregten Zustände sind wichtig für das Verständnis von photochemischen Vorgängen. Resultiert aus einer Anregung jedoch ein Molekülkation, sprechen wir von Photoelektronenspektroskopie. Die kleinst mögliche Energie für eine Ionisierung wird als Ionisierungspotential bezeichnet.

Elektronische Anregungen sind immer Übergänge zwischen Zuständen. Für die Berechnung von Ionisationspotentialen wären somit immer zwei Zustandsenergien zu berechnen. Meist wird jedoch das Ionisationspotential dem negativen Eigenwert des HOMO's gleichgesetzt. Es ist zu beachten, dass das Ionisationspotential eine Observable des Systems ist, nicht so das HOMO (MO's sind keine Observablen)! Diese Gleichsetzung wird mit dem Begriff Koopmann-Theorem bezeichnet. Es handelt sich dabei nicht eigentlich um ein Theorem im mathematischen Sinne, sondern nur um die Annahme, dass sich Änderungen der Korrelationsenergie und Orbitalrelaxation während der Ionisation kompensieren. Je kleiner das Molekül und je höher seine Symmetrie, desto weniger gilt diese Annahme.

Mit semiempirischen Methoden aufgrund des Koopmann Theorems berechnete Ionisationsenergien sind meist innerhalb von 0.5 bis 1 eV korrekt.

A. Beispiel: Photoelektronenspektren von Ethylen

Die zu den Eigenvektoren gehörigen Eigenwerte (MO-Energien) können mit Hilfe des Koopmann's-Theorems leicht interpretiert werden. Die negative Energie des obersten besetzten Orbitals wird dann zum Ionisationspotential. Die Ionisationspotentiale aller übrigen MO's können mit den Absorptionen von beobachteten Photoelektronenspektren korreliert werden. Tabelle 3.3 zeigt eine solche Gegenüberstellung eines UV-Photoelektronenspektrums und MO-Energien. Für alle theoretischen Werte wurde die AM1-optimierte Struktur von Ethylen verwendet.

Tabelle 3.3 Photoelektronenspektrum (Ionisationsenergien) und MO-Orbitalenergie von Ethylen.

Methode	Ionisationsenergien [eV]				
exp	10.6	12.8	14.7	15.9	19.1
MINDO/3	10.3	11.6	12.7	15.4	20.6
MNDO	10.2	12.6	14.5	15.8	22.5
AM1	10.6	11.8	14.3	15.8	21.9
PM3	10.6	11.9	15.2	16.1	20.9
STO-3G	8.9	12.3	14.6	16.2	20.2
3-21G	10.3	13.4	16.0	17.3	21.3

B. Beispiel: UV-Spektrum von Ethylen

UV-Spektren müssen prinzipiell als Energiedifferenzen zwischen Grund- und angeregten Zuständen berechnet werden. Die Versuchung ist natürlich gross, diesen ausgedehnten Rechnungen auszuweichen und als Anregungsenergien die Differenzenergien von Molekülorbitalen zu nehmen. Wie Tabelle 3.4 zeigt, führt dieses Vorgehen aber zu vollständig falschen Resultaten: Die HOMO/LUMO-Differenz, welche der $\pi\pi^*$-Anregung entspricht, beträgt in einer ab initio Rechnung mit 3-21G-Basis 15.3 eV, in einer semiempirischen Rechnung auf dem AM1-Niveau 12.0 eV. Die entsprechenden Absorptionsmaxima müssten demzufolge bei 81 resp. 103 nm liegen. In Gasphase wird jedoch ein Absorptionsmaximum bei wesentlich kleinerer Energie beobachtet (7.6 eV, entsprechend 163 nm).

Die Berechnung der Totalenergien von Grund- und erstem angeregtem Zustand mit verschiedenen Methoden ergeben Energiedifferenzen, wie sie in Tabelle 3.5 zusammengefasst sind.

Berechnet man die Energien von Ethylen in der AM1-Approximation für den Grund- und den ersten angeregten Zustand mit derselben Geometrie (Keyword "excited" in der Befehlszeile der Programme MOPAC und AMPAC), erhält man eine Energiedifferenz von 6.05 eV. Unter Verwendung derselben Geometrie und des Programms CNDOUV99 wird die Energiedifferenz zu 7.15 eV berechnet. Diese zwei Resultate sind prinzipiell verschieden, indem nicht nur die Approximation der semiempirischen Methode geändert wurde (AM1 versus CNDO), sondern mit Hilfe des Programms CNDOUV99 auch umfangreichere C.I.-Rechnungen möglich sind. Es wurden alle ein- und zweifach angeregten Zustände für die Berechnung der ersten Anregungsenergie in die C.I.-Rechnung einbezogen. In dieser Beziehung entspricht sie der ab initio Rechnung mit der 3-21G-Basis. Die Unterschiede bestehen einerseits darin, dass es sich eben nicht um eine approximative, sondern um eine ab initio Methode handelt, und andererseits eine nicht minimale Basis verwendet wurde. Vergleicht man die berechneten Absorptionsmaxima (205, 173, 101 nm), sieht man, dass das Resultat von CNDOUV99 am besten mit dem experimentellen Wert von 163 nm übereinstimmt. Dies ist natürlich u.a. darauf zurückzuführen, dass diese Methode für solche Voraussagen parametrisiert wurde. Zudem wurden die ab initio C.I.-Rechnungen mit einer zu kleinen Basis durchgeführt. Es zeigt sich hier, welch grosser Aufwand für ein mittleres Molekül mit ab initio Rechnung getrieben werden müsste, um "vernünftige" Werte zu erhalten.

Tabelle 3.4 **HOMO/LUMO-Energiedifferenzen [eV] von Ethylen in verschiedenen MO-Methoden.**

		ab initio 3-21G	AM1	EHMO
E(HOMO)	[eV]	-10.3	-10.6	-13.2
E(LUMO)	[eV]	+5.0	+1.4	-6.5
ΔE	[eV]	15.3	12.0	6.7
λ	[nm]	81	103	185

Tabelle 3.5 **Vertikale Anregungsenergien von Ethylen in verschiedenen MO-Methoden.**

		EHMO	CNDOUV99	AM1	ab initio MINI/Zweifach-anregung	ab initio MINI/Vierfach-anregung	exp
ΔE	[eV]	6.7	7.15	6.05	14.07	10.4	--
λ	[nm]	185	173	205	88	119	163

C. Beispiel: UV-Spektrum von Diazomethan

Mit diesem Beispiel soll auf ein weiteres Problem bei der Berechnung von UV-Spektren aufmerksam gemacht werden.

Versucht man, das UV-Spektrum von Diazomethan mit dem Programm CNDOUV99 zu berechnen, erhält man viel zu hohe Energien. Da es sich bei Diazomethan um ein kleines Molekül handelt, bietet es sich an, mit einer ab initio Methode behandelt zu werden. Aber auch die ab initio Anregungsenergien sind bei Zweifachanregung, wie dies auch in CNDOUV99 möglich ist, zu gross. Dies ändert sich erst, wenn auch Dreifachanregungen für die Konfigurationswechselwirkung zugelassen werden. Erst so erzeugt man diejenigen Zustände, welche zugemischt werden müssen, um den ersten angeregten Zustand, welcher für die blassgelbe Färbung von Diazomethan verantwortlich ist, zu erhalten.

Immer wenn eine semiempirische Methode "falsche" Resultate ergibt, muss überlegt werden, ob die Abweichung auf die Unzulänglichkeiten der Methode zurückzuführen ist, oder ob es sich um ein prinzipielles Versagen eines implementierten Algorithmus handelt.

3.1.4 Differentielle Eigenschaften der Energiehyperfläche

3.1.4.1 IR/RAMAN-Spektroskopie

Ist die Matrix der zweiten partiellen Ableitungen der Energie nach den Raumkoordinaten (Hesse-Matrix) bekannt, so lassen sich Schwingungsspektren berechnen. Dazu müssen die Matrixelemente zuerst mit den Kernmassen gewichtet werden. Anschliessendes Diagonalisieren der gewichteten Matrix ergibt die Schwingungsfrequenzen (Eigenwerte). Die dazugehörigen Eigenvektoren beschreiben die Kernbewegung.

Die Präzision, mit der IR-Spektren vorausgesagt werden können, kann bei der Verwendung von Kraftfeldprogrammen sehr gut sein (Abweichungen von einigen Wellenzahlen). MO-Methoden liefern meist nur qualitativ richtige Resultate (Abweichungen bis zu einigen hundert Wellenzahlen). Unangenehm ist dabei, dass die Abweichungen nicht systematisch und damit nicht skalierbar sind. Innerhalb einer Familie von Verbindungen sind jeweils nur Schwingungen von gleichem Typ skalierbar.

A. Beispiel: IR-Frequenzen von Wasser

Als einfaches Beispiel sollen hier die IR-Frequenzen von Wasser mit verschiedenen Methoden berechnet werden. Die Resultate einer Kraftfeld- und verschiedener MO-Methoden sind neben den experimentellen Werten in Tabelle 3.6 zusammengestellt. Wie daraus zu sehen ist, sind die Resultate des Kraftfeldes AMBER weit besser als die Resultate der verschiedenen MO-Berechnungen. Beträgt bei AMBER die grösste Abweichung zu den experimentellen Werten 30 Wellenzahlen, so treten bei den MO-Methoden Abweichungen bis zu 500 Wellenzahlen auf, wobei die ab initio Methoden am schlechtesten abschneiden. Dass diese Abweichungen nicht nur ein Effekt einer ungenügenden Basis sind, zeigt der Vergleich der Resultate einer STO-3G Rechnung mit denjenigen einer Berechnung unter Verwendung eines grossen Basissatzes. Die Listings 4.2, 4.3 und 4.4 zeigen die für die MO-Berechnungen benötigen Inputs. Man beachte, dass die Molekülgeometrien der drei Berechnungen nicht dieselben sind. Im Gegensatz zu Berechnungen von UV-Spektren, ist es bei der Berechnung von IR-Spektren unbedingt notwendig, dass die Molekülgeometrie einem lokalen Minimum der verwendeten Methode entspricht. Dies bedeutet, dass in ab initio Rechnungen für jeden Basissatz die Geometrieoptimierung separat durchgeführt werden muss. Es ist im Gegensatz zu anderen Berechnungen nicht möglich, vernünftige Resultate mit experimentellen Geometrien zu erhalten.

Tabelle 3.6 IR-Frequenzen von Wasser gemäss verschiedener Methoden.

Kraftfeld AMBER	MOPAC AM1	ab initio STO-3G	ab initio extended Basis	exp
3736	3585	4391	4235	3756
3683	3506	4140	4132	3652
1601	1886	2170	1767	1595

Listing 3.2 MOPAC-Input für die Berechnung der IR-Frequenzen von Wasser.

```
AM1 PRECISE T=300M FORCE
WASSER
IR-FREQUENZEN
 O    0.000000  0     0.000000  0     0.000000  0     0  0  0
 H    0.961266  1     0.000000  0     0.000000  0     1  0  0
 H    0.961265  1   103.531624  1     0.000000  0     1  2  0
 0    0.000000  0     0.000000  0     0.000000  0     0  0  0
```

Listing 3.3 GAMESS-Input für die Berechnung der IR-Frequenzen mit einer Minimalbasis (STO-3G).

```
!   This run duplicates the first column of table 6 in
!   Y.Yamaguchi, M.Frisch, J.Gaw, H.F.Schaefer, and
!   J.S.Binkley   J.Chem. Phys. 1986, 84, 2262-2278.
!
!   The FINAL energy at the VIB 0 geometry is -74.9659012159.
!
!   If run with METHOD=ANALYTIC,
!   the FREQuencies are 2170.04, 4140.00, and 4391.07
!
!   If run with METHOD=NUMERIC, NVIB=2,
!   the FREQuencies are 2169.85, 4140.06, and 4391.11
!   the INTENSities are 0.17129, 1.04803, and 0.70914
!
 $CONTRL SCFTYP=RHF  RUNTYP=HESSIAN  UNITS=BOHR  NZVAR=3 $END
 $FORCE  METHOD=ANALYTIC   $END
 $DATA
Water at the RHF/STO-3G equilibrium geometry
CNV      2

OXYGEN        8.        0.0000000000       0.0000000000   0.0702816679
    1   1S     3  STO
    2  2SP     3  STO

HYDROGEN      1.        0.0000000000       1.4325665478  -1.1312080153
    1   1S     3  STO

 $END
 $ZMAT    IZMAT(1)=1,1,2,    1,1,3,    2,2,1,3  $END
 $GUESS   GUESS=MINGUESS    $END
```

Listing 3.4 GAMESS-Input für die Berechnung der IR-Frequenzen von Wasser mit einer ext. Basis.

```
! THIS IS A RHF/EXTENDED BASIS RUN ON WATER
! C2V SYMMETRY CONSTRAINTS ARE USED
!
 $CONTRL SCFTYP=RHF RUNTYP=HESSIAN  TIMLIM=10
         UNITS=BOHR   EXETYP=RUN  NZVAR=3      $END
 $SCF  ETHRSH=1.0    $END
 $FORCE METHOD=ANALYTIC $END
 $DATA
 RHF/(10,5,2/4,2)/[5,3,2/2,1] BASIS   ... WASSER ...
CNV      2

OXYGEN       8.0   0.0000000000         0.0000000000         0.0031238868
    1     S   2
    1   31.3166          0.243991
    2   76.232           0.152763
    2     S   3
    1  290.785           0.904785
    2 1424.0643          0.121603
    3 4643.4485          0.029225
    3     S   2
    1    4.6037          0.264438
    2   12.8607          0.458240
    4     S   2
    1    0.9311          1.051534
    2    9.7044         -0.140314
    5     S   1
    1    0.2825          1.0
```

```
      6     P    3
      1     7.90403          0.124190
      2    35.1832           0.019580
      3     2.30512          0.394730
      7     P    1
      1     0.21373          1.0
      8     P    1
      1     0.71706          1.0
      9     D    1
      1     1.5              1.0
     10     D    1
      1     0.5              1.0
 HYDROGEN     1.0    0.0000000000        1.4241633052        1.0709814308
      1     S    3
      1    0.65341           0.817238
      2    2.89915           0.231208
      3   19.2406            0.032828
      2     S    1
      1    0.17758           1.0
      3     P    1
      1    1.0               1.0

 $END
 $ZMAT IZMAT(1)=1,1,2   1,1,3   2,2,1,3   $END
 $GUESS GUESS=HCORE $END
```

3.2 Geometrie

Gute ab initio Rechnungen (RHF an "elektronenpräzisen" Molekülen) reproduzieren experimentelle Bindungslängen auf ca. 0.3 Å. Bindungswinkel werden auf etwa 5°, Diederwinkel auf 10° genau wiedergegeben. Semiempirische Modelle erbringen etwa die gleichen Qualitäten. Diederwinkel können in einzelnen Fällen jedoch extrem schlecht wiedergegeben werden. Die Qualität von Kraftfeldresultaten ist meist jener von MO-Methoden drastisch überlegen. Der 90% Vertrauensbereich für Bindungslängen, Bindungswinkel und Diederwinkel von MM2-optimierten Strukturen beträgt 0.005 Å, 1° und 5°.

Unter der Geometrie von Molekülen kann man sich globale Grössen wie Moleküldurchmesser vorstellen. Sie kann aber auch als detaillierte Kenntnis von lokalen molekularen Strukturelementen verstanden werden. Der erste Fall ist bei Docking-Manövern als erstes Ausschlusskriterium von Interesse, da Rezeptor und Gastmolekül in ihren Abmessungen mindestens so weit übereinstimmen müssen, dass das Gastmolekül den Rezeptor erreichen kann, ohne dass eine totale Umlagerung des Wirtsmoleküls verlangt werden muss. Die detaillierte Kenntnis der internen Struktur eines Moleküls beinhaltet interatomare Distanzen, Winkel und Diederwinkel. Diese zweite Klasse von Informationen wird am besten zusammen mit experimentellen Werten verwendet, welche entsprechende Informationen widerspiegeln. Dazu gehören beispielsweise NMR-Kopplungskonstanten über drei Bindungen (vicinale Kopplungen) und NOE-Kontakte (Abstände). Die folgenden zwei Abschnitte sollen diese Möglichkeiten in Einzelbeispielen zeigen.

3.2.1 Molekulare Abmessungen

In Docking-Manövern muss verlangt werden, dass das Gastmolekül die Rezeptor-Nische des Wirtmoleküls erreichen kann, ohne dass eines der beiden Moleküle seine Struktur in irreversibler Art und Weise verändert. Dies bedeutet, dass die äusseren molekularen Abmessungen des Gastmoleküls ungefähr den Abmessungen von Kanälen und Spalten entsprechen, welche zum Rezeptor führen. Kleine Unstimmigkeiten solcher Abmessungen sind zulässig, da natürlich beide Moleküle in Lösung dynamisch sind und sich innerhalb gewisser Grenzen einander anpassen können. Im nächsten Beispiel soll ein einfacher Fall einer solchen Selektion von Molekülen nach ihrer Grösse dargestellt werden.

A. Beispiel: n/iso-Paraffintrennung

Eine Anwendung von Zeolithen ist die technische Trennung von Normal- und Isoparaffinen. Diese Trennung beruht darauf, dass in einem 5 Å Zeolith A die geradkettigen Paraffine gut adsorbiert werden können, wogegen verzweigte Paraffine eine wesentlich kleinere Affinität zu diesem Zeolith besitzen. n-Butan verursacht z.B. ab 200 mbar Partialdruck auf einem 5 Å Zeolith eine 10- bis 20fach höhere Beladung als Isobutan.[1] Wie sind diese Unterschiede zu erklären?

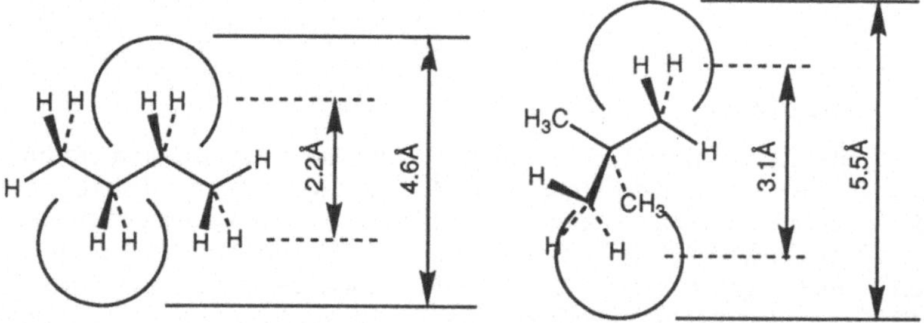

Abbildung 3.5 Kinetische Durchmesser von n-Butan und neo-Pentan.

Simuliert man n-Butan und Isobutan mit einem Kraftfeld (z.B. MM2), so kann man einen Moleküldurchmesser, gemessen an den Wasserstoffkernen, von 2.2 Å resp. 3.1 Å erhalten. Addiert man dazu zweimal den "klassischen" van der Waals Radius von Wasserstoff (1.2 Å), erhält man einen effektiven Moleküldurchmesser von 4.6 Å, resp. 5.5 Å. Die effektive Porenweite eines 5 Å Zeolith A beträgt etwa 4.2 Å. Die Differenz von 0.4 Å für n-Paraffine kann durch die Beweglichkeit des Gastmoleküls ausgeglichen werden, während dies für i-Paraffine (Differenz 1.3 Å) nicht mehr möglich ist.

B. Beispiel: Multiple Minima

Im letzten Beispiel sind wir implizit davon ausgegangen, dass Normalparaffine immer mit kleinem Aufwand eine lokale Geometrie annehmen können, welche einer n-Butankette entspricht. Sie passen so in die Poren von Zeolith A. Umgekehrt nehmen

1. L. Puppe: Chemie in unserer Zeit, 20, 117 (1986).

wir an, dass der Raumbedarf der Isobutangruppe dem minimalen Raumbedarf eines Isoparaffins entspricht. Da dieser den zur Verfügung stehenden Raum in einer Zeolith-A-Pore übersteigt, sind iso-Paraffine von der Adsorption mechanisch ausgeschlossen.

Für viele Gast-/Wirt-Wechselwirkungen ist es nicht notwendigerweise die energieärmste Konformation eines Gastmoleküls, welche in der Eindring- und Wechselwirkungsphase zum Tragen kommt. Es ist möglich, dass auf der Wanderung des Gastmoleküls durch Kanäle und Klüfte des Wirtsmoleküls bis zur Rezeptionsstelle Gebiete mit verschiedenen geometrischen Ansprüchen durchlaufen werden, welche durch verschiedene Konformationen des Gastmoleküls befriedigt werden können. Es ist darum wichtig, alle lokalen Minima eines Moleküls, welche sich in einem energetischen Band von 40 bis 80 kJ über der Minimumsenergiekonformation befinden, explorieren zu können. Im nächsten Beispiel sollen die realisierbaren Konformationen des 2,4-Dimethylcyclohexanons berechnet werden.

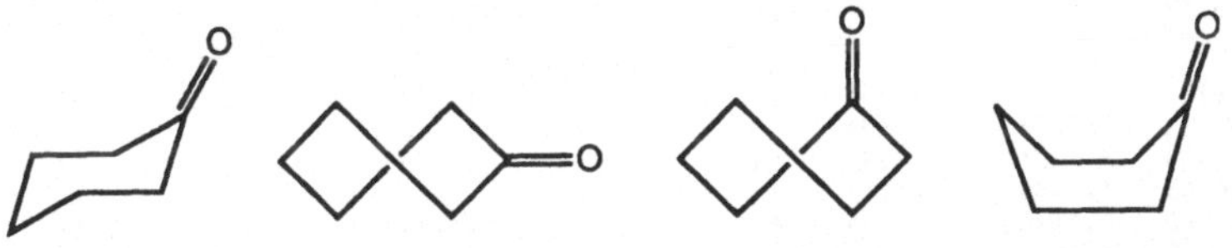

C_s C_2 C_1 C_s

Cyclohexanon besitzt neben der Minimumskonformation (Sessel) noch drei weitere lokale Minima, nämlich je eine C_2- und eine C_1-Twist-Wanne sowie eine C_s-Wanne. Diese Minima liegen 11.4, 15.8 und 22.3 kJ/mol über der Energie der Sesselform.

Die 2,4-Dimethylsubstitution erzeugt aus diesen Grundmustern prinzipiell zehn mögliche lokale Minima. Welche dieser Minima sind nun realisierbar und wie stehen sie energetisch zueinander? Da alle Strukturelemente von Dimethylcyclohexanon in einem Kraftfeld wie MM2 parametrisiert sind, soll dieses für die Struktur- und Energieevaluation eingesetzt werden. Es dürfte sowohl bezüglich der Energiedifferenzen als auch der strukturellen Details den semiempirischen MO-Methoden an Präzision überlegen sein[1]. Für die Strukturgenerierung soll das Programm CONFLEX verwendet werden, welches, ausgehend von einer gegebenen Geometrie durch "corner flapping", sämtliche möglichen Ringkonformationen erzeugt (vgl. Kap. 1.4.2.1). Dieses Programm hat den Vorteil, dass es direkt mit MM2 gekoppelt werden kann, so dass nach der Generierung der Startgeometrie automatische Optimierung sowie Eliminierung identischer Strukturen erfolgt.

Listing 3.5 zeigt den Input für das Programm CONFLEX. Er besteht aus einem MM2-Input und daran angehängten Instruktionen für CONFLEX. Listing 3.6 zeigt einen Teil des Outputs, der so erzeugt wird. Daraus ist ersichtlich, dass von den zehn denkbaren lokalen Minima laut dieser Methode nur sechs realisiert sind, wobei alle sechs innerhalb eines Energiebandes von weniger als 15 kJ/mol zu finden sind. Das heisst, dass in einem dynamischen System bei Raumtemperatur, je nach sterischer Anforderung der Umgebung, alle sechs Konformationen problemlos erreichbar sind. Die Barriere für die Ringinversion ist aus dieser Art der Behandlung nicht ersichtlich. Wir können

1. K. Gundertofte et al.: J. Comput. Chem., 12, 200 (1991).

jedoch annehmen, dass sie in der gleichen Grössenordnung liegt wie diejenige des Muttermoleküls (ca. 17 kJ/mol). Wie wir aus den Phasenwinkeln entlang des Rings sehen können, handelt es sich bei den zwei tiefstgelegenen Konformationen um Abkömmlinge des Sessels. Sie stellen mit zusammen über 95% den Grossteil der Moleküle. Für die Betrachtung von Phänomenen, wie z.B. vicinalen Proton-Proton-Kopplungskonstanten in einem NMR-Spektrum würde die thermodynamische Gewichtung über die Kopplungskonstanten dieser zwei Moleküle ausreichen. Für dynamische Probleme wie Reaktivität oder Anpassung an lokale Umgebungen in Rezeptormolekülen sind jedoch alle Konformationen von Bedeutung.

Listing 3.5 **2,4-Dimethyl-Cyclohexanon-Input für das Programm CONFLEX.**

```
C0600 2,4-Dimethyl-Cyclohexanon                                        23 1  0 0  09999.
    3     0.0000050     0  14    0    0    0    0    0    0    0          0    0
    1    2    3    4    5    6    1   15
    4   16
    6   20
    2    7    2    8    3    9    3   10    4   11    5   12    5   13    6   14
   16   17   16   18   16   19   20   21   20   22   20   23
   5.59284   4.76410  -6.56551    3(  1)   4.14546   4.89573  -7.00503    1(  2)
   3.24433   5.30452  -5.83353    1(  3)   3.41968   4.39453  -4.60498    1(  4)
   4.90089   4.34242  -4.18730    1(  5)   5.84301   3.91646  -5.32564    1(  6)
   4.06665   5.64576  -7.82825    5(  7)   3.82405   3.91526  -7.42634    5(  8)
   2.17580   5.31300  -6.15789    5(  9)   3.49857   6.35320  -5.54391    5( 10)
   2.84347   4.85068  -3.75897    5( 11)   5.02151   3.65584  -3.31540    5( 12)
   5.20893   5.35771  -3.83943    5( 13)   5.60681   2.86681  -5.62451    5( 14)
   6.48972   5.27970  -7.19337    7( 15)   2.82358   2.99413  -4.82639    1( 16)
   1.73811   3.05607  -5.07182    5( 17)   3.31954   2.44552  -5.65692    5( 18)
   2.92104   2.36820  -3.90934    5( 19)   7.30994   3.95012  -4.86725    1( 20)
   7.46672   3.29587  -3.97849    5( 21)   7.99649   3.58816  -5.66775    5( 22)
   7.62231   4.98255  -4.58687    5( 23)
C0601 2,4-Dimethyl-Cyclohexanon
    6    1    0    0    0    0    0    3    0    0
    1    2    3    4    5    6
    6
    1    2    3    4    5    6
```

Listing 3.6 Teiloutput von CONFLEX.

```
C0600 2,4-Dimethyl-Cyclohexanon
TOTAL ELAPSED TIME IS          4.49 MIN.
THE NUMBER OF FINAL CONFORMATIONS =      6
AVERAGE STERIC ENERGY IS  10.5551 KCAL/MOL

THIS MOLECULAR NUMBER IS C 601
STERIC ENERGY :  10.3290 KCAL/MOL
BOLZMAN POPULATION :   63.7930 %
NUMBER OF REDUNDANT CONFORMATION : 12
CONFORMATION          [6]
(6-  1-  2-  3)        51.32616    +sc
(1-  2-  3-  4)       -52.46115    -sc
(2-  3-  4-  5)        54.27558    +sc
(3-  4-  5-  6)       -54.52616    -sc
(4-  5-  6-  1)        51.99800    +sc
(5-  6-  1-  2)       -50.66244    -sc

THIS MOLECULAR NUMBER IS C 602
STERIC ENERGY :  10.7406 KCAL/MOL
BOLZMAN POPULATION :   31.8304 %
NUMBER OF REDUNDANT CONFORMATION : 9
CONFORMATION             [6]
(6-  1-  2-  3)     -49.37885    -sc
(1-  2-  3-  4)      53.92160    +sc
(2-  3-  4-  5)     -57.32246    -sc
(3-  4-  5-  6)      56.16497    +sc
(4-  5-  6-  1)     -50.37071    -sc
(5-  6-  1-  2)      47.03452    +sc

THIS MOLECULAR NUMBER IS C 603
STERIC ENERGY : 12.2415 KCAL/MOL
BOLZMAN POPULATION :    2.5217 %
NUMBER OF REDUNDANT CONFORMATION : 7
CONFORMATION              [33]

THIS MOLECULAR NUMBER IS C 604
STERIC ENERGY : 12.6159 KCAL/MOL
BOLZMAN POPULATION :    1.3397 %
NUMBER OF REDUNDANT CONFORMATION : 5
CONFORMATION              [33]
```

```
(6-  1-  2-  3)      21.01734   +sp
(1-  2-  3-  4)      38.48671   +sc
(2-  3-  4-  5)     -64.76225   -sc
(3-  4-  5-  6)      28.88662   +sp
(4-  5-  6-  1)      28.74145   +sp
(5-  6-  1-  2)     -56.35314   -sc

THIS MOLECULAR NUMBER IS C 605
STERIC ENERGY : 13.3092 KCAL/MOL
BOLZMAN POPULATION :    0.4153 %
NUMBER OF REDUNDANT CONFORMATION : 5
CONFORMATION              [33]
(6-  1-  2-  3)      59.07530   +sc
(1-  2-  3-  4)     -25.91282   -sp
(2-  3-  4-  5)     -32.51140   -sc
(3-  4-  5-  6)      65.05928   +sc
(4-  5-  6-  1)     -33.50962   -sc
(5-  6-  1-  2)     -27.06473   -sp
```

```
(6-  1-  2-  3)     -25.53957   -sp
(1-  2-  3-  4)      60.28766   +sc
(2-  3-  4-  5)     -33.12105   -sc
(3-  4-  5-  6)     -26.02422   -sp
(4-  5-  6-  1)      59.70280   +sc
(5-  6-  1-  2)     -32.13375   -sc

THIS MOLECULAR NUMBER IS C 606
STERIC ENERGY : 14.1519 KCAL/MOL
BOLZMAN POPULATION :    0.1000 %
NUMBER OF REDUNDANT CONFORMATION : 5
CONFORMATION              [33]
(6-  1-  2-  3)      41.40795   +sc
(1-  2-  3-  4)     -58.00949   -sc
(2-  3-  4-  5)      17.39756   +sp
(3-  4-  5-  6)      39.17584   +sc
(4-  5-  6-  1)     -55.69062   -sc
(5-  6-  1-  2)      13.63292   +sp
```

3.2.2 Molekülinterne Detailstruktur

Bei der Diskussion von molekülinternen Detailstrukturen können zwei Domänen unterschieden werden. Die eine umfasst Atome mit unmittelbarer Nachbarschaftsbeziehungen, d.h. sie ist lokal beschreibbar durch Bindungslängen, Bindungs- und Diederwinkel. Die andere Domäne ist diejenige der sich nicht in unmittelbarer Bindungsumgebung befindenden Atome. Glücklicherweise gibt es für diese zwei Domänen auch experimentelle Methoden, welche komplementäre Informationen liefern. So sind 1,4-Relationen in der NMR-Spektroskopie durch die vicinalen Kopplungskonstanten zu erfassen, während eine andere NMR-Eigenschaft, nämlich die NOE-Kontakte, in diesem Bereich selten selektiv sind. Für die Wechselwirkung zwischen Atomen, welche sich nicht in Bindungsnachbarschaft befinden, sind Kopplungskonstanten kaum einzusetzen. Hier liefern jedoch NOE-Kontakte eine sehr selektive Beschreibung. Auch die etwas speziellere Frage, ob sich Kerne im ab- oder entschirmenden Bereich einer anisotropen Gruppe (z.B. Aromaten) befinden, ist ein Phänomen der zweiten Domäne.

In den nächsten drei Unterkapiteln sollen Beispiele für die Interpretation von Diederwinkeln in Zusammenhang mit vicinalen und long range NMR-Kopplungskonstanten sowie von nichtbindenden Kontakten mit Hilfe des NOE-Effekts gezeigt werden. Das dritte Unterkapitel befasst sich mit der kritischen Evaluation einer "realen" Problemstruktur durch kombinierten Einsatz dieser drei Möglichkeiten.

3.2.2.1 Vicinale Kopplungen

Probleme beim Berechnen von vicinalen Kopplungskonstanten sollen am Paar cis/trans-1,2-dibromo-1,2-dicarbometoxycyclobutan[1] demonstriert werden.

So einfach dieses kleine Moleküls ist, zeigt es doch schon die wesentlichen Grundmuster, welche für die Berechnung von beobachteten molekularen Eigenschaften in Betracht gezogen werden müssen. Hier muss ganz bewusst der Übergang von der reinen Konnektivitätsinformation des chemischen Graphen zur realen dreidimensionalen Struktur gemacht werden. Das Cyclobutangerüst kann auf zwei Arten gefaltet sein,

1. E. Lustig et al.: J. Am. Chem. Soc., 89, 3953 (1967).

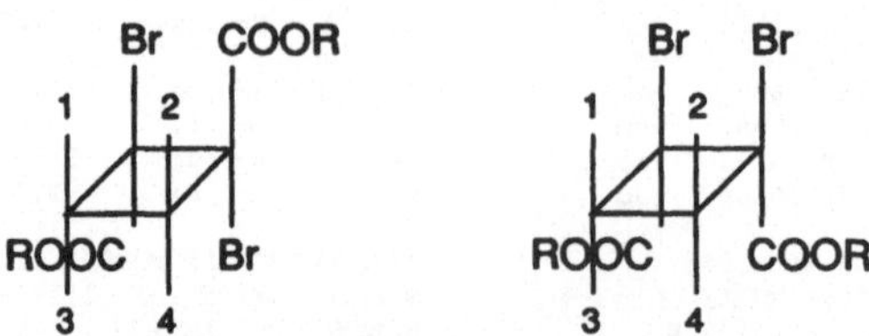

d.h. sowohl für das cis- als auch für das trans-Isomere existieren in Lösung möglicherweise zwei verschiedene Konformationen. Diese zwei Formen stehen bei Raumtemperatur im schnellen Gleichgewicht. Die beobachteten NMR-Kopplungskonstanten sind thermodynamisch gewichtete Mittel der zu den zwei lokalen Minima gehörigen Werte.

trans:

A B

Die zwei Formen des trans-Isomeren besitzen beide C_2-Symmetrie. Damit sind in beiden Formen die cis-Kopplungen (1,2) und (3,4) jeweils gleich. Darum müssen unabhängig von der thermodynamischen Gewichtung diese zwei Kopplungskonstanten immer gleich sein, was im beobachteten Spektrum tatsächlich so ist. Die beiden trans-Kopplungen (1,4) und (2,3) sind jedoch unterschiedlich und werden auch durch die Ausmittlung zwischen den zwei Formen nicht gleich. Die beobachteten Werte betragen 10.0 und 3.3 Hz. Die nach der empirischen Methode von Altona et al.[1] (eine Karplus-ähnliche Beziehung) berechneten Kopplungskonstanten J_{14} betragen in A 0.9 Hz und in B 10.8 Hz. Die berechneten J_{32}-Kopplungen haben Werte von 10.8 (A) und 1.0 Hz (B). Die Energiedifferenz der beiden Formen beträgt gemäss einer MM2-Berechnung etwa 3.7 kcal/mol zugunsten der Form A. Damit müsste diese in Lösung mit über 99% dominant sein. Demnach muss die kleine Kopplung von 3.3 Hz der J_{14}-Wechselwirkung zugeschrieben werden, während die grosse Kopplung J_{32} entspricht. Die Abweichung von 2.4 Hz für die kleine Kopplung ist möglicherweise dadurch zu erklären, dass die berechnete Energiedifferenz die wahren Gegebenheiten überschätzt. Dadurch würde mehr Charakter der Form B in die thermodynamische Gewichtung eingehen, was die 0.9 Hz Kopplung anheben und die 10.8 Hz Kopplung absenken würde. Die als energetisch bevorzugt berechnete Form entspricht auch der Kristallstruktur.[2]

1. C.A.G. Haasnoot, A.A.M. de Leeuw, C. Altona: Tetrahedron, **36**, 2783 (1980).
2. I.L. Karle, J. Karle, K. Britts: J. Am. Chem. Soc., **88**, 2918 (1966).

Auch im cis-Isomeren werden zwei gleich grosse Kopplungen beobachtet, obwohl dieses Isomere keine C_2- oder C_s-Symmetrie besitzt. Im Gegensatz zum trans-Isomeren, sind es nicht die cis- sondern die trans-Kopplungen (1,4) und (2,3), welche gleich gross sind. Die zwei Konformationen des cis-Isomeren sind spiegelbildliche Formen. Sie besitzen deshalb immer gleiche Energie und es tritt eine 1:1 Mittelung der berechneten Kopplungskonstanten beider Formen ein. Die beiden beobachteten cis-Kopplungen von 9.8 und 8.6 Hz werden beide zu jeweils 9.8 Hz berechnet. Die Abweichung von 1.2 Hz entspricht dabei durchaus dem Vertrauensbereich der empirischen Berechnung einer Kopplungskonstanten. Die berechneten Werte für die J_{14}- bzw. J_{32}-Wechselwirkung betragen in der einen Form 0.7 bzw. 11.5 Hz. In der anderen Form sind diese Werte "übers Kreuz" vertauscht. Auch diese zwei Kopplungen müssen jetzt im Verhältnis 1:1 gemittelt werden. Der berechnete Mittelwert beträgt somit 6.1 Hz in der üblichen Übereinstimmung mit dem experimentellen Wert von 6.7 Hz.

cis:

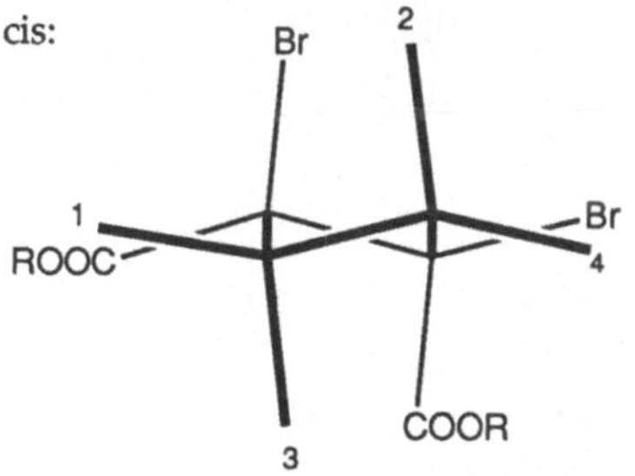

A: Br, 2, 1, ROOC, Br, 4, 3, COOR

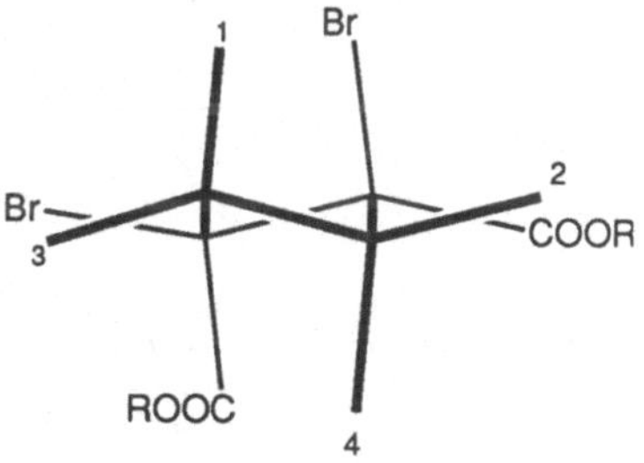

B: 1, Br, Br, 3, 2, COOR, ROOC, 4

Es ist an dieser Stelle wichtig, sich an zwei Probleme zu erinnern: Zum einen gibt man beim Übergang vom chemischen Graphen zu realen 3D-Strukturen den Vorteil auf, flexible Gebilde mit Hilfe nicht-flexibler Darstellungen diskutieren zu können. Das hat zur Folge, dass sämtliche lokale Minima einer Struktur berücksichtigt werden müssen. Weiter können für die Gleichheit beobachteter Grössen vollständig verschiedene Gründe vorliegen. Diese können entweder in der molekularen Punktgruppe oder in einer Ausmittelung liegen.

3.2.2.2 Long-Range-Kopplungen

Neben vicinalen Kopplungen über drei Bindungen können auch long-range-Kopplungen über vier Bindungen grossen diagnostischen Wert besitzen. Solche Kopplungen sind in 1-D NMR-Spektren nur beobachtbar, wenn sie die sog. M- resp. W-Anordnung besitzen, d.h. die vier Bindungen müssen mehr oder weniger in einer Ebene liegen. Dies soll am einfachen Beispiel von 2-Bromo-Cyclohexanon demonstriert werden.

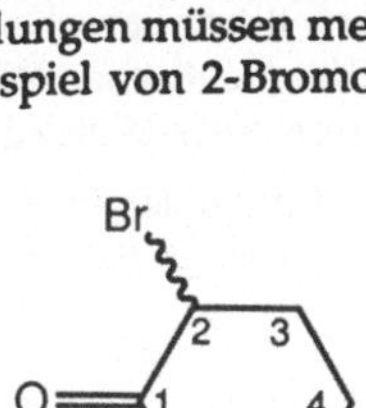

Br, O, 1, 2, 3, 4, 5, 6

Die Frage ist, ob in α-Bromo-Cyclohexanon in Lösung die Bromidgruppe axial oder äquatorial steht. Als diagnostisches Mittel steht folgende Information zur Verfügung: Das Proton an C_2 zeigt eine Fernkopplung von etwa 1.1 Hz zu einem der beiden Protonen an C_4 und zu einem Proton an C_6. Diese zwei Protonen in Stellung 4 und 6 wiederum zeigen unter sich eine Kopplung von ebenfalls ungefähr 1.1 Hz. Nach der Simulation der axialen und äquatorialen Form des Moleküls mit MM2, können die in Abbildung 3.6 gezeigten Diederwinkel gemessen werden. Es ist klar ersichtlich, dass nur die Form, welche die Bromidgruppe in axialer Position besitzt, die Voraussetzung liefert, dass drei Protonen jeweils paarweise in M-Anordnung vorliegen. Beide axialen Protonen in dieser Form, oder auch das axiale H in Position 2 der äquatorialen Form, haben jeweils mindestens eine Bindung auf den 4-Bindungs-Kopplungspfaden, welche nicht in der gemeinsamen Ebene der übrigen Bindungen liegt. Damit ist gezeigt, dass in α-Bromo-Cyclohexanon in Lösung die Bromidgruppe in axialer Stellung liegt.

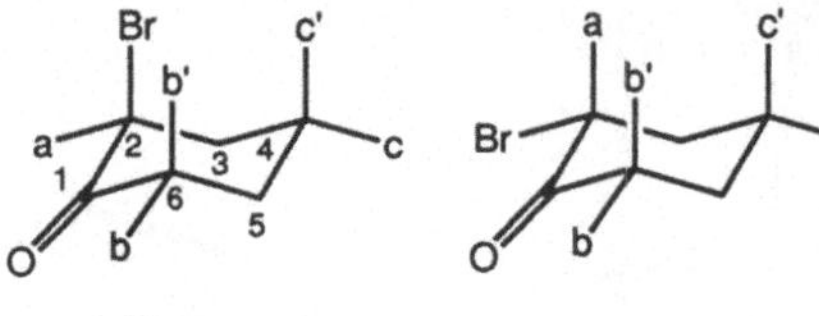

ω(a,2,3,4)	170.5	-65.4
ω(b,6,5,4)	-175.0	-175.7
ω(b',6,5,4)	67.1	66.0
ω(2,3,4,c)	-177.4	-179.1
ω(2,3,4,c')	65.4	63.5
ω(6,5,4,c)	178.7	179.4
ω(6,5,4,c')	-64.4	-63.2
ω(a,2,1,6)	-168.0	70.1
ω(b,6,1,2)	170.6	172.7
ω(b',6,1,2)	-72.7	-70.5

Abbildung 3.6 Ausgewählte Diederwinkel in ax.- resp. eq.-a-Bromo-Cyclohexanon. Nur H-C-C-C-H Kopplungspfade, in denen die 5 Atome mehr oder weniger in einer Ebene liegen, führen zu Fernkopplungen.

3.2.2.3 NOE-Kontakte

NOE-Kontakte liefern Informationen über räumliche Nachbarschaftsbeziehungen von Atomen. Proton-Proton-NOE's in 1-4-(vicinal)-Beziehung sind nur dann von diagnostischem Wert, wenn die Drehbarkeit um die zentrale Bindung stark gehindert ist. Die beobachteten NOE's zwischen im Bindungsschema weiter voneinander entfernten Kernen besitzen jedoch grossen diagnostischen Wert, indem sie die Zahl der möglichen Sekundär- und Tertiärstrukturen eines Moleküls stark einschränken.

In einem Molekül mit annellierten aromatischen Systemen sind aus synthetischen Gründen sowie aufgrund spektroskopischer Befunde nur folgende zwei Moleküle denkbar.[1,2]

1. M.D. Johnston Jr., G.E. Martin, R.N. Castle: J. Heterocyclic Chem., **25**, 1593 (1988).
2. L.H. Klemen et al.: J. Heterocyclic Chem., **25**, 111 (1988).

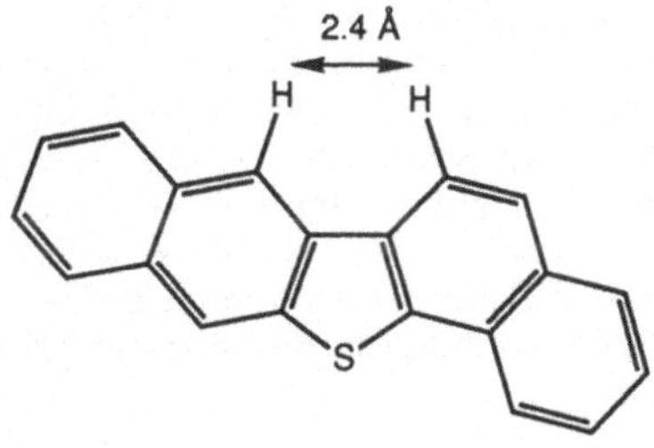

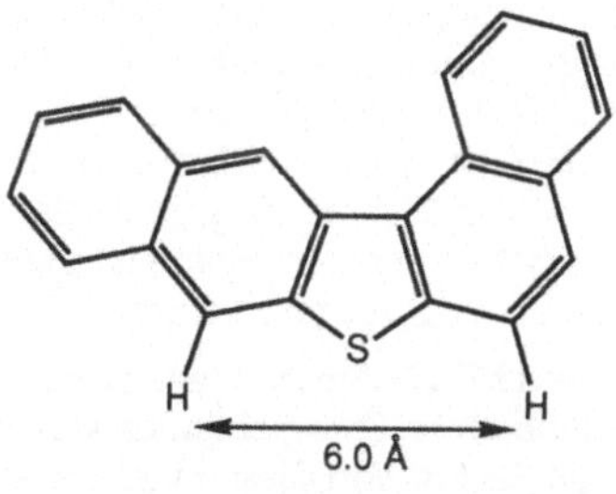

NOE-Experimente zeigen, dass zwischen einem der Dubletts und einem der Singletts ein NOE-Effekt von 12.7% existiert. Diese Beobachtung kann einzig durch das linke Molekül erklärt werden, da die entsprechende Distanz im anderen Molekül mit 6 Å für einen NOE-Kontakt wesentlich zu gross ist. Mit Ausnahme von sehr speziellen Verhältnissen, kann davon ausgegangen werden, dass NOE-Kontakte zwischen Protonen, welche räumlich wesentlich weiter als 3 bis 3.2 Å getrennt sind, nicht mehr beobachtet werden können.

3.2.2.4 Festlegung eines Strukturisomeren mit Hilfe von Molecular Modelling und NMR-Eigenschaften in Lösung

Im nächsten Beispiel sollen die in den letzten drei Abschnitten gezeigten Möglichkeiten kombiniert eingesetzt werden, um die Lösungsstruktur von Aristomakinin[1] mit Hilfe von NMR-Daten zu ermitteln. Beim nun geschilderten Vorgehen werden die komplementären Aussagemöglichkeiten der verschiedenen NMR-Methoden genutzt. So wird zuerst aufgrund der NOE's eine grossräumige Einschränkung gemacht. Anschliessend wird überprüft, ob in der verbleibenden Lösungsmenge Moleküle vorhanden sind, welche kleinräumige Eigenschaften besitzen, die mit den experimentellen $^3J_{HH}$-Kopplungskonstanten verträglich sind. Dieser Vergleich führt zu einer weiteren Selektion, die anschliessend durch Fernkopplung überprüft und bestätigt wird.

Die erste zu beantwortende Frage ist, ob das bis-Dehydro-Dekalinsystem in Aristomakinin in Lösung einem cis- oder einem trans-Dekalinsystem entspricht.

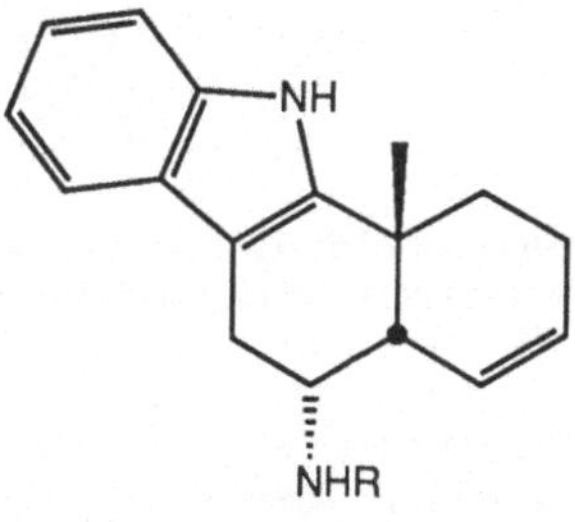

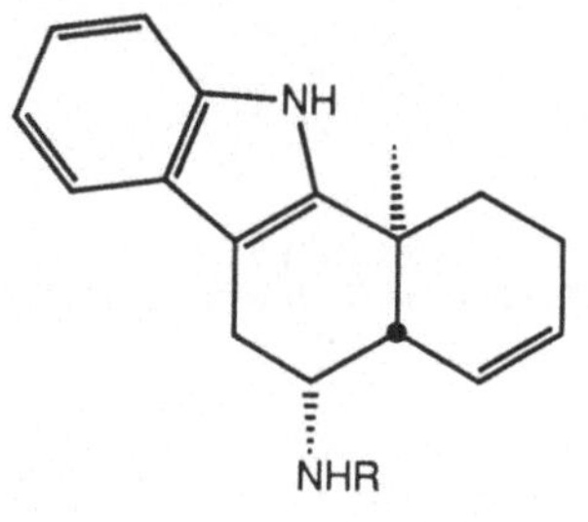

1. S. Burkard, H.-J. Boschberg: Helv. Chim. Acta, 73, 298 (1990).

Die Simulation mit dem Kraftfeldprogramm MM2 zeigt, dass, wie für das flexible cis-Dekalin zu erwarten ist, mehrere cis-Formen existieren. Das trans-Isomere, wiederum in völliger Analogie zum trans-Dekalin, existiert nur als ein Isomeres. NOE-Experimente zeigen einen positiven Kontakt zwischen dem Brückenkopf-Proton und der Brückenkopf-Methylgruppe im Dekalinsystem. Die simulierte trans-Form zeigt eine minimale HH-Distanz zwischen den Methylprotonen und dem Brückenkopf-Proton von 4.1 Å. Diese Distanz ist grösser als der für eine Beobachtung von NOE-Effekten akzeptierte Schwellenwert. Somit ist die trans-Form als mögliche Struktur von Aristomakinin in Lösung ausgeschlossen.

Mit Hilfe von MM2 können vier Formen des cis-Aristomakinin erhalten werden, welche innerhalb eines Energiebandes von 10 kcal/mol über der Konformation niedrigster Energie liegen. Von diesen vier scheinen zwei mit relativen Energien von 5.5 und 7.3 kcal/mol in Lösung kaum populiert zu sein. Die zwei anderen Konformationen sind in der MM2-Rechnung durch 1 kcal/mol getrennt. Das heisst, sie sind zu 84 resp. 16% bei Raumtemperatur in Lösung vorhanden. Diese beiden Minima zeigen in beiden Ringen des bis-Dehydro-Dekalinsystems jeweils eine Halbsesselkonformation, welche der Minimumsenergieform des Cyclohexens entspricht. Beide Formen sind als Stereopaar in Abbildung 3.7 zu sehen.

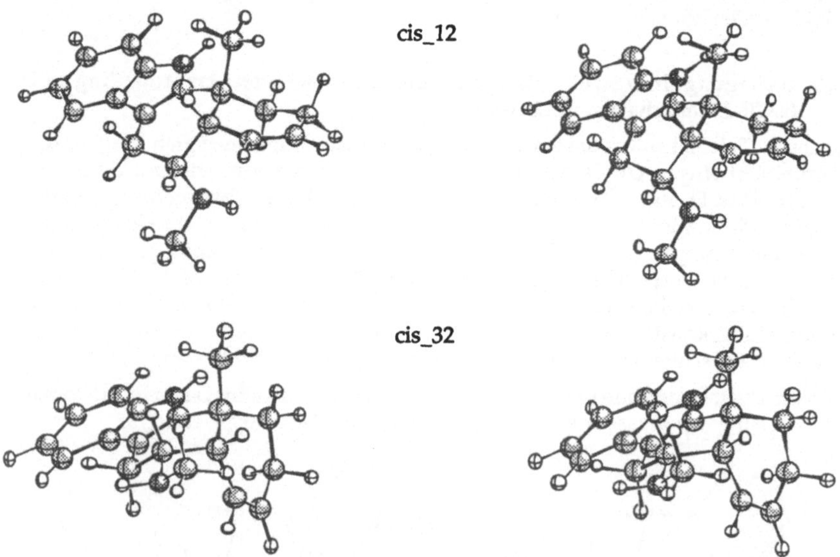

Abbildung 3.7 Stereopaare der zwei Konformationen von Aristomakin (Aristomakinin entspricht N-Pr^i) niedrigster Energie. Beide Ringe im bis-Dehydro-Dekalinsystems nehmen eine Halbsesselform ein.

Welche dieser zwei Formen ist nun diejenige, welche in der realen Lösung dominant ist? Dies soll aufgrund der beobachteten vicinalen Kopplungskonstanten (s. Abbildung 3.8) entschieden werden.

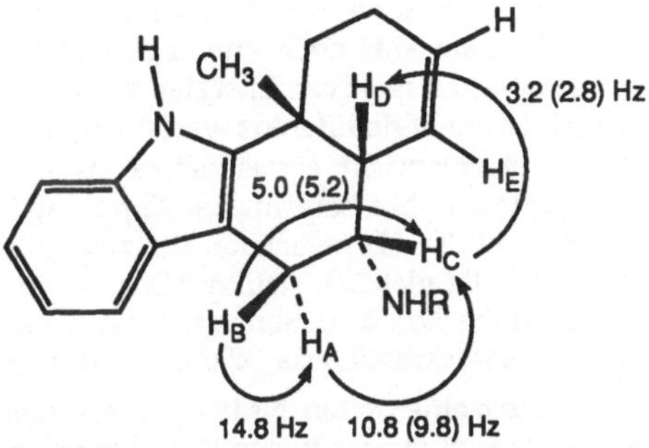

Abbildung 3.8 Beobachtete Kopplungskonstanten in Aristomakinin. (S. Burkard, H.-J. Boschberg: Helv. Chim. Acta, 73, 298 (1990).)

Listing 3.7 Mit dem Programm 3JHH[1] aufgrund zweier physikalischer Modelle (MM2, AM1) berechnete vicinale Kopplungskonstanten für die energetisch tiefliegenden Konformationen von Aristomakin.

4 KONFORMATIONEN VON ARISTOMAKINE (MM2-RESULTATE)

TEMPERATURE = 25.0 CELSIUS

				BOND 1 (1- 6)		BOND 2 (5- 6)			
				D- 1- 6-C		B- 5- 6-C		A- 5- 6-C	
NO.	CONFORMER	E(REL) KCAL	POPUL %	PHI DEG	3JHH HZ	PHI DEG	3JHH HZ	PHI DEG	3JHH HZ
1	CIS_12	1.00	15.59	-59.3	1.99	48.2	4.24	-72.0	2.01
2	CIS_21	5.50	0.01	55.9	3.77	-53.4	4.59	-173.7	11.61
3	CIS_32	0.0	84.41	62.0	2.94	-48.0	5.43	-167.9	11.23
4	CIS_42	7.30	0.00	-45.7	3.78	58.3	2.83	-63.0	3.00
WTD. AVERAGE					2.79		5.24		9.79

2 KONFORMATIONEN VON ARISTOMAKINE (AMPAC/AM1-RESULTATE)

TEMPERATURE = 25.0 CELSIUS

				BOND 1 (1- 6)		BOND 2 (5- 6)			
				D- 1- 6-C		B- 5- 6-C		A- 5- 6-C	
NO.	CONFORMER	E(REL) KCAL	POPUL %	PHI DEG	3JHH HZ	PHI DEG	3JHH HZ	PHI DEG	3JHH HZ
1	CIS_12	0.70	23.46	-56.3	2.33	43.9	4.91	-75.7	1.71
2	CIS_32	0.0	76.54	65.7	2.48	-55.3	4.31	-175.4	11.69
WTD. AVERAGE					2.44		4.45		9.35

Die mit Hilfe der Methode von Altona berechneten thermodynamisch gemittelten Kopplungskonstanten aufgrund von MM2-Geometrien ist in Listing 3.7 zu sehen. Die berechneten Kopplungskonstanten A-C, B-C und D-C von 9.8, 5.2 und 2.8 Hz sind in guter Übereinstimmung mit den beobachteten Werten von 10.8, 5.0 und 3.2 Hz. Um

1. E. Osawa, C. Jaime: Programm 3JHH, QCPE 461.

die Berechnungen etwas zu erhärten, wurden die zwei Konformeren tiefster Energie mit der semiempirischen Methode AM1 noch einmal geometrieoptimiert. Mit diesen neuen Geometrien und geänderten relativen Energien wurden wiederum die Kopplungskonstanten berechnet. Die Energiedifferenz wird mit 0.7 kcal/mol, was einer Population von 76% versus 24% entspricht, etwas kleiner als im Kraftfeldmodell. Die Reihenfolge bleibt jedoch erhalten. Die berechneten Kopplungskonstanten A-C, B-C und D-C werden zu 9.4, 4.5 und 2.4 Hz berechnet. Die zwei physikalischen Modelle machen also im wesentlichen die gleichen strukturellen Voraussagen. Die relativen Energien sowie die den einzelnen Konformationen zugeordneten Kopplungskonstanten sprechen dafür, dass die Konformation cis_32 die in Lösung dominante Form ist.

Diese Annahme kann nun durch eine weitere NMR-spektroskopische Betrachtung gestützt werden. Neben den bis jetzt zugeordneten Kopplungskonstanten zeigt Proton B eine Fernkopplung von 1.1 Hz. Diese Fernkopplung kann nur von einer Wechselwirkung mit Proton D herrühren. Die Diederwinkel entlang des Kopplungspfades B-2-3-4-D betragen für die Form cis_12 67° (72°) und 58° (59°). Die Werte in Klammern sind die Resultate der AM1-Rechnung. Für den Kopplungspfad in der Konformation cis_32 betragen die entsprechenden Werte 166° (173°) und 180° (178°). Einzig die Form 32 kann also die Fernkopplung B-D erklären. Wir haben somit durch sich gegenseitig ergänzende Informationen aus NMR-spektroskopischen Daten gezeigt, dass die Form cis_32 die in Lösung dominante Form des Aristomakinin ist.

3.3 Modellgebundene Strukturen

Viele der in der chemischen Diskussion verwendeten Strukturtypen sind modellgebunden. So können Molekülorbitale offensichtlich nur innerhalb eines Modells diskutiert werden, welches Molekülorbitale verwendet. HOMO/LUMO-Diskussionen und Fragment-MO's sind z.B. an diese Welt gebunden. Diese Beschreibung von Moleküleigenschaften mit Hilfe kanonischer Orbitale befindet sich am einen Ende einer möglichen Skala von Diskussionsgrundlagen. Am anderen Ende befinden sich die klassischen Elektronenstrukturen, welche mit Zweizentren-Zweielektronen-Bindungen, Resonanzstrukturen, Oktettregel, Ladungsseparation usw. arbeiten. Um die Brücke zwischen diesen zwei Welten zu schlagen und um aus den unübersichtlichen kanonischen MO's relevante Information in einfachen Zahlen zu erhalten, wurde eine Reihe von Methoden entwickelt. Dazu gehören die Populationsanalysen, welche zu Atomladungen, Reaktivitätsindizes und Bindungsordnungen führen, und die Methoden zur Lokalisierung von Molekülorbitalen. Missverständnisse treten oft auf, indem die klassische Schreibweise und die MO-Schreibweise gleiche Symbole für im Prinzip verschiedene Dinge verwendet und diesen Symbolen auch noch die gleichen Namen gegeben werden.

Im folgenden soll anhand einiger einfacher Beispiele gezeigt werden, wie solche, aus MO-Rechnungen stammende Information verwendet werden kann.

3.3.1 Molekülorbitale

Die Diskussion von Molekülorbitalen resp. einer Auswahl von MO's war in der Chemie der letzten zwanzig Jahre extrem erfolgreich. Dabei haben sich die Grenzorbitalbetrachtungen[1,2] in der Diskussion organischer Reaktivität als besonders fruchtbar erwiesen. In analoger Art erlaubt die Betrachtung von Fragment-MO's[3], Eigenschaften eines Moleküls auf solche von definierbaren Fragmenten und deren Wechselwirkungen zurückzuführen. Dieser Ansatz erlaubt zudem, Fragmenteigenschaften zu generalisieren und transferierbar zu machen. Ohne diese Transferierbarkeit wäre die Formulierung der organischen Chemie funktioneller Gruppen undenkbar.

3.3.1.1 Darstellung kanonischer Orbitale

Für die approximative, bildliche Darstellung und Interpretation kanonischer Orbitale, wie sie von MO-Programmen ausgegeben werden, sind im wesentlichen drei Dinge notwendig: Erstens müssen die kartesischen Koordinaten der Atome bekannt sein, unter denen die Eigenvektoren und Eigenwerte des molekularen Systems berechnet wurden. Zweitens muss die Notation der Vektoren im verwendeten Programm bekannt sein, und drittens benötigt man Regeln, um die essentielle Information daraus zu extrahieren.

Die meisten Programme notieren die Eigenvektoren als Matrix, in deren n-ten Kolonne die Koeffizienten des Eigenvektors des n-ten MO's stehen. In einigen Programmen wird zudem angegeben, zu welchem AO der entsprechende Koeffizient gehört (pro Zeile ein AO). Andere Programme geben dies im Output nicht mehr explizit an. Die entsprechende Information muss dann aus der Reihenfolge der Atome, wie sie im Input erscheinen, und einer Standardreihenfolge der AO's ermittelt werden.

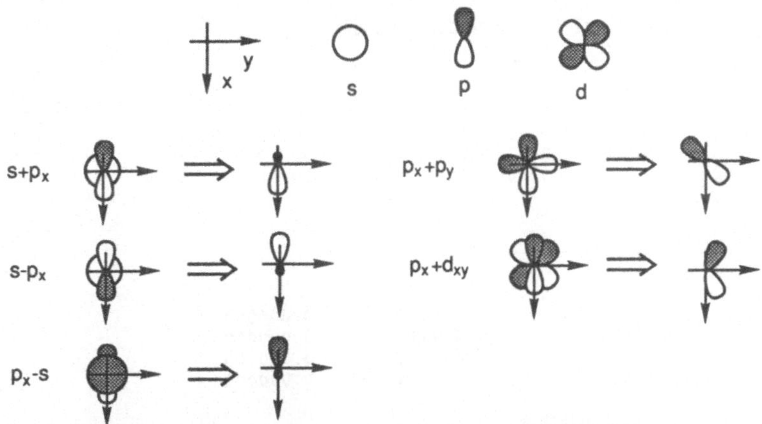

Die Interpretation der Eigenvektoren wird wesentlich vereinfacht, wenn man zuerst atomweise aus den AO's sog. Hybride, d.h. Summen, erzeugt. Diese Hybride sind

1. Ian Fleming: Grenzorbitale und Reaktionen organischer Verbindungen. Verlag Chemie, 1979.
2. Nguyên Trong Anh: Die Woodward-Hoffmann-Regeln und ihre Anwendung. Verlag Chemie, 1972.
3. T.A. Albright et al.: Orbital Interactions in Chemistry. John Wiley & Sons, 1985.

nicht mit der Pauling-Hybridisierung zu verwechseln. Es handelt sich lediglich um eine Summierung von AO's pro Atom und für jedes MO. Für diese Hybridbildung verwendet man die üblichen Regeln für konstruktive und destruktive Überlappung von Orbitalen entsprechend ihrer Form und ihren relativen Vorzeichen. Kombinationen wie s-p_x und p_x-s führen dabei nicht zum gleichen Resultat! Einige solcher Modellhybride sind zur Veranschaulichung in der oben stehenden Skizze gezeigt.

Im nächsten Schritt werden die Hybride in ihrer relativen, räumlichen Anordnung aufgezeichnet. Dazu müssen die kartesischen Atomkoordinaten, mit deren Hilfe die Eigenvektoren berechnet wurden, bekannt sein. Die räumlich richtige Anordnung der Hybride führt dann zur Interpretation der Wellenfunktion, indem Knotenstrukturen, d.h. bindende und antibindende Eigenschaften, approximativ erkennbar werden. Das nachfolgende Beispiel soll diesen gesamten Vorgang veranschaulichen.

A. Beispiel: Eigenvektoren von Formaldehyd

Listing 3.8 enthält Input (interne Koordinaten), kartesische Koordinaten und Eigenvektoren von Formaldehyd. Beim Betrachten der Eigenvektoren fällt sofort auf, dass diese in drei Gruppen zerfallen. Die erste enthält nur s, p_x und eine symmetrische Kombination der Wasserstoff-s-Orbitale (A_1), die zweite enthält ausschliesslich p_y und eine antisymmetrische Kombination der Wasserstoff-s-Orbitale (B_2), und die letzte Gruppe ausschliesslich p_z (B_1). Die MO's sollen nun gruppenweise (A_1, B_1, B_2) bildlich dargestellt und ihre generellen Eigenschaften diskutiert werden.

Listing 3.8 Input und Teiloutput für die Berechnung von Formaldehyd mit MOPAC/AM1. Die Reihenfolge in der Liste der Atomic Orbital Electron Population entspricht der AO-Reihenfolge in den MO's s(C_1)-s(H_4).

```
 AM1 T=5M  PRECISE VECTORS SYMMETRY SIGMA
FORMALDEHYD
C2V-GEOMETRIE                                                            Ladung
    C     0.000000  0     0.000000  0     0.000000  0   0  0  0          0.1384
    O     1.227317  1     0.000000  0     0.000000  0   1  0  0         -0.2759
    H     1.110462  1   122.225090  1     0.000000  0   1  2  0          0.0688
    H     1.110462  0   122.225090  1   180.000000  0   1  2  3          0.0688
    0     0.000000  0     0.000000  0     0.000000  0   0  0  0
    3,    1,    4,
    3,    2,    4,

              CARTESIAN COORDINATES

ATOM/NO.            X              Y              Z

 C 1            0.000000       0.000000       0.000000
 O 2            1.227317       0.000000       0.000000
 H 3           -0.592150       0.939406       0.000000
 H 4           -0.592150      -0.939406       0.000000

                       EIGENVECTORS

ROOT NO. 1       2       3       4       5       6       7       8       9      10
       1 A1    2 A1    1 B2    3 A1    1 B1    2 B2    2 B1    4 A1    3 B2    5 A1
     -39.06  -25.06  -17.14  -16.26  -14.54  -10.78    0.79    3.17    4.00    6.07

S  C1 -0.468   0.648   0.000  -0.044   0.000   0.000   0.000   0.551   0.000  -0.235
PX C1 -0.272  -0.230   0.000   0.573   0.000   0.000   0.000  -0.216   0.000  -0.706
PY C1  0.000   0.000  -0.631   0.000   0.000   0.296   0.000   0.000  -0.718   0.000
```

```
PZ C1  0.000  0.000  0.000  0.000  0.592  0.000  0.806  0.000  0.000  0.000

S  O2 -0.785 -0.486  0.000 -0.320  0.000  0.000  0.000 -0.031  0.000  0.210
PX O2  0.255 -0.253  0.000 -0.670  0.000  0.000  0.000  0.196  0.000 -0.620
PY O2  0.000  0.000 -0.601  0.000  0.000 -0.771  0.000  0.000  0.211  0.000
PZ O2  0.000  0.000  0.000  0.000  0.806  0.000 -0.592  0.000  0.000  0.000

S  H3 -0.113  0.337 -0.347 -0.244  0.000  0.399  0.000 -0.552  0.469 -0.095

S  H4 -0.113  0.337  0.347 -0.244  0.000 -0.399  0.000 -0.552 -0.469 -0.095

          ATOMIC ORBITAL ELECTRON POPULATIONS

1.28148   0.90937   0.97034   0.70043   1.90954   1.15554   1.91125   1.29957
0.93124   0.93124
```

Die fünf Orbitale der Rasse A_1 sind in der nachfolgenden Skizze dargestellt.

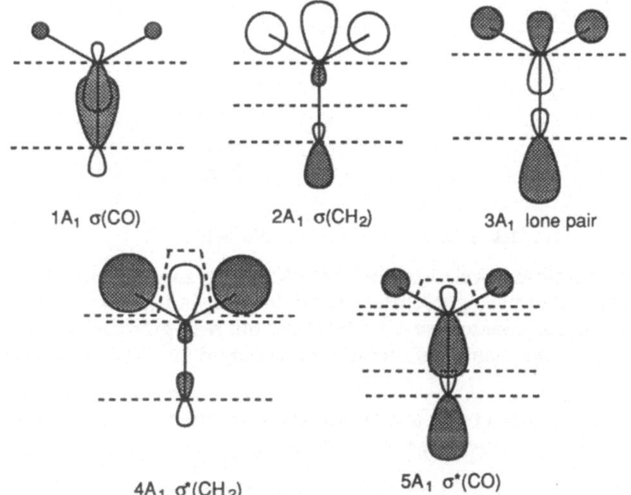

$1A_1$ $\sigma(CO)$ $2A_1$ $\sigma(CH_2)$ $3A_1$ lone pair

$4A_1$ $\sigma^*(CH_2)$ $5A_1$ $\sigma^*(CO)$

Allen Orbitalen der Rasse A_1 ist gemeinsam, dass sie keine Knotenebenen besitzen, welche die molekulare C2-Achse enthält. Von den fünf Orbitalen dieser Symmetrie sind die ersten drei doppelt besetzt, die Orbitale $4A_1$ und $5A_1$ sind unbesetzt. Überlagert man die AO's entsprechend der eingangs dieses Kapitels gegebenen Regeln unter Anwendung der Koeffizienten in Listing 3.8, so ergeben sich die Orbitale, wie sie in der Skizze dargestellt sind. Dank der Verwendung der Atomhybride innerhalb jedes einzelnen MO's, fällt es nun sehr leicht, die Charakteristik der verschiedenen MO's zu analysieren. So ist das Orbital $1A_1$ im wesentlichen σ-CO-bindend ist. Dies bedeutet aber nicht, dass es sich um ein lokalisiertes MO handelt. Es ist nach wie vor ein kanonisches MO, das gleichzeitig zum bindenden CO-Charakter einen leicht antibindenden CH_2-Charakter besitzt. Wegen der in der negativen x-Richtung verkleinerten sp-Lappen am Kohlenstoff und der kleinen Wasserstoffkoeffizienten sowie der Lage der Wasserstoffatome entfernt von der Achse, auf welche das sp-Hybrid des Kohlenstoffs die maximale Intensität erreicht, kann die leicht antibindende CH_2-Wechselwirkung auch als nichtbindend klassiert werden. Auch das Orbital $2A_1$ ist ein kanonisches Orbital, das wohl einen leicht CO-antibindenden σ-Charakter hat, aber als dominant σ-CH_2-bindend charakterisiert werden kann. Das Orbital $3A_1$ ist leicht σ-CO-bindend und gleichzeitig leicht σ-CH_2-bindend. Die Kombination von etwa -0.3 s und -0.7 p_x auf dem Sauerstoff erzeugt jedoch einen dominant grossen Lappen, der vom Sauerstoff in den freien Raum hinaus deutet. Es handelt sich hier also um ein insgesamt schwach bis nichtbindendes MO des σ-Gerüsts mit dem Charakter eines einsamen Elektronenpaars. Allerdings ist die Energie dieses einsamen Elektronenpaars mit -16.26 eV relativ tief. Es kann somit nicht Repräsentant desjenigen einsamen Elektronenpaars sein, welches klassisch für die Komplexierungseigenschaften (Lewis-Base) verantwortlich gemacht wird. Diese drei Orbitale werden durch die verbleibenden zwei unbesetzten ergänzt, welche dominant antibindenden σ-CH_2-, resp. antibindenden σ-CO-Charakter aufweisen.

Der nächste Satz von Orbitalen ist derjenige der Rasse B_1. Es existieren nur zwei Orbitale dieser Symmetrie.

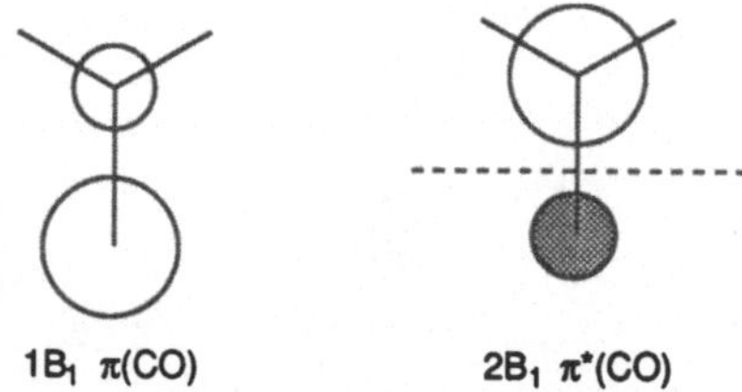

$1B_1$ π(CO) $2B_1$ π*(CO)

Das Gemeinsame dieser zwei Orbitale ist die Knotenebene, welche mit der xy-Ebene (Ebene, in der alle Atome liegen) zusammenfällt. Dies sind die π- und π*-Orbitale der CO-Bindung. Wie zu erwarten, ist die π-Bindung mit dem grösseren Koeffizienten auf dem elektronegativeren Sauerstoff polarisiert, während im π*-Orbital die Polarisation umgekehrt ist.

Der dritte und letzte Satz von Orbitalen umfasst diejenigen der Rasse B_2. Ihnen ist gemeinsam, dass die xz-Ebene eine Knotenebene ist.

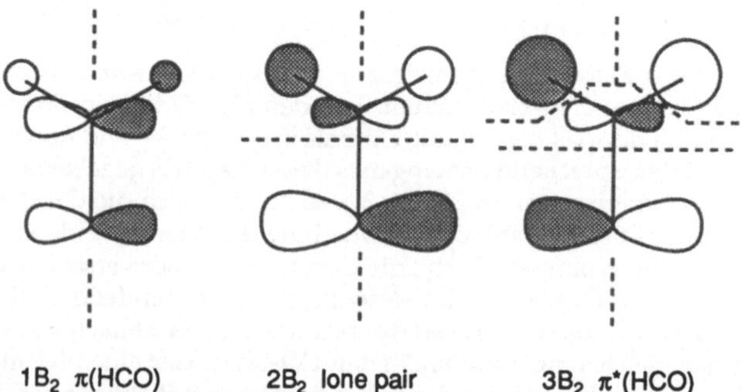

$1B_2$ π(HCO) $2B_2$ lone pair $3B_2$ π*(HCO)

Die Orbitale der Symmetrie B_2 haben p_y-Charakter auf Kohlenstoff und Sauerstoff sowie eine Zumischung der antisymmetrischen Kombination der Wasserstoff-s-Orbitale. Die zwei p-Orbitale und die antisymmetrische Kombination von 2s-Orbitalen besitzen alle π-Symmetrie bezüglich der xz-Ebene. Das gesamte System kann deshalb mit einem stark polarisierten Allyl-System verglichen werden. Wie in jenem Fall ist das Orbital $1B_2$ vollständig π-HCO-bindend, während das Orbital $2B_2$ (im Allyl-System "exakt" nicht bindend, da dort der Koeffizient des mittleren Zentrums null ist) im wesentlichen π-nichtbindend ist. Der weitaus grösste Koeffizient ist der des p_y-Orbitals auf Sauerstoff. Dieses Orbital kann am ehesten als das lone pair, das klassisch als solches angesprochen wird, identifiziert werden. Neben dem grossen Koeffizienten an Sauerstoff und seinem nur schwach antibindenden Effekt zur CH_2-Gruppe zeigt auch die MO-Energie von ca. -10.8 eV, dass es dasjenige Orbital ist, welches am ehesten Donor-Eigenschaften aufweisen sollte.

Aus den Eigenvektoren und den mit ihnen assoziierten Eigenwerten ist zu sehen, dass das tiefste unbesetzte Orbital (LUMO) das CO-π*-Orbital ist. Das entsprechende, bindende π-Orbital ist jedoch in dieser Berechnung nicht das HOMO, sondern das zweithöchste besetzte Orbital. Das höchste besetzte Orbital ist seinem Donor-Charakter entsprechend das $2B_2$ lone pair-Orbital. Diese Situation ist sehr oft im Zusammenhang mit Grenzorbitalbetrachtungen anzutreffen. Die für die klassische Reaktivität als HOMO und LUMO angesprochenen MO's sind oft in einer MO-Rechnung nicht die wirklichen Grenzorbitale. Einen weiterer solcher Fall wird im nächsten Kapitel vorgestellt.

3.3.1.2 Grenzorbitale

Nachdem wir nun wissen, wie ein von MO-Programmen erzeugter Output interpretiert werden kann, können wir daran gehen, Grundlagen für die in der Chemie so erfolgreiche Diskussion von Reaktivität auf der Basis von Grenzorbital-Diskussionen zu extrahieren. Dazu berechnet man normalerweise ein kleines Modellsystem des reagierenden Molekülteils und diskutiert das Verhalten der Grenzorbitale bezüglich Substitution. Diese Arbeitsweise soll in den nächsten zwei Beispielen demonstriert werden. Es handelt sich dabei um eine Donor- resp. Akzeptorsubstitution an Ethylen und weiter um die Aktivierung des Dienophils Acrolein durch Aluminiumsalze.

A. Beispiel: Polarisation einer CC-Doppelbindung durch π-Akzeptoren und π-Donoren

In diesem Beispiel wollen wir uns mit der Frage beschäftigen, wie das π-System einer CC-Doppelbindung durch Substitution mit einem π-Akzeptor resp. einem π-Donor polarisiert wird. Das Muttermolekül Ethylen besitzt ein vollständig symmetrisches π-System mit p_z-Koeffizienten von $\pm\sqrt{2}/2$. Die Orbitalpopulation zeigt für die zwei p_z-Orbitale eine Population von jeweils 1.000. Diese Daten sind aus Listing 3.9 ersichtlich, welches neben den Inputdaten für Ethylen einen Teil der von MOPAC produzierten Outputdaten enthält. Die kartesischen Koordinaten sind nicht wiedergegeben. Für diese Diskussion genügt die Information, dass alle Atome in der xy-Ebene liegen. Von den Eigenvektoren sind nur die p_z-Koeffizienten für die π-Orbitale ausgedruckt.

Listing 3.9 **Input und Teiloutput für die Berechnung von Ethylen mit MOPAC/AM1.**

```
AM1  T=5M  PRECISE VECTORS
ETHYLENE
ETHYLENE                                                                  CHARGE
   C    0.000000  0    0.000000  0    0.000000  0   0  0  0      -0.2180
   C    1.325918  1    0.000000  0    0.000000  0   1  0  0      -0.2180
   H    1.098265  1  122.716715  1    0.000000  0   1  2  0       0.1090
   H    1.098265  1  122.716715  1  180.000000  0   1  2  3       0.1090
   H    1.098265  1  122.716715  1  180.000000  0   2  1  3       0.1090
   H    1.098265  1  122.716715  1  180.000000  0   2  1  5       0.1090
   0    0.000000  0    0.000000  0    0.000000  0   0  0  0
```

EIGENVECTORS ETHYLEN (nur p_z-Orbitale)

```
   ROOT NO.    6           7
            1  B3U       1  B2G
          -10.55141      1.43778

PZ  C  1    0.70711      0.70711
PZ  C  2    0.70711     -0.70711
```

ATOMIC ORBITAL ELECTRON POPULATIONS

```
1.24449  0.95566  1.01780  1.00000  1.24449  0.95566  1.01780  1.00000
0.89102  0.89102  0.89102  0.89102
```

Was bewirkt nun die Substitution eines H-Atoms durch einen π-Akzeptor, wie die BH_2-Gruppe, resp. durch einen π-Donor, wie die NH_2-Gruppe? Listing 3.10 und Listing 3.11 enthalten die verkürzten Outputs für diese zwei Moleküle.

Listing 3.10 Input und Teiloutput für Vinylboran.

```
AM1  T=5M  PRECISE VECTORS
C2H5B
H2C=C(H)(BH2)                                                              CHARGE
   C    0.000000  0    0.000000  0    0.000000  0   0  0  0      -0.0994
   C    1.336304  1    0.000000  0    0.000000  0   1  0  0      -0.2774
   H    1.100680  1  122.894166  1    0.000000  0   1  2  0       0.1132
   H    1.100476  1  122.672759  1  180.000000  0   1  2  3       0.1039
   H    1.102291  1  120.383637  1  180.000000  0   2  1  3       0.1167
   B    1.514377  1  123.228273  1  180.000000  0   2  1  5       0.0796
   H    1.161724  1  119.390051  1  180.000000  0   6  2  1      -0.0143
   H    1.162867  1  119.794007  1  180.000000  0   6  2  7      -0.0222
   0    0.000000  0    0.000000  0    0.000000  0   0  0  0
```

EIGENVECTORS H2C=C(H)(BH2) (nur p-Orbitale)

```
   ROOT NO.    8            9            10
            1  A"         2  A"         3  A"
          -11.01641      0.00079      2.75346

PZ  C  1  -0.65727      0.67042      0.34429
PZ  C  2  -0.71483     -0.40983     -0.56662
PZ  B  6  -0.23878     -0.61853      0.74860
```

ATOMIC ORBITAL ELECTRON POPULATIONS

```
1.25722  0.96363  1.01455  0.86401  1.23699  0.95840  1.06007  1.02196
0.88678  0.89611  0.88331  1.23241  0.80300  0.77097  0.11403  1.01435
1.02222
```

Listing 3.11 Input und Teiloutput für die Berechnung von Aminoethylen mit MOPAC/AM1.

```
AM1  T=5M  PRECISE VECTORS
C2H5N
H2C=C(H)(NH2)                                                         CHARGE
 C    0.000000  0    0.000000  0    0.000000  0   0  0  0         -0.3699
 C    1.346961  1    0.000000  0    0.000000  0   1  0  0          0.0097
 H    1.094207  1  123.701823  1    0.000000  0   1  2  0          0.1120
 H    1.093896  1  120.573810  1  180.000000  0   1  2  3          0.1194
 H    1.109230  1  120.391484  1  180.000000  0   2  1  3          0.1230
 N    1.372649  1  125.909227  1  180.000000  0   2  1  5         -0.4243
 H    0.983678  1  120.226004  1  180.000000  0   6  2  1          0.2164
 H    0.985100  1  120.616776  1  180.000000  0   6  2  7          0.2137
 0    0.000000  0    0.000000  0    0.000000  0   0  0  0

          EIGENVECTORS H2C=C(H)(NH2)  (nur p-Orbitale)

  ROOT NO.     7           9           10
           1   A"       2   A"      3   A"
        -12.60333     -8.40370      1.89568

PZ   C  1   0.34753     0.68786    -0.63723
PZ   C  2   0.58747     0.36995     0.71973
PZ   N  6   0.73083    -0.62448    -0.27553

            ATOMIC ORBITAL ELECTRON POPULATIONS

1.23789  0.92269  1.02143  1.18787  1.21307  0.92186  0.89142  0.96396
0.88798  0.88063  0.87701  1.42698  1.07898  1.07012  1.84817  0.78362
0.78633
```

Die Populationsanalyse zeigt, dass die BH_2-Gruppe tatsächlich ein π-Akzeptor ist, indem das Bor-p_z-Orbital etwa "0.1 Elektron" aus der CC π-Bindung abzieht, während die NH_2-Gruppe als π-Donor etwa "0.15 Elektronen" in die CC-Region abgibt. Durch das Anfügen der neuen Substituenten wurde das π-System jeweils um ein Zentrum erweitert. Entsprechend erscheinen drei MO's mit π-Symmetrie im Output. In beiden Fällen zeigen die Orbitale das typische Erscheinungsbild von Hetero-Allyl-Systemen, indem das energetisch tiefstliegende und das energetisch höchstliegende MO "spiegelbildliche" AO-Koeffizienten auf den endständigen Zentren besitzen, während beim mittleren MO der Koeffizient des mittleren AO's wesentlich kleiner ist als diejenigen der endständigen (im Allyl-System exakt Null). Diskutieren wir nun die MO's im Sinne von HOMO und LUMO der CC-Bindung, dann entstehen starke Unterschiede dadurch, dass das Bor-Derivat seine MO's nur bis zum Niveau $1A_2'$ populiert hat, während das Stickstoff-Derivat das MO $2A_2'$ als Populationsgrenze besitzt.

Die folgende Skizze zeigt noch einmal HOMO und LUMO dieser zwei Verbindungen. Man sieht, dass in beiden Fällen das HOMO π-CC-bindend und das LUMO π-antibindend ist. Gegenüber Ethylen mit Koeffizienten von $\pm\sqrt{2}/2$, zeigt das Bor-Substituierte eine leichte Polarisation des HOMO's mit grösserem Koeffizienten auf dem Substituenten tragenden C, während beim Stickstoff-Analogen eine starke Polarisation des HOMO in umgekehrter Richtung stattfindet. Im LUMO sind die Unterschiede für die Bor-Verbindung deutlicher als im HOMO mit dem grossen Orbitallappen an C_1. Wiederum ist die umgekehrte Polarisation, wenn auch weniger deutlich ausgeprägt, im LUMO der Stickstoff-Verbindung zu beobachten.

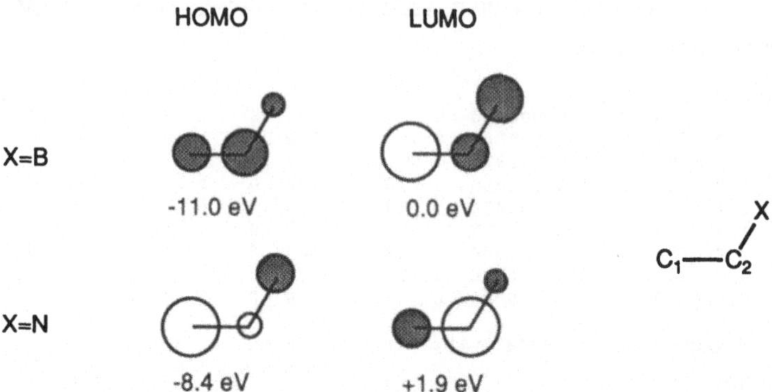

Zusätzlich zur Polarisation ist eine deutliche Absenkung der Orbitalenergien in der Bor-Verbindung um etwa 1.5 eV gegenüber dem Ethylen zu beobachten, während beim Stickstoff-Analogen das HOMO um fast 2 eV und das LUMO um ca. 0.5 eV angehoben wird. Auch die Partialladungen zeigen die unterschiedliche Polarisation, indem in der Bor-Verbindung der Kohlenstoff 1 gegenüber Ethylen etwa 0.2 Elektronen verliert, was zum grössten Teil auf ein π-Loch zurückzuführen ist, wie die Orbitalpopulationsanalyse zeigt (0.86). Die Partialladung auf C_2 bleibt fast unbeeinflusst. Umgekehrt wird im Stickstoff-Analogen die Ladung auf C_1 um etwa 0.15 Elektronen erhöht, was auch hier wieder weitestgehend auf einen π-Effekt zurückzuführen ist, indem die p_z-Population einen Überschuss von 0.19 Elektronen gegenüber Ethylen zeigt. C_2 zeigt einen Verlust von über 0.2 Elektronen, was aber, wie die p_z-Population von 0.96 zeigt, kein π- sondern ein σ-Effekt sein muss.

B. Beispiel: Polarisation von Acrolein durch Aluminiumsalze

Sowohl Reaktivität als auch Selektivität von Acrolein als Dienophil können durch die Beigabe von Aluminiumsalzen gesteigert werden. Man nimmt an, dass Aluminiumchlorid mit dem Aluminiumatom am Sauerstoff des Acroleins komplexiert. Dadurch wird das π-System im Bereich der CC-Doppelbindung polarisiert und die Energie so verändert, dass sowohl Selektivität als auch Reaktivität günstig beeinflusst werden. Listing 3.12 zeigt den partiellen Output für Acrolein in Gasphase. Es sind nur die MO-Koeffizienten der p_z-Orbitale für die vier π-MO's wiedergegeben.

Das höchste besetzte MO (Nr. 11) gehört nicht zum System der CC-Doppelbindung, sondern besitzt dominanten Sauerstoff-lone pair-Charakter. Das für die Diskussion interessante "HOMO" der CC-Doppelbindung ist das zweitoberste besetzte MO. Wie aus Listing 3.12 ersichtlich, ist das HOMO im CC-Bereich kaum polarisiert. Die Selektivität des Acroleins in seiner Rolle als Dienophil stammt aus der Polarisation des LUMO's. Die Komplexierung mit Aluminiumtrichlorid muss, um die beobachteten Effekte (Selektivitäts- und Reaktivitätssteigerung) zu erklären, zwei Veränderungen im MO-Schema bewirken. Um die Reaktivitätssteigerung zu erklären, muss die LUMO-Energie sinken. Damit wird die Energiedifferenz HOMO (Dien) - LUMO (Dienophil) verkleinert. Die Selektivitätssteigerung sollte sich in einer verstärkten Polarisierung des Acrolein-LUMO's zeigen.

Listing 3.12 Input und Teiloutput für die Berechnung von Acrolein mit MOPAC/AM1.

```
AM1   T=5M   PRECISE VECTORS
ACROLEIN
KONFORMATION S-TRANS                                                           CHARGE
   C     0.000000  0    0.000000  0    0.000000  0   0  0  0              -0.1495
   C     1.332514  1    0.000000  0    0.000000  0   1  0  0              -0.2466
   H     1.099448  1  122.846676  1    0.000000  0   1  2  0               0.1156
   H     1.098791  1  122.182794  1  180.000000  0   1  2  3               0.1224
   H     1.103291  1  121.998772  1  180.000000  0   2  1  3               0.1485
   C     1.470240  1  122.548595  1  180.000000  0   2  1  4               0.2057
   O     1.232797  1  122.863167  1  180.000000  0   6  2  1              -0.2820
   H     1.114468  1  115.856834  1  180.000000  0   6  2  7               0.0859
   0     0.000000  0    0.000000  0    0.000000  0   0  0  0

                  EIGENVECTORS

   ROOT NO.    7           10           12          13
            1   A"       2   A"       3   A"     4   A"
         -14.70517   -11.00762     -0.13884    1.84884

 PZ  C  1  -0.16412     0.65836      0.62220  -0.39050
 PZ  C  2  -0.27534     0.66601     -0.44230   0.53385
 PZ  C  6  -0.59575    -0.06264     -0.48887  -0.63416
 PZ  O  7  -0.73643    -0.34506      0.42219   0.40045

           ATOMIC ORBITAL ELECTRON POPULATIONS

1.24985  0.95154  1.02740  0.92075  1.24003  0.95673  1.01109  1.03876
0.88436  0.87764  0.85149  1.25045  0.90099  0.92513  0.71769  1.91119
1.14267  1.90531  1.32279  0.91412
```

Listing 3.13 zeigt neben den Inputdaten einen Teil der Resultate einer MOPAC/AM1-Rechnung an komplexiertem Acrolein. Wiederum sind aus der Eigenvektormatrix nur diejenigen Kolonnen, welche π-Orbitalen entsprechen, wiedergegeben. Die erste Aufgabe ist auch hier wieder die Identifikation desjenigen MO's, welches in der Diskussion der Reaktivität der CC-Doppelbindung als "HOMO" angesprochen werden soll. Ein Vergleich der Koeffizienten zeigt, dass die Orbitale 10, 17, 24 und 26 den vier π-MO's von Acrolein, wie sie in Listing 3.12 zu sehen sind, entsprechen. Alle übrigen Orbitale besitzen mehrheitlich Aluminium- oder Chlor-Charakter. Unser "HOMO" ist somit Orbital Nr. 17 (das 6.-oberste besetzte MO!).

Listing 3.13 Input und Teiloutput für die Berechnung des ACROLEIN*$AlCl_3$-Komplexes mit MOPAC/AM1.

```
AM1   T=5M   PRECISE VECTORS
ACROLEIN*ALCL3 - KOMPLEX
KONFORMATION S-TRANS/TRANS                                                     CHARGE
   C     0.000000  0    0.000000  0    0.000000  0   0  0  0              -0.0909
   C     1.336245  1    0.000000  0    0.000000  0   1  0  0              -0.2563
   H     1.100591  1  123.103905  1    0.000000  0   1  2  0               0.1291
   H     1.100369  1  121.715143  1  180.000000  0   1  2  3               0.1405
   H     1.104478  1  122.263877  1  180.000000  0   2  1  3               0.1694
   C     1.459336  1  121.765859  1  180.000000  0   2  1  4               0.2732
   O     1.257110  1  120.164844  1  180.000000  0   6  2  1              -0.2713
   H     1.114126  1  118.285326  1  180.000000  0   6  2  7               0.1396
  AL     2.039464  1  121.914582  1  180.000000  0   7  6  2               0.7215
  CL     2.016059  1  100.906125  1  180.000000  0   9  7  6              -0.2886
```

CL	2.033740	1	98.612522	1	121.620487	1	9	7	10	-0.3331
CL	2.033740	1	98.612456	1	-121.620522	1	9	7	10	-0.3331
0	0.000000	0	0.000000	0	0.000000	0	0	0	0	

CARTESIAN COORDINATES

ATOM/NO.	X	Y	Z
C 1	0.000000	0.000000	0.000000
C 2	1.336245	0.000000	0.000000
H 3	-0.601098	0.921945	0.000000
H 4	-0.578460	-0.936053	0.000000
H 5	1.925836	-0.933945	0.000000
C 6	2.104511	1.240737	0.000000
O 7	3.361130	1.205615	0.000000
H 8	1.548311	2.206096	0.000000
AL 9	4.487249	2.905988	0.000000
CL10	6.348367	2.130919	0.000000
CL11	3.776451	3.742024	-1.712281
CL12	3.776448	3.742023	1.712281

EIGENVECTORS

ROOT NO.	1	10	15	17	19	21
	1 A"	2 A"	3 A"	4 A"	5 A"	6 A"
	-36.03647	-16.57968	-14.11244	-12.18453	-11.76766	-11.56721
PZ C 1	0.00009	-0.12110	-0.08884	-0.62865	0.05005	0.00729
PZ C 2	0.00037	-0.22309	-0.12609	-0.68640	0.05005	0.00729
PZ C 6	0.00315	-0.53646	-0.14897	-0.01943	-0.01504	-0.00280
PZ O 7	0.00738	-0.76848	-0.13365	0.33549	-0.06588	-0.00684
PZ AL 9	0.14529	-0.15608	0.46458	-0.02322	0.01708	0.03929
PZ CL10	0.00998	-0.06038			-0.10008	0.29021
S CL11	-0.69900	-0.02655	0.07053	-0.00324	0.00522	0.00669
PX CL11	-0.01024	0.04005	-0.29572	0.08156	0.52233	0.30538
PY CL11	0.01577	-0.08397	0.32077	-0.00303	0.46209	-0.37748
PZ CL11	-0.02016	0.07240	-0.32059	0.01749	-0.06051	-0.47036
S CL12	0.69901	0.02655	-0.07053	0.00324	-0.00522	-0.00669
PX CL12	0.01024	-0.04005	0.29572	-0.08157	-0.52233	-0.30539
PY CL12	-0.01577	0.08397	-0.32078	0.00303	-0.46209	0.37749
PZ CL12	-0.02016	0.07240	-0.32058	0.01749	-0.06051	-0.47036

ROOT NO.	23	24	26	29
	7 A"	8 A"	9 A"	10 A"
	-11.41153	-1.75716	0.39172	1.81911
PZ C 1	0.02328	0.56962	0.50405	-0.02463
PZ C 2	0.02222	-0.28488	-0.61376	0.04769
PZ C 6	-0.01182	-0.63099	0.53113	-0.09493
PZ O 7	-0.02074	0.43391	-0.26658	0.12168
PZ AL 9	0.07687	0.06303	-0.10299	-0.84607
PZ CL10	-0.86724	-0.01604	0.01980	0.13753
S CL11	0.01246	0.00561	-0.00898	-0.07326
PX CL11	-0.11408	0.02324	-0.02560	-0.15456
PY CL11	-0.01347	-0.02002	0.02423	0.18056
PZ CL11	-0.32687	0.02986	-0.03484	-0.23963
S CL12	-0.01246	-0.00561	0.00898	0.07326
PX CL12	0.11408	-0.02324	0.02560	0.15456

```
PY CL12   0.01347      0.02002     -0.02423     -0.18056
PZ CL12  -0.32687      0.02986     -0.03484     -0.23963

          ATOMIC ORBITAL ELECTRON POPULATIONS

1.25612  0.94839  1.04467  0.84173  1.23177  0.95409  0.99073  1.07975
0.87093  0.85947  0.83057  1.26490  0.87497  0.96544  0.62149  1.87337
1.16641  1.77981  1.45169  0.86042  0.82253  0.51085  0.40592  0.53918
1.97799  1.48700  1.86275  1.96087  1.97891  1.89250  1.86508  1.59660
1.97891  1.89250  1.86508  1.59660
```

Das blockweise Auftreten der "alten" Acrolein-MO's mit relativ kleinen Beimischungen von Aluminium- und Chlororbitalen sowie das ebenfalls blockweise Auftreten der $AlCl_3$-Orbitale mit nur kleinen Beimischungen der Acrolein-MO's zeigen, dass die Diskussion dieses Systems als polarisiertes Acrolein vernünftig ist. Wie aus Listing 3.12 und Listing 3.13 ersichtlich ist, werden die Erwartungen bezüglich der Änderung der Orbitalenergien und der Polarisation des LUMO's erfüllt. Die LUMO-Energie wird durch die Komplexierung mit $AlCl_3$ am Sauerstoff um etwa 1.7 eV gesenkt, während die Polarisation in der CC-Doppelbindung gegenüber dem Acrolein weiter zunimm. Der p_z-Koeffizient am mittleren Kohlenstoffatom ist nur noch halb so gross wie derjenige am endständigen, während beim freien Acrolein das Verhältnis 2:3 beträgt.

Der stark gesteigerte Rechenaufwand für die Berechnung des Aluminium-Komplexes gegenüber dem freien Acrolein sowie die "Kontamination" der Acrolein-Orbitale mit sechs weiteren Orbitalen resp. antisymmetrischen Orbitalkombinationen der Symmetrie A_2' legt den Versuch nahe, diese Berechnung durch eine einfachere Modellrechnung zu ersetzen. Zwei Möglichkeiten bieten sich dabei an: Zum einen können wir versuchen, Acrolein am Sauerstoff zu protonieren und dieses protonierte Acrolein als Modell für komplexiertes Acrolein verwenden. Der zweite Ansatz wäre die Verwendung einer positiven Punktladung anstelle eines Protons, welche am Sauerstoff auf einer Distanz, welche ungefähr einem Sauerstoff-Aluminium-Abstand entspricht, fixiert wird. In Abbildung 3.9 sind die vier HOMO-/LUMO-Systeme graphisch zusammengefasst.

Die Analyse der Protonierungsresultate zeigt wesentliche Unterschiede gegenüber den Resultaten der Komplexierung mit Aluminiumtrichlorid. So ist der Ladungsabfluss aus dem Acrolein-System zum Proton mit etwa 0.31 Elektronen wesentlich grösser als bei der Aluminiumkomplexierung, wo dieser Abfluss nur 0.23 Elektronen beträgt. Da das protonierte System eine Totalladung von +1 besitzt, ist die im Acrolein zurückbleibende Gesamtladung mit +.69 dreimal so gross wie die Ladung auf dem komplexierten Acrolein. Dies und vor allem die Tatsache, dass das Gesamtsystem eine in der Gasphase nicht weiter stabilisierte positive Ladung besitzt, führt zu unrealistisch grossen Orbitalabsenkungen um 7 eV im LUMO und 6.6 eV im HOMO. Die Geometrieoptimierung ergibt eine CO-Distanz im Acrolein von 1.31 Å, was wesentlich länger ist als eine CO-Doppelbindung oder auch eine komplexierte CO-Doppelbindung (1.26 Å). Dies legt nahe, dass das protonierte System möglicherweise nicht mehr als leicht polarisiertes Acrolein diskutiert werden sollte. Die Analyse der π-MO-Koeffizienten zeigt tatsächlich, dass die Polarisation im LUMO wohl immer noch prinzipiell die gleiche ist wie bei der Komplexierung, nur eben wesentlich ausgeprägter. Dies, zusammen mit der Form des HOMO, zeigt aber, dass es sich im wesentlichen um ein Hydroxy-Allyl-Kation handelt, indem das HOMO auf dem mittleren Kohlen-

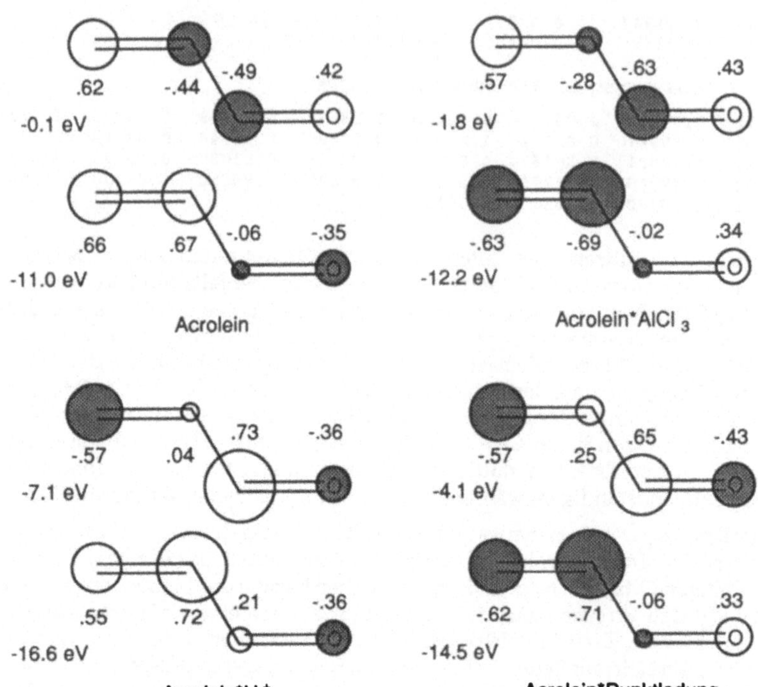

Abbildung 3.9 HOMO/LUMO-System von unterschiedlich "aktiviertem" Acrolein.

stoffatom den grössten p_z-Koeffizienten zeigt und das LUMO auf demselben Atom einen fast verschwindenden p_z-Koeffizienten. Dies entspricht exakt den Erwartungen für ein Allylkation.

Die Berechnung unter Verwendung einer am Sauerstoff im Abstand von 2 Å fixierten positiven Punktladung behebt den Ladungsabfluss aus dem Acrolein, indem die gesamte positive Ladung von +1 auf dieser Punktladung lokalisiert bleibt. Das Problem der Totalladung von +1 des Gesamtsystems in Gasphase bleibt. Somit sind auch hier unrealistisch grosse Orbitalabsenkungen zu beobachten, auch wenn sie nicht so extrem ausfallen wie im protonierten Acrolein. Die CO-Distanz ist mit 1.25 Å im Bereich, welcher für eine polarisierte CO-Doppelbindung zu erwarten ist. Die Position der Punktladung ist von derjenigen des Aluminiums verschieden, da die räumliche Orientierung um den Sauerstoff mangels Orbitalüberlappung nicht existiert und so ein Winkel C-O-Punktladung von fast 180° entsteht. Die Deformation von HOMO und LUMO zeigt auch hier die gewünschte Polarisation des LUMO. Insgesamt liegt die Polarisation von HOMO und LUMO zwischen den Resultaten der Aluminiumkomplexierung und der Protonierung.

3.3.1.3 Fragment-MO's

In Kapitel 3.3.1.1 über die Analyse kanonischer Orbitale wurde gezeigt, dass die Gruppierung von Information zu einer wesentlichen Vereinfachung der Analyse führt. In diesem Kapitel soll eine weitere Methode zur AO-Gruppierung und anschliessender "Verschmelzung" zu MO's gezeigt werden.

Eine MO-Rechnung wird normalerweise mit Hilfe der Linearkombination von Atomorbitalen durchgeführt. Es gibt viele aber keine prinzipiellen Gründe für die Wahl von Atomorbitalen als Basisorbitale. Genau so gut können die MO's von Molekülfragmenten als Basisorbitale verwendet werden. AO's sind im wesentlichen auch nichts anderes als Fragment-MO's, wobei die Fragmente die spezielle Eigenschaft haben, dass nur ein positives Zentrum vorhanden ist und die Symmetrie des Fragments sehr hoch ist (Punktgruppe $O^{\pm}$).

Im folgenden Beispiel wollen wir an Ethylen untersuchen, wie Atome zu Gruppen zusammengefasst werden können, wie die entsprechenden Gruppen-MO's aussehen und wie sie anschliessend eingesetzt werden können, um das Molekülorbitalschema von Ethylen zu interpretieren.

A. Beispiel: Fragment-MO-Betrachtungen an Ethylen

Als Beispielmolekül soll dasselbe Ethylen dienen, dessen Daten in Listing 3.9 zu sehen sind. Fragmente in einem Molekül können auf die unterschiedlichsten Arten festgelegt werden. Welche der Zerlegungen die "richtige" ist, hängt von der Fragestellung, d.h. von den Antworten, welche eine Analyse der Molekül-MO's ergeben soll, ab. Fragt man sich, wie die CC-Doppelbindung in Ethylen auf der Basis von der Überlagerung zweier Methylen-Fragmente zustande kommt, so wird man natürlich die Methylen-Fragment-MO's berechnen und anschliessend durch LCFMO-Verfahren zu den Ethylen-Molekülen verschmelzen.

Wir wollen in diesem Beispiel eine etwas ungewöhnlichere Fragmentbildung durchführen, indem die vier Wasserstoffe ein Fragment bilden und die C_2-Einheit das andere. Diese Analyse wird die Verwandtschaft der Ethylenorbitale mit denjenigen des C_2-Moleküls aufzeigen.

Die vier Wasserstoff s-Orbitale bilden entsprechend der D_{2h}-Symmetrie und der Orientierung, welche sie besitzen, vier Fragment-MO's mit den Symmetrien A_g, B_{1u}, B_{2u} und B_{3g} (Listing 3.14).

Listing 3.14 H_4-Fragment-MO's unter der Punktgruppe D_{2h}.

		1 A_G	1 B_{1U}	1 B_{2U}	1 B_{3G}
		-9.878	-8.850	-0.822	-0.340
S	H3	-0.500	-0.500	-0.500	0.500
S	H4	-0.500	-0.500	0.500	-0.500
S	H5	-0.500	0.500	0.500	0.500
S	H6	-0.500	0.500	-0.500	-0.500

In analoger Weise können die Fragment-MO's der C_2-Einheit bestimmt werden. Dabei ist wichtig, dass die C_2-Einheit nicht unter der Punktgruppe $D_{\infty h}$, sondern ebenfalls unter der Punktgruppe D_{2h} berechnet wird. Die Orbitalkoeffizienten der einzelnen MO's dürfen sich dadurch natürlich nicht ändern (es handelt sich noch immer um das gleiche molekulare System), aber die Symmetrielabels sollten einen sofortigen Überblick darüber geben, welche Fragment-MO's der C_2-Einheit mit solchen der H_4-Einheit aus Symmetriegründen überhaupt in Wechselwirkung treten können. Die so berechneten Fragment-MO's für C_2 sind aus Listing 3.15 ersichtlich. Es existieren zwei Orbitale der Symmetrie A_g, eines der Symmetrie B_{3g}, eines der Symmetrie B_{2g}, eines der Symmetrie B_{3u} sowie zwei der Symmetrie B_{1u}. Diese acht Orbitale, zusammen mit den vier Fragment-MO's der H_4-Einheit, bilden zwölf Basisorbitale für die Konstruktion der Ethylen-MO's, wobei keine weiteren Symmetrielabels auftreten können. Die Orbitale der Symmetrie A_g in C_2 sind entweder CC-σ-bindend oder nichtbindend, während die Orbitale B_{1u} CC-σ-nichtbindend resp. antibindend sind. Die Orbitale B_{2u} und B_{3u} entsprechen den zwei π-Orbitalen, während die Orbitale B_{2g} und B_{3g} den zwei π^*-Orbitalen entsprechen. Diese u- resp. g-Orbitale sind jeweils paarweise energetisch entartet, wie für die Punktgruppe $D_{\infty h}$ des C_2-Moleküls gefordert.

Fragment-MO's gleicher Symmetrie können nun bei der Bildung der Ethylen-MO's in Wechselwirkung treten. Für das Ausmass der Wechselwirkung ist einerseits die Grösse der Orbitallappen ausschlaggebend, welche sich in den räumlichen Bereich des anderen Fragments ausdehnen, andererseits von der Energiedifferenz zwischen den Fragment-MO's. Abbildung 3.10 zeigt ein solches schematisches Wechselwirkungsdiagramm unter Verwendung der Fragment-MO-Energien aus Listing 3.14 und Listing 3.15. Die Ethylen-Energieniveaus stammen aus einer Rechnung unter Verwendung des Inputs in Listing 3.9.

Listing 3.15 C_2-MO's unter der Punktgruppe D_{2h}.

```
          1 AG    1 B1U   1 B2U   1 B3U    2 AG    1 B3G   1 B2G   2 B1U
       -30.408 -14.954 -10.978 -10.978  -3.145   0.938   0.938   4.772

S  C1   0.658   0.628   0.000   0.000  -0.258   0.000   0.000   0.325
PX C1   0.258  -0.325   0.000   0.000   0.658   0.000   0.000   0.628
PY C1   0.000   0.000  -0.707   0.000   0.000   0.707   0.000   0.000
PZ C1   0.000   0.000   0.000   0.707   0.000   0.000   0.707   0.000

S  C2   0.658  -0.628   0.000   0.000  -0.258   0.000   0.000  -0.325
PX C2  -0.258  -0.325   0.000   0.000  -0.658   0.000   0.000   0.628
PY C2   0.000   0.000  -0.707   0.000   0.000  -0.707   0.000   0.000
PZ C2   0.000   0.000   0.000   0.707   0.000   0.000  -0.707   0.000
```

Daraus ist ersichtlich, dass zwei Fragment-MO's der C_2-Einheit existieren, welche keinen symmetrieadäquaten Partner in der H_4-Einheit besitzen. Diese zwei Orbitale der Symmetrie B_{2g} und B_{3u} entsprechen der symmetrischen und der antisymmetrischen Kombination der p_z-Orbitale und sind die altbekannten, durch Symmetrie von den restlichen MO's klar separierten π- und π^*-Orbitale des Ethylens. Die übrigen Orbitale zerfallen in zwei Gruppen, In der einen ist pro FMO des einen Fragments genau ein FMO derselben Symmetrie des anderen Fragments vorhanden. In der zweiten Gruppe beträgt das Verhältnis 2:1, d.h. es werden Drei-Orbital-Schemata ausgebildet. Die beiden Zwei-Orbital-Schemata der Symmetrie B_{2u} und B_{3g} sind einfach zu konstruieren, indem die zwei Fragment-MO's jeweils in symmetrischer und antisymmetrischer Weise kombiniert werden. Genau wie bei den AO's existiert auch hier pro Fragmentorbital

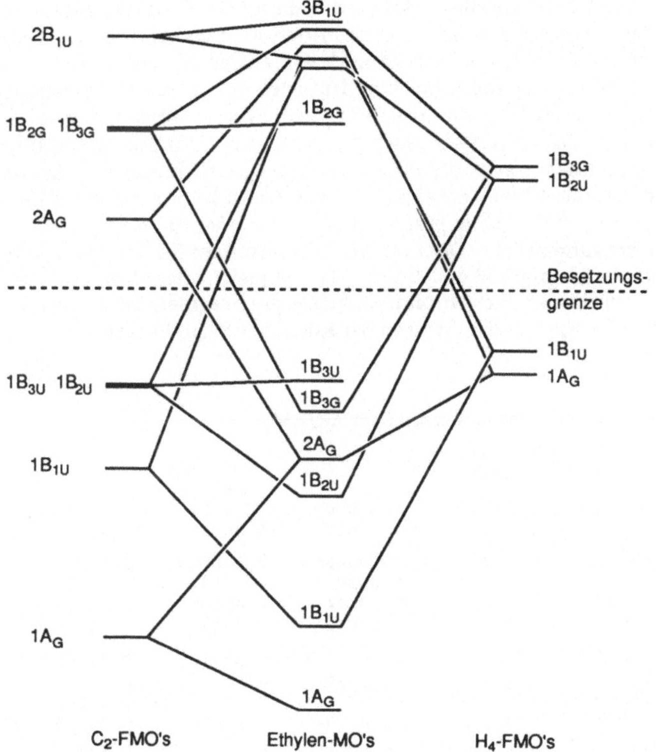

Abbildung 3.10 FMO-Wechselwirkungsdiagramm für Ethylen.

genau ein Molekülorbital. Auch die Regeln über die qualitativen Mischverhältnisse sind dieselben, indem bei ungleicher Energie dasjenige MO mit tiefer Energie mehr Charakter des tieferliegenden Fragment-MO's enthält und umgekehrt. Die MO's der Symmetrie A_g und B_{1u} bilden Drei-Orbital-Schemata. Diese drei Orbitalwechselwirkungen sind bei der Analyse von Molekülorbitalen sehr häufig anzutreffen. Die zwei grundlegenden Arten, wie solche Systeme anzutreffen sind, sind in der folgenden Skizze dargestellt.

Wechselwirkungsschemata dieser Art sind nicht nur in Fragment-MO-Analysen anzutreffen, sondern ebenso in den üblichen Analysen von kanonischen Orbitalen auf der Basis von Atomorbitalen. Man kann davon ausgehen, dass die zwei Fragment-MO's, welche energetisch näher beieinander liegen und grössere Orbitallappen in die jeweilige Nachbarschaftsregion ausstrecken, ein Grundsystem mit zwei AO's resp. zwei MO's liefern. Das dritte Orbital wird, je nach dem, ob es das höchste oder das tiefste des Dreiersatzes ist, nach oben oder nach unten gedrückt, behält dabei aber seinen dominanten Fragment-MO-Charakter. Das mittlere MO wird in diesem Zuge, wiederum je nach dem, ob das dritte Fragment-MO oben oder unten angesiedelt ist, leicht hinab- oder hinaufgedrückt. Die numerischen Resultate für die Eigenvektoren von Ethylen sind aus Listing 3.16 ersichtlich. Man vergleiche das Orbitalschema von Abbildung 3.10 mit diesen Werten und versuche, die Fragment-MO's von Listing 3.14 und Listing 3.15 aufgrund der Grössen der Koeffizienten in Listing 3.16 zu identifizieren.

Listing 3.16 MO-Koeffizienten für Ethylen (MOPAC/AM1)

```
                     EIGENVECTORS

ROOT NO.   1            2            3            4            5            6
         1   AG      1  B1U      1  B2U      2   AG      1  B3G      1  B3U
    -33.15633    -21.88869    -15.79429    -14.30243    -11.83567    -10.55141

S  C1   -0.62291      0.48397      0.00000      0.00282      0.00000      0.00000
PX C1   -0.17837     -0.29109      0.00000     -0.60107      0.00000      0.00000
PY C1    0.00000      0.00000     -0.54274      0.00000     -0.46295      0.00000
PZ C1    0.00000      0.00000      0.00000      0.00000      0.00000      0.70711

S  C2   -0.62291     -0.48397      0.00000      0.00282      0.00000      0.00000
PX C2    0.17837     -0.29109      0.00000      0.60107      0.00000      0.00000
PY C2    0.00000      0.00000     -0.54274      0.00000      0.46295      0.00000
PZ C2    0.00000      0.00000      0.00000      0.00000      0.00000      0.70711

S  H3   -0.20021      0.30087     -0.32049      0.26335     -0.37794      0.00000
S  H4   -0.20021      0.30087      0.32049      0.26335      0.37794      0.00000
S  H5   -0.20021     -0.30087      0.32049      0.26335     -0.37794      0.00000
S  H6   -0.20021     -0.30087     -0.32049      0.26335      0.37794      0.00000
ROOT NO.    7            8            9           10           11           12
         1  B2G      2  B2U      2  B1U      3   AG      2  B3G      3  B1U
      1.43778      4.01047      4.39638      5.08305      5.55906      5.79175

S  C1    0.00000      0.00000      0.40778      0.33463      0.00000      0.31543
PX C1    0.00000      0.00000     -0.14093     -0.32696      0.00000      0.62881
PY C1    0.00000     -0.45324      0.00000      0.00000     -0.53448      0.00000
PZ C1    0.70711      0.00000      0.00000      0.00000      0.00000      0.00000

S  C2    0.00000      0.00000     -0.40778      0.33463      0.00000     -0.31543
PX C2    0.00000      0.00000     -0.14093      0.32696      0.00000      0.62881
PY C2    0.00000     -0.45324      0.00000      0.00000      0.53448      0.00000
PZ C2   -0.70711      0.00000      0.00000      0.00000      0.00000      0.00000

S  H3    0.00000      0.38378     -0.39614     -0.37491      0.32736      0.05050
S  H4    0.00000     -0.38378     -0.39614     -0.37491     -0.32736      0.05050
S  H5    0.00000     -0.38378      0.39614     -0.37491      0.32736     -0.05050
S  H6    0.00000      0.38378      0.39614     -0.37491     -0.32736     -0.05050
```

3.3.2 Atome in Molekülen

Es gibt eine Vielzahl von Ansätzen, die grosse Datenmenge einer MO-Rechnung auf im Prinzip molekülfremde Entitäten abzubilden, um so schnell lesbare, chemisch relevante Information zu erhalten. Zu diesen molekülfremden Entitäten gehören Atome und Atombindungen in Molekülen. Die BO-Approximation sagt nicht, dass Atome in Molekülen existieren. Sie sagt lediglich, dass es in einem molekularen System geometrisch fixierte positive Punktladungen gibt. Ein Atom ist jedoch wesentlich mehr als nur eine Punktladung. Ein Atom besitzt Struktur, wobei diese in der Chemie meistens mit der AO-Struktur oder mit Hybriden von AO's gleichgesetzt wird. Abbildungen auf solche molekülfremde Entitäten bedeuten eine Abbildung von MO-Eigenschaften auf Fragment-MO's (in diesem Spezialfall AO's), wobei diese Fragment-MO's zu molekülfremden Punktgruppen gehören. Die populärsten Abbildungen dieser Art sind sicher Atomladungen und Reaktivitätsindizes, welche aus Populationsanalysen erhalten werden.

3.3.2.1 Atomladungen

Ein Resultat von MO-Rechnungen ist die Elektronendichte im Raum. Solche Elektronendichteverteilungen sind nur schwer zu visualisieren und zu interpretieren. Es ist daher verständlich, dass versucht wird, die Elektronenverteilung auf bestimmte Funktionen im Raum zusammenzufassen. Dies kann zu Elektronenzahlen führen, welche einem bestimmten Atomorbital zugeordnet werden. Die Summe über alle Atomorbitale ergibt dann die Gesamtelektronenzahl, welche einem Kern zugeordnet wird. Die Differenz zur Kernladung ist die Atomladung. Listing 3.17 zeigt die Resultate zweier unterschiedlicher Arten von Populationsanalysen.

Listing 3.17 Verschiedene Arten von Populationsanalysen, wie sie durch MOPAC/AMPAC berechnet werden.

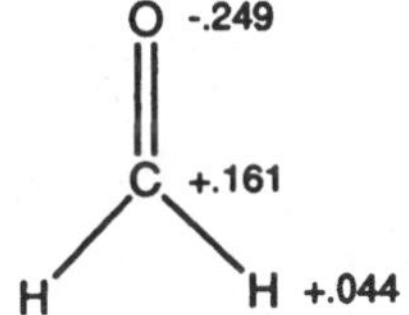


```
             NET ATOMIC CHARGES AND DIPOLE CONTRIBUTIONS

     ATOM NO.   TYPE        CHARGE      ELECTRON DENSITY       MULLIKEN CHARGE
        1        O         -0.2488         6.2488                 -0.295
        2        C          0.1613         3.8387                  0.104
        3        H          0.0437         0.9563                  0.096
        4        H          0.0437         0.9563                  0.096
DIPOLE          X           Y           Z        TOTAL
POINT-CHG.    1.693       0.000       0.000      1.693
HYBRID        0.339       0.000       0.000      0.339
SUM           2.032       0.000       0.000      2.032

           ATOMIC ORBITAL ELECTRON POPULATIONS

  1.89685   1.16985   1.88428   1.29783   1.26689   0.90072   0.96889
  0.70217   0.95626   0.95626
```

```
                  MULLIKEN POPULATION ANALYSIS

           S  O1       PX  O1       PY  O1       PZ  O1       S  C2       PX  C2
--------------------------------------------------------------------------------
 S O1   1.973699
PX O1   0.000000    1.137964
PY O1   0.000000    0.000000    1.879979
PZ O1   0.000000    0.000000    0.000000    1.303399
 S C2  -0.051488    0.111715    0.000000    0.000000    1.415520
PX C2  -0.065725    0.185543    0.000000    0.000000    0.000000    0.857092
PY C2   0.000000    0.000000    0.050534    0.000000    0.000000    0.000000
PZ C2   0.000000    0.000000    0.000000    0.151146    0.000000    0.000000
 S H3  -0.000651   -0.007978   -0.010002    0.000000    0.107167    0.063514
 S H4  -0.000651   -0.007978   -0.010002    0.000000    0.107167    0.063513

          PY  C2       PZ  C2       S  H3       S  H4
--------------------------------------------------------
PY C2   0.927216
PZ C2   0.000000    0.696601
 S H3   0.160924    0.000000    0.904265
 S H4   0.160924    0.000000   -0.077432    0.904265
```

Dass zwei Populationsanalysen aufgrund derselben Rechnung verschiedene Atomladungen erzeugen, zeigt schon eine der Unzulänglichkeiten solcher Abbildungen. Diese führen bei Formaldehyd in diesem Fall immerhin zu einer scheinbaren Veränderung der Kohlenstoffladung um fast 50% (0.10→0.16). Solche Unterschiede treten ebenfalls auf, wenn unterschiedliche Hamiltons (d.h. verschiedene semiempirische Methoden) oder Basissätze verwendet werden. Tabelle 3.7 zeigt unterschiedliche Ladungen aufgrund verschiedener semiempirischer Ansätze resp. unterschiedlicher Basissätze in ab initio Rechnungen. Für die zwei ab initio Rechnungen sind jeweils für jeden Basissatz die Resultate zweier verschiedener Populationsanalysen aufgeführt.

Tabelle 3.7 Atomladungen in Formamid, in Abhängigkeit der Rechenmethode.

O_2 H_5
C_1—N_3
H_4 H_6

Atom	exp	semiempirisch				6-31G		6-31G*	
		MINDO/3	MNDO	AM1	PM3	Mulliken	Löwdin	Mulliken	Löwdin
C1	.37	.633	.363	.258	.206	.550	.270	.477	.128
O2	-.50	-.546	-.384	-.371	-.408	-.593	-.413	-.571	-.373
N3	-.71	-.227	-.411	-.448	.002	-.901	-.465	-.866	-.513
H4	.12	-.082	.054	.119	.072	.178	.101	.169	.148
H5	.37	.124	.191	.223	.066	.394	.260	.405	.312
H6	.35	.098	.187	.219	.061	.372	.248	.386	.298
μ[D]	3.7	4.0	3.6	3.7	3.8	4.6		4.3	

(Ladungen [e])

Für alle Berechnungen wurde die AM1-optimierte Geometrie verwendet. Die beste Übereinstimmung zwischen Experiment und Berechnung wird von AM1 (semiempirisch) resp. 6-316G* (ab initio) erreicht. Die experimentellen Werte sind allerdings diskussionswürdig, da für die Auswertung der Röntgenbeugungsmuster schlecht kontrollierbare Modellannahmen verwendet werden müssen.[1]

Je nach verwendeter Methode ist es also möglich, in Formamid Kohlenstoff-Totalladungen zwischen 0.13 und 0.63 zu erhalten. Solche Unsicherheiten fallen vor allem dann ins Gewicht, wenn die Daten nicht innerhalb einer Reihe als relative Werte vergleichbarer Rechnungen diskutiert werden, sondern wenn sie weiterverwendet werden sollen. Dies ist zum Beispiel der Fall, wenn sie in Grenzorbital-Diskussionen als ergänzende Argumente über Ladungskontrolle, oder aber als Atomen zugeordnete Punktladungen in Kraftfeldrechnungen verwendet werden sollen. Die effektiv errechneten Elektronendichten im Raum sind im Unterschied zu den Atomladungen oft nicht sehr verschieden. Zumindest differieren sie wesentlich weniger als die Zahlen der Populationsanalysen. Damit sind aber auch die effektiven elektrostatischen Potentiale (worauf es bei der Anwendung von Kernladungen in Kraftfeldern ankommt) nicht so stark verschieden. Neuere Versionen von semiempirischen Programmen ermöglichen deshalb, atomare Punktladungen so anzupassen, dass das elektrostatische Potential der MO-Rechnung durch die Punktladungen nachgebildet wird.

3.3.2.2 Reaktivitätsindizes

Eine andere Möglichkeit, die detaillierte Information in Wellenfunktionen auf einzelne, Atomen zugeordneten Grössen zusammenzufassen, besteht in der Berechnung von Bindungsordnungen. Die Programme AMPAC und MOPAC lassen dies z.B. sehr einfach durch Spezifikation des Keywords BONDS in der Befehlszeile zu. Bindungsordnungsmatrizen enthalten in den Ausserdiagonalelementen die eigentlichen Bindungsordnungen. Die Diagonalen selber sind die sogenannten Valenzen. Diese Valenzen besitzen etwa dieselbe Bedeutung, welche diesem Wort klassisch zukommt. So sollte Kohlenstoff die Valenz 4 besitzen, Stickstoff die Valenz 3, Sauerstoff die Valenz 2, usw. Abweichungen von den "Sollwerten" sind ein Hinweis auf erhöhte Reaktivität. Abbildung 3.11 zeigt drei verschiedene Aldehyde mit den jeweiligen, durch AM1 berechneten Valenzen.

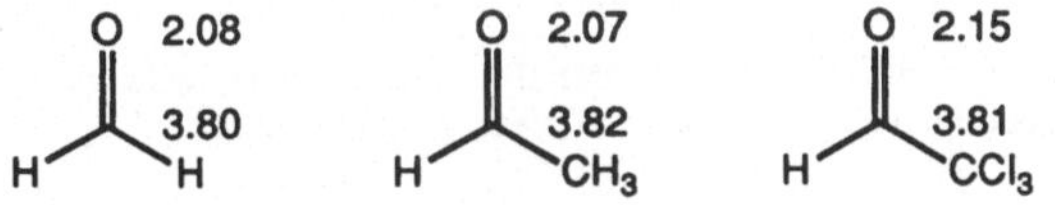

I	II	III
O 2.08	O 2.07	O 2.15
C 3.80	C 3.82	C 3.81
H, H	H, CH_3	H, CCl_3

Abbildung 3.11 Valenzen von Carbonyl-Sauerstoff und -Kohlenstoff in verschiedenen Aldehyden.

Der Carbonylkohlenstoff zeigt darin durchwegs eine gegenüber dem Sollwert 4 reduzierte Valenz von etwa 3.8, während der Sauerstoff eine gegenüber dem Idealwert 2 erhöhte Valenz besitzt. Diese Erhöhung ist im Falle des Trichlormethylderivats besonders auffällig. Wasserstoff, Kohlenstoff und Chlor in den übrigen Zentren besitzen Werte sehr nahe bei den Idealwerten von 1, 4 und 1.

1. P. Coppens et al.: Acta Cryst., A35, 63 (1979)

Die ungesättigte Valenz von Kohlenstoff, zusammen mit der Information aus der Populationsanalyse, dass das p_z-Orbital des Carbonylkohlenstoffs nur 0.7 Elektronen (im Vergleich zu 1.0 Elektronen im isoelektronischen Referenzsystem Ethylen) enthält, zeigt die Empfindlichkeit gegenüber nukleophilem Angriff dieses Zentrums. Die erhöhte Valenz des Sauerstoffs im Molekül III deutet ebenfalls auf eine veränderte Reaktivität hin. So ist es das einzige Molekül in dieser Reihe, das beim Eindampfen aus wässriger Lösung stabile Hydrate bildet.

Valenzen sind recht unempfindliche Grössen. Nur grosse Effekte schlagen sich numerisch deutlich nieder. So ist die Valenz 2 eines Carbenkohlenstoffes natürlich ein deutlicher Hinweis auf die hohe Reaktivität von Methylen, die Reaktivität eines Carbonylkohlenstoffs schlägt sich aber nur mit einer Absenkung von etwa 0.15 gegenüber dem für gesättigte Kohlenstoffe gültigen Wert von etwa 3.95 nieder. Meist ist die Anisotropie der Elektronenverteilung auf die einzelnen AO's ein wesentlich besserer Indikator. Allgemein kann davon ausgegangen werden, dass, je anisotroper die Populationsanalyse, desto reaktiver auch das damit verbundene Zentrum ist.

Abbildung 3.12 zeigt Valenzen und p_z-Elektronenpopulationen für eine Reihe von Verbindungen, welche mit Ethylen isoelektronisch sind. Auch hier zeigt sich wieder die Zunahme der freien Valenzen am Kohlenstoffatom, sobald ein elektronegatives Zentrum in der Doppelbindung vorhanden ist. Speziell augenfällig ist dieser Effekt bei den zwei protonierten Spezies, in denen die freie Valenz auf etwa 0.3 resp. 0.5 ansteigt (freie Valenz = Differenz der berechneten Valenz zum Idealwert).

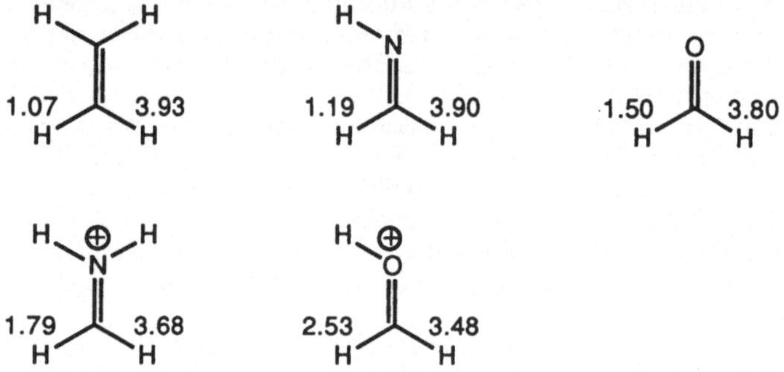

Abbildung 3.12 Asymmetrie der AO-Population (links) und Valenz (rechts) von sp^2-Kohlenstoff in verschiedenen Umgebungen (Asymmetrie = $(s+p_x+p_y)/(3 \cdot p_z) = \sigma/3\pi$).

3.3.3 Bindungen in Molekülen

Die klassische Schreibweise von Molekülen kennt Atome, welche durch Bindungen miteinander verbunden sind. Diese Einteilung in bindende und nichtbindende Wechselwirkungen in Molekülen wird von klassischen Kraftfeldmethoden direkt übernommen. Die Quantenchemie dagegen kennt gebundene Zustände, aber keine Atom-Atom-Bindungen. Für den Vergleich des klassischen Bildes der Bindungsschemata mit den Resultaten von MO-Rechnungen wurden Methoden entwickelt, welche die Information aus den Wellenfunktionen zusammenfassen und Atompaaren zuordnet.

Vor allem zwei Methoden sollen hier kurz vorgestellt werden: das Berechnen von Bindungsordnungen und die Lokalisierung von Orbitalen.

3.3.3.1 Bindungsordnung

Wie im letzten Kapitel schon erwähnt, entsprechen die Ausserdiagonalelemente den Bindungsordnungen, welche z.B. in den Programmen AMPAC und MOPAC durch die Angabe des Keywords BONDS in der Befehlszeile erzeugt wird. Listing 3.18 zeigt diese Bindungsordnungsmatrix zusammen mit den entsprechenden Input-Daten für Butenin.

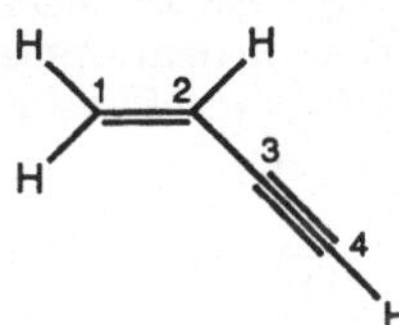

Listing 3.18 Input und partieller Output für die Berechnung von Butenin mit MOPAC.

```
 AM1   T=5M    PRECISE BONDS
 Butenin
 C(4)H(4)                                                                      CHARGE
  C     0.000000  0     0.000000  0     0.000000  0    0   0   0     -0.1913
  C     1.336031  1     0.000000  0     0.000000  0    1   0   0     -0.0654
  C     1.405207  1   124.090810  1     0.000000  0    2   1   0     -0.1386
  C     1.197878  1   180.000000  0   180.000000  0    3   2   1     -0.2006
  H     1.097547  1   123.027613  1     0.000000  0    1   2   3      0.1196
  H     1.097756  1   121.624968  1   180.000000  0    1   2   3      0.1174
  H     1.106667  1   121.093402  1   180.000000  0    2   1   3      0.1356
  H     1.059802  1   180.000000  0   180.000000  0    4   3   2      0.2231
  0     0.000000  0     0.000000  0     0.000000  0    0   0   0

          ATOMIC ORBITAL ELECTRON POPULATIONS

1.24704  0.94340  1.02400  0.97684  1.18670  0.92611  0.93423  1.01833
1.20202  0.97933  0.94409  1.01312  1.25341  0.99078  0.96467  0.99171
0.88036  0.88256  0.86443  0.77686

          BONDING CONTRIBUTION OF EACH M.O.

 1.711  1.775  1.827  1.931  2.119  2.138  1.990  2.098  2.012  2.009
-1.990 -1.999 -2.009 -2.040 -1.941 -1.997 -1.978 -1.922 -1.894 -1.842


                         BOND ORDERS AND VALENCIES

          C 1      C 2      C 3      C 4      H 5      H 6      H 7      H 8
-------------------------------------------------------------------------------
C1    3.92398
C2    1.91495  3.93190
C3    0.00572  1.03974  3.94807
C4    0.08235  0.01736  2.86443  3.90365
H5    0.95668  0.00682  0.00136  0.00014  0.98569
H6    0.95718  0.00683  0.01092  0.00142  0.00828  0.98621
H7    0.00684  0.93735  0.00645  0.01693  0.01238  0.00133  0.98162
H8    0.00027  0.00885  0.01946  0.92101  0.00003  0.00025  0.00034  0.95021
```

Wie leicht zu sehen ist, geben die Zahlen in den Ausserdiagonalelementen sehr genau die Anzahl der Bindungsstriche wieder, welche im klassischen Bindungsschema dieses Moleküls gezeichnet werden (s. oben stehende Skizze).

So entspricht die CC-Doppelbindung im klassischen Bindungsschema einer berechneten Bindungsordnung von 1.91. Die CC-Einfachbindung wird mit einer Bindungsordnung von 1.04 und die CC-Dreifachbindung mit einer von 2.86 belegt. Wichtig in dieser Matrix ist natürlich auch, dass die in der klassischen Schreibweise nichtbindenden Wechselwirkungen durch Werte nahe 0 identifiziert werden. Auch in grösseren Molekülen mit einer Anzahl verschiedenster Bindungstypen werden diese Bindungsordnungen den klassischen Vorstellungen entsprechende Werte annehmen. Ein solches Beispiel ist in Abbildung 3.13 zu sehen, in dem aromatische Umgebungen, eine hypervalente Nitrogruppe, Einfach-, Zweifach- und Dreifachbindungen isoliert sowie Elektronenmangel-Bindungen enthalten sind.

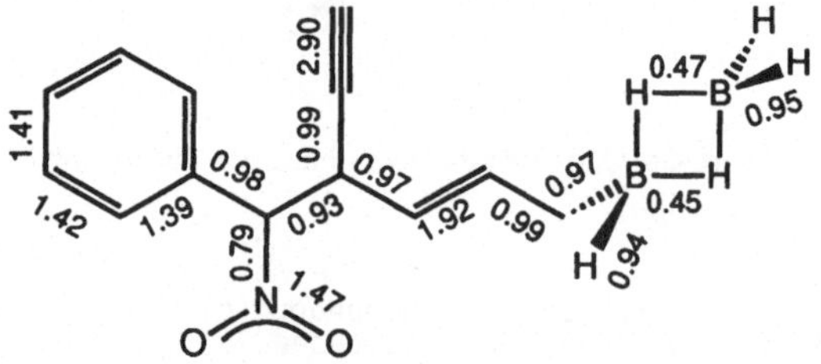

Abbildung 3.13 Mit MOPAC berechnete Bindungsordnungen in unterschiedlichen chemischen Umgebungen.

Wie zu erwarten, liegt die Bindungsordnung im aromatischen Teil bei etwa 1.4. Alle Einfachbindungen zeigen Bindungsordnungen zwischen 0.93 und 1, während die Doppelbindung und die Dreifachbindung Bindungsordnungen von 1.92 und 2.9 zugeordnet erhalten. Die Nitrogruppe ist mit einer niedrigen Bindungsordnung CN von 0.79 an das Kohlenstoffgerüst gebunden, während die NO-Bindungen entsprechend der Resonanzformen der Nitrogruppe eine Bindungsordnung von 1.47 zugewiesen erhalten. Die Bindungsordnungen im Elektronenmangelsystem B_2H_2 betragen 0.45 und 0.47, wie wir sie für "halbe" Bindungen erwarten. Die terminalen BH-Bindungen entsprechen normalen Einfachbindungen.

Wie Tabelle 3.8 zeigt, besteht tatsächlich ein Zusammenhang zwischen der berechneten Bindungsordnung und der klassisch einer Bindung zugeordneten Bindungsenergie[1]. Der numerische Zusammenhang zwischen diesen zwei Grössen ist nicht offensichtlich. Die Differenz in der Bindungsordnung zwischen den CH-Bindungen in Alkanen und in Formaldehyd von etwa 0.05 spiegelt sich aber doch mit einer Bindungsenergiedifferenz von etwa 6 kcal/mol wider. Der Vergleich ist nur in einer Reihe von Bindungen möglich, die gleiche Elemente verknüpfen (z.B. alle CH- resp. CC-Bedingungen in Tabelle 3.8).

1. R.T. Sanderson: Polar Covalence. Academic Press, New York, 1983.

Tabelle 3.8 Berechnete Bindungsordnung und klassische Bindungsenergien

Molekül	Bindung	B.O. (AM1)	B.E. [kcal/mol]
$H_2C{=}O$	C—H	0.91	92.5
	C=O	1.98	176.0
$H_2C{=}CH_2$	C—H	0.96	98.8
	C=C	2.00	144.5
$H_3C{-}CH_3$	C—H	0.98	98.8
	C—C	1.01	82.8
C_6H_6	C—H	0.95	98.8
	C⋯C	1.42	121.3

3.3.3.2 Lokalisierung von MO's

Die zweite Möglichkeit, aus MO-Rechnungen Atombindungen zu erhalten, besteht in der sogenannten Bindungslokalisierung. Diese führt im Gegensatz zur Berechnung der Bindungsordnungsmatrix nicht nur zu einer Ordnungszahl, welche die approximative Bindungsstärke beschreibt, sondern sie führt zu neuen Orbitalen, welche bindenden und nichtbindenden Wechselwirkungen auch eine räumliche Ausdehnung gibt.

Die Lokalisierung der besetzten MO's ist nur eine von vielen Orbitaltransformationen. Sie führt zu einem Satz von MO's, der im Gegensatz zu kanonischen MO's eine gewisse Transferierbarkeit besitzt und somit wiederum klar über das Leistungsvermögen der reinen Quantenmechanik hinausgeht. Begriffe wie C-H Bindung oder lone pair erhalten damit eine auch zwischen verschiedenen Berechnungen transferierbare Bedeutung und sind als Basis für die Diskussion von Eigenschaften ähnlicher Substrukturen (z.B. Orbital-Dipolmoment) geeignet. Diese Eigenschaften sind allerdings keine Observablen im Sinne des Erwartungswerts eines Operators (obwohl ihre Summe der experimentellen Beobachtung zugänglich sein kann).

Listing 3.19 zeigt die lokalisierten MO's von Formaldehyd. Man beachte, dass nur der Satz der besetzten MO's transformiert worden ist. Die erste Kolonne der Tabelle gibt die Anzahl Zentren in der Bindung an. Rechts davon steht die prozentuale Zusammensetzung. So enthält das erste MO ein Zentrum, das Orbital hat 99.86% O1-Charakter; d.h. es ist ein Sauerstoff lone pair. Das zweite MO hat zwei Zentren, 53.34% O1- und 46.27% C2-Charakter; d.h. es ist C-O bindend. Die dazugehörigen Eigenvektoren können wie kanonische MO's interpretiert werden und führen zu den Bildern im Kopf von Listing 3.19.

Listing 3.19 Lokalisierte MO's von Formaldehyd.

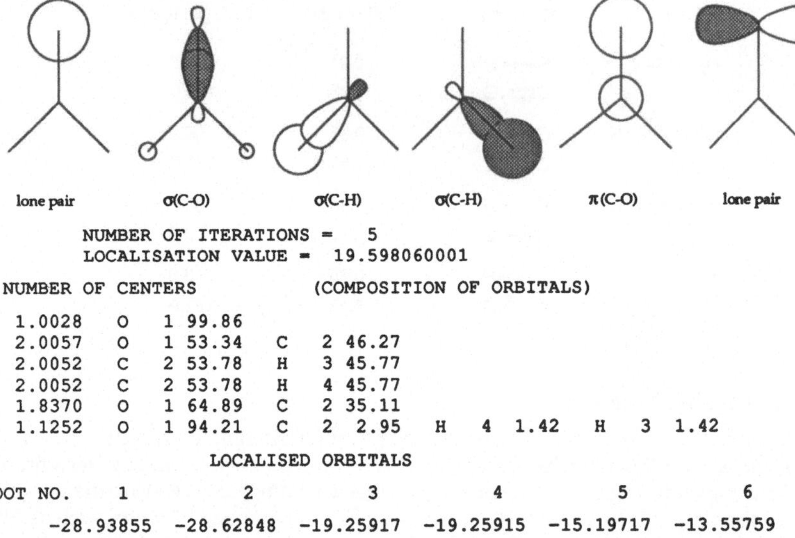


```
          NUMBER OF ITERATIONS =   5
          LOCALISATION VALUE =   19.598060001

     NUMBER OF CENTERS              (COMPOSITION OF ORBITALS)

      1.0028    O    1 99.86
      2.0057    O    1 53.34    C    2 46.27
      2.0052    C    2 53.78    H    3 45.77
      2.0052    C    2 53.78    H    4 45.77
      1.8370    O    1 64.89    C    2 35.11
      1.1252    O    1 94.21    C    2  2.95    H    4  1.42    H    3  1.42

                          LOCALISED ORBITALS

 ROOT NO.        1           2           3           4           5           6

            -28.93855   -28.62848   -19.25917   -19.25915   -15.19717   -13.55759

   S O1    -0.94322    -0.24209     0.00892    -0.00892     0.00000     0.00000
  PX O1     0.33006    -0.68904     0.02460    -0.02460     0.00001     0.00000
  PY O1     0.00000     0.00000    -0.00644    -0.00644     0.00002     0.97060
  PZ O1     0.00000     0.00001     0.00000     0.00000     0.80555    -0.00002

   S C2     0.01745    -0.41025    -0.48210     0.48209     0.00000     0.00000
  PX C2     0.01492     0.54257    -0.27907     0.27907    -0.00001     0.00000
  PY C2     0.00000     0.00000    -0.47696    -0.47696     0.00001     0.17162
  PZ C2     0.00000     0.00001     0.00001     0.00001     0.59252     0.00000

   S H3    -0.02092     0.04433    -0.67652    -0.06167     0.00000    -0.11935
   S H4    -0.02092     0.04433     0.06167     0.67652     0.00000     0.11935
```

Ein weiteres Beispiel zeigt die Lokalisierung der Orbitale in B_2H_6. Hier zeigt sich sehr schön, dass das Elektronenmangelsystem B_2H_4 durch Dreizentrenbindungen (2.95 Zentren) in lokalisierter Schreibweise wiedergegeben werden kann. Die endständigen B-H-Bindungen sind "normale" Zweizentrenbindungen. Dies ist eine Information, die aus der Bindungsordnungsmatrix nicht erhalten werden kann, da dort die B-H-Bindungen im zentralen Teil des Moleküls eine Bindungsordnung von 0.46 und endständig von 0.95 besitzen. Der Beitrag der einzelnen kanonischen MO's zur gesamten Bindung lässt keines der beiden Konzepte erkennen.

Diese Art von Mehrzentrenbindung, welche durch Lokalisierung gefunden wird, darf aber nicht mit dem Begriff der Delokalisierung verwechselt werden, wie er im Zusammenhang mit kanonischen MO's resp. mit Resonanzstrukturen in der klassischen Schreibweise gebraucht wird. Listing 3.21 zeigt den partiellen Output einer AM1-Berechnung an Toluol. Es zeigt, dass die Lokalisierung Dreizentren-Systeme mit 50% Charakter des zentralen Kohlenstoffs und je ca. 23% Charakter der beiden direkt benachbarten Zentren erzeugt. Die Summe dieser drei Orbitale ergibt eine gleichmässig verteilte π-Ladung. Im Gegensatz zur klassischen Schreibweise ist es also die Summe und nicht die "Resonanz", welche den Ausgleich herstellt. Die in Listing 3.21 dargestellte Lösung ist zudem nicht die einzig mögliche! Es sind viele Lösungen denkbar, welche die geforderte Summeneigenschaft besitzen[1]. Aus der Tatsache, dass in einem Schema von lokalisierten MO's keine delokalisierten Strukturen auftreten, darf nicht geschlossen werden, dass keine Delokalisation im klassischen Sinne präsent ist.

Listing 3.20 Partieller Output für die Berechnung von B_2H_4 mit MOPAC (6 doppelt besetzte Orbitale).

```
  ATOM    CHEMICAL  BOND LENGTH     BOND ANGLE      TWIST ANGLE
 NUMBER   SYMBOL    (ANGSTROMS)      (DEGREES)       (DEGREES)
  (I)                  NA:I          NB:NA:I        NC:NB:NA:I       NA   NB   NC

    1       B
    2       B       1.71346  *                                        1
    3       H       1.37612  *      51.49634  *                       1    2
    4       H       1.37612  *      51.49634  *     180.00000         1    2    3
    5       H       1.16599  *     119.29906  *      90.00000         1    2    3
    6       H       1.16599  *     119.29906  *     -90.00000         1    2    3
    7       H       1.16599  *     119.29906  *      90.00000         2    1    3
    8       H       1.16599  *     119.29906  *     -90.00000         2    1    3

          BONDING CONTRIBUTION OF EACH CANONICAL M.O.

 1.978  1.752  2.144  2.641  2.318  2.122 -1.883 -1.745 -0.901 -1.940
-1.277 -1.853 -1.524 -1.831

                      BOND ORDERS AND VALENCIES

         B  1      B  2      H  3      H  4      H  5      H  6      H  7      H  8
------------------------------------------------------------------------------------
B1    3.49572
B2    0.64049   3.49575
H3    0.46189   0.46191   0.98243
H4    0.46189   0.46191   0.05359   0.98243
H5    0.95272   0.01300   0.00126   0.00126   0.99952
H6    0.95272   0.01300   0.00126   0.00126   0.02112   0.99952
H7    0.01300   0.95273   0.00126   0.00126   0.01012   0.00003   0.99952
H8    0.01300   0.95273   0.00126   0.00126   0.00003   0.01012   0.02112   0.99952

                     LOCALIZED ORBITALS

          NUMBER OF ITERATIONS =    7
          LOCALISATION VALUE =   18.160913633

   NUMBER OF CENTERS                ( COMPOSITION OF ORBITALS)

           2.9548           H   3 42.57   B   1 28.03   B   2 28.03
           2.9548           H   4 42.57   B   1 28.03   B   2 28.03
           2.0266           B   2 51.10   H   8 48.20
           2.0266           B   2 51.10   H   7 48.20
           2.0266           B   1 51.10   H   5 48.20
           2.0266           B   1 51.10   H   6 48.20
```

1. W. England, L.S. Salmon, K. Ruedenberg: Topics in Current Chemistry, 23, 31 (1971).

Listing 3.21 **Input und partieller Output der Berechnung von Toluol mit MOPAC.**

```
 AM1 T=5M  PRECISE BONDS LOCALIZE
TOLUOL
C7H8
   C    0.000000  0    0.000000  0    0.000000  0   0  0  0      -0.1308
   C    1.393634  1    0.000000  0    0.000000  0   1  0  0      -0.1267
   C    1.394705  1  120.136931  1    0.000000  0   2  1  0      -0.1348
   C    1.394952  1  119.830974  1    0.000000  0   3  2  1      -0.1267
   C    1.393604  1  120.100474  1    0.000000  0   4  3  2      -0.1308
   C    1.400131  1  120.366411  1    0.000000  0   5  4  3      -0.0697
   H    1.099964  1  119.950984  1  180.000000  0   1  2  3       0.1300
   H    1.099800  1  119.990404  1  180.000000  0   2  3  4       0.1297
   H    1.099419  1  120.077229  1  180.000000  0   3  4  5       0.1299
   H    1.099750  1  119.898916  1  180.000000  0   4  5  6       0.1298
   H    1.100044  1  119.682482  1  180.000000  0   5  6  1       0.1300
   C    1.480889  1  120.369564  1  180.000000  0   6  1  2      -0.1792
   H    1.119452  1  109.947291  1   89.228163  1  12  6  1       0.0855
   H    1.117782  1  111.008089  1  119.672220  1  12  6 13       0.0819
   H    1.117803  1  110.971782  1 -119.656023  1  12  6 13       0.0820
   0    0.000000  0    0.000000  0    0.000000  0   0  0  0

                   LOCALISED ORBITALS
      NUMBER OF ITERATIONS =   53
      LOCALISATION VALUE = 446.623058215

  NUMBER OF CENTERS                  ( COMPOSITION OF ORBITALS)

       2.0400      C    6 50.04   C    1 48.97
       2.0400      C    6 50.04   C    5 48.96
       2.0359      C    5 49.67   C    4 49.44
       2.0359      C    1 49.67   C    2 49.44
       2.0366      C    2 49.57   C    3 49.53
       2.0366      C    4 49.57   C    3 49.53
       2.0223      C    6 52.54   C   12 46.74
       1.9859      C    4 56.52   H   10 42.91
       1.9860      C    2 56.51   H    8 42.91
       1.9853      C    3 56.53   H    9 42.91
       1.9853      C    1 56.55   H    7 42.89
       1.9853      C    5 56.54   H   11 42.89
       2.0062      C   12 53.89   H   15 45.61
       2.0058      C   12 53.89   H   14 45.62
       2.0220      C   12 53.78   H   13 45.31
       2.8318      C    1 50.26   C    6 22.25   C    2 21.93   C    4  5.35
       2.8299      C    5 50.26   C    4 23.25   C    6 20.95   C    2  5.35
       2.8386      C    3 50.23   C    2 22.64   C    4 21.33   C    6  5.69
```

Hingegen lässt sich die Bindungslokalisierung, zusammen mit der Bindungsordnungsmatrix, sehr schön für die Detektion einer beginnenden Bindungsbildung in reagierenden Molekülen einsetzen. Listing 3.22 und Listing 3.23 verdeutlichen diese Möglichkeit.

Listing 3.22 zeigt neben dem Input einen Teil des Outputs für den Übergangszustand der Wasserstoffmigration im Radikalmolekül C_2H_5. Das Wasserstoffatom H_5 migriert in dieser Reaktion vom Kohlenstoffzentrum 1 zum Zentrum 2. In der Bindungsordnungsmatrix sehen wir, dass H_5 jeweils eine halbe Bindung (0.45) zu C_1 und zu C_2 ausbildet. In analoger Weise sehen wir in den Resultaten für die Bindungslokalisierung zwei Orbitale mit der Zentrenzahl 1.34, die zu jeweils 85% Kohlenstoffcharakter und etwa 14% Wasserstoff-5-Charakter besitzen. Daneben existieren Zweizentrenbindungen mit CC- und CH-Charakter. Es existiert jedoch nur eine Bindung mit CC-Charakter, die CC-π-Bindung ist als lokalisiertes MO verschwunden. Das Fragment $[CH_2]_2$ kann in dieser Sprache nicht als Ethylenfragment, welches ein Wasserstoffradikal komplexiert hat, interpretiert werden.

Listing 3.22 Detektion von Bindungsbrechung resp. -bildung in der Bindungsordnungsmatrix und mittels lokalisierte Orbitale.

```
 T=540 AM1 PRECISE BONDS LOCALIZE UHF SIGMA
ETHYL RADICAL HYDROGEN MIGRATION
BINDUNGEN IM UEBERGANGSZUSTAND
 C      0.000000  0     0.000000  0     0.000000  0    0   0   0      -0.3366
 C      1.437196  1     0.000000  0     0.000000  0    1   0   0      -0.3366
 H      1.096640  1   120.180728  1     0.000000  0    2   1   0       0.1064
 H      1.096640  1   120.176423  1   155.336917  1    2   1   3       0.1064
 H      1.363669  1    58.198739  1  -102.347211  1    2   1   3       0.2476
 H      1.096640  1   120.175716  1     0.041532  1    1   2   3       0.1064
 H      1.096640  1   120.184169  1  -155.317462  1    1   2   3       0.1064
 0      0.000000  0     0.000000  0     0.000000  0    0   0   0

                   BOND ORDERS AND VALENCIES

       C  1       C  2       H  3       H  4       H  5       H  6       H  7
-------------------------------------------------------------------------------
C1    3.897809
C2    1.015072  3.897792
H3    0.005724  0.957222  0.988680
H4    0.005723  0.957238  0.007142  0.988684
H5    0.452984  0.452865  0.000208  0.000209  0.938707
H6    0.957238  0.005724  0.001109  0.008196  0.000208  0.988683
H7    0.957220  0.005726  0.008190  0.001108  0.000208  0.007144  0.988678

              LOCALIZED ORBITALS

 NUMBER OF CENTERS          (COMPOSITION OF ORBITALS)

      2.0558              C    1 49.31    C    2 49.31
      1.9815              C    2 56.36    H    3 43.25
      1.9815              C    1 56.36    H    6 43.24
      1.9815              C    1 56.36    H    7 43.24
      1.9816              C    2 56.36    H    4 43.25
      1.3449              C    1 85.06    H    5 14.15
      1.3447              C    2 85.06    H    5 14.14
```

Listing 3.23 zeigt neben dem Input Bindungsordnungsmatrix und Information über lokalisierte Orbitale für die S_{N2}-Reaktion, in der ein Chloridion das Bromatom in Brommethan ersetzt. In der Bindungsordnungsmatrix sehen wir, dass im Übergangszustand die Bindungsordnungen CBr und CCl nicht symmetrisch sind. Die Brom-C-Bindungsordnung ist mit 0.33 nur gut halb so gross wie die Chlor-Kohlenstoff-Wechselwirkung mit 0.54. In den lokalisierten Orbitalen finden wir eine Reihe von Einzentren-MO's, welche den im Übergangszustand existierenden Chlor- und Brom-lone pairs entsprechen. Daneben existieren drei Zweizentren-MO's, wobei alle drei CH-

Bindungen entsprechen, sowie ein MO mit der Zentrenzahl 1.5 (Cl–C) und eines mit der Zentrenzahl 1.3 (Br–C). Dies sind die zwei partiell ausgebildeten Halogen-Kohlenstoffbindungen.

Listing 3.23 **Bindungsbrechung resp. -bildung in einer S_{N2}-Reaktion.**

```
AM1 T=5M    PRECISE    CHARGE=-1 SYMMETRY NLLSQ LOCALIZE BONDS
 UEBERGANGSZUSTAND
 BROMMETHAN + CHLORID --> CHLORMETHAN + BROMID
  C      0.000000  0    0.000000  0     0.000000  0   0  0  0       0.0447
 BR      2.359264  1    0.000000  0     0.000000  0   1  0  0      -0.7635
  H      1.098397  1   85.716270  1     0.000000  0   1  2  0       0.1064
  H      1.098397  0   85.716270  0   120.000000  0   1  2  3       0.1064
  H      1.098397  0   85.716270  0  -120.000000  0   1  2  3       0.1064
 CL      2.032966  1  180.000000  0     0.000000  0   1  2  3      -0.6002
  0      0.000000  0    0.000000  0     0.000000  0   0  0  0
  3,     1,    4,
  3,     1,    5,
  3,     2,    4,
  3,     2,    5,
```

```
                          BOND ORDERS AND VALENCIES

                C  1        BR  2        H  3        H  4        H  5       CL  6
------------------------------------------------------------------------------------
  C  1    3.768881
 BR  2    0.325303    0.417122
  H  3    0.967864    0.001099    0.988686
  H  4    0.967864    0.001099    0.007827    0.988686
  H  5    0.967864    0.001099    0.007827    0.007827    0.988686
 CL  6    0.539987    0.088522    0.004069    0.004069    0.004069    0.640716

                         LOCALISED ORBITALS
           NUMBER OF ITERATIONS =    5
           LOCALISATION VALUE =   44.701811158

 NUMBER OF CENTERS              ( COMPOSITION OF ORBITALS)

        1.0001            CL  6 100.00
        1.0001            BR  2  99.99
        1.9851            C   1  55.45     H   4  44.31
        1.9851            C   1  55.45     H   3  44.31
        1.9851            C   1  55.45     H   5  44.31
        1.4993            CL  6  79.14     C   1  20.14
        1.0006            CL  6  99.97
        1.0006            CL  6  99.97
        1.2774            BR  2  87.75     C   1  11.25
        1.0000            BR  2 100.00
        1.0000            BR  2 100.00
```

In beiden Beispielen ist im Übergangszustand die Summe der Bindungsordnungen der an der Reaktion beteiligten Zentren einer Bindungsordnung von insgesamt weniger als 1 (in Listing 3.22 beträgt die Summe 0.90, in Listing 3.23 0.86). Analog dazu beträgt die Anzahl Zentren in den lokalisierten Orbitalen 2.7 anstelle von 4 in Listing 3.22 resp. 2.8 anstelle von 4 in Listing 3.23, wie auch hier aufgrund von zwei Zweielektronenbindungen erwartet werden müsste. Dies ist vollständig in Übereinstimmung mit der klassischen Interpretation der Totalenergie eines Moleküls als Summe seiner Bindungsenergien. Im Übergangszustand muss eine kleinere Zahl voll ausgebildeter Bindungen vorhanden sein, damit die Energiebarriere erklärt werden kann.

Die Cl---C---Br-Asymmetrie sowohl in der Bindungsordnung als auch in der Zentrenzahl der lokalisierten partiellen Bindungen ist konsistent mit den klassischen Bindungsenergien (C—Cl ~83 kcal/mol, C—Br ~70 kcal/mol).

3.3.4 "Klassische" Elektronenstruktur versus MO-Resultate

Missverständnisse entstehen oft beim Vergleich von quantenchemischen Rechnungen mit der Notation von Molekülen in der klassischen Schreibweise. Ein Beispiel ist in Abbildung 3.14 zu sehen, in der 1-aza-3-bora-allen in klassischer Weise unter strikter Verwendung der Achtelektronen-Regel als Zwitterion geschrieben wird.

Die effektive Ladungsverteilung in diesem Molekül ist jedoch vollständig anders. Plus- oder Minus-Zeichen in einer klassischen Formel haben mit effektiven Ladungen wenig gemeinsam. Sie dienen lediglich der buchhalterischen Verwaltung von Totalelektronenzahlen aber auch als Modifikatoren für den chemischen Graphen und die in ihn hineinkodierte chemische Reaktivität.

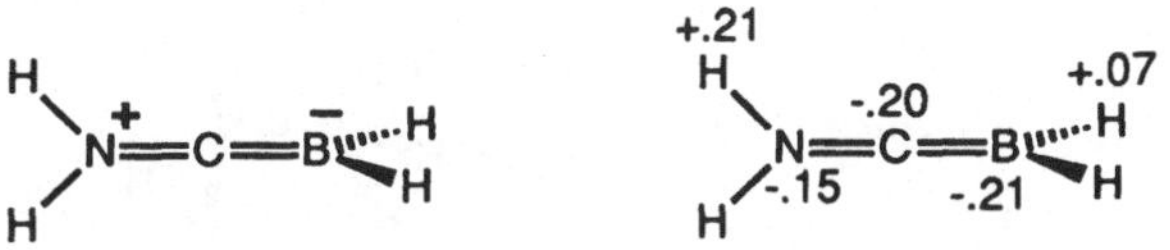

Abbildung 3.14 Zwitterionische, klassische Schreibweise versus "effektive" Ladungsverteilung gemäss einer AM1-Rechnung.

Im Falle des Azaboraallens ist im Rahmen der Zweielektronenbindungsschreibweise die Doppelbindungsschreibweise zwingend notwendig, um das geometrische und chemische Verhalten im Rahmen dieses Konventionenwerkes richtig zu beschreiben. Wie der Substitutionsname Azaboraallen bereits sagt, handelt es sich um ein Molekül mit C_{2v}-Symmetrie und gehinderter Rotation um die C-N- resp. C-B-Bindung. Eine Konsequenz davon ist, dass geeignete Substitution Enantiomere erzeugt. Die alternative Schreibweise ohne Doppelbindungen würde wohl die Ladungsseparation vermeiden, hätte aber folgende Implikationen: Der Stickstoff besässe ein lone pair und das Kohlenstoffatom müsste die Reaktivität eines Carbens zeigen. C-N- und C-B-Bindungen wären frei drehbar; durch Substitution an Stickstoff und Bor könnten keine Enantiomere erzeugt werden.

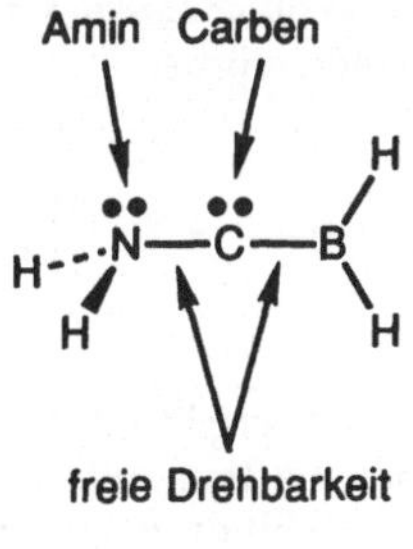

Die Doppelbindungsschreibweise kodiert die gehinderte Drehbarkeit richtig und gibt dem zentralen Kohlenstoff die Valenz 4, welche mit seiner Reaktivität im Einklang steht. Die Ladungsseparation ist damit eine Konsequenz mehrerer gleichzeitig angewendeter Regeln: der Elektronenzahl, welche pro Bindungsstrich vorhanden sein muss, der Oktett-Regel und der Regel über Kodierung von Reaktivität und Flexibilität. Die Zeichen + und - auf Stickstoff resp. Bor müssen im Rahmen einer MO-Rechnung anders interpretiert werden. So bedeutet das Pluszeichen am Stickstoff, zusammen mit der Valenz 4, dass kein HOMO existiert, welches Stickstoff lone pair Charakter hat. Das Minuszeichen auf Bor zeigt an, dass das π-Loch auf Bor wesentlich weniger ausgeprägt ist als z.B. in BH_3; d.h., es existiert kein LUMO mit fast ausschliesslich Bor-Charakter. Ladungsseparationen in Molekülen sind meist viel kleiner, als aufgrund von klassischen Formeln anzunehmen ist. Im Falle des 1-aza-3-bora-allens wäre es auch erstaunlich, wenn ausgerechnet das elektronegativste Element die positive Ladung tragen würde (aber auch dieses Argument ist nicht rigoros gültig, da Elektronegativität keine quantenmechanische Grösse ist).

Im nächsten Beispiel sollen die "Elektronenstruktur" der klassischen Schreibweise, geometrische Konsequenzen und MO-Resultate am Paar Immoniumkation/Methylamin noch einmal gezeigt werden.

H H
N+
H H

H
H C N
H
H H

Wie obige Skizze zeigt, ist für das Methylamin die freie Drehbarkeit der C-N-Bindung und ein Molekülorbital, welches in etwa einem Stickstoff lone pair entspricht, zu erwarten. Dagegen ist im Immoniumkation die Drehbarkeit der C-N-Bindung eingeschränkt und es existiert kein Stickstoff lone pair. Die Resultate der MO-Rechnung auf dem MNDO/AM1-Niveau zeigen, dass die Ladungsverteilung ein weiteres Mal nichts mit derjenigen der klassischen Schreibweise zu tun hat. Weder ist der Stickstoff im Methylamin ladungsfrei, noch ist die Gesamtladung von +1 im Immoniumkation auf dem Stickstoff lokalisiert. Listing 3.24 und Listing 3.25 zeigen jedoch die mit der klassischen Schreibweise kodierte Information, indem die Bindungsordnung CN in Methylamin etwa 1 beträgt und somit freie Drehbarkeit impliziert, während im Immoniumkation die entsprechende Bindungsordnung von etwa 1.8 ganz klar eine gehinderte Rotation voraussagt. Die gegenüber dem Methylamin stark gesenkte Valenz des Kohlenstoffatoms im Kation von etwa 3.7 deutet auf eine erhöhte Reaktivität dieses Zentrums hin, welche im Prinzip eigentlich besser mit der ohne Ladungstrennung geschriebenen Struktur übereinstimmen würde.

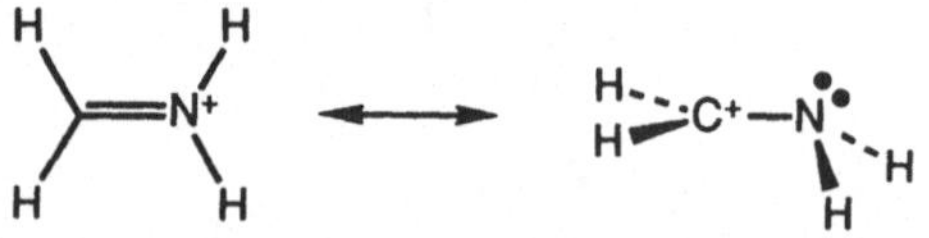

H H
N+
H H

H
H C+ N
H
H

Die Lokalisierung der besetzten MO's ergibt im Falle des Amins ein Stickstoff lone pair, während ein solches lone pair im Immoniumkation durch Lokalisierung nicht entsteht. Dafür wird eine zweite C-N-Bindung, welche die C-N-π-Bindung ist, gebildet. Analysiert man die kanonischen MO's, erkennt man, dass das HOMO im Methylamin mehrheitlich Stickstoff-Charakter besitzt $((0.275)^2 + (0.037)^2 + (0.807)^2 = 73\%)$, während das HOMO-1 des Immoniumkations dem C-N-π-System entspricht. Entsprechend dem lone pair-Charakter des Amin-HOMO's ist der Bindungsbeitrag nur 0.766. Das HOMO des Immoniumkations liefert dagegen einen Bindungsbeitrag von 2.094. Das HOMO-1 des Amins entspricht der Form nach dem HOMO des Immoniumkations.

Listing 3.24 MOPAC- Input und Output für Methylamin.

```
T=9M AM1 SYMMETRY PRECISE VECTORS BONDS LOCALIZE
METHYL-AMIN
LONE PAIR ETWA ENTLANG DER Z-ACHSE                                          CHARGE
 N    0.000000  0    0.000000  0     0.000000  0    0    0    0       -0.3515
XX    1.000000  0    0.000000  0     0.000000  0    1    0    0
XX    1.000000  0   90.000000  0     0.000000  0    1    2    0
XX    1.000000  0   90.000000  0   -90.000000  0    1    2    3
 C    1.432279  1  108.354391  0     0.000000  0    1    4    2       -0.1287
 H    1.000243  1  108.355079  1   120.920315  1    1    4    5        0.1425
 H    1.000243  0  108.355079  0  -120.920315  0    1    4    5        0.1425
 H    1.125977  1  114.300632  1   180.000000  0    5    1    4        0.0309
 H    1.122244  1  109.022263  1   120.888017  1    5    1    8        0.0822
 H    1.122244  0  109.022263  0  -120.888017  0    5    1    8        0.0822
 0    0.000000  0    0.000000  0     0.000000  0    0    0    0
   6,   2,   7,
   6,   1,   7,
   6,  14,   7,
   9,   1,  10,
   9,   2,  10,
   9,  14,  10,


                         EIGENVECTORS

ROOT NO. 1           2           3           4           5           6 HOMO-1
         1 A'        2 A'        1  A"       3 A'        4 A'        2  A"
    -35.37966   -25.35478   -17.06812   -15.58246   -14.04138   -12.47070

S  N1     0.70642     0.44011     0.00000     0.11239    -0.08991     0.00000
PX N1     0.09314    -0.27769     0.00000     0.60027     0.26575     0.00000
PY N1     0.00000     0.00000     0.66277     0.00000     0.00000    -0.31287
PZ N1    -0.12147    -0.02323     0.00000     0.15300    -0.37626     0.00000

S  C2     0.49737    -0.60356     0.00000    -0.02998     0.01071     0.00000
PX C2    -0.17029    -0.17528     0.00000    -0.40331    -0.47655     0.00000
PY C2     0.00000     0.00000     0.37891     0.00000     0.00000     0.60832
PZ C2     0.04002     0.03507     0.00000     0.43687    -0.47609     0.00000

S  H3     0.24970     0.22533    -0.40730    -0.23438    -0.06840     0.25563
S  H4     0.24970     0.22533     0.40730    -0.23438    -0.06840    -0.25563
S  H5     0.15978    -0.27385     0.00000    -0.36943     0.35502     0.00000
S  H6     0.15706    -0.27918     0.20660    -0.03785    -0.30859     0.44798
S  H7     0.15706    -0.27918    -0.20660    -0.03785    -0.30859    -0.44798

ROOT NO. 7 HOMO      8 LUMO      9           10          11          12          13
         5 A'        6 A'        3  A"       7 A'        8 A'        9 A'        4  A"
     -9.75531     3.81254     4.22606     4.28592     4.79391     6.23093     6.27850

S  N1    -0.27525     0.44270     0.00000     0.06605     0.09345     0.04146     0.00000
PX N1    -0.03710     0.03938     0.00000     0.14929     0.03607    -0.67583     0.00000
PY N1     0.00000     0.00000     0.15475     0.00000     0.00000     0.00000     0.66249
```

```
PZ N1  -0.80685  -0.34751   0.00000  -0.19372  -0.09266  -0.04294   0.00000

S  C2   0.03538  -0.23795   0.00000  -0.27074   0.44439   0.24223   0.00000
PX C2  -0.05396   0.31672   0.00000   0.25017   0.47834  -0.39485   0.00000
PY C2   0.00000   0.00000   0.65319   0.00000   0.00000   0.00000  -0.24437
PZ C2   0.25314  -0.27927   0.00000   0.58761   0.07109   0.29535   0.00000

S  H3   0.15735  -0.43391   0.18007  -0.01134  -0.05800  -0.33277   0.48614
S  H4   0.15735  -0.43391  -0.18007  -0.01134  -0.05800  -0.33277  -0.48614
S  H5  -0.34860  -0.08763   0.00000   0.66025  -0.25156   0.09246   0.00000
S  H6   0.12762   0.17684  -0.49221  -0.09608  -0.48991  -0.06268   0.11985
S  H7   0.12762   0.17684   0.49221  -0.09608  -0.48991  -0.06268  -0.11985

          ATOMIC ORBITAL ELECTRON POPULATIONS

1.57840  1.03622  1.07432  1.66256  1.22784  0.90478  1.02725  0.96886
0.85748  0.85748  0.96912  0.91784  0.91784

          BONDING CONTRIBUTION OF EACH M.O.

 1.486  1.657  2.036  2.006  1.819  2.069  0.766 -2.012 -1.929 -2.032
-2.019 -1.918 -1.929

                      BOND ORDERS AND VALENCIES

          N 1       C 2       H 3       H 4       H 5       H 6       H 7
--------------------------------------------------------------------------
N1    2.966435
C2    1.020962  3.926315
H3    0.955412  0.005955  0.979688
H4    0.955412  0.005955  0.004555  0.979688
H5    0.027509  0.958022  0.000824  0.000824  0.999047
H6    0.003570  0.967711  0.012878  0.000064  0.005934  0.993250
H7    0.003570  0.967711  0.000064  0.012878  0.005934  0.003094  0.993250

                  LOCALIZED ORBITALS

  NUMBER OF CENTERS            (COMPOSITION OF ORBITALS)

      2.0003                  N    1 54.29    C    2 45.30
      1.9780                  N    1 57.02    H    3 42.48
      1.9780                  N    1 57.02    H    4 42.48
      2.0056                  C    2 53.98    H    6 45.53
      2.0056                  C    2 53.98    H    7 45.53
      2.0054                  C    2 52.14    H    5 47.62
      1.0228                  N    1 98.88
```

Listing 3.25 MOPAC-Input und Output für das Immonium-Kation.

```
 T=9M AM1 SYMMETRY PRECISE CHARGE=1 VECTORS BONDS LOCALIZE
IMMONIUM-KATION
GLEICHE ORIENTIERUNG WIE METHYLAMIN                                     CHARGE
   N     0.000000  0     0.000000  0     0.000000  0   0  0  0        -0.1359
   C     1.292562  1     0.000000  0     0.000000  0   1  0  0         0.1185
   H     1.010176  1   122.453763  1     0.000000  0   1  2  0         0.2933
   H     1.010176  0   122.453763  0   180.000000  0   1  2  3         0.2933
   H     1.115564  1   121.068036  1     0.000000  0   2  1  3         0.2154
   H     1.115564  0   121.068036  0   180.000000  0   2  1  5         0.2154
   0     0.000000  0     0.000000  0     0.000000  0   0  0  0
   3,    1,    4,
   3,    2,    4,
```

```
   5,    1,    6,
   5,    2,    6,
```

EIGENVECTORS

```
ROOT NO. 1             2            3            4            5 HOMO-1     6 HOMO
         1   A1        2   A1       1   B2       3   A1       1   B1       2   B2
      -44.68069    -31.82724    -25.84395    -24.14639    -20.32066    -19.87420

S  N1    0.74829     -0.40130     0.00000      0.03313      0.00000      0.00000
PX N1    0.15317      0.41283     0.00000      0.59404      0.00000      0.00000
PY N1    0.00000      0.00000     0.70552      0.00000      0.00000      0.32662
PZ N1    0.00000      0.00000     0.00000      0.00000     -0.83347      0.00000

S  C2    0.48780      0.61788     0.00000     -0.18040      0.00000      0.00000
PX C2   -0.23390      0.12388     0.00000     -0.59527      0.00000      0.00000
PY C2    0.00000      0.00000     0.39992      0.00000      0.00000     -0.63150
PZ C2    0.00000      0.00000     0.00000      0.00000     -0.55257      0.00000

S  H3    0.21500     -0.24357     0.36934     -0.22387      0.00000      0.24756
S  H4    0.21500     -0.24357    -0.36934     -0.22387      0.00000     -0.24756
S  H5    0.12550      0.27636     0.18638     -0.28186      0.00000     -0.43125
S  H6    0.12550      0.27636    -0.18638     -0.28186      0.00000      0.43125

ROOT NO. 7 LUMO        8            9            10           11           12
         2   B1        4   A1       3   B2       5   A1       4   B2       6   A1
       -6.51769     -4.42213     -2.93248     -2.55506     -1.10512     -1.10386

S  N1    0.00000      0.50604     0.00000     -0.14768      0.00000     -0.00658
PX N1    0.00000      0.09367     0.00000      0.13757      0.00000     -0.65233
PY N1    0.00000      0.00000    -0.26098      0.00000      0.57223      0.00000
PZ N1    0.55257      0.00000     0.00000      0.00000      0.00000      0.00000

S  C2    0.00000     -0.34391     0.00000     -0.43521      0.00000      0.20012
PX C2    0.00000      0.36528     0.00000     -0.37933      0.00000     -0.54615
PY C2    0.00000      0.00000    -0.54426      0.00000     -0.38085      0.00000
PZ C2   -0.83347      0.00000     0.00000      0.00000      0.00000      0.00000

S  H3    0.00000     -0.44596     0.30450      0.18773     -0.45780     -0.33197
S  H4    0.00000     -0.44596    -0.30450      0.18773      0.45780     -0.33197
S  H5    0.00000      0.20699     0.47446      0.52701      0.23275      0.08855
S  H6    0.00000      0.20699    -0.47446      0.52701     -0.23275      0.08855
```

ATOMIC ORBITAL ELECTRON POPULATIONS

```
1.44414  1.09354  1.20889  1.38934  1.30454  0.84880  1.11747  0.61066
0.70673  0.70673  0.78458  0.78458
```

BONDING CONTRIBUTION OF EACH M.O.

```
 1.5302  1.6482  1.9444  2.0925  1.6968  2.0939 -1.6968 -1.9085 -1.7953
-1.9114 -1.8783 -1.8157
```

BOND ORDERS AND VALENCIES

```
         N  1          C  2          H  3          H  4          H  5          H  6
-----------------------------------------------------------------------------------
N1     3.590890
C2     1.815886     3.680002
H3     0.879720     0.011559     0.913995
H4     0.879720     0.011559     0.007064     0.913995
H5     0.007782     0.920499     0.000918     0.014733     0.953592
H6     0.007782     0.920499     0.014733     0.000918     0.009659     0.953592
```

```
                LOCALIZED ORBITALS
NUMBER OF CENTERS           (COMPOSITION OF ORBITALS)
      1.9955                N  1  57.26   C  2  41.61
      1.8503                N  1  64.88   H  3  34.57
      1.8503                N  1  64.88   H  4  34.57
      1.9301                C  2  60.73   H  5  38.63
      1.9301                C  2  60.73   H  6  38.63
      1.7367                N  1  69.47   C  2  30.53
```

Mit diesem Beispiel soll dieses Kapitel abgeschlossen sein. Elektronenstrukturen, wie sie die klassische Schreibweise und MO-Rechnungen ergeben, sind nicht direkt vergleichbar. Die klassische Schreibweise kodiert empirisches Wissen über geometrische und Reaktivitätskonsequenzen in den chemischen Graphen. Ein Vergleich mit den MO-Rechnungen ist nur möglich, wenn der Umweg über die vorausgesagten Eigenschaften gemacht wird. Unglücklicherweise werden gerade mit den Plus- und Minus-Zeichen die gleichen Zeichen für verschiedene Dinge in diesen zwei Welten verwendet, und darüber hinaus wird für diese verschiedenen Dinge auch noch das gleiche Wort (Ladung) gebraucht. Es sollte aber klar sein, dass das phonetisch gleiche Wort in zwei verschiedenen Sprachen zwei verschiedene Bedeutungen haben kann.

Anhang

Verzeichnis nützlicher Programme

GAMESS:

Ein leicht zu installierendes ab initio Programmpaket. Es ist lauffähig und getestet u.a. auf IBM unter MVS und VM, VAX unter VMS und einer Reihe von UNIX-Maschinen.

Das Programm kann gratis via E-Mail bezogen werden bei:

Dr. Michael W. Schmidt
North Dakota Higher Education Computer Network
Department of Chemistry
North Dakota State University
Fargo, ND 58105, U.S.A.

E-Mail: NU070347@NDSUVM1.BITNET
oder
NU070347.NODAK.EDU

MACROMODEL:

Ein "integriertes" Paket mit benützerfreundlicher graphischer Oberfläche. Es ist sowohl eine VAX/VMS- als auch eine Silicon Graphics/UNIX-Version erhältlich.

Prof. C. Still
Box 663 Havemeyer Hall
Department of Chemistry
Columbia University
New York, N.Y. 10027

QCPE-Programme:

Die folgenden Programme, wie auch ein Programmkatalog, können über den Quantum Chemical Program Exchange bezogen werden:

QCPE
Creative Arts Bldg. 181
Indiana University
840 State Hwy. 46 Bypass
Bloomington, IN 47405
Telefax: (812) 855-5539
E-Mail: COUNTSR@IUBACS

Von einigen Programmen existieren verschiedene, auf spezielle Hardware portierte Varianten (wie am Beispiel MOPAC gezeigt). Erkundigen Sie sich, ob für Ihre Hardware eine spezielle Version existiert.

MM2(87): QCPE Program MM2
Allingers MM2-Kraftfeldprogramm. Dieses Programm kann nur an akademische Institutionen geliefert werden (Lizenzformular muss unterzeichnet werden).
Preis: US$ 150.—

MM3(89): QCPE Program MM3
Allingers MM3-Kraftfeldprogramm. Dieses Programm kann nur an akademische Institutionen geliefert werden (Lizenzformular muss unterzeichnet werden).
Preis: US$ 400.—

BIGSTRN-3: QCPE Program #514
Kraftfeldprogramm, welches mehrere Kraftfelder in sich vereint (MM2(85), AM, EAS, CFF).

MOPAC: QCPE Program #455 (VAX/VMS), #549 (IBM/MVS), #560 (IBM 3090/Vector)
AMPAC: QCPE Program #506 (VAX/VMS)
Semiempirische MO-Programme mit in vielerlei Hinsicht identischer Funktionalität. Semiempirische Rechnungen auf den Stufen MINDO/3, MNDO, AM1 und PM3 können ausgeführt werden.

CNDOUV99: QCPE Program #333
Semiempirisches MO-Programm auf dem CNDO-Niveau. Berechnet UV-Spektren, C.I.-Rechnungen mit bis zu 99 einfach und doppelt angeregten Zuständen.

QATREX: QCPE-Program #468
Extended Hückel (EHMO) Programm mit relativistischer und nichtrelativistischer Parametrisierung.

PSI77: QCPE Program #340
Dreidimensionale Darstellung von MO's

CONFLEX: QCPE Program #592
Generierung (und Optimierung mit MM2, nur akademische Institutionen, Lizenzformular notwendig) von Ringkonformationen mit dem corner flapping Algorithmus.

DGEOM: QCPE Program #590
Genererierung von Molekülgeometrien mit Hilfe eines Distanzgeometrieansatzes. Eine Reihe von externen Einschränkungen (z.B. NOE-Distanzdaten) können definiert werden.

3JHH: QCPE Program #591
Berechnung vicinaler NMR-Kopplungskonstanten mit Hilfe einer Karplus-ähnlichen Beziehung. Multiple Minima können mit thermodynamischer Gewichtung (Boltzmann-Verteilung) behandelt werden.

Sachwortverzeichnis